南京水利科学研究院专著出版基金资助

Springer
海洋工程手册

[美]曼哈·R.达纳克(Manhar R. Dhanak),尼古劳斯·I.希洛斯(Nikolaos I. Xiros)主编

海岸工程设计

[美] 珍妮弗·L.艾里什(Jennifer L. Irish)
詹姆斯·M.凯哈图(James M. Kaihatu) 主编

左其华 窦希萍 **主审** 中国海洋工程学会 **译**

上海交通大学出版社

内容提要

本书分为8个章节，分别从海岸灾害的物理特征、海岸灾害与风险统计特征、近岸波浪及水动力模型、海岸地貌过程模拟、人工养滩、风暴灾害的防治结构、港口和港湾设计、海洋排污口等方面对海岸工程设计进行论述。本书适用于从事海洋装备研究和设计的工程技术人员，对于从事海洋科学研究的科技工作者也有非常重要的参考意义。

图书在版编目(CIP)数据

海岸工程设计 /（美）珍妮弗·L. 艾里什，（美）詹姆斯·M. 凯哈图主编；中国海洋工程学会译.
--上海：上海交通大学出版社，2019
（海洋工程手册）
ISBN 978-7-313-21870-4

Ⅰ. ①海… Ⅱ. ①珍… ②詹… ③中… Ⅲ. ①海岸工程—工程设计 Ⅳ. ①P753

中国版本图书馆CIP数据核字(2019)第192956号

Translation from the English language edition:
Springer Handbook of Ocean Engineering
edited by Manhar R. Dhanak and Nikolas I. Xiros

海岸工程设计

HAI'AN GONGCHENG SHEJI

主　　编：[美] 珍妮弗·L. 艾里什(Jennifer L. Irish)
　　　　　　詹姆斯·M. 凯哈图(James M. Kaihatu)
翻　　译：中国海洋工程学会
出版发行：上海交通大学出版社
地　　址：上海市番禺路951号
邮政编码：200030
电　　话：021-64071208
印　　刷：武汉精一佳印刷有限公司
经　　销：全国新华书店
开　　本：787mm×1092mm　1/16
印　　张：16.75
字　　数：405千字
版　　次：2020年1月第1版
印　　次：2020年1月第1次印刷
书　　号：ISBN 978-7-313-21870-4
定　　价：485.00元

出　　品：船海书局
网　　址：www.ship-press.com
告 读 者：如发现本书有印装质量问题请与船海书局发行部联系。
服务热线：4008670886

Springer Handbook of Ocean Engineering

Manhar R. Dhanak, Nikolaos I. Xiros (Eds.)

Springer Handbooks

施普林格手册是为专业读者提供物理和应用科学领域关于研究方法、通则和函数关系以及经过认可的重要信息的简明汇编。该手册每卷的章节均由物理或工程领域的世界著名专家撰写。章节的内容由这些专家从施普林格资源(书籍、期刊、线上内容)和近年来出版的与科学或信息技术相关的出版物中选取。这些重要的知识点被编辑成有价值的案头参考书,方便读者快速全面地阅读和掌握这些重要内容。该手册还包括表格、图表、参考书目等简便检索工具,为读者提供了扩展资源的参考文献。

Springer
海洋工程手册

总主编

曼哈·R.达纳克(Manhar R. Dhanak),博士,海洋工程教授,佛罗里达大西洋大学(FAU)海洋和系统工程学院(海洋技术)院长。佛罗里达大西洋大学海洋工程系的前主任(2003—2009),毕业于伦敦大学帝国理工学院。他曾任帝国理工学院的助理研究员,英国剑桥 Topexpress Ltd.公司研究科学家,在加入佛罗里达大西洋大学之前任剑桥大学的高级助理研究员。达纳克博士研究方向主要为流体力学、物理海洋学、自主式水下航行器(AUV)以及海洋能。他开展的研究包括开发先进的节能自动水面艇以及先进的壳体船评估工具,海岸环境中与海洋学特性有关的电磁场的鉴定,以及通讯中海底电缆相关电磁场的发射评估。

尼古劳斯·I.希洛斯(Nikolaos I. Xiros)是新奥尔良大学造船与海洋工程学的副教授。其职业生涯中超过 15 年同时服务于工业界和学术界。他的专业涉及海洋、电气和海洋工程领域。具有电气工程师学位以及海洋工程博士头衔。他的研究方向为过程模拟与仿真、系统动力学、识别与控制、可靠性、信号及数据分析。撰写过多篇技术论文和一个施普林格专题。目前的研究包括非线性过程动力学、应用数学、能源工程和船舶系统。

总　序

我们很荣幸也很高兴参与这部施普林格手册(Springer Handbook)的编辑工作。该手册旨在为海洋工程师,包括海运业和政府的从业人员、研究人员、教育工作者及学生提供参考。该手册的魅力在于其对重要的基础原理、应用材料的综述以及对海洋工程和海洋技术的更新。我们相信,这部手册会吸引参与海洋工程诸多方面研究的人员阅读,包括参与海上交通工具、海岸系统和近海技术的设计、开发和操作以及可再生海洋能源开采的相关人员。同时,它还可作为任何对海洋及海洋和海岸环境中人类活动感兴趣的人的入门书籍。这部手册分为五个分册,共 47 章,涵盖了海洋工程基础和四个重要的应用领域:无人潜水器、海洋新能源、海岸工程设计、海洋油气技术。范围包括基础概念、基本理论、方法、工具和涉及这些主题各个方面的技术。各分册的作者都是世界范围内相关领域的专家,包括学术界、工业界和政府部门的卓著人才。每一章都经过同业互审。这些作者和同行评审者的参与有助于确保这部手册的价值和时效。施普林格编辑团队精心地制作每一章节,包括大量定制图片和图形。为了方便读者浏览,每个页面都恰当地提取了关键词,以方便定位到手册中感兴趣的内容。

首先,我们由衷感谢五个分册的编辑对各个部分的努力斟酌、甄别及选择合适的专家作为每一章的作者,指导每部分章节的安排,跟踪作者的进度,最后为章节寻求同业互审,从而确保手册的范围和质量。其次,我们衷心感谢各位作者百忙之中参与这个项目,投入大量的时间认真准备各自章节的内容。再者,我们非常感谢同业评审人员无私的努力,感谢他们对相关章节的评审。最后,我们要特别感谢施普林格整个出版团队,包括 Werner Skolaut, Leontina Di Cecco, Veronika Hamm, Judith Hinterberg, 以及 Constanze Ober,感谢他们的指导性建议,感谢他们的辛劳付出和耐心、高效的编辑,这对确保这部手册的及时、高质量制作具有重大意义。海岸工程设计部分致敬已故的 Robert Dean 教授,感谢他在海岸工程领域的重要贡献。

曼哈・R. 达纳克

尼古劳斯・I. 希洛斯

海岸工程设计

主编

珍妮弗·L.艾里什(Jennifer L. Irish)博士是弗吉尼亚理工学院海岸工程学副教授，是海岸暴风动力学、植物效用和海岸灾害风险评估的专家。她曾获陆军文职高级服务奖和德克萨斯A&M大学土木工程卓越研究奖。此外还担任美国土木工程师协会海岸、海洋、港口和河流学院理事会秘书。

詹姆斯·M.凯哈图(James M. Kaihatu)从2006年开始任德克萨斯A&M大学土木工程及海岸工程的副教授。此前他还曾在海军研究实验室(1995—2006)、海岸工程研究中心、美国陆军工程兵部队(1987—1989)任职。他于1994年在特拉华大学获得土木工程博士学位。研究方向包括近岸波浪建模、近岸非线性波浪动力学、近岸环流以及波浪在黏性沉积物和植被上的传播。

《海岸工程设计》编译委员会

（以下排名不分先后）

主任委员

窦希萍

常务副主任委员

杨国平　季则舟　王　晋　程泽坤　卢永昌　徐　元

副主任委员

刘齐辉　俞相成　季永兴　张海军　程　继　尤再进

薛双运

委　员

袁文喜　汪传志　朱良生　叶成华　程永舟　何晓文

上官子昌

主　审

左其华　窦希萍

翻译人员

王玉丹　杨　红　滕　玲　王　红　段子冰　王兴刚

编校

解洲水

排版设计

高新峰

译者前言

由国际著名出版商施普林格(SPRINGER)出版的英文《施普林格海洋工程手册》是当前权威的海洋工程技术巨著之一,在国际海洋工程界享有很高的声誉,本书是其中的第25～32章。为便于国内工程科技人员了解国际较先进的海岸工程设计理念与方法,经SPRINGER集团授予版权,我们进行了翻译审校并取名《海岸工程设计》。图书编译工作由中国海洋工程学会主持,上海交通大学出版社和上海研途船舶海事技术有限公司协助。

本书由国际知名专家编撰,内容涵盖了海岸工程技术理论和实践的重要领域,以及支持人类海岸活动的主要技术手段,包括:海岸灾害的物理特征、海岸灾害与风险统计特征、近岸波浪及水动力学模型、海岸地貌过程模拟、人工养滩、风暴灾害防护结构、港口和码头以及海洋排污口设计等共计八章,可为专业人员提供全面的参考借鉴。

本书前4章强调了物理海岸环境知识实践,后4章讨论了海岸工程设计和具体应用。

第1章描述了风暴潮、海啸和其他严重海岸灾害的物理特征,包括气候变化、海平面上升和人为因素对这些灾害的影响,以及分析这些灾害的直接方法。

第2章概述了海岸地区灾害和风险的统计特征以及在海岸设计中的应用,风暴潮和降雨等联合作用机制对海岸洪水风险评估的影响,对风险评估方法进行了探讨。

第3章介绍了海岸波浪和水动力学模拟,包括波浪传播数学模型;风浪、涌浪和长波(海啸)的建模方法;纳维一斯托克斯模型在破波和湍流模型中的应用以及与时域波浪模型耦合的方法。

第4章讨论了波浪和近岸流作用下海岸线和岸滩演变模型,包括解析模型和半经验模型;详细介绍了海滩根据各种作用力及其反馈自由发展的过程模型;概述了这些模型的应用案例。

第5章介绍了海岸维护和海岸防护的设计和建造,包括成功的人工养滩工程设计所需要考虑的因素;海岸结构对养滩的影响;适合于设计的岸线演变的解析方法;传统人工养滩工程及其成功的原因。

第6章描述了风暴减灾结构,包括海岸结构的设计和应用;设计条件(波浪、水位)以及各种结构物作用力的换算;波浪爬高和越浪的量化方法;垂直沉箱和堆石坝结构的设计;海岸结构生命周期成本和风险分析。

第7章概述了港口和码头设计,包括港口各个组成部分和码头布置等有关设计;不同类型港口和码头结构的设计准则;各种靠泊设置的优缺点;系泊和靠泊作业以及靠泊对码头载荷的评估和相关护舷设计。

荷的评估和相关护舷设计。

第 8 章论述了海洋排污口设计、分析、环境监测和其主导因素；废水排放前的处理标准；排污口运行的数值模拟和预测结果对设计的影响；排污口水力特性、各种配置以及排污口建设和环境监测技术。

本书汇集了世界各地研究人员的研究成果和宝贵经验，我们向各篇文章的作者表示由衷的感谢。尤其要感谢原著主编珍妮弗 L 艾里什女士和詹姆斯 M 凯哈图先生的辛勤付出。考虑到对原著的尊重，根据出版的实际需要，我们只是在原著的基础上进行了翻译和编校加工。

在翻译审校过程中，来自国内高校的多位学者、专家、科研人员以及企业家给予我们大力的支持和帮助，在此向支持这项工作的众多朋友们表示感谢。感谢中交集团几位总工程师和行业内海岸工程技术专家应邀作为编译委员会副主任或编委。

中国海洋工程学会办公室和上海交通大学出版社共同组建了翻译团队，他们认真努力和一丝不苟的奉献精神，令人感动，同时也感谢他们。

因译校水平有限，不足和错误之处请广大读者提出宝贵意见。希望这本手册能够给大家带来一些启发和帮助。

2019 年 6 月

目　录

第1章 海岸灾害的物理特征

Jennifer L. Irish, Robert Weiss, Donald T. Resio

海岸灾害是世界上最具威胁的灾害之一。全球有一半人口生活在海岸附近,海岸灾害对居民生命健康、百姓生计以及经济发展构成巨大威胁。本章介绍了海岸灾害的特征,首先描述其历史背景,然后阐述海岸设计领域中对普遍关注的物理问题的时兴理解,最后介绍简单的方法对灾害进行初步解释。许多自然过程和人类活动对沿海区域、关键基础设施和港口设施造成不利影响。海岸灾害通常可分两种:突发灾害和长期灾害。突发灾害包括沿海风暴和海啸,而诸如海平面上升等则属于长期灾害。许多人类活动也会对海岸地区造成长期影响,例如,建设内陆大坝会长期影响入海泥沙。下文将描述最常见的海岸灾害,并讨论其对海岸影响的评估方法。

1.1 海岸灾害类型

1.1.1 沿海风暴

沿海风暴或归类为热带气旋,例如飓风、台风,或归类为温带气旋,如美国的东北风暴。虽然这两种风暴都会引发强风、风暴潮、波浪和降水,但两者之间存在显著差异。

1) 热带气旋

热带气旋,顾名思义,产生于热带地区,通常有组织、结构紧凑。因此,热带气旋是中等至超级强度的风,能够产生大浪大潮。由于热带气旋结构相较于其他风暴更加紧凑,受强风、大潮及大浪影响(大浪影响程度稍弱)的海岸区域通常仅限数百公里。这些风暴往往会快速通过大陆架和沿海地区,意味着大风和大潮一般持续几小时,而大浪可能会持续数天。

从历史上看,热带气旋已造成数十万人死亡,并造成大面积破坏。美国国家海洋和大气管理局(NOAA)当地预报官员艾萨克·克莱因(Isaac Cline)(1900)对其在1900年加尔维斯敦飓风期间的亲身经历评论道[1.1]:

> 1900年9月9日,星期天,出现了人类文明史上最可怕的景象之一。加尔维斯敦居民区近一半、大约三千间房屋被完全摧毁,可能有六千多人在那可怕的夜晚失去生命。准确的死亡数字可能永远是个谜,因为他们整个家庭都失踪了。8日那里还有二万人居住,而在9日所有房子都被夷为平地,其中的居民将极有可能不被人知。

在美国得克萨斯州加尔维斯顿登陆的这场飓风仍然是美国有记录以来致死人数最多的自然灾害。与热带气旋相关的其他死亡人数最多的事件是那些穿过孟加拉湾并影响到印度和孟加拉国的热带气旋。1970 热带气旋在近高潮期时登陆，潮位超过 6 m，造成孟加拉湾沿岸多达 50 万人死亡[1.2-4]。这个地区 1991 年再次受到袭击，当时另一个风速超过 130 km/h 的热带气旋在类似的潮位时登录，导致 10 余万人死亡和超过 15 亿美元的损失[1.4]。

由于热带气旋期间强风、潮水和大浪影响海岸，美国也曾遭受重创。过去 10 年中，在墨西哥湾海岸线北部登陆的几起强飓风给美国带来了有历史记录以来最大的风暴潮。卡特里娜飓风于 2005 年在新奥尔良附近登陆，致使沿路易斯安那州和密西西比海岸的潮位超过 8 m[1.5]，因此成为美国历史上最具破坏性的飓风。据估计此次事件造成的经济损失超过 1 000 亿美元[1.6]，卡特里娜飓风造成的死亡人数接近 2 000，是美国历史上致死人数第三的飓风[1.7]。仅仅三年后，艾克飓风登陆美国得克萨斯州加尔维斯敦，尽管在登陆时被记为二类中等强度飓风[1.8]，但还是在得克萨斯和路易斯安那州海岸的大部分地区产生了超过 4 m 的大潮[1.9]，这场风暴成为美国历史上损失第二大的风暴，估计损失约为 300 亿美元。两起飓风事件极大地改变了自然和建筑景观，卡特里娜飓风重创路易斯安那州的香德勒群岛和滨海湿地(见图 1.1)，而艾克飓风重塑了得克萨斯州的玻利瓦尔半岛(见图 1.2)。2012 年的桑迪飓风在美国东部沿海肆虐，造成大面积沿海洪水泛滥，给人口稠密的纽约市及周边地区造成严重破坏；灾后重建仍在进行，但此次风暴造成的损失预计将达 750 亿美元。

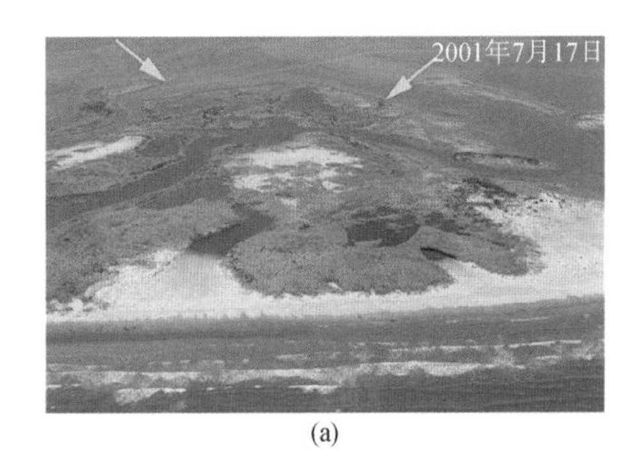

(a)

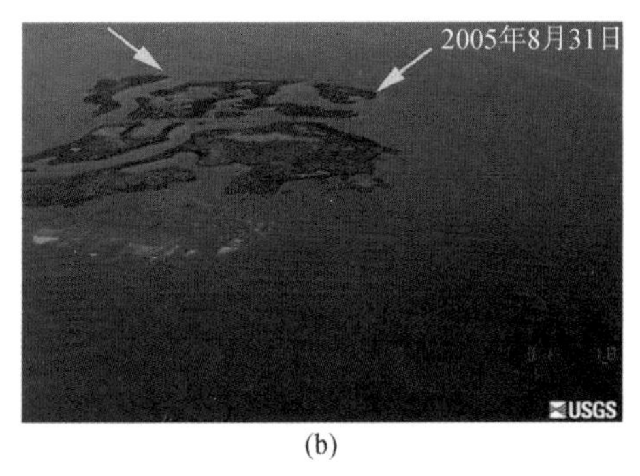

(b)

图 1.1　美国路易斯安那州香德勒群岛航空影像(a)摄于 2001 年；(b)摄于 2005 年卡特里娜飓风登陆后不久。该热带气旋带来的大潮与巨浪致使岛屿发生重大变化。(照片由美国地质调查局提供)

(a)

(b)

图 1.2　2008 年美国得克萨斯州玻利瓦尔半岛航空影像(a)飓风艾克登陆前不久；(b)登陆短时之后。该热带气旋产生的大潮与巨浪严重侵蚀半岛。(照片由美国地质调查局提供)

2）温带气旋

与热带气旋不同，温带气旋通常结构松散，地区跨度较大。由于它们往往比热带气旋要大得多，所以温带气旋内部风力整体偏弱，相关风暴潮等级一般较低。然而，由于温带气旋体积大，且相对比热带气旋运动速度慢，所以强风、大潮及巨浪持续时间更长、波及范围更广。单次温带气旋造成的不利影响持续数天至一周、波及海岸线范围达数千公里的情况并不罕见。

1953 年一个大型的温带低压横跨北海，造成了一次历史性的温带风暴。这场飓风级风暴在荷兰和英国造成了广泛破坏，许多地方潮水位超过正常水位 2 m 多[1.10]。据报道，由于越浪及用以保护低于海平面居民社区的海堤损毁引发的潮水导致近1 800人丧生[1.11]。

总之，沿海风暴是致死最多、代价最大的海岸灾害。了解强风、潮水和巨浪产生的条件及可能性对海岸设计至关重要。

1.1.2　海啸

与风暴不同，海啸的发生难以预测，留给灾害的响应时间可能很短。因此，海啸的灾后恢复很大程度上取决于对所发生海啸特征的快速评估以及指导处于险境的居民提高防范意识。

1）地震海啸

地震是海啸波最常见的诱因。地震海啸波的特征取决于海底形变的面积和量级，与释放能量强度和海底震源深度有关。与水深相比，由于垂直海底位移距离较小、位移面积较大，因此线性波浪理论可以很好地描述在深海中传播的地震海啸波，这也意味着海啸在向深海传播的过程中不会失去太多能量，并会将潜在的破坏性能量带到数百公里以外的海岸。Titov 等人证明，强震引发的海啸甚至具有全球性影响[1.12]，如 2004 年苏门答腊海啸，《国家地理》杂志(2005)对其报道如下[1.13]：

> 地球深处积聚了几百年的巨大能量于 12 月 26 日突然释放，猛烈地摇晃着地面，释放出一系列致命波浪以喷气式客机的速度穿越印度洋。到那一天结束时，超过 15 万人死亡或失踪，另有 11 个国家的数百万人无家可归，这也许是历史上最具破坏性的海啸。

纵观历史，水下地震带来的广泛破坏不仅体现在地震震中附近会产生海啸，而且还可能造成滑坡，从而产生更多的局部海啸。

2）滑坡海啸

滑坡也会产生海啸。海底和地表滑坡是否会产生海啸取决于滑坡发生的坡度和触发移动的体积。地表山体滑坡与陡坡相关，如阿拉斯加的利图亚湾。挪威的峡湾也非常陡峭，沿海岸分布着居民区和码头[1.14-16]。由于峡湾一般从峡口向内陆变窄，所以波浪变得越来越大，对低洼区构成重大且日益严重的威胁。海底滑坡的坡度通常要缓和许多，海底滑坡可能发生在大陆架上，也可能发生在俯冲带的海沟里。海底滑坡产生的初始波可能很大，但在向海岸线传播时，短时间内就会逐渐消散。但如果滑坡触发区到海岸线距离较短，海啸波会有致命危害。1998 年的巴布亚新几内亚海啸便是一个例子，里氏 7 级的地震[1.17,18]引发了海底滑坡塌方，导致巴布亚新几内亚 30 km 长的海岸地区 3 000 人死亡。

1958 年阿拉斯加利图亚湾海啸是一次滑坡海啸，产生的最大波浪爬高约 524 m，是有史以来测量到的最大海啸。在利图亚湾海啸事件中，岩石滑坡始于水体之上，不断加速并以约 110 m/s 的速度撞击水面[1.19]。在利图亚湾岩石滑坡及海啸缩尺模型中，Fritz 等人[1.19]证明弗劳德数相似准则适用于滑坡问题。该问题中的弗劳德数被定义为碰撞时的滑动速度与$\sqrt{gh}$之比，其中是撞击位置附近的平均水深。利图亚湾岩石滑坡的弗劳德数很大，在 Fritz 等人[1.19]的实验及 Weiss 等人的模拟[1.20]中，滑坡体作用于水面产生了一个空腔，其崩塌产生了大约 170 m 的波浪脉冲。对于弗劳德数较小的滑坡，所产生的波浪振幅比滑坡厚度的数量级要小得多。

海底滑坡产生的波浪大不相同。滑坡海啸的波浪特征取决于初始滑动体积及其初始加速度。一般来说，滑坡产生的海啸波比地震诱发的海啸波更陡峭，但比高弗劳德数陆上滑坡产生的波略缓和。波浪越陡，非线性过程耗散越明显，并使能量从较长频率转换到较短频率。尽管早期研究表明滑坡海啸可能越洋传播[1.21]，但现在认为，滑坡海啸的范围局限于物源附近的地区，因此仅具有区域性影响。此外，Raichlen 和 Synolakis[1.22]通过试验研究了淹没程度（滑坡顶部到水面的距离）和滑坡几何形状对海啸爬升的影响。由不考虑滑坡体变形的模型试验可以看出，相较于深水，较浅水域触发的滑坡引发的海啸爬高受滑坡形状的影响更大。需指出的是这些试验均使用形状固定的滑坡体进行。可以预见，可变形的滑坡体响应会与此大不相同（初步探讨详见 Weiss 等人[1.23]的研究）。

3）火山喷发和陨石撞击

火山喷发和陨石撞击引发的海啸非常罕见，但这两种事件都有可能产生非常大的初始波。虽然火山喷发引起的海啸通常转化为滑坡问题，而喷发期间诸如爆炸和火山口塌陷等其他过程还并不清楚。关于陨石撞击海洋引发海啸的过程现在已掌握大量信息，了解撞击产生的海啸需借助数值模拟，以便充分灵活地模拟影响陨石撞击的多重物理过程。详细信息参阅 Weiss 和 Wuennemann[1.24,25]关于以撞击区陨石大小和水深为函数的波浪产生和衰减研究。

任何地方都可能发生陨石撞击海洋的事件。其危害之大在于撞击会产生巨大的波浪，以致任何地势低洼的沿海地区都可能面临严重威胁。但是发生陨石撞击的概率非常低。另一方面，地震、山体滑坡和火山爆发更为常见，并与某些地理区域有关。强震活动和火山爆发与大陆地壳下方海洋地壳的俯冲过程直接相关。俯冲带环绕着太平洋。图 1.3 标记了引发重大海啸的地震点，也标出了有爆发性火山活动的岛弧的位置。

1883 年 8 月 26 日至 27 日喀拉喀托火山爆发，喷发的不同阶段（爆炸、火山口塌陷等[1.26]）都在印度洋引发了海啸。虽然大型爆炸和火山口塌陷是引发海啸的直接方式，但在火山喷发时或结束后，常伴随的侧翼塌陷——如对别哈峰火山（拉帕尔马，加那利群岛[1.27]）喷发的预测——可参照滑坡问题处理。

4）海啸源频率

地震频繁发生，相关记录已持续了大约 100 年。地震的发生遵循幂律分布，这说明小震发生的次数多于大地震。类似的幂律分布规律也可从月球及其他行星上的陨石撞击坑推断得出[1.28,29]。与地震类似，小型撞击比大型撞击频发，因而陨石坑大小的分布影响其灾害评估。可惜的是，海底滑坡没有直接测量和具体分布的数据。确定合适分布频率的主要困难在于，海底滑坡不仅可以由地震诱发，还可以由海平面上升、超孔隙压力、薄弱层和局部斜坡的构造过度陡峭诱发。

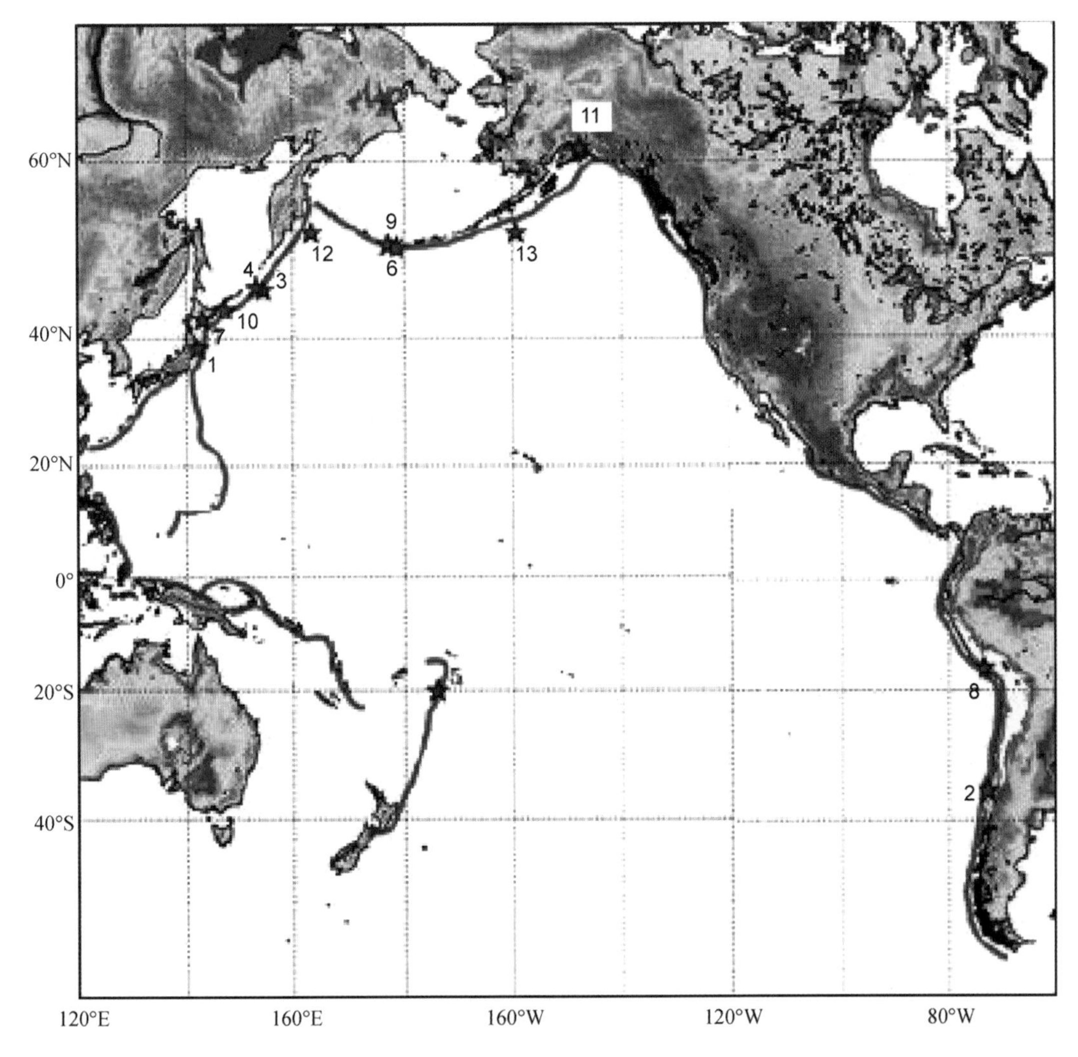

图 1.3　太平洋地图

注：线条代表可能发生大型海啸地震的俯冲带。★代表产生过严重海啸的地震点：1—日本(2011)；2—智利(2010)；3—千岛群岛(2007)；4—中部千岛(2006)；5—汤加(2006)；6—拉特群岛(2003)；7—北海道(2003)；8—秘鲁(2001)；9—安德烈亚诺夫群岛(1996)；10—千岛群岛(1994)；11—阿拉斯加(1964)；12—堪察加半岛(1952)；13—乌尼马克(1946)。

1.1.3　气候变化及海平面上升

气候变化通过以下两个主要过程影响海岸：

(1) 气候模式的改变，如地点和严重程度；

(2) 平均海平面的变化。

此外，气候变化有多重尺度。这里只考虑长期变化，但需要指出的是，季节和年际效应在确定风暴活动的年度周期、高波浪能等方面十分重要，所以尽管重点关注长期趋势，但也会涉及一些具体周期影响的讨论。

1）海平面上升

气候的长期变化往往与全球趋势相关。近期的文献主张全球变暖趋势[1.30]，这种趋势逐渐对海岸进程带来影响。全球海平面上升（SLR）由海洋热膨胀和冰层融化引起。对全球变暖作用下海平面上升的观测表明，海平面上升的趋势正在加快[1.30-32]。近年来的观测结果显示，海平面上升的速度已经达到 3 mm/a，而 20 世纪海平面上升的平均速度是 1.7 mm/a[1.30]。联合国政府间气候变化专门委员会（IPCC）[1.30]考虑一系列未来气候情景，包括碳排放率从低到高导致下个世纪海面温度（SST）上升 1.1～6.4 ℃，估计全球海平面有可能继续加速上升，在不考虑主要冰盖融化情况下，将高达 6.0 mm/a。2007 年的 IPCC 报告考虑了主要冰盖融化的情况，自那以后出版的文献在很大程度上证明了海平面上升速率的上限会更高，在下个世纪达到 20 mm/a[1.33-36]。目前，对下个世纪全球海平面上升的预测范围是最低 1.8、最高 20 mm/a。

区域影响也助推了特定地点的相对或局部海平面上升。这些区域影响是由沉降和构造活动等过程造成的。平均海平面永久服务数据库（PSMSL）报告了世界各地的相对海平面趋势（见表 1.1），数据显示在许多地点相对海平面上升率超过了海面升降率。例如，美国的弗吉尼亚州和路易斯安那州海岸地区 30 年相对海平面上升率高于海面升降率 30%～300%；中国上海地区的 30 年相对海平面上升率也高于海面升降率 300%。

表 1.1　选定地点观测到的海平面上升速率

地点	时间周期	海平面上升速率/mm/a
爱尔兰都柏林	1938—2001	0.21
英国阿伯丁	1932—2010	1.01
芬兰赫尔辛基	1900—2010	−2.08
挪威奥斯陆	1916—2010	−3.75
瑞典斯德哥尔摩	1900—2010	−3.80
德国基尔	1956—2010	1.45
法国马赛	1900—2009	1.19
意大利威尼斯	1909—2000	2.40
巴基斯坦卡拉奇	1937—1986	0.41
印度孟买	1900—2006	0.83
印度甘格拉	1974—2006	1.19
越南归仁	1977—2006	−1.27
中国香港	1963—2010	2.71
中国上海	1961—2010	5.01
韩国釜山	1961—2009	2.03
日本东京	1930—2010	3.60

（续表）

地点	时间周期	海平面上升速率/mm/a
日本长崎	1965—2010	2.19
新加坡	1954—2010	−0.91
澳大利亚布里斯班	1966—2010	0.21
澳大利亚悉尼	1915—2010	0.90
新西兰奥克兰	1904—1998	1.26
加拿大维多利亚	1910—2010	0.61
加拿大魁北克省	1911—2010	−0.38
美国洛杉矶	1924—2010	0.86
美国旧金山	1900—2010	1.91
美国纽约	1900—2010	3.03
美国华盛顿特区	1931—2010	2.99
美国朱诺	1936—2010	−13.05
得克萨斯州休斯敦	1958—2010	6.73
阿根廷布宜诺斯艾利斯	1905—1987	1.54
乌拉圭蒙得维的亚	1954—2009	0.92
厄瓜多尔拉利伯塔德	1950—2002	−1.31
巴拿马巴尔博亚	1908—2006	1.64

除了抬高平均水位这一明显影响之外，海平面上升造成岸线后退和土地覆盖变化，致使更大的海浪传播到更远的内陆，改变潮位和潮流，改变风暴潮量级，并如前节所述引发滑坡海啸[1.37-41]。

2）风暴气候

有证据表明全球变暖趋势也会影响沿海风暴活动，有可能改变风暴的强度和频率，导致波候和沿海洪灾的变化。作为海面温度上升的回应，预计沿海风暴强度和发生率将在下个世纪发生变化。近期一些研究证实热带气旋强度随海平面升高而增加[1.43-47]，其中风力强度预计在下个世纪增加 2%～11%[1.48]。海面温度对未来热带气旋发生率的影响尚不清楚。针对历史记录的各种分析得出，热带气旋活动随着海面温度的上升从基本没变化[1.47]到增加的结论[1.49,50]。Bender 等人[1.51]总结说，在中等程度的碳排放情况下，气候模型显示到 2100 年大西洋热带气旋活动减少了 4%～49%，而大多数模型表明极强气旋活动变化范围在减少 53%到增加 110%之间。

未来风暴强度的增加意味着当风暴真正发生时，风暴潮和海浪可能会更大[1.41,52-58]。因此可以预见未来沿海风暴的影响，包括淹没高程和范围、波浪和风荷载、海岸侵蚀和各种损害更加严重[1.59-63]。

1.1.4 人类活动

沿海城镇化进程会导致沿海灾害风险难以预期并增加严重性,因此亟须提高海岸规划水平以减轻灾害影响。此处以美国新奥尔良地势低洼和洪水多发地区为例。为了保证密西西比河口连接新奥尔良港与美国大部分地区的重要航运水道的稳定,并管理海岸洪水,20世纪在整个地区设计建造了一个复杂的堤坝和圩田系统。最近的研究表明,在特定的风暴条件下,用于控制河势的堤坝可能会增强并圈闭风暴潮,从而增加洪水相关的损失[1.64]。该地区另一个意外的例子是,20世纪期间,新奥尔良的人口增长超过60%[1.65],如今许多居民定居在堤坝后面海拔低于海平面的区域。在卡特里娜飓风(2005年)期间,部分堤坝决口,导致洪水在这些人口稠密的低洼地区大面积泛滥。虽然卡特里娜飓风期间堤坝破坏所导致的毁灭性影响是包括设计荷载超限在内的多种因素综合作用的结果,但该事件表明需要更好地进行城市规划,以避免城市向易受灾地区发展。

海岸发展造成影响的另一个案例是建设内陆水坝、内陆河流和水道挖沙以及城镇化进程造成景观硬化带来的意外后果。这些过程都阻碍了泥沙向海岸的自然输移[1.66],造成天然泥沙供给不足,致使大范围海岸线后退。同样,海岸侵蚀及不考虑下游影响就实施的通航措施往往会导致不必要的岸线侵蚀。近年来,区域泥沙管理技术已被全面用于海岸和内陆沉积带管理[1.67]。

重大工业事故也会给沿海地区带来不利的环境影响。2010年的"深水地平线"海上平台爆炸,35 km长的油带延伸到墨西哥湾[1.68]。石油流向海岸,破坏了沿海生态系统,泄漏事件直接影响到该地区的旅游和商业捕鱼。在这种脆弱的动态环境中,需慎重考虑沿海增建炼油厂、核电站、化工厂以及建设其他此类重大工业发展项目。

综上所述,现有开发和未来的人类活动本身就可能会加剧沿海洪灾和海岸侵蚀。再结合包括海平面上升等的其他自然威胁,我们在海岸开发、规划和设计各个阶段都需谨慎考虑其带来的长期影响和区域影响。

1.2 海岸作用力

1.2.1 风

海岸开发过程中必须考虑热带和温带气旋带来的风。强风随时间和空间不断变化,会破坏住宅和商业基础设施,并可能导致疏散过程中路线封闭。从海岸工程的角度来看,了解暴风很有必要,因为暴风是波浪和风暴潮产生的主要动力机制。近年来,借助卫星观测、定点测量和基于实时航测断面得到的实地观测资料已被成功地用于重建气旋风场[1.69,70],提供风速的实时信息。对于气旋风,动量平衡产生如下关于气旋中心的移动参考系中的风速(U)方程:

$$U=\frac{1}{\rho_a f}\frac{\partial p}{\partial r}+\frac{U^2}{f\hat{r}_c} \tag{1.1}$$

式中,ρ_a 是空气密度;f 是科氏力参数;p 是气压;r 是距气旋中心的径向距离;$\hat{r}_c$ 是等压线的曲率半径。相对于地球的实际风速(U_a)必须包括风暴的平移速度(或前进速度)(V_f)。实际风速的简单近似值为两种风速的向量和：$U_a = U + U_f$。因此，气旋中最强的风一般位于北半球（南半球）风暴的前锋右（左）象限。

由于温带气旋结构松散、无序，它们的风场不易参数化，单个风暴的风场重建通常由观测得到[1.71]。另一方面，由于热带气旋通常结构紧实，海岸灾害分析和工程设计中可使用一些涡旋模型[1.72-75]来估计气旋的风场。该类模型也称大气边界层（PBL）模型，通常假定热带气旋的气压场（p）如下所述：

$$\frac{\partial p}{\partial r} = \frac{B(p_{far} - p_c)}{r}\left(\frac{R_{max}}{r}\right)^B \exp\left[-\left(\frac{R_{max}}{r}\right)^B\right] \tag{1.2}$$

式中，r 是距气旋中心的径向距离；B 是 Holland 提出的[1.72]压力剖面形状参数；p_{far} 是远场气压；p_c 是气旋中心压力；R_{max} 是从气旋中心到最大风速位置的径向距离。数值求解式（1.1）和式（1.2）获得热带气旋的风场。在热带气旋最中心，式（1.1）中的第二项趋于 0，对最大相对风速 U_{max} 的解析估算可得

$$U_{max} = \sqrt{\frac{B}{\rho_a e}(p_{far} - p_c)} \tag{1.3}$$

式中，e 是自然对数的底数 2.718。图 1.4 所示为三个典型的 V_f 值时 $U_{a\text{-}max} + V_f$ 与 $p_{far} - p_c$ 的比较。这里应注意，这些模型中使用 U_{max} 代表与缓慢变化的压力梯度近似平衡的风速，不是类似于一些风力统计中（如热带气旋天气报告中通常给出的 1 小时内最快的 1 分钟风速）固定时间间隔内特定最大风速值。该参数变化十分缓慢，仅作粗略近似，约 15～30 min 内可认为是恒定的。

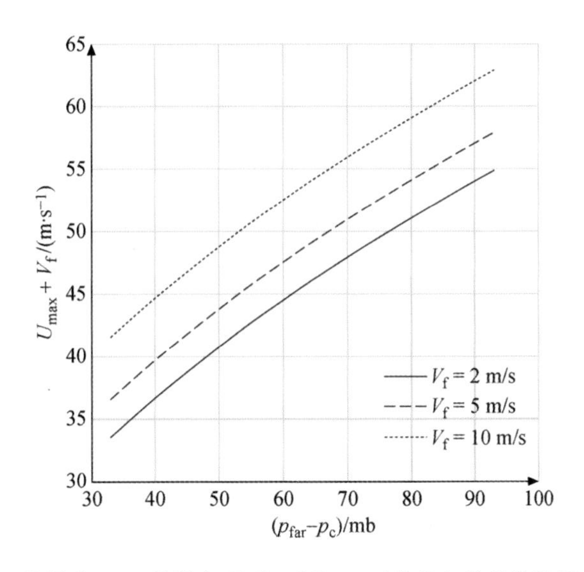

图 1.4　使用式（1.3）并假定 Holland B＝1 时热带气旋的估计最大风速

总之，暴风本身会对海岸建设环境——如道路和公用设施以及住宅和商业建筑等重要基础设施——构成风载荷威胁。因取决于风暴气象参数，上述方程可得一般意义上的风力强度，但建议采用数值模拟和同化技术来严格评估风和风作用。最后，这些暴风会引发大的风暴潮，而如以下各节所述，它们往往是海岸设计中受关注的设计工况。

例 1.1

卡特里娜飓风在美国路易斯安那州与密西西比州边境附近登陆时，观察到飓风的前进速度和中心气压分别为 $V_v=7\ ms^{-1}$[1.76] 和 $p_c=920\ mb$[1.77]。它在登陆时的最大相对风速可以用式(1.3)或图 1.4 近似得到，其中假设 $p_{far}=1\ 013\ mb$(标准大气压)，$B=1.0$(典型值)和 $\rho_a=1.23\ kgm^{-3}$。相对最大风速则为 $U_{max}=53\ ms^{-1}$。实际最大风速通过将相对最大速度和热带气旋前进速度相加来估算，得出 $U_{a\text{-}max}=60\ ms^{-1}$。观测到的卡特里娜飓风在登陆时的实际最大 15 分钟风速为 $U_{a\text{-}max}=44\ ms^{-1}$[1.77]，因此，就卡特里娜飓风来说，式(1.3)给出的最大风速估值比观测值大 35%左右。这个例子说明近岸使用简化的风模型会产生较大误差，因为暴风与陆地相互作用显著改变了那里的风场。

1.2.2 风成浪

大的风成浪通常主导海岸工程设计。了解大浪的量级和频率对量化海岸结构的冲击载荷和越浪以及风暴对海岸侵蚀至关重要。这些波浪在远场和近场风暴中发展。读者可参照有关近岸波浪演化过程及本书第三章对近岸波浪数值模型的介绍。设计波候的全面分析涉及波场观测和计算模型(本书第三章)，本节我们将介绍考虑海岸热带气旋波来识别一般台风波候特征的简单方法。

风浪的产生受风的强度、范围、持续时间及地形条件影响，地形条件可分别通过减少风区距离和水深来限制能量传播及增长。由 Young[1.78] 根据数值模拟解析开发出的经验模型已被广泛应用[1.79,80]，以近似求解热带气旋的最大连续有效波高($H_{s\text{-}max}$)：

$$\frac{gH_{s\text{-}max}}{U_{a\text{-}max}^2}=a\sqrt{\frac{gX}{U_{a\text{-}max}^2}} \tag{1.4}$$

式中，$U_{a\text{-}max}$取自海上 10 m 高程；a 是经验拟合系数；X 是等效风区距离。基于 Hasselmann 等人[1.81]早期关于有限风区谱波浪成长的研究，经验系数 $a=0.001\ 6$。Taylor[1.82]发现，相对于 Young 最初的公式，Alves 等人[1.83]关于 X 的公式估算近岸波时散射和偏差较少。Alves 等人[1.83]的定义是

$$X=b\left[R_{max}\left(1+d\ \frac{V_f}{c_{g\text{-}max}}\right)\right]^m \tag{1.5}$$

式中，$c_{g\text{-}max}$是关注点处的主波的群速；b、d 和 m 是经验拟合系数。Alves 等人[1.83]基于 WAVEWATCH III 的数值模拟发现 $b=1.11$，$d=2.3$，$m=0.38$，其中 R_{max}单位是 m，V_f 和 $c_{g\text{-}max}$的单位为 ms^{-1}。浅水处，应考虑破波水深，并且根据式(1.4)和式(1.5)预测的波高相应减少。Alves 等人[1.83]提出以下公式近似求解谱峰周期(T_p)：

$$T_p=\frac{0.123U_{a\text{-}max}}{g} \tag{1.6}$$

使用式(1.4)至式(1.6)估计 $H_{s\text{-}max}$的算例如图 1.5 所示。

综上，虽然我们建议在可能的情况下使用数值模拟来精确量化波浪设计条件，但上述经验公式也为初步评估海岸极端波况提供了一种方法。

例 1.2

仍以 1.1 为例，卡特里娜飓风登陆时的 15 分钟最大风速和最大风速半径分别估算为 $U_{a\text{-}max}=44\ ms^{-1}$ 和 $R_{max}=65\ km$[1.77]。使用式(1.4)和式(1.5)或图 1.5，并用线性波理论估

算 $c_{g\text{-max}}$，水深 25 m 处的最大有效波高 $H_{s\text{-max}}=11$ m。

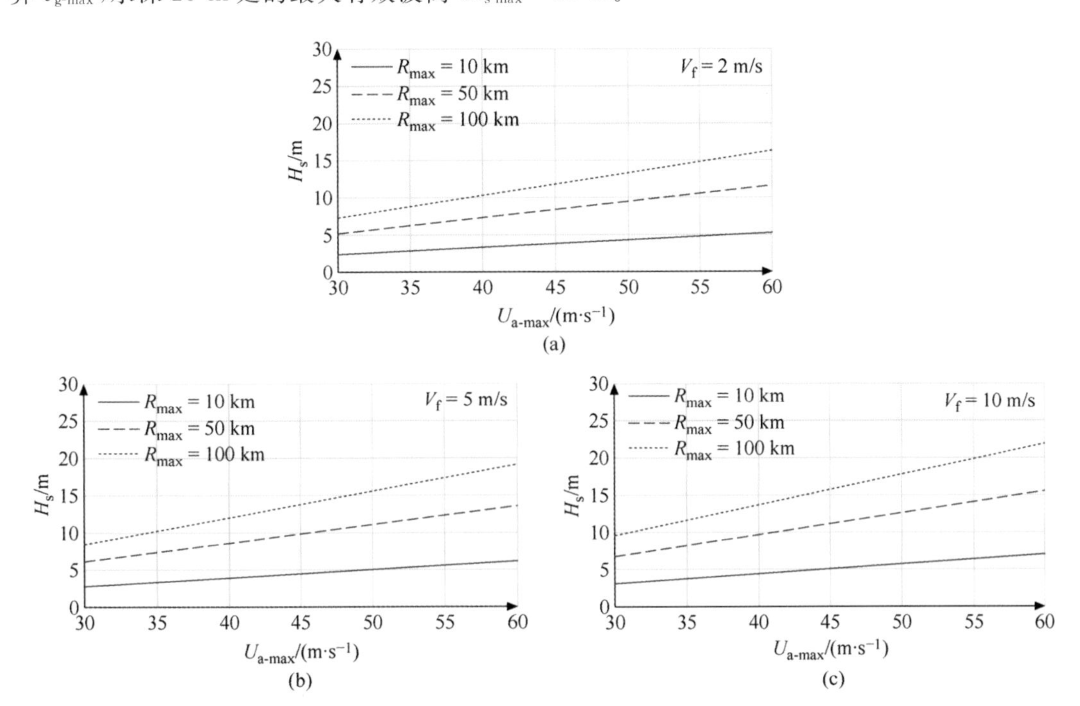

图 1.5　当 $V_f=2$ m/s、5 m/s 和 10 m/s 时，平均水深为 25 m 时，通过式(1.4)到式(1.6)估算的热带气旋的最大有效波高

(a) $V_f=2$ m/s　(b) $V_f=5$ m/s　(c) $V_f=10$ m/s

1.2.3　潮水位和爬高

极端水位通常是海岸工程的关键设计标准。沿海地区，这些极端的水位通常伴随沿海风暴及海啸。下文将详述这两种现象。

1）风暴潮

风暴潮是沿海风暴中最致命和最具破坏性的部分之一，常常导致道路、住宅和重要基础设施的大面积淹没。沿海洪水的范围和大小受大气作用因素及每日水位条件的联合作用影响，大气作用产生大浪和波浪增水(ξ_{wave})、风浪(ξ_{wind})、气压增水(ξ_{baro})和埃克曼增水(ξ_{Ek})，每日水位条件包括天文潮位(ξ_{tide})。为了准确估计暴雨水位和原型海岸的淹没情况，应该采用浅水方程的高分辨率数值模拟[1.84,85]。本节中我们将讨论风暴潮的普遍行为和特征。尽管在地形复杂和强潮地区，风暴潮具有非线性特征，但是暴雨潮水总高程(ξ_{storm})可以近似为线性叠加

$$\zeta_{storm}=\zeta_{baro}+\zeta_{wind}+\zeta_{wave}+\zeta_{Ek}+\zeta_{tide} \tag{1.7}$$

忽略潮汐效应，线性化和沿水深积分的风暴潮浅水动量方程为

$$-\frac{1}{g}\frac{\partial v_x}{\partial t}\frac{\partial\zeta_{storm}}{\partial x}=-\frac{1}{\rho g}\frac{\partial p}{\partial x}+\frac{\tau_{s\text{-}x}}{\rho gh}+\frac{\tau_{wave\text{-}x}}{\rho gh}+\frac{fv_y}{g}-\frac{\tau_{b\text{-}x}}{\rho gh} \tag{1.8a}$$

$$-\frac{1}{g}\frac{\partial v_x}{\partial t}\frac{\partial\zeta_{storm}}{\partial y}=-\frac{1}{\rho g}\frac{\partial p}{\partial y}+\frac{\tau_{s\text{-}y}}{\rho gh}+\frac{\tau_{wave\text{-}y}}{\rho gh}-\frac{fv_x}{g}-\frac{\tau_{b\text{-}y}}{\rho gh} \tag{1.8b}$$

式中，v 为水流速度；τ_s 为水面风切应力；τ_{wave} 为波浪辐射应力梯度；h 为总水深；f 为科氏力参数；τ_b 为水底部应力。式(1.8)右边的前四项分别求得气压增水、风暴潮、波浪增水和埃克曼增水。

气压增水由风暴的气压变化或式(1.8)中右边第一项所示的梯度引起。气压增水的最大作用发生在风暴中心气压最低的位置，可以通过假设静水压力近似得到

$$\zeta_{baro}=\frac{(p_{far}-p_c)}{\rho g} \tag{1.9}$$

气压增水的变动大约在 1 m 及以下；例如，强热带气旋中心压差($p_{far}-p_c=100$ mb)会在风暴中心产生大约 1 m 的气压增水。

风增水来源于大气动量的通量进入水体。在没有其他作用力的情况下，式(1.8)成为稳态风增水：

$$\frac{\partial\zeta_{wind}}{\partial x}=\frac{\tau_s-\tau_b}{\rho g h} \tag{1.10}$$

其中 x 在风向上沿着风行进方向，并且假定 τ_s 和 τ_b 是在同一垂线上。

由于风暴期间近岸波浪条件变化范围较窄，因此在大多数风暴期间波浪增水将总水位抬高的量级为 1 m。波浪增水的确切大小将取决于入射波和地形条件。在地形变化陡峭地区，如具有火山群岛特征的地方，波浪增水通常是风暴潮水位的主要贡献因素。读者可参见 Resio 和 Westerink[1.86]关于沿海风暴期间波浪增水的讨论。

埃克曼增水是科氏力作用于由风、波浪或潮汐驱动的强沿岸流而形成的，导致海岸线水位上升。在没有任何其他作用力的情况下，式(1.8)成为稳态埃克曼增水

$$\frac{\partial\zeta_{Ek}}{\partial x}=\frac{f v_y}{g} \tag{1.11}$$

其中 x 在跨岸方向上沿垂直岸线方向，水流速度 v_y 在沿岸方向。尽管埃克曼增水往往并不显著，但在某些条件下可能会导致数米的巨浪。例如，Kennedy 等人[1.87]通过观测和数值模拟表明，艾克飓风(2008 年)接近墨西哥湾海岸线时，早在其登陆之前，风成沿岸流便在得克萨斯州和路易斯安那州(美国)海岸产生了 3 m 高的埃克曼增水。

在四个大气作用的增水中，风增水通常是沿海浅坡地区最大的一种。为理解简单情况下的风增水，式(1.10)可以通过进一步假设静水水深(h_o)求解，$h_o\gg\zeta_{wind}$，$\tau_b\ll\tau_a$ 来求解，二次风应力公式

$$\tau_s=\rho_a c_d U^2 \tag{1.12}$$

其中 c_d 是风阻力系数。则式(1.10)的解是

$$\zeta_{wind}=\left(\frac{\rho_a}{\rho}\right)\frac{c_d U^2}{g}\int_0^{\tilde{x}}\frac{dx}{h_0} \tag{1.13}$$

其中 $\tilde{x}$ 是沿风向上测得的到关注点的距离。式(1.13)表明，风增水的梯度与风速的平方成正比，但与水深成反比。因此，对于较强的风力条件和较长的风力作用距离，预计会产生较大的风增水，而水深较深处风增水估计较小。

对于由沿着开敞海岸的陆上风产生的风增水，X 是从关注点位置到一个极深点的离岸距离，该点深度可以使风产生的增水忽略不计。在许多风暴多发的沿海地段，大陆架的水底剖面可以大致近似为指数函数[1.88]，因此式(1.13)给出了海岸的风增水为

$$\zeta_{\text{wind}} = a\left(\frac{\rho_a}{\rho}\right)\frac{c_d U^2}{g}[\exp(bX_{\text{shelf}}) - 1] \tag{1.14}$$

式中，a 和 b 是针对局部大陆架形状的拟合常数；X_{shelf} 是大陆架的局部宽度。

对于在均匀深度的环抱港池中产生风增水的情况，类似于与海洋有限交换的湖泊或海湾，计算最大风增水式(1.13)的解为

$$\zeta_{\text{wind}} = \left(\frac{\rho_a}{\rho}\right)\frac{c_d U^2}{g}\frac{X_{\text{basin}}}{2h_0} \tag{1.15}$$

式中，X_{basin} 是港池的宽度。

实际风暴中，增水响应更为复杂。例如，风力会随着风暴大小和传播速度在空间和时间上发生变化。同样，风增水响应因地而异，取决于局部海岸线和水深变化情况。直到 2005 年卡特里娜飓风在美国洛杉矶的新奥尔良附近登陆，暴风强度对增水的重要性才为人所知[1.89]。密西西比州比洛克西的太阳先驱报[1.90]注意到，在卡特里娜飓风之后：

> 经常听到议论……卡米尔飓风 2005 年比 1969 年杀死更多的人。许多官员和当地人相信……那些从当时(1969 年)记录的最强飓风中幸存下来的人，陷入了一种虚假的安全感，这让他们陷入了危险之中。

这种情绪反映了风暴强度(中心压力、最大风速)与卡米尔飓风和卡特里娜飓风产生的风增水之间的差异，这两者都在新奥尔良附近登陆。虽然卡米尔飓风在两者中更强，但卡特里娜飓风产生的 8.5 m 的增水比卡米尔的 6.9 m 高得多。卡特里娜飓风产生这么高增水的原因是其飓风级风力是卡米尔飓风的两倍多。现在人们普遍认为，热带气旋增水的幅度主要受区域海底坡度和风暴的强度和规模影响[1.89,91-93]，而飓风的前进速度和相对于海岸的轨迹位置一般影响没那么大[1.85,94,95]。Irish 和 Resio[1.88]提出了一种准经验模型，用于估算连续海岸的热带气旋风增水最大值(不包括天文潮)：

$$\zeta_{\text{storm-max}} \cong n\frac{(p_{\text{far}} - p_c)}{p_{\text{atm}}}X_{\text{shelf-30}}\,\psi\left(\frac{R_{33}}{X_{\text{shelf-30}}}\right) + q \tag{1.16a}$$

$$\psi\left(\frac{R_{33}}{X_{\text{shelf-30}}}\right) = \begin{cases} \left(\dfrac{R_{33}}{X_{\text{shelf-30}}}\right) & \text{when } \left(\dfrac{R_{33}}{X_{\text{shelf-30}}}\right) \leqslant 1 \\ 1 & \text{when } \left(\dfrac{R_{33}}{X_{\text{shelf-30}}}\right) > 1 \end{cases} \tag{1.16b}$$

式中，n 和 q 是经验拟合系数；p_{atm} 是标准大气压力；R_{33} 是 $U_a = 33\ \text{ms}^{-1}$(飓风级风力)的台风半径；$X_{\text{shelf-30}}$ 是从海岸线到 30 m 等深线的离岸距离。根据 1941 年至 2008 年期间美国大陆飓风袭击的观测资料，Irish 和 Resio[1.88]确定了 $n = 4.51\times10^{-4}$ 和 $q = 1.84$ m。图1.6所示为针对选定风暴参数、由式(1.16)估算的最大增水值。

例 1.3

继续利用例 1.1 和例 1.2 提供的资料，我们可以采用式(1.16)或图1.6估计卡特里娜飓风的最大风暴潮，其中飓风登陆时中心气压和风力半径分别为 $p_c = 920$ mb 和 $R_{33} = 217$ km[1.77]。在登陆地点，由岸到 30 m 等深线的距离为 $X_{\text{shelf-30}} = 1\,400$ km[1.88]。因此，式(1.16)产生的最大风暴潮估计值为 $\zeta_{\text{storm-max}} = 7.6$ m。卡特里娜飓风观测到的最大水位[1.5]在 7.5 至 8.5 m 之间，表明式(1.16)可以较好地计算这场风暴增水。

总之，风暴潮是一个复杂的过程，其大小随地形条件和风暴条件而变化。尽管建议使用数值模拟对风暴潮进行详细评估，但上述简化也不失为了解沿海风暴期间潮水响应普遍行

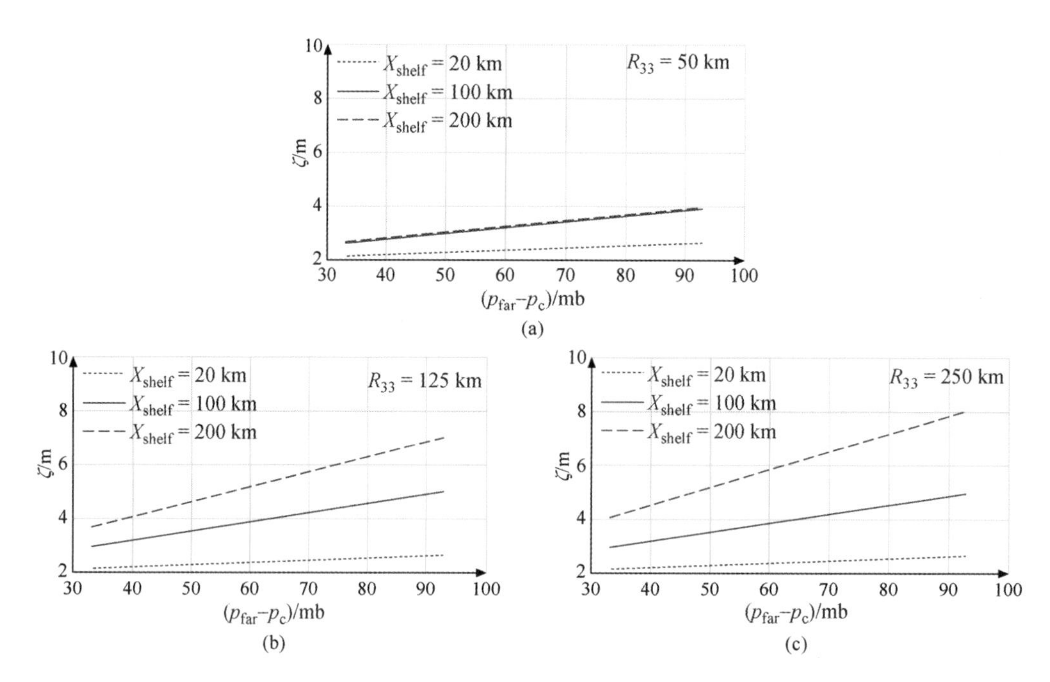

图 1.6　当 R_{33} = 50 km (a)、125 km (b)和 250 km (c)时，式(1.13)估算的最大增水数值。在(a)中，X_{shelf} = 200 km 的结果与 X_{shelf} = 100 km 时的结果相符

为的一种方法。

2）**海啸**

众所周知，海啸波能够长距离传输，其破坏力能达到很远的海岸线。海啸产生源不同，其爬高的幅度和沿海岸的分布会有很大不同。海啸事件为研究爬高幅度和分布提供了重要机会。例如，在印度尼西亚、泰国、斯里兰卡、印度以及索马里、马达加斯加和肯尼亚都观测到 2004 年苏门答腊海啸爬高数据[1.96]。

一般来说，很少有可以用来快速估算海啸爬高的简单公式。最成功的公式是 Plafker 经验法则，即直线海滩上的爬高不超过断层滑动量的两倍。数值模拟能够在预报框架中预测某次海啸的爬高幅度和分布[1.98]，并以事后的调查数据为基准。对常用沿水深方向积分的方程式进行数值求解，得到适应性强的计算框架(本书第三章)。尽管理论分析仅限于长波爬高的典型问题，对浅水方程解析不仅为数值模型提供了重要验证，而且还提供了爬高幅度(R)的总体情况，其中爬高幅度(R)是近岸和陆上平均地形坡度和波浪特征函数。长波爬高的典型问题分为恒定水深和斜坡海滩两部分，最初，用孤立波作为驱动波浪，Synolakis[1.99,100] 找到了浅水方程解析解，进而得到斜率($\tan\beta$)和离岸波振幅(H，其中波幅由等深度部分的水深标准化得到)函数的爬高定理。Synolakis 的爬高定理是

$$\frac{R}{h} = 2.831(\tan\beta)^{-\frac{1}{2}}\left(\frac{H}{h}\right)^{\frac{5}{4}} \tag{1.17}$$

Tadepalli 和 Synolakis[1.97,101] 拓展了该定理，考虑海洋物理上更现实的 N 形波(以下简称 N 波)，其相应爬高是

$$\frac{R}{h} = \xi(\tan\beta)^{-\frac{1}{2}}\left(\frac{H}{h}\right)^{\frac{5}{4}} \tag{1.18}$$

其中 N 波波峰在前的常数和波谷在前的常数 $\xi=4.55$。图 1.7 所示为与孤立波与 N 波的爬高比较。一般来说，N 波的爬高大于孤立波的爬高，因此，由式(1.17)估算的结果可能会低估最大爬高数值。此外，Madsen 等人[1.102]比较了不同类型的海啸问题，评估了孤立波的性能，得到的结果质疑了孤立波的正则性质。

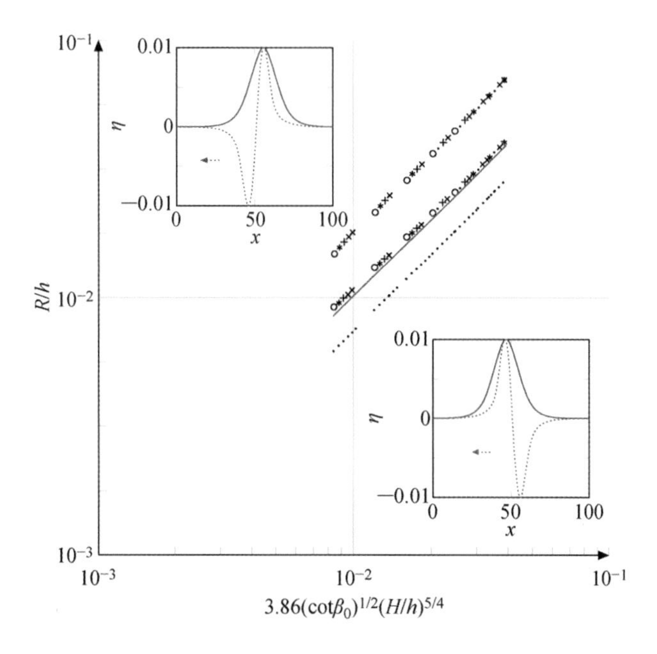

图 1.7　两种类型 N 波的最大爬高幅度：波峰在前型和波谷在前型

注：波谷在前的 N 波比波峰在前的 N 波产生更大的爬高。两种类型的 N 波均比孤立波（虚线）爬升更高。

借助数值模拟，Okal 和 Synolakis[1.103]用定量论据证实了 Plafke 经验法则，并且揭示，由地震海啸与滑坡海啸不同，不仅表现在爬高幅度也体现在爬高分布上，这可以归因于不同海啸源的长度尺度（见图 1.8）。滑坡海啸的爬高分布狭窄，但可能产生的最大爬高为地震海啸爬高的四到五倍。

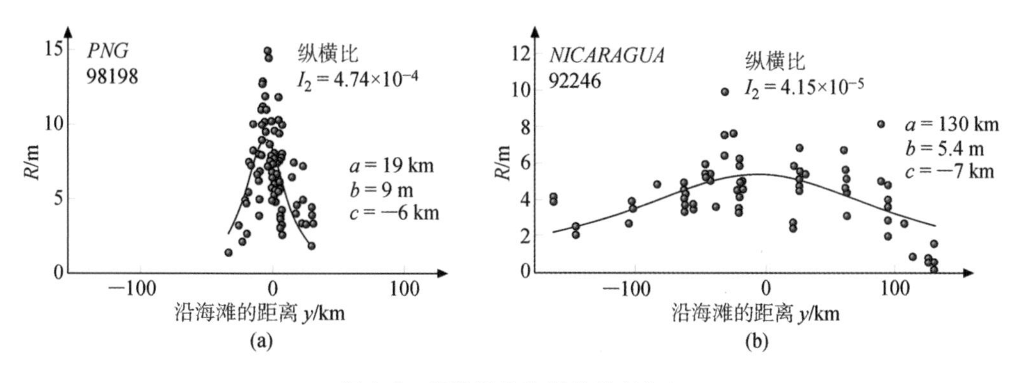

图 1.8　沿海岸线的海啸爬高分布

(a) 1998 年巴布亚新几内亚海啸　(b) 1992 年尼加拉瓜海啸

注：(a) 中的狭窄分布表示滑坡海啸的爬高，(b) 则是地震海啸的典型特征。

1.2.4 环境影响

自然灾害对环境的影响包括短暂和长期的自然景观变化，以及对重要基础设施和工业园区及周边地区的短暂和长期破坏。为了应对海平面上升、极端波浪事件和沿海洪灾，应当对近岸和陆上沿海地区进行必要的改造，改变相应的地形和地表覆盖。随着海平面上升以及沿海开发的持续，预计潮间带生态环境（如湿地和红树林以及它们所维系的丰富生态系统）将长期受损[1.104-107]。目前还不清楚这些海岸景观变化会带来怎样广泛的环境、社会和经济后果。

海平面上升、偶发性沿海洪灾事件以及随着全球变暖而增加的干旱事件也可能将海水沿河流和河口以及地下水推向更远的内陆，这些过程将改变对盐度变化敏感的生态系统的生存环境，还可能对人类产生直接影响。2012 年美国大旱以及新奥尔良相对海平面快速上升给密西西比河带来严重的海水入侵[1.108]，以致污染了该地区饮用水的淡水取水口。

重大沿海淹没事件对重要基础设施的影响可能是灾难性的。日本 2011 年 3 月的大地震和海啸导致福岛第一核电站熔毁，随后释放出的放射性物质导致 20 多万人被强制撤离，对人类健康和环境的长期影响尚不清楚[1.109]。

总之，海岸的短暂和长期灾害会诱发自然环境的变化，并对人类健康产生威胁。海岸灾害与其对自然环境改变之间的反馈目前尚不清楚，但是海岸设计的所有阶段都必须考虑可能的环境后果。

1.3 结语

本章概述了威胁沿海社区和周围环境的各种灾害，并且列出了一系列用于评估物理灾害的简便方法。这些主要的威胁因素包括潮水、波浪冲击、侵蚀、自然生态环境丧失、环境污染和对人类健康的不利影响。海岸灾害是一个复杂的问题，海岸设计通常需要综合性、跨学科的团队协作，以准确评估实质危险因素及其构成的威胁。项目团队通常由工程师、物理学家、生态学家、经济学家和社会学家组成，以便根据风险将灾害量化。第 2 章将讨论海岸设计的灾害概率和风险概念。

1.4 术语一览

a、b、d、m、n、q—系数

B—Holland 的压力分布形状参数

c_d—阻力系数

$c_{g\text{-}max}$—主波的群速

h—水深

h_0—静水水深

p_{far}—远场气压

r—距气旋中心的径向距离

$\hat{r}_c$—等压线的曲率半径

R—海啸爬高
R_{33}—$U_a = 33$ m/s 时的气旋半径
R_{max}—最大风速时的气旋半径
SLR—海平面上升
T_p—峰值波周期
U—风速
U_a—相对于地球的风速
$U_{a\text{-}max}$—气旋的最大风速
U_{max}—相对于气旋中心的气旋最大风速
v—水流速度
V_f—气旋前进速度
$\tilde{x}$—到关注点的距离
X—风区距离
H—离岸波幅
$H_{s\text{-}max}$—气旋的最大有效波高
f—科里奥利参数
p—气压
p_{atm}—标准大气压
p_c—气旋中心压力
X_{basin}—港池宽度
X_{shelf}—大陆架的局部宽度
$X_{shelf\text{-}30}$—从海岸线到 30 m 等深线的垂直距离
$\cot\beta$—底坡
ζ_{baro}—气压增水
ζ_{EK}—埃克曼增水
ζ_{storm}—总风暴潮水位
ζ_{tide}—天文潮位
ζ_{wind}—风暴增水
ζ_{wave}—波增水
ζ—系数
ρ_a—空气密度
τ_b—水底切应力
τ_s—水面风切应力
τ_{wave}—波浪辐射应力梯度

参考文献

1.1　I. M. Cline: Special Report of the Galveston Hurricane of September 8, 1900 (United States Weather Bureau Office, Galveston 1900)

1.2 N. L. Frank, S. A. Husain: Deadliest tropical cyclone in history?, Bull. Am. Meteorol. Soc. 52(6), 438-445 (1971)

1.3 G. R. Flierl, A. R. Robinson: Deadly surges in bay of Bengal-Dynamics and storm-tide tables, Nature 239(5369), 213-215 (1972)

1.4 National Oceanic and Atmospheric Administration: NOAA's top global weather, water and climate events of the 20th century, http://www.noaanews.noaa.gov/stories/images/global.pdf

1.5 US Army Corps of Engineers: Performance Evaluation of the New Orleans and Southeast Louisiana Hurricane Protection System, Draft final report of the Interagency Performance Evaluation Task Force (US Army Corps of Engineers, Washington 2006)

1.6 N. Lott, T. Ross: Tracking and Evaluating US Billion Dollar Weather Disasters, 1980-2005 (National Climatic Data Center, Asheville 2006), database updated in 2012

1.7 E. S. Blake, C. W. Landsea, E. J. Gibney: The Deadliest,Costliest, and Most Intense United States Hurricanes from1851 to 2010 (and Other Frequently Requested Hurricane Facts), Tech. Memo. NWS,Vol. NHC-6 (NOAA, Miami 2011)

1.8 R. H. Simpson: The hurricane disaster-potential scale, Weatherwise 27, 169, 186 (1974)

1.9 J. W. East, M. J. Turco, R. R. Mason Jr.: Monitoring inland storm surge and flooding from Hurricane Ike in Texas and Louisiana, September 2008, http://pubs.usgs.gov/of/2008/1365/ (2008),US Geological Survey Open-File Report 2008-1365

1.10 P. J. Baxter: The east coast big flood, 31 January-1 February 1953: A summary of the human disaster,Philos. Trans. R. S. Math. Phys. Eng. Sci. 363(1831),1293-1312 (2005)

1.11 H. Gerritsen: What happened in 1953? -The big flood in the Netherlands in retrospect, Philos. Trans. R. S. A Math. Phys. Eng. Sci. 363(1831), 1271-1291 (2005)

1.12 V. V. Titov, A. B. Rabinovich, J. O. Mofjeld,R. E. Thomson, F. I. Gonzalez: The global reach of the 26 Decemeber 2004 Sumatra tsunami, Science 390, 2045-2048 (2005)

1.13 National Geographic: The deadliest tsunami in history? National Geographic News, January 7,http://news.nationalgeographic.com/news/2004/12/1227_041226_tsunami.html 2005

1.14 D. G. Masson, C. B. Harbitz, R. B. Wynn, G. Perdersen,F. Lovholt: Submarine landslides: Processes,triggers and hazard prediction, Phil. Trans. R. Soc. A 364, 2009-2039 (2006)

1.15 C. B. Harbitz, G. Pedersen, B. Gjevik: Numerical simulations of large water waves due to landslides,J. Hydraulic Eng. 119(12), 1325-1342 (1993)

1.16 C. B. Harbitz: Model simulations of tsunamis generated by the Storrega slides, Mar. Geophys. 105,1-21 (1992)
1.17 E. A. Okal: T-waves from the 1998 Papua New Guinea earthquake and its aftershocks: Timing of the tsunamigenic slump, Pure Appl. Geophys. 160, 1843-1863 (2003)
1.18 C. E. Synolakis, J.-P. Bardet, J. C. Borrero, H. L. Davis, E. A. Okal, E. A. Silver, S. Sweet, D. R. Tappin: The slump origin of the 1998 Papua New Guinea tsunami, Proc. Roy. Soc. A 458,763-789 (2002)
1.19 H. M. Fritz, W. H. Hager, H.-E. Minor: Lituya Bay case: Rockslide impact and wave run-up, Sci. Tsunami Hazard 19(1), 3-22 (2001)
1.20 R. Weiss, H. M. Fritz, K. Wuennemann: Hybrid modeling of the mega tsunami run-up in Lituya Bay after half a century, Geophys. Res. Lett. 36,L09609 (2009)
1.21 G. J. Fryer, P. Watts, L. F. Pratson: Source of the great tsunami of 1 April 1946: A landslide in the upper Aleutian forearc, Mar. Geol. 203, 201-218(2004)
1.22 F. Raichlen, C. Synolakis: Waves and runup generated by a three-dimensional sliding mass. In: Submarine Mass Movements and Their Consequences, Advances in Natural and Technological Hazards Research, ed. by J. Locat, J. Mienert, L. Boisvert (Kluwer, Dordrecht 2003) pp. 113-119
1.23 R. Weiss, C. E. Synolakis, J. O'Shay: Initial waves from deformable submarine landslides, Proc. NSF CMMI Eng. Res. Innov. Conf. (2011)
1.24 R. Weiss, K. Wuennemann: Large waves caused by oceanic impacts of meteorites. In: Tsunamis and Nonlinear Waves, ed. by A. Kundu (Springer, Heiderlberg 2007) pp. 235-260
1.25 K. Wuennemann, R. Weiss, K. Hofmann: Characteristics of impact-induced large waves-Reevaluation of the tsunami hazard, Meteorit. Planet. Sci. 72, 1-11 (2007)
1.26 G. Pararas-Carayamis: Near-field and far-field effects of tsunami generated by the paroxysmal eruption, explosions, caldera collapses and massive slope failures of the Krakatay volcano in Indonesia on August 26-27 1883, Sci. Tsunami Hazard 21(4), 191-201 (2003)
1.27 S. N. Ward, S. J. Day: Cumbre Vieja volcano-Potential collapse and tsunami at La Palma, Canary Islands, Geophys. Res. Lett. 28, 397-400 (2001)
1.28 S. N. Ward: Planetary cratering: A probabilistic approach, J. Geophys. Res. 107 (E40), 7-1-7-11 (2002)
1.29 R. B. Baldwin: On the history of lunar cratering: The absolute scale and the origin of planetesimals, Icarus 14, 36-52 (1971)
1.30 Intergovernmental Panel on Climate Change: Intergovernmental Panel on Climate Change Fourth Assessment Report Working Group 1 Report: The Physical Science Basis (Cambridge Univ. Press, Cambridge 2007)
1.31 N. J. White, J. A. Church, J. M. Gregory: Coastal and global averaged sea level

rise for 1950 to 2000, Geophys. Res. Lett. 32, L01601 (2005)
1.32 L. Miller, B. C. Douglas: Mass and volume contributions to twentieth-century global sea level rise, Nature 428(6981), 406-409 (2004)
1.33 S. Jevrejeva, J. C. Moore, A. Grinsted: How will sea level respond to changes in natural and anthropogenic forcings by 2100?, Geophys. Res. Lett. 37, L07703 (2010)
1.34 M. Vermeer, S. Rahmstorf: Global sea level linked to global temperature, Proc. Natl. Acad. Sci. USA 106(51), 21527-21532 (2009)
1.35 W. T. Pfeffer, J. T. Harper, S. O'Neel: Kinematic constraints on glacier contributions to 21st-century sea-level rise, Science 321(5894), 1340-1343 (2008)
1.36 R. Horton, C. Herweijer, C. Rosenzweig, J. P. Liu, V. Gornitz, A. C. Ruane: Sea level rise projections for current generation CGCMs based on the semi-empirical method, Geophys. Res. Lett. 35(2), L02715 (2008)
1.37 R. E. Flick, J. F. Murray, L. C. Ewing: Trends in United States tidal datum statistics and tide range, J. Waterw. Port Coast. Ocean Eng. 129(4), 155-164(2003)
1.38 L. R. Kleinosky, B. Yarnal, A. Fisher: Vulnerability of Hampton Roads, Virginia to storm-surge flooding and sea-level rise, Nat. Hazards 40(1), 43-70(2007)
1.39 P. Kirshen, K. Knee, M. Ruth: Climate change and coastal flooding in Metro Boston: Impacts and adaptation strategies, Clim. Change 90(4), 453-473 (2008)
1.40 D. R. Cayan, P. D. Bromirski, K. Hayhoe, M. Tyree, M. D. Dettinger, R. E. Flick: Climate change projections of sea level extremes along the California coast, Clim. Change 87, S57-S73 (2008)
1.41 P. Ruggiero, P. D. Komar, J. C. Allan: Increasing wave heights and extreme value projections: The wave climate of the US Pacific Northwest, Coast. Eng. 57(5), 539-552 (2010)
1.42 S. J. Holgate, A. Matthews, P. L. Woodworth, L. J. Rickards, M. E. Tamisiea, E. Bradshaw, P. R. Foden, K. M. Gordon, S. Jevrejeva, J. Pugh: New data systems and products at the permanent service for mean sea level, J. Coastal Res. 29 (3), 493-504(2013)
1.43 J. B. Elsner, J. P. Kossin, T. H. Jagger: The increasing intensity of the strongest tropical cyclones, Nature 455(7209), 92-95 (2008)
1.44 K. Emanuel, R. Sundararajan, J. Williams: Hurricanes and global warming-Results from downscaling IPCC AR4 simulations, Bull. Am. Meteorol. Soc. 89(3), 347-367 (2008)
1.45 T. R. Knutson, R. E. Tuleya: Impact of CO2-induced warming on simulated hurricane intensity and precipitation: Sensitivity to the choice of climate model and convective parameterization, J. Clim. 17(18), 3477-3495 (2004)
1.46 G. A. Vecchi, B. J. Soden: Effect of remote sea surface temperature change on tropical cyclone potential intensity, Nature 450(7172), 1066-1070 (2007)

1.47 P.J. Webster, G.J. Holland, J.A. Curry, H.R. Chang:Changes in tropical cyclone number, duration, and intensity in a warming environment, Science 309 (5742), 1844-1846 (2005)

1.48 T.R. Knutson, J.L. McBride, J. Chan, K. Emanuel,G. Holland, C. Landsea, I. Held, J.P. Kossin, A.K. Srivastava, M. Sugi: Tropical cyclones and climate change, Nat. Geosci. 3(3), 157-163 (2010)

1.49 G.J. Holland, P.J. Webster: Heightened tropical cyclone activity in the North Atlantic: Natural variability or climate trend?, Philos. Trans. R. Soc. A Math. Phys. Eng, Sci. 365(1860), 2695-2716 (2007)

1.50 M.E. Mann, T.A. Sabbatelli, U. Neu: Evidence for a modest undercount bias in early historical Atlantic tropical cyclone counts, Geophys. Res. Lett. 34(22), L22707 (2007)

1.51 M.A. Bender, T.R. Knutson, R.E. Tuleya, J.J. Sirutis,G.A. Vecchi, S.T. Garner, I.M. Held: Modeled impact of anthropogenic warming on the frequency of intense atlantic hurricanes, Science 327(5964),454-458 (2010)

1.52 A. Ali: Vulnerability of Bangladesh to climate change and sea level rise through tropical cyclones and storm surges, Water Air Soil Pollut. 92(1/2), 171-179 (1996)

1.53 A. Ali: Climate change impacts and adaptation assessment in Bangladesh, Clim. Res. 12(2/3), 109-116 (1999)

1.54 J.A. Lowe, J.M. Gregory, R.A. Flather: Changes in the occurrence of storm surges around the United Kingdom under a future climate scenario using a dynamic storm surge model driven by the Hadley Centre climate models, Clim. Dyn. 18(3/4),179-188 (2001)

1.55 M. Danard, A. Munro, T. Murty: Storm surge hazard in Canada, Nat. Hazards 28(2/3), 407-431 (2003)

1.56 G. Gonnert: Maximum storm surge curve due to global warming for the European North Sea Region during the 20th-21st century, Nat. Hazards 32(2), 211-218 (2004)

1.57 M.E. Mousavi, J.L. Irish, A.E. Frey, F. Olivera,B.L. Edge: Global warming and hurricanes: The potential impact of hurricane intensification and sea level rise on coastal flooding, Clim. Change 104(3/4), 575-597 (2011)

1.58 N. Lin, K. Emanuel, M. Oppenheimer, E. Vanmarcke:Physically based assessment of hurricane surge threat under climate change, Nat. Clim. Change 2(6), 462-467 (2012)

1.59 P. Bruun: Sea level rise as a cause of shore erosion,J. Waterw. Harb. Div. 88(1-3), 117-130 (1962)

1.60 K.Q. Zhang, B.C. Douglas, S.P. Leatherman: Global warming and coastal erosion, Clim. Change 64(1/2), 41-58 (2004)

1.61 J.L. Irish, A.E. Frey, J.D. Rosati, F. Olivera,L.M. Dunkin, J.M. Kaihatu, C.

M. Ferreira,B. L. Edge: Potential implications of global warming and barrier island degradation on future hurricane inundation, property damages, and population impacted, Ocean Coast Manag. 53(10), 645-657 (2010)
1.62 A. E. Frey, F. Olivera, J. L. Irish, L. M. Dunkin, J. M. Kaihatu, C. M. Ferreira, B. L. Edge: Potential impact of climate change on hurricane flooding inundation, population affected and property damages in Corpus Christi, J. Am. Water. Resour. Assoc. 46(5), 1049-1059 (2010)
1.63 A. J. Condon, Y. P. Sheng: Evaluation of coastal inundation hazard for present and future climates, Nat. Hazards 62(2), 345-373 (2012)
1.64 P. C. Kerr, J. J. Westerink, J. C. Dietrich, R. C. Martyr, S. Tanaka, D. T. Resio, J. M. Smith, H. J. Westerink, L. G. Westerink, T. Wamsley, M. van Ledden, W. de Jong: Surge generation mechanisms in the lower Mississippi River and discharge dependency, J. Waterw. Port Coast. Ocean Eng. 139(4), 326-335 (2013)
1.65 E. Fussell: Constructing New Orleans, constructing race: A population history of New Orleans, J. Am. Hist. 94, 846-855 (2007)
1.66 O. T. Magoon, B. L. Edge, K. E. Stone: The impact of anthropogenic activities on coastal erosion, Int. Conf. Coast. Eng. (2000) pp. 3934-3940
1.67 L. R. Martin: Regional Sediment Management: Background and Overview of Initial Implementation (US Army Corps of Engineers Institute for Water Resources, Washington 2002)
1.68 R. Camilli, C. M. Reddy, D. R. Yoerger, B. A. S. Van Mooy, M. V. Jakuba, J. C. Kinsey, C. P. McIntyre, S. P. Sylva, J. V. Maloney: Tracking hydrocarbon plume transport and biodegradation at deepwater horizon, Science 330(6001), 201-204 (2010)
1.69 M. D. Powell, S. Murillo, P. Dodge, E. Uhlhorn, J. Gamache, V. Cardone, A. Cox, S. Otero, N. Carrasco, B. Annane, R. St. Fleur: Reconstruction of Hurricane Katrina's wind fields for storm surge and wave hindcasting, Ocean Eng. 37(1), 26-36 (2010)
1.70 M. D. Powell, S. H. Houston: Surface wind fields of 1995 Hurricanes Erin, Opal, Luis, Marilyn, and Roxanne at landfall, Mon. Weather Rev. 126(5), 1259-1273 (1998)
1.71 V. J. Cardone, A. J. Broccoli, C. V. Greenwood, J. A. Greenwood: Error characteristics of extratropical-storm wind fields specified from historical data, J. Petrol Technol. 32(5), 872-880 (1980)
1.72 G. J. Holland: Tropical cyclone structure in the Southwest Pacific, Bull. Am. Meteorol. Soc. 61(9), 1132-1132 (1980)
1.73 E. F. Thompson, V. J. Cardone: Practical modeling of hurricane surface wind fields, J. Waterw. Port Coast. Ocean Eng. 122(4), 195-205 (1996)
1.74 P. J. Vickery, D. Wadhera, M. D. Powell, Y. Z. Chen: A hurricane boundary layer

and wind field model for use in engineering applications, J. Appl. Meteorol. Clim. 48(2), 381-405 (2009)

1.75 H. E. Willoughby, R. W. R. Darling, M. E. Rahn: Parametric representation of the primary hurricane vortex. Part II: A new family of sectionally continuous profiles, Mon. Weather Rev. 134(4), 1102-1120(2006)

1.76 National Oceanic and Atmospheric Administration: Hurricane Sandy advisory archive, http://www.nhc.noaa.gov/archive/2012/SANDY.shtml?

1.77 M. D. Powell, T. A. Reinhold: Tropical cyclone destructive potential by integrated kinetic energy,Bull. Am. Meteorol. Soc. 87, 513-526 (2007)

1.78 I. R. Young: Parametric hurricane wave prediction model, J. Waterw. Port Coast. Ocean Eng. 114(5),637-652 (1988)

1.79 V. S. Kumar, S. Mandal, K. A. Kumar: Estimation of wind speed and wave height during cyclones,Ocean Eng. 30(17), 2239-2253 (2003)

1.80 J. K. Panigrahi, S. K. Misra: Numerical hindcast of extreme waves, Nat. Hazards 53(2), 361-374 (2010)

1.81 K. Hasselmann, T. P. Barnett, E. Bouws, H. Carlson,D. E. Cartwright: Measurements of windwave growth and swell decay during the Joint North Sea Wave Project (JONSWAP), Erg? nz. Dtsch. Hydrogr. Z. A 8(12) (1973)

1.82 S. A. Tayor: Parameterization of Maximum Waveheights Forced by Hurricanes: Application to Corpus Christi, Texas, Master Thesis (Texas AM University,Texas 2012)

1.83 J. H. G. M. Alves, H. L. Tolman, Y. Y. Chao: Forecasting hurricane-generated wind waves at NOAA/NCEP. JCOMM Tech. Rep. 29, WMO/TD-No 1319 (2004)

1.84 J. C. Dietrich, M. Zijlema, J. J. Westerink,L. H. Holthuijsen, C. Dawson, R. A. Luettich,R. E. Jensen, J. M. Smith, G. S. Stelling, G. W. Stone:Modeling hurricane waves and storm surge using integrally-coupled, scalable computations,Coast. Eng. 58(1), 45-65 (2011)

1.85 R. H. Weisberg, L. Y. Zheng: Hurricane storm surge simulations for Tampa Bay, Estuaries Coasts 29(6),899-913 (2006)

1.86 D. T. Resio, J. J. Westerink: Modeling the physics of storm surges, Phys. Today 61, 33-38 (2008)

1.87 A. B. Kennedy, U. Gravois, B. C. Zachry, J. J. Westerink,M. E. Hope, J. C. Dietrich, M. D. Powell,A. T. Cox, R. A. Luettich, R. G. Dean: Origin of the Hurricane Ike forerunner surge, Geophys. Res. Lett. 38, L08608 (2011)

1.88 J. L. Irish, D. T. Resio: A hydrodynamics-based surge scale for hurricanes, Ocean Eng. 37(1), 69-81(2010)

1.89 J. L. Irish, D. T. Resio, J. J. Ratcliff: The influence of storm size on hurricane surge, J. Phys. Oceanogr. 38(9), 2003-2013 (2008)

1.90 J. Norman: Katrina's dead. Sun Herald, A1, A8-917 February 2006

1.91 R. A. Hoover: Empirical relationships of the central pressure in hurricanes to the maximum surge and storm tide, Mon. Weather Rev. 85, 167-174 (1957)

1.92 W. C. Conner, R. H. Kraft, D. L. Harris: Empirical methods for forecasting the maximum storm tide due to hurricanes and other tropical storms, Mon. Weather Rev. 85, 113-116 (1957)

1.93 Y. K. Song, J. L. Irish, I. E. Udoh: Regional attributes of hurricane surge response functions for hazard assessment, Nat. Hazards 64(2), 1475-1490 (2013)

1.94 J. L. Rego, C. Y. Li: On the importance of the forward speed of hurricanes in storm surge forecasting: A numerical study, Geophys. Res. Lett. 36, L07609 (2009)

1.95 A. W. Niedoroda, D. T. Resio, G. R. Toro, D. Divoky, H. S. Das, C. W. Reed: Analysis of the coastal Mississippi storm surge hazard, Ocean Eng. 37(1), 82-90 (2010)

1.96 C. E. Synolakis, L. Kong: Runup measurements of the December 2004 Indian Ocean tsunami, Earthq. Spectra 22(S3), S67-S91 (2006)

1.97 S. Tadepalli, C. E. Synolakis: The run-up of Nwaves on sloping beaches, Proc. R. Soc. A 445, 99-112 (1994)

1.98 Y. Wei, E. N. Bernard, L. Tank, R. Weiss, V. V. Titov, C. Moore, M. Spillane, M. Hopkins, U. Kanoglu: Real-time experimental forecast of the Peruvian tsunami of August 2007 for US coastlines, Geophys, Res. Lett. 35, L04609 (2008)

1.99 C. E. Synolakis: The Runup of Long Waves, Ph. D. Thesis (California Institute of Technology, Pasadena 1986)

1.100 C. E. Synolakis: The runup of solitary waves, J. Fluid Mech. 185, 523-545 (1987)

1.101 S. Tadepalli, C. E. Synolakis: Model for the leading waves of tsunamis, Phys. Rev. Lett. 77(10), 2141-2144 (1996)

1.102 P. A. Madsen, D. R. Fuhrman, H. Schaeffer: On the solitary wave paradigm for tsunamis, J. Geophys. Res. 113, L12012 (2008)

1.103 E. A. Okal, C. E. Synolakis: Source discriminants for near-field tsunamis, Geophys. J. Int. 158, 899-912 (2004)

1.104 H. Galbraith, R. Jones, R. Park, J. Clough, S. Herrod-Julius, B. Harrington, G. Page: Global climate change and sea level rise: Potential losses of intertidal habitat for shorebirds, Waterbirds 25(2), 173-183 (2002)

1.105 D. M. Alongi: Mangrove forests: Resilience, protection from tsunamis, and responses to global climate change, Estuar. Coast. Shelf Sci. 76(1), 1-13 (2008)

1.106 C. Craft, J. Clough, J. Ehman, S. Joye, R. Park, S. Pennings, H. Y. Guo, M. Machmuller: Forecasting the effects of accelerated sea-level rise on tidal marsh ecosystem services, Front. Ecol. Environ. 7(2), 73-78 (2009)

1.107 M. L. Chu-Agor, R. Munoz-Carpena, G. Kiker, A. Emanuelsson, I. Linkov: Exploring vulnerability of coastal habitats to sea level rise through global sensitivity and uncertainty analyses, Environ. Model. Softw. 26(5), 593-604 (2011)

1.108 D. Elliot: Saltwater from Gulf invades Mississippi River, http://www.npr.org/2012/08/21/159567048/saltwater-invades-mississippi-river (2012)

1.109 L. T. Dauer, P. Zanzonico, R. M. Tuttle, D. M. Quinn, H. W. Strauss: The Japanese tsunami and resulting nuclear emergency at the Fukushima Daiichi power facility: Technical, radiologic, and response perspectives, J. Nucl. Med. 52(9), 1423-1432 (2011)

第2章 海岸灾害与风险统计特征

Donald T. Resio, Mark A. Tumeo, Jennifer L. Irish

本章研究评估灾害/风险的基本方法及其在沿海中的应用。历史上重点是确定风浪和风暴潮的期望值。但是,发生在东南亚2004年海啸和日本2011年的海啸表明,海啸已成为世界上许多重要沿海地区的主要威胁。最近,人们越来越意识到强降雨和河道流量与风暴潮和强风之间的联合影响作用。在2012年艾萨克飓风期间,这些外力联合影响对路易斯安那州南部的洪水形成产生重要作用,使该地区的水位超过500年一遇水位。这些都使得模拟这种联合作用的模型系统和确定其各影响力相当重要的多元概率处理变得更加复杂。

本章从一系列灾害和风险的一致性定义开始,并与其他领域的定义相对比。使关注传统海岸灾害和风险的读者了解更广泛的风险评估背景,从更广阔的角度掌握海岸灾害和风险特有的性质。接着介绍海岸灾害和风险估算的基本概念。然后考察采用早期的确定性方法及最近向概率方法评估海岸风险过渡的手段。在此过渡中概率方法处理连续性问题(如数据缺乏及不确定)的能力稳步增强。

2.1 风险和不确定性概述

从技术上讲,风险被定义为将出现的特定结果的数学概率乘以该事件影响的大小。但是,人们还采用风险的其他定义,虽然是技术性的工作定义,但更重要的是对风险概念有一个前后关系的理解。

虽然现在几乎所有学科都以某种方式使用风险这个概念,但其所依据的整个文化框架却仅有几百年的历史(与其他工程和数学概念相比,它的历史相对较短)。大多数的古代文化认为,未来要么是命中注定的(确定性的),要么受人们无法控制或理解的力量所左右。在这样的文化中,当触怒权势除了害怕受到某种惩罚之外,并没有什么风险的概念。文艺复兴时期,随着西方文化脱离并挑战人们长期以来的信仰,从根源上产生了风险这个概念。风险概念的一个重要转折点是概率的发展——即未来不是确定的或不可预测的,而有可能根据数字进行预测,而不是预言或占卜。这个真正革命性概念的起源由Bernstein叙述如下[2.1]:

> 1654年,在文艺复兴全盛时期,一位对赌博和数学都深有研究的法国贵族Chevailier de Mere挑战著名的法国数学家Blaise Pascal一个难题:"当两名球员中的一人领先时,如何区分两人未完成的比赛机会。200年前这个由修道士Luca Paccioli提出的难题一度让数学家们困惑不解。"Blaise Pascal求助于律师兼杰出数学家的Pierre de Fermat,他们的合作引发智力轰动。17世纪版的棋盘问答游戏似乎导致了概率论的发现,这便是风险概念的数学核心。

因此至少在概率意义上,风险概念嵌入的是可预测性的内在信念。然而,当这个概念嵌入我们当前的文化中,与众所周知的格言,即人们无法准确地预知未来,完全相悖。在现代世界,这个矛盾可以这样解决,即我们相信如果我们知道的足够多,就可以准确地预测未来。1812 年,Pierre-Simon Laplace 发表了具有里程碑意义的论文:概率的哲学(*Essai philosophique sur lesprobabilités*),该论文 1902 年由 Truscott 和 Emory 翻译为英文:*The Philosophy of Probability*[2.2],明确阐述了科学决定论的信念(古代的决定性概念也被风险概念所推翻):

> 我们可以把宇宙的现在看作是过去的结果和未来的起因。在某个特定时刻,有才智的人能够了解推动自然界运动的所有动力以及组成自然界所有物体的位置,如果他们的智慧足够强大可以提供数据并进行分析,那么仅用一个公式即可包含宇宙中最大物体以及最小原子的运动。对于这样的智者来说,没有什么是不确定的,未来就会像过去一样出现在眼前。

因此,在许多方面,我们已经进入一种完整的文化循环。通过风险概念,我们已经摆脱了决定论的基础信念,接受了未知和不可预知的未来。然而,通过应用数学概率提出了风险概念,我们也发展了科学决定论的思想:如果通过科学探索能够消除所有的知识匮乏,我们将再次拥有一个确定的未来。

消除不确定性和评估不确定但可管理未来选择的科学决定论(方法)的文化概念是风险评估的核心。风险研究的目的是利用我们最好的知识和当前的理解来管理未来,通过概率预测来减少不确定性并量化剩余的不确定性。

基本术语的定义

由于风险和不确定性的概念已经深入到我们的社会中,因此经常以不同的和混淆的方式使用与风险和不确定性相关的术语,包括危险、概率、风险评估、风险分析以及事实上的风险和不确定性本身。当人们讨论这种风险和不确定性时,常常使用不明确和错用的概念,如误差和可变性。显而易见,在开始讨论海岸系统应用灾害概率和风险评估之前,有必要确保对术语有一致和统一的理解。附录第 2.A 节完整定义了海岸灾害概率和风险的相关术语。这里仅列出与本章内容密切相关的几个关键定义。

• 概率:从最基本的意义上讲,概率就是事件发生的机会或可能性。定性地说,事件越可能发生,事件发生的可能性就越大。定量地说,概率是介于 0 和 1 之间的值,其中 1 代表事件发生的绝对确定性。事件发生的概率通常为事件发生次数与事件发生总次数的比值。例如,如果我们认为该事件是某一天发生降水,我们就会收集一段时期内(如 1 年)是否下雨的信息。那么下雨的可能性就是

$$\text{降水概率}=\frac{\text{发生降水的天数}}{\text{总天数}}$$

• 概率分布:概率的基本定义适用于离散事件,但是当被评估的事件或参数本质上是连续的(如任一给定日期的最高温度、任一给定日期的河流水位),那么单一的概率是不够的。作为替代,可能的数值被分组到不连续的范围内并统计各范围内事件发生的次数,然后除以总次数。

• 风险:对人类生命、健康、财产或环境造成不良后果的可能性。风险的量化估算通常

为事件发生的条件概率的预期值乘以给定事件发生的结果。这个定义目前被风险分析学会所采用。在数学上可表示为

$$R = P(A) * P(B \mid A)$$

式中，R— 风险值(从 0 到 1 的概率)，$P(A)$— 事件 A 发生的概率，$P(B \mid A)$— 事件 A 发生时产生结果 B 的概率。

本手册中将使用这一技术定义。不过，人们应知道风险在其他领域还有不同的定义(见附录第 2. A 节)。除了多种可能的定义之外，风险也可以通过类型来区分。不同类型的风险，即使它们具有相同的数量值，通常也会有不同的处理方式，甚至可忽略不计。一些对风险如何评估、管理和沟通有重要影响的常见风险类型(完整列表详见附录第 2. A 节)如下。

——实际风险：可经科学验证的风险。例如，已经充分研究并证明吸烟使人处于癌症危险之中[2.3-6]。实际风险有时被称为客观风险，但风险是主观还是客观与其实际的可验证性相比，更多地与其被测量的能力相关。

——认知风险：个人或团体认为存在的被低估或被夸大的风险。这种情况通常发生在公众被误导或媒体报道灌输不必要恐慌的情况下。例如，食品安全问题往往是这类事件的首要议题，导致重大的公共政策讨论[2.7]。

——假定风险：由选择所承担的风险。假定风险可以被量化为大或小，可以是实际的或可感知的。例如，个人选择参与冒险活动(跳伞、爬山)并承担与活动相关的相对较大的风险，但选择驾车、服药或参与日常活动仅涉及某些假定风险。

• 强加风险：在未经个人知情或未经同意的情况下强加给个人的风险。例如，披露的二手烟即为强加风险[2.8-10]。诸如地震、热带气旋(如飓风、台风)和极端天气等自然事件在很大程度上属于强加风险，但在某种程度上，人们可依据他们选择的居住地来承受风险。文献[2.11]探索了相关有趣的方法。

• 不确定性：指任何模型(包括风险评估模型)都不能获得 100%确定的结果。这种不确定性主要来自两方面。

——认知不确定性：认知不确定性指的是我们正在分析的自然系统存在一些我们不知道的特性。这种认知欠缺可能是因为知识还没有科学到可用性程度，因此，可以通过额外的数据、实验、理论发展和科学探索来消除随之而来的认知不确定性。然而，认知缺乏还包括我们甚至不知道我们仍有不知道的事情。这种认知欠缺的领域更难之处在于它不容易被识别，因此，将模型结果与现实相比较时，它可存在于任一可变性中，或被称为错误。

——偶然不确定性：给定参数的变异性是可能一个范围的数值。变异是自然过程的固有特征(也称为自然演变)，可以用概率分布来描述。自然演变的结果有时称为偶然不确定性。自然过程的可变性(以及由此产生的偶然不确定性)不能被消除，因为它是过程本身的固有属性。

2.2 量化海岸灾害/风险

有关所有海岸灾害和风险的详细处理超出了本书讨论的范畴，环境/健康灾害以及诸如与水质、化学品泄漏和海水入侵相关的风险将不在此讨论。希望本节讨论的方法至少在一般意义上对相关领域的工作人员有用。此外，由于近期关于海岸灾害/风险的研究大部分针

对卡特里娜飓风进行,因此与热带气旋产生的风暴潮有关的最近发展的重点大部分集中在这一事件上。虽然温带风暴在许多沿海地区起着非常重要的作用,但缺乏近期的灾难性事件,例如在桑迪飓风(热带气旋和热带气候特征相混合)来临之前被淹没的纽约市地铁系统意味着评估这些灾害/风险发生的方法应受到的关注还远远不够。在对极端和相关灾害/风险进行一般讨论之后,第2.3.6节将专门讨论与温带风暴有关的具体问题。

在开始处理灾害概率之前,应该认识到,在对灾害和相关风险进行全面分析的过程中,需要同时考虑认知不确定性和偶然不确定性。理论/数值预测的局限性来自许多方面,包括我们模型中为使自然适合模型的简化处理缺乏模型所使用信息的细节以及我们的模型基于理论知识的不足。同样,样本量的缺乏在对极端值的估计中仍是一个严重的问题。在一些研究中,许多年的记录被模拟,有关状况可能会导致读者相信,在某种程度上已经获得相应的现有历史记录信息。然而,对这些研究的详细回顾揭示了一个显而易见的事实,即在许多随机模拟中简单地执行数值模型仍无法克服偶然不确定性,因为母体分布所基于的信息量仍没有变动。

很多教科书中已对数据统计分布推导以及在灾害/风险评估中的应用做了很好的正式评论[2.12-16]。近期的一些相关书籍更关注其中的风险问题[2.17,18]。这里我们仅介绍使读者充分了解这些基本统计方法的概要。如第 2.1 节所示,风险与结果的概率有关。由于设计阈值的选择方式旨在将结果限制在可接受的等级,因此对自然灾害和相关风险的研究往往侧重于分布中的极大值或极小值。这里我们将重点讨论分布的上限,因为这些代表了沿海地区大多数自然灾害的主要设计考虑因素。

连续变量 x 的概率密度函数(PDF)的常规定义具有以下特征:

$$p(x) \geqslant 0 \tag{2.1a}$$

$$\int_{-\infty}^{\infty} p(x)\mathrm{d}x = 1 \tag{2.1b}$$

$$\int_{a}^{b} p(x)\mathrm{d}x = P(a < x < b) \tag{2.1c}$$

其中 $p(x)$ 为变量 x 的概率密度函数;$P(a < x < b)$ 代表 x 处于数值 a 和 b 之间时的概率。式(2.1c) 明显表明概率密度函数不是无量纲函数。由于 $\mathrm{d}x$ 与 x 的单位相同,$p(x)$ 的因次必须为 x^{-1}。如概率密度函数由下式给出

$$p(x) = k\mathrm{e}^{-qx} \tag{2.2}$$

其中 k 和 q 必须为 x^{-1},否则积分将不会产生正确因次的结果。举一个简单的例子,当 $q = 1$、$a = 1$、$b = 3$ 时,式(2.1c)的结果等于 $\mathrm{e}^{-1} - \mathrm{e}^{-3} = 0.318$。

变量 x 的累积分布函数(CDF)是指 x 小于或等于某一特定值的概率:

$$F(x) = \int_{-\infty}^{x} p(x)\mathrm{d}x \tag{2.3}$$

其中 $F(x)$ 为 x 的累积分布函数。因为是两个函数 x 和 x^{-1} 的乘积,$F(x)$ 是无量纲的。然而,在工程应用中,认识到当我们转换为预期的平均重现间隔时,$F(x)$ 与时间隐性相关是非常重要的。这是因为,即使样本之间的时间没有明确出现在 $F(x)$ 中,也会以样本间的时间间隔隐性进入累积分布函数。我们将式(2.3)转换为估计 x 超出某一特定值时的预期时间间隔,

可得到下面关系式：

$$T(x) = \frac{1}{\lambda[1 - F(x)]} \tag{2.4}$$

其中 $T(x)$ 为平均重现期(或时间间隔)；λ 为采样频率。在式(2.4)分母中常常省略 λ 可导致因次的不一致。用来定义 λ 的单位(十年$^{-1}$、年$^{-1}$、月$^{-1}$、日$^{-1}$ 等)提供了 $T(x)$ 特征信息。工程中常用年表征 $T(x)$，那么，x 超过某一特定值的年概率期望值为 $1/T(x)$。因此，与100年平均重现期相关联事件的年超越概率(AEP)为0.01。

这里采用在墨西哥湾南部地区某一位置的波浪后报结果(模拟过去事件以重建波浪条件)来说明我们在估计重现期时考虑频率项的重要性。在该地区，有两种气象现象可以产生大的波浪：热带气旋和酷寒北风。后一类型波浪产生于冷锋穿越墨西哥湾并在其后产生超强地表风速时。无论是飓风还是酷寒北风，给出的都是位于深水和实际水深为20 m处的结果。在图2.1中，将每个特定样本中的20个数据点绘制成波高 x 与 $-\ln\{-\ln[F(x)]\}$。图中沿直线绘制的点与Gumbel分布一致。

从图2.1看出，酷寒北风和飓风在墨西哥湾地区的危害大致相当。但是，如果我们估计平均重现期时考虑频率参数，将得到图2.2。该图显示飓风带来的灾害显著大于酷寒北风造成的灾害。

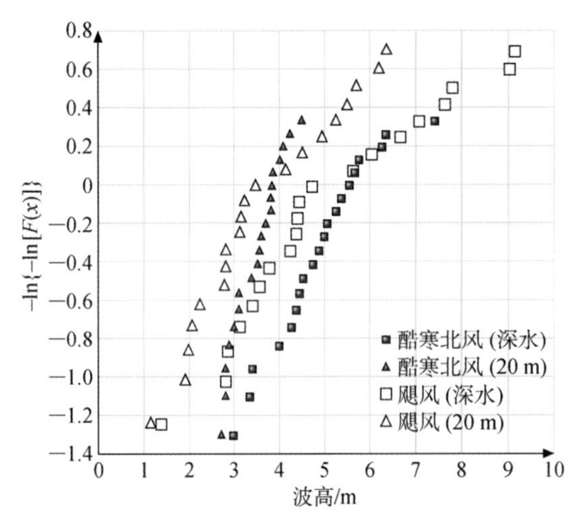

图2.1　墨西哥湾南部由飓风和酷寒北风在深水和水深20 m处生成的波高 x 与 $-\ln\{-\ln[F(x)]\}$ 曲线

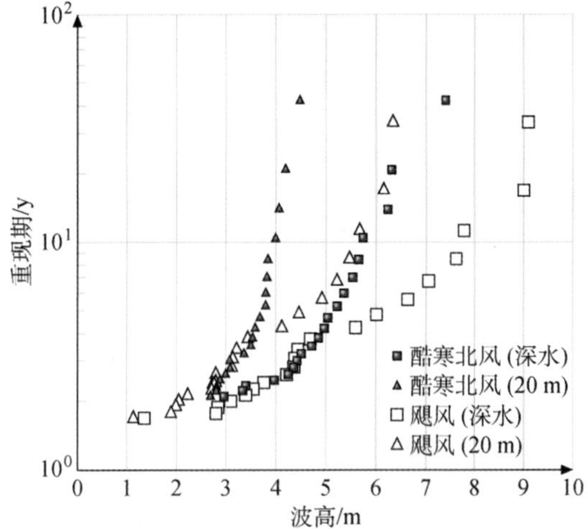

图2.2　飓风和酷寒北风在墨西哥湾南部地区深水及水深20 m处产生的波高与平均重现期曲线

人们发现事件发生的平均时间间隔(即重现期)概念较简单易被理解，因此经常在应用中代替年超越概率，我们也将在图表和讨论中使用这一概念。然而，认识到百年一遇事件不仅限于每100年发生一次是非常重要的。例如，可以将超出给定值 x_c 的概率定义为1减去任何一年中未超过 x_c 的概率，这种情况下 n 年中未超过 x_c 的概率为

$$P(x < x_c \mid n \text{ years}) = 1 - P(x < x_c \mid \text{year } 1) \times P(x < x_c \mid \text{year } 2) \cdots \times$$

$$P(x < x_c \mid \text{year } n) = 1 - \prod_{i=1}^{n} P_i(x < x_c) = 1 - [1 - F(x_c)]^n \tag{2.5}$$

式中，n 为年数；i 是年份计数。图 2.3 为 100 年一遇超越概率与预期设计寿命(即设计年限)的函数关系曲线。可以看出，灾害/风险概率实际上是与设计寿命年限相关的函数。30 年设计年限达到 100 年一遇值概率为 0.260 3，而达到 50 年一遇值的概率为 0.395 0。

式(2.5)使用起来有点烦琐，但对于理解在数年内发生的概率相对较大的原因很有启发。第二种估计 n 年内不超过 x_c 值(其事件发生次数为零)的概率的更简单的形式是变量为非负整数的泊松分布。在这种情况下，如果定义 λ 等于估计不会发生的年数除以 x_c 的平均发生时间间隔，可以估算出式(2.5)的等价概率为 $1-e^{-\lambda}$。例如，上例中 30 年设计年限的等价概率 $1-e^{-0.3}$($\lambda=0.3=30/100$)，即等于 0.025 9，50 年的等价概率为 $1-e^{-0.5}$，即 0.3935。应该注意的是，对于估计的不发生年数值与重现期值 x_c 的任意组合(的相同比值)，都将产生相同的结果，如后面例子中重现期为 200 年，不会发生的年数为 100 年。

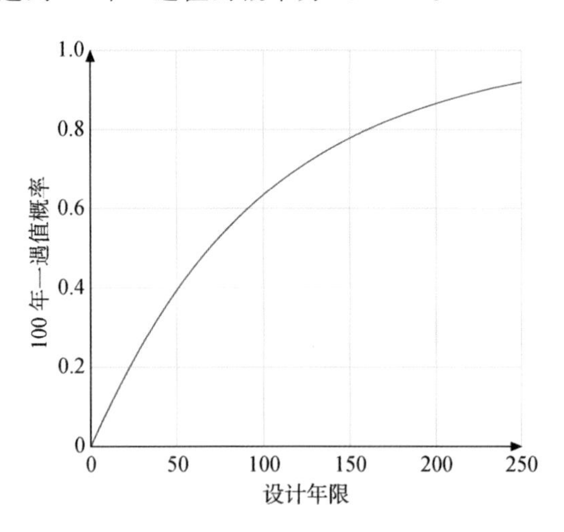

图 2.3　100 年一遇值超越概率与设计年限关系曲线

我们当今研究以保险为目的在地图上确定洪泛区的常见做法就是对上述讨论一个有趣的侧面说明。如果一份财产被洪水淹没的年超越概率为 0.009，美国联邦紧急事务管理局(FEMA)将把它排除在计划覆盖的主洪泛区之外；然而 30 年和 50 年洪水发生的概率依然分别为 0.237 5 和 0.363 7，与年超越概率为 0.01 的财产相比，也只有 8% 到 9% 的差别。因此，洪泛区的确定界线很有可误导界线一侧的人们认为他们发生洪水的可能性与另一侧发生洪水的可能性大不相同，这当然不是事实。

式(2.5)表明估计灾害和风险的基础是准确估计累积分布函数(CDF)。Fuller[2.19]把它归功于 1896 年最初提出这一观点的 George W. Rafter。然而，使用正态分布直接将灾害与概率联系起来的研究 1913 年在美国才首次发表[2.20]。不久之后，Hazen[2.21]注意到假设洪水本质上遵循对数正态分布，则倾向于获得更为一致的累积分布函数估计。一个世纪前的许多早期研究加深了我们对极值统计行为的理解。早期研究通常试图直接将特定分布与经验选择的分布相匹配。文献[2.22]很好地回顾了这些早期研究及其使用的拟合方法。正如文中所示，许多不同的分布(如正态分布、对数正态分布、泊松分布、广义极值分布和皮尔逊分布)在 20 世纪 60 年代被开发、测试并广泛应用。拟合方法的要点是基于每个分布的累积分布函数可能与数据排序有关。例如，表 2.1 列出了许多不同分布估算的重现期和数据排列顺序(称为经验频率 plotting position)之间的关系。

在此我们对所有分布估计极值的细节处理不做讨论，表 2.1 仅用来说明人们在 20 世纪中期已经开发的多种不同的经验方法。我们的目的是能够充分认识到这些分布可分为两类：参数型和非参数型。参数型分布的特征是假定其理论形式中包括少量常数，这些常数必须由统计拟合技术确定；因此，这种分布限制了数据中自由度的数量，表 2.1 中的所有分布都是参数化的。非参数分布允许其与数据元素以一致的形式变化，因此，它们不必局限于较小的自由度数量。

表 2.1 研究人员推荐的估算重现周期的经验频率公式

研究人员姓名	日期	T 或 $1/P(X \geqslant x)$ 计算公式[a]
California	1923	$\frac{N}{m}$
Hazen	1930	$\frac{2N}{2m-1}$
Weibull/Gumbel	1939/1959	$\frac{N+1}{m}$
Beard[b]	1943	$\frac{1}{1-0.5^{1/N}}$
Chegodayev	1955	$\frac{N+0.4}{m-0.3}$
Blom	1958	$\frac{N+1/4}{m-3/8}$
Blom	1962	$\frac{3N+1}{3m-1}$
Gringorten	1963	$\frac{N+0.12}{m-0.44}$

[a] N=项的总数;m=按降序排列的项的阶数;因此,对于最大项,取 $m=1$。

[b] 该公式仅适用于 $m=1$;其他经验频率在其与中值事件值0.5之间线性插值。

两种不同类型的参数分布被广泛应用于自然现象的研究,即涵盖了全部数据的分布和仅关注具有最大观测值的数据部分的分布。可在 20 世纪 60 年代到 80 年代的海岸波浪的研究中找到第一类型分布在海岸应用的实例[2.23,24]。Hogben 和 Lumb[2.25]提供了世界上较早的波浪数据集合之一。后续研究中使用的信息覆盖了测量数据的全部范围[2.26-29]。但我们将重点关注后一类分布,因为极值代表了大多数设计中的主变量范围。这有助于我们避免由于采样间隔短而导致显著序列相关样本的许多问题。大多数第二类方法最初采用恒定的采样间隔(通常为 1 年,即 ($\lambda=1$ 年)。然而,在下面历史回顾将更详细讨论到,允许样本的采样间隔有所变化在许多情况下是有利的。例如,如果我们只对热带气旋中的风、波浪或风暴潮感兴趣,采样间隔将有所变化,式(2.4)中的(值等于热带气旋发生的平均频率(热带气旋发生的平均间隔)。该参数类似于泊松分布中的频率项,因此常称为泊松频率,即分析期内风暴发生的年平均次数。

在继续讨论之前重要的是要注意到,波浪极值通常在两个不同但相关的条件下产生:与局部波浪场(或称为海洋状态)中的总能量相关的极值和与单个波浪相关的极值。在 20 世纪 40 年代,人们开始认识到,简单的单向单色数学公式不能很好地描述水面变化。相反地,在频率和方向上连续分布的波分量叠加而产生的随机波面可较好地描述波浪场。单位水面面积内的总能量可与该表面在其平均水位附近的变化有关。所谓有效波高大约等于某一时段内 1/3 最大波高的平均值。最近被定义为 $H_s = 4\sqrt{E_0}$，其中 H_s 为有效波高，E_0 为波面的总能量。单波波高的分布取决于总能量和一些影响波场非线性程度的附加因素，这些不在此进行讨论。有效波高通常被用于与波浪的时间平均特性相关的应用中（如波浪引起平均水面抬高、越浪量、海滩侵蚀率等），而单波波高则倾向与瞬时力相关的应用中（如海上设施中的结构部件和船舶设计的一些要素）。

在极值的非参数估计中，假设未来分布具有相同的通用形式，未来事件的概率通过对可用历史样本重新采样而获得[2.30-34]。当样本数量较大且感兴趣的数值幅度处在历史（初始）样本所包含的范围内时，该方法在极值中的应用非常有效。在沿海波浪、风和风暴潮极值应用中，Scheffner 等人的经验模拟技术（EST）方法可能是最广泛使用的方法[2.35]。在该方法中，累积分布函数根据顺序值（m）的秩和观测总数 N 来估算：

$$F(x) = \frac{m}{N+1} \tag{2.6}$$

上式可等价于表 2.1 给出的 Gumbel 经验频率，重现期被定义为非超越概率的倒数。然而，在非参数方法中使用这种信息的方式与在参数化方法中的应用截然不同。

为了说明重新采样的基本前提，我们假设数据包含 50 年的 30 个样本。因此，累积分布函数的范围是 1/31（0.032 3）～30/31（0.967 7）或一般表示为 $1/(N+1) \sim N/(N+1)$，其中 N 为样本数量。根据式（2.4）可以估算出这些数据明确涵盖的重现期范围为 1.72～51.67 年，即本例中 $\lambda = 30/50$（译者注：原文有误，5 应为 50）。如果特定的设计要求在这个范围内，可以直接使用经验模拟技术方法的结果，无须任何外推。但是，使用这种方法应该理解两个关键点。首先，在数据覆盖的累积分布函数范围之外，有必要进行参数化外推来估算以 x 为变量的累积分布函数；因此在上面例子中，对于大于51.67年或小于1.72年的重现周期，必须使用类似于参数法中使用的拟合算法。其次，从自然界抽取的任何样本不能视为由所有可能的样本构建的母本群。

简便起见，假设有一个拟合方法将累积分布函数（CDF）值的范围扩展为 0～1。在这种情况下，我们可使用随机数生成器为特定年份中的风暴数（基于泊松分布）和发生的所有风暴中的感兴趣变量值构造随机值序列。通过假定每个随机数为一个 CDF 值并用此值反过来（利用 CDF～x 关系曲线）估算 x 值，即获得后者。如果我们用这种方法模拟 50 年中的 100 组数据，我们可以估算出在特定 50 年样本中可能会出现的变异性的大小；但是仍然需假设初始样本代表了群体特征。事实上，在随后 50 年时间间隔内的实际变化将包括总体样本中初始样本的可能偏差以及给定初始分布时的抽样偏差的贡献。

2.3　历史回顾

认识海岸灾害的临界阈值的作用及其相关的风险性是很重要的，例如，超过某特定值的洪水可能会越过堤坝，大于某极限值的波高可能会影响海上石油平台的关键部件，超过某临界值的毒素水平可能会危及环境。任何这些事件的发生都有可能对人们的生命和财产造成严重后果。因此，一般而言，工程设计和决策的成功与否可能对是否超过特定临界值非常敏感。但真是这么简单吗？我们是否确定，任何低于某一确定临界值即使是一个很小的数值都不会造成严重后果，而任何等于或大于临界值的数值一定会产生严重的后果？鉴于我们从未获得不同环境条件组合的概率及过程的完整信息，显然这样的临界值只应被视为对发生后果的水平近似，我们不可能精确估算出超过这些临界值的概率。我们认识到偶然不确定性和认知不确定性都会对估算临界值概率产生影响。

传统上，保守估计的作用至少部分是为了弥补我们知识库中的不确定性，包括偶然不确定性和认知不确定性，通过某种因素来改变设计等级以弥补知识的匮乏（即试图解释我们的理论和自然模型中的误差和/或量化设计等级影响因素概率时的误差）。在许多工程领域，常见的做法是通过使用一个成文的安全系数或类似的设置来包含这种不确定性的影响。然而，较新的方法已经开始考虑更合适的风险概率。

历史上，两种截然不同的方法已应用于估算关键基础设施设计的临界值：即基于确定危险程度上限的确定性估计方法和基于与可接受的灾害/风险等级选定值相关联的设计级别的概率估计方法。我们这里的讨论表明，工程领域多年来已经从第一种方法向第二种方法转变，目前这种趋势还在继续。

在港口保护设计的早期概念中可以找到确定性上限方法的例子，这些概念主要是基于视觉观测的主观推断[2.36]。20 世纪的大部分时期，这种方法一直在制定设计规范方面发挥主导作用，包括对沿海地区核电站选址环境条件的估算、大型水坝设计参数的制定以及大型海岸结构的海啸防护设计。这些方法默认其估算的最大值没有认识上的不确定性；因此，估算的确定性等级可被解释为不可超越的绝对上限（即年概率为零，反之，平均重现期为无穷大）。随后将讨论的是，与概率设计等级相比，假定不存在不确定性的极限值应用也可能是保守不足的（under-conservative）。然而，在世界许多地区仍然存在基于这种早期方法设计结构物。

第二种方法的例子包括了自 20 世纪中叶以来世界各地大多数特定地区海岸结构的设计规范，当时的测量和预测工具组合技术水平足以让人们进行这样的估算。起初，主要基于历史风暴进行估算；随着时间的推移，从基于给定站点的历史记录中发生事件的设计向考虑可能发生在该站点的所有事件的设计缓慢过渡。在概率方法发展初期，公认的灾害等级认为与年超越概率为 0.01（超过 100 年的平均间隔）有关。根据式(2.5)及其后面的讨论，这样的概率级别并不代表许多关键设计或应用具有很低风险，因为大约 40 年中有三分之一的机会超过这个概率。

2.3.1 确定性方法的发展

在现代风险概念、分析工具和计算机代码出现之前，仍然有必要估算各种工程应用的设计参数。例如，在 20 世纪 50 年代，核能开始应用于商业，对整个科学界和工程界以及广大公众来说，工厂选址迅速成为非常重要的问题。起初，对与国防有关的问题给予重大考虑，尽管这个问题的重要性随着时间的推移而逐渐削弱，但它影响了许多最早期核电站的选址。除经济和国防问题外，这些工厂预计将布置在自然灾害不会对其预期寿命内的性能和安全运行产生不利影响的地区。应全面考虑的可能灾害包括：地震的影响（包括地面运动等直接影响和冷却水流失等间接影响），大气现象（闪电、龙卷风、热带气旋等），沿海风暴、海啸和降水引起的洪水以及波浪作用与极端洪水事件相叠加。

在受飓风风暴潮影响的美国沿海地区核电站选址方法中，可以找到一个详细记录的确定性设计方法示例。1959 年，美国陆军工程兵团（USACE）与美国国家气象局（NWS）签订合同，开发一种假想的飓风来设计美国海湾和大西洋沿岸的飓风防护工程。当时，作为其国家飓风研究项目的一部分，美国国家气象局着手确定一个被认为能合理代表某地区特征的最严重风暴，并以标准设计飓风（SPH）的特征来定义该风暴[2.37]。由于风暴定义与核电厂有关，估算的最大值可能与极低的允许风险概念是一致的。Graham 和 Nunn 的报告中描述了对美国海湾和东海岸标准设计飓风的参数推导[2.37]。

很明显，所有的项目都不需要设计像核电站那样低的可接受风险等级。因此在 1979 年，国家气象局第 23 号技术报告[2.38]重新定义了标准设计飓风以使其得到更广泛的应用。在该报告中，标准设计飓风被定义为：稳定状态的飓风具有严重的气象参数值组合，可为给定区域的高持续风速提供合理的特征。

该定义消除了标准设计飓风与特定地区预期最严重风暴有关的想法。由于许多沿海项目建设是在一定时间间隔内以经济为基础的，因此重新定义标准设计飓风可为项目的成本/收益关系提供更全面的指导。事实上，国家气象局修订的标准设计飓风概念已经发展成为海湾和大西洋海岸评判特定社区灾害的基准。

此外在国家气象局 23 号报告中[2.38]也引入了可能最大飓风（PMH）的概念：假定稳定状态飓风的气象参数组合将给出可能发生在指定海岸位置的最高持续风速。

从定义可以清楚地看出，可能最大飓风相比标准设计飓风更为罕见，但还不清楚能否根据国家气象局 23 号报告获得它的客观定义。国家气象局 23 号报告的执行总结中指出，可能最大飓风的中心压力的确是飓风中心的最低海平面压力。估算的墨西哥湾可能最大飓风中心压力的大约范围为得克萨斯州伊莎贝尔港的 887 mb 到佛罗里达阿帕拉齐可拉河附近的 891 mb，在佛罗里达州麦尔兹堡（见图 2.4）则减小至约 885 mb。这些值都大大低于墨西哥湾当时任何观测到的最低中心压力，而且还没有推导这些值的方法。因此，可能需要大量的专家判断来估算这些值。对可能最大飓风其他参数的处理（周边风暴压力 p_0、最大风速半径 R_{max}、风暴前进速度 V_f、风暴方向 θ_f、和风眼的纬度 φ_c）都相对简单，但是参数之间的相关性没有得到解决。

除了标准设计飓风和可能最大飓风定义中明显的主观性之外，这种确定性方法还存在其他问题。例如，使用持续风速作为确定可能最大飓风特征组合的基本参数意味着最高持续风速将始终产生最高的风暴潮，而其他风暴参数对风暴危险等级和相关的风险影响较小。但是，Irish 等人[2.39,40]已经清楚表明风暴的大小和风暴潮的大小同样重要[2.39,40]。从图 2.5 可以看出[2.39]，卡特里娜（Katrina）飓风虽然比卡米尔（Camille）飓风在密西西比登陆时弱很多，但却在那里产生了更高的增水，这与概化模拟的结果相一致。此外，即使沿直的海岸线，风暴的接近方向虽然也很重要，而在具有不规则形状的海岸线则显得尤为重要。

这个特例也提供了很好的机会来检验在灾害/风险分析物理过程中表示过于简化带来的有关问题。在 20 世纪 50 年代，风暴潮预测的技术水平很不成熟，假设通过两个步骤估算内陆增水：第一步估算海岸线风增水水位（忽略波增水对该水位的贡献），第二步使用水文流量模型来输送陆地水（忽略风浪对内陆涌水水位的贡献）。随后的许多研究表明估算内陆地区的洪水泛滥需要考虑该地区内风、地形、降水以及河道径流的影响[2.41-44]。在近岸坡度较陡地区，风浪对沿海洪水的贡献则显得非常重要[2.41]。从所有这些研究中应该认识到两个主要结果：第一，不可能利用单一因素来表示海岸及近岸地区波浪和洪水的特性；第二，先利用预测风暴潮方程估算海岸水位再采用水文流量模型向内陆输水的旧的技术水平与现代的

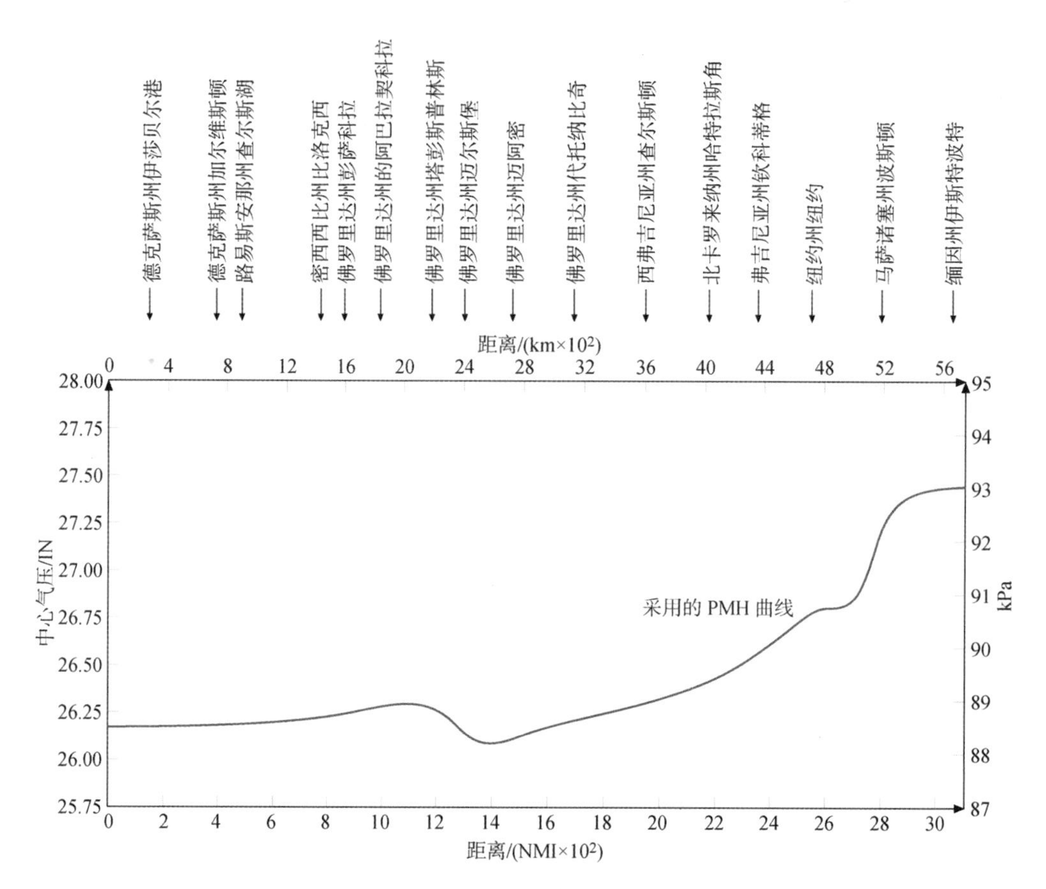

图 2.4　美国海湾及东海岸可能最大飓风的中心压力

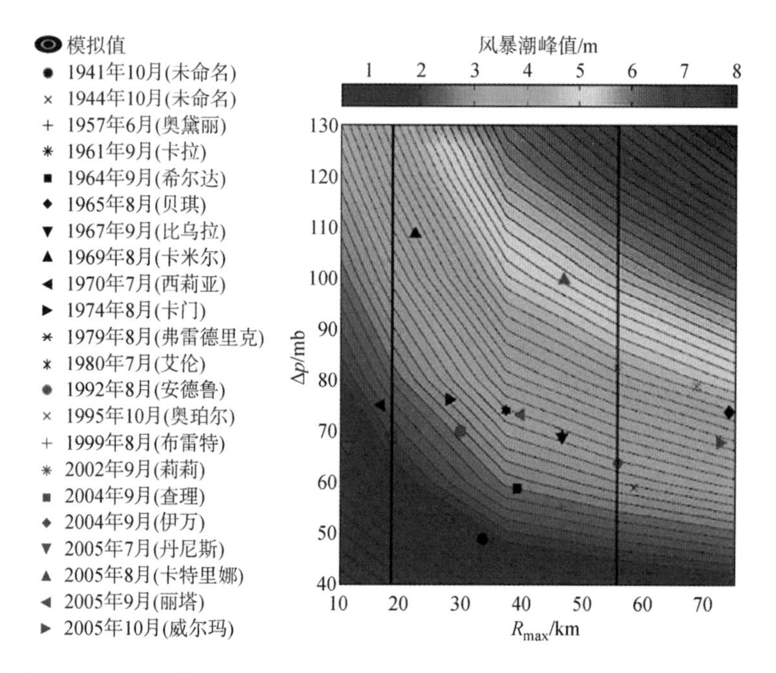

图 2.5　底坡为 1∶10 000 时模拟的峰值增水与飓风尺度(R_{max})和强度(Δp)的函数关系。R_{max} 和 Δp 的历史观测值与数值结果相叠加表明历史风暴的峰值增水的可能趋势(美国气象学会提供)

技术水平不一致。

好的计算模型和好的测量技术在估算极值方面有明显的相似之处。没有人会相信基于已知缺陷而导致大的偏差和随机误差的测量而进行的设计。同样，从风、浪和风暴潮模型中获得可靠的、无偏差的估测数据对评估灾害/风险至关重要。只有在证明模型系统能够生成准确的估算值之后，才值得花费大量的财力物力来进行获得可靠估算极值需要的大量计算模拟。

2.3.2　概率方法的发展

在 20 世纪后半期，开始出现两个因素，这些因素相结合使我们估算沿海极端事件的能力取得重大进展：极值估算理论基础的改进和可供分析数据量的显著增加。后者与 20 世纪 60 年代和 70 年代波浪和水位自动测量系统的发展有关。例如港口和沿海航运的日常运营中，出于某些目的的直接测量提供了极好的定量信息来源，这些测量并不要求关注极端情况。在其他应用方面，如防波堤设计或估算沿海洪水位，由于测量持续时间短，直接测量收集到的有限数据是不够的。

当研究人员开始质疑仅基于给定样本拟合优度的经验公式在极端情况下的适用性时，开始出现一个改进的理论框架。该领域的先驱 Gumbel、Jenkinson 和 Gringorten 等先于 Fisher 和 Tippett[2.45] 建立了早期的数学基础，Gnedenko[2.46] 开始研发改进的方法来处理极值分布的上尾行为。他们的工作形成了广义极值（GEV）分布的概念。Borgman 和 Resio[2.47] 提供了广义极值方法在沿海灾害中的应用实例。在文献[2.16，48]中可以找到最近关于随机变量序列极值估计的一般评论。

广义极值的基本概念以对概率函数渐近特征的分析为基础。在这种情况下，如果常数 $a>0$ 和 b 满足 $F_1(ax+b)=F_2(x)$（其中下标 1、2 表示不同的累积分布函数），则两个累积分布函数是同一类型的。Fisher 和 Tippett[2.45] 指出，排除累积分布函数中不连续性所表现的某些不正确分布，只有三种可能的有限分布类型满足这个约束条件。Jenkinson[2.49] 表明这三种渐近分布都可以写成下面的一般形式

$$F(x)=\exp\left\{-\left[1+\varepsilon\left(\frac{x-c}{d}\right)^{\frac{-1}{\varepsilon}}\right]\right\} \tag{2.7}$$

式中，c、d 及 ε 为分布的参数。当 $\varepsilon=0$，该式在 $x\in(-\infty,+\infty)$ 上定义并简化为双参数 Gumbel 分布，也称为 I 型 Fisher-Tippett 分布。

$$F(x)=\exp[-\exp(-y)] \tag{2.8}$$

其中 $y=\frac{x-c}{d}$。当 $\varepsilon>0$，由此产生的分布为 Frechet 分布（或 II 型 Fisher-Tippett），该分布的低端是有界的，但当 x 值较大时则是无界的。当 $\varepsilon<0$，产生的分布为 Weibull 分布（或 III 型 Fisher-Tippett）。Weibull 分布具有明确的上限，但是在负方向上是无界的。

由图 2.1 和图 2.2，我们可以看出，当样本遵循 Gumbel 分布，x 与 $-\ln\{-\ln[F(x)]\}$ 的样本关系曲线为什么会是一条直线。如果这些数据点趋近于向上的曲线，则为 III 型 Fisher-Tippett 分布；如果数据点趋近于向下的曲线，则为 II 型 Fisher-Tippet 分布。对给定的累积分布函数值，II 型 Fisher-Tippet 分布预测的 x 值大于 Gumbel 分布的 x 值。

在广义极值分布应用普及后不久，引入了理论基础稍有不同的第二种分布。这种分布

是 Pickands[2.50] 首次提出的广义帕累托分布(GPD),随后许多研究人员进一步发展了这种分布,其中 Resnick[2.14]、Davison 和 Smith[2.51] 的研究更能代表人们的意图。GPD 的拟合方法可在文献[2.52]中找到,目前也可在许多统计软件包中获得。广义帕累托分布可以写为

$$F(x \mid x_c) = 1 - \left(1 + \varepsilon' \frac{x_c}{\mu'}\right)^{\frac{-1}{\varepsilon'}} \tag{2.9}$$

和广义极值类似,该方程也有三个参数(ε'、μ'和 x_c),广义帕累托分布的三个基本形式也取决于 ε。当 $\varepsilon' = 0$,广义帕累托分布接近于指数形式

$$F(x \mid x_c) = 1 - \exp\left(-\frac{x}{\mu'}\right) \tag{2.10}$$

由于指数和双指数(Gumbel)分布显示在平均重现期大于 7 年时(根据年极值数据)收敛,对平均重现期大于 7 年的估算值,当 $\varepsilon = \varepsilon' = 0$ 时广义帕累托分布和广义极值之间的有效偏差趋于零;当 ε'为正值时,广义帕累托分布类似于II型 Fisher-Tippett 分布;当 ε'为负值时,广义帕累托分布则类似于III型 Fisher-Tippett 分布。

有人认为广义帕累托分布优于广义极值分布,因为它将阈值正式并入其推导中。但是,这种区别的本质在于假设自然界的样本值代表了统计意义上的同质群体。正如后面2.3.4节所示,自然界的样本通常是种群混合体。例如,温带和热带风暴都可以沿着海岸线产生大的风暴潮和波浪。在较小的水域,飑线和雷暴则主导产生波浪和风暴潮。在可能的情况下,最好尽量避免来源明显不同的群体混合,但有时识别更微妙变化的能力可能会被掩盖。Resio[2.53]工作中有一个很好的例子,他发现哈特拉斯角地区后报波高的II型 Fisher-Tippett 分布实际上是不同类型风暴的总和,可以通过风暴经过哈特拉斯角时距离海岸的长度来确定这些风暴。记录长度内的估计值通常不受种群混合问题的影响,然而,当向较大值进行外推时,种群混合问题则变得非常重要。

鉴于前面的讨论,在不过分贬低极端统计领域已完成卓越理论工作的同时,应该承认,鉴于广义极值和广义帕累托分布不同理论基础的细微差别,很难肯定地认为,一种分布在应用中优于另外一种。两种分布都具有两参数分布(极限情况 $\varepsilon = \varepsilon' = 0$)或三参数分布($\varepsilon \neq 0$ 或 $\varepsilon' \neq 0$)的情况。如这里所述,沿海风、波浪和风暴潮的样本通常包含与混合种群相关的非常重要的影响,例如热带气旋所产生的风暴潮在距离某地点处登陆和正面登陆产生的风暴潮在统计种群间就有明显的差异。这些影响通常远大于使用广义极值与广义帕累托分布分析时理论上产生的差异。正因如此,开发一个很好的熟悉的工具并合理地使用(广义极值或广义帕累托分布)可能会更好,而不只是肤浅地应用这两种分布。

回到相对于设计事件平均重现期来说,记录时间长度较短的问题。在评估这个问题的重要性之前,有必要量化样本中的随机性对估计值的影响。如上节末所述,个体样本的质量是估计极值的重要因素。一旦利用常规测量值,则部分隐含着测量值取代模型估计的期望值作为评估极值的主要信息来源。然而,两种不确定性来源可能会影响估计极值:抽样数据中的认知不确定性(如模型结果中的理论未知数和误差)以及采样数据中的偶然不确定性(样本的自然随机性)。因此,是使用短时间间隔的高质量测量以消除大部分认知不确定性;使用长时间间隔的低质量模型结果来减少偶然不确定性(但会增加认知不确定性);还是需在这两者之间进行权衡。

20 世纪 60 年代和 70 年代的许多研究都采用了理论公式和计算机模拟相结合的方式,

在特定年超越概率(AEP)的 x 值附近建立标准偏差(有时称为置信区间)的准则。大多数情况下,设计中感兴趣的范围往往超出了观察范围,例如,在大多数早期设计研究中,典型的平均重现期为 100 年。然而,在目前为联邦应急管理局(FEMA)研究的洪水测图时,需要高达 500 年平均重现期的数值。对于其他应用,如世界许多地区的大型近海结构和海岸防御系统,平均重现期一般在 1 千年甚至 1 万年。对核电站等高度关键基础设施已建立平均重现期为 100 万至 1000 万年的概率估计。这种估计必须考虑数据外推长度超出观测记录长度许多倍所固有的不确定性。标准偏差的估计可以通过基于广义极值或广义帕累托分布形式[2.49,54-56]的多种方法获得。

Gringorten[2.57,58]给出了抽样不确定性的一种有效形式。利用理论特征和数值检验相结合,证明了估计值的预期均方根(RMS)误差作为 Gumbel 分布中平均重现期的函数,可以由下式估算:

$$\sigma_T = \sigma\sqrt{\frac{1.100\,0y^2 + 1.139\,6y + 1}{N}} \tag{2.11}$$

式中,σ 是分布标准偏差;σ_{T} 是重现期 T 的均方差;N 是估计分布参数的样本数量;y 是由 $y=(x-\alpha)/\beta$ 给出的简化的 Gumbel 变量;x 为自变量;α 和 β 为 Gumbel 分布参数。

对于 Gumbel 分布,简化的变量与重现期有关:

$$y = -\ln\left[\ln\left(\frac{T}{T-1}\right)\right] \tag{2.12}$$

$T>7$ 年的近似指数形式为

$$T - \frac{1}{2} \rightarrow \mathrm{e}^y \tag{2.13}$$

式(2.11)表明固定重现期的均方误差与分布标准偏差和一无量纲参数的平方根有关,该参数涉及 y(y^2,y^1 和 y^0)的不同幂与样本数量的比值。在之前对 Gumbel 分布的描述中,我们看到了该分布的累积分布函数具有双指数形式。

通过矩量法,Gumbel 分布参数可以由下式得到

$$\mu = c - \gamma d,\quad \sigma = \frac{\pi}{\sqrt{6}}d \tag{2.14}$$

式中,γ 是欧拉常数(=0.577 21…);μ 是分布均值;σ 是分布标准偏差。

因此,分布标准偏差与分布的可变性系数有关,可用于估计指定重现期内置信区间的预期宽度。置信极限对于平均重现间隔函数的依赖和样本总数平方根存在于分母中都表明,当数据外推至记录长度的若干倍,这些置信区间将变得很大。图 2.6 给出了大于 100 年重现期的例子,该分布标准偏差仅为0.25 m,略小于许多天然数据集的偏差。图 2.6 表明记录长度对于偶然不确定性的重要作用(参见

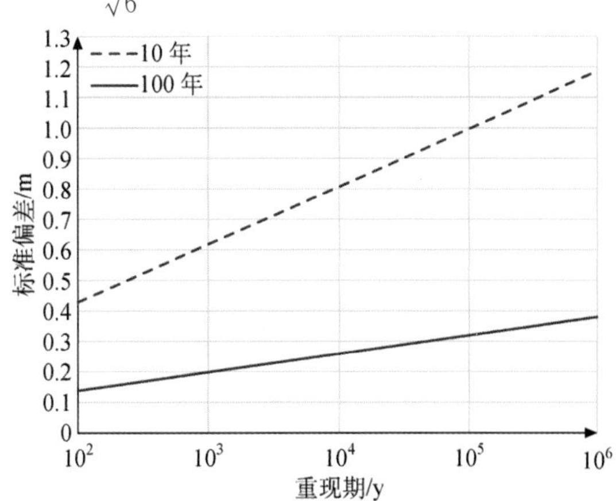

图 2.6　标准偏差为 0.25 m 的 Gumbel 分布的置信区间标准偏差实例(样本长度:10 年和 100 年)

2.A节中的自然变异)。由于估计方法中固有的常态假定,因此可通过将 σ_T 的估计值分别乘以 1.08 和 2.33 获得特定重现期内超 10% 或 1% 的 Gumbel 分布估计值。

虽然式(2.11)~式(2.14)最初针对年最大值的应用而推导得来,但是它们可适用于任何时间段内以直接方式进行数据采样。对于热带气旋,风暴之间的平均间隔(复合 Gumbel-Poisson 分布中泊松频率的倒数)可将式(2.11)转换为下面形式:

$$\sigma'_T = \sigma\sqrt{\frac{1.1000y'^2 + 1.1396y' + 1}{N'}} \tag{2.15}$$

式中,σ 是分布标准偏差;σ'_T 是重现期 $T' = T/\hat{T}$ 的均方根误差,其中 $\hat{T}$ 是飓风发生的平均年数;N' 是用以估计分布参数($N/\hat{T}$)的样本数量。

许多决策者认为,极值分布的最佳拟合曲线提供了等于或大于特定阈值的遭遇概率的无偏估计;如果样本中没有任何偶然或认知不确定性,这是真实可信的。Resio 等人表明两种类型的不确定性都会影响预期的遭遇概率[2.44]。他们的研究特别表明估计的标准偏差提供了一个好的方法来量化确定性估计周围的概率扩散;在这种情况下,给定风暴潮增水值的遭遇概率可以用二维积分来表示,并用 δ 函数将其简化到一维,即

$$p(\eta) = \int_0^{\infty}\int_{-\infty}^{\infty} p[\hat{\eta}(T) + \varepsilon_\eta \mid \hat{x}]p(\hat{\eta})p(\varepsilon_\eta) \times \delta(\hat{\eta} + \varepsilon_\eta - \eta)\mathrm{d}\varepsilon_\eta \mathrm{d}\hat{\eta}(T) \tag{2.16}$$

式中,$\hat{\eta}(T)$ 表示给定重现期内的确定性估计;ε_η 表示与确定性风暴潮增水估计值的偏差。

在式(2.16)中,$p(\varepsilon_\eta)$的估计值被认为是平均值为 $\hat{\eta}$ 的高斯分布,标准偏差由估计置信区间的方程获得,形式如下:

$$p(\varepsilon_\eta \mid \hat{\eta}) = \frac{1}{\sigma_T\sqrt{2\pi}}\mathrm{e}^{-\frac{1}{2}\left(\frac{\varepsilon_\eta}{\sigma_T}\right)} \tag{2.17}$$

式中,σ_T 为给定 $\hat{\eta}$ 值的估计标准偏差。

式(2.16)可直接积分后转换为 Resio 等人[2.44]估计种群参数和标准偏差的重现期表达形式:

$$T(\eta) = \frac{1}{1 - F(\eta)} \tag{2.18}$$

及

$$F(\eta) = \int_0^{\infty}\int_{-\infty}^{\infty} p[\hat{\eta}(T) + \varepsilon_\eta \mid \hat{\eta}]p(\hat{\eta})p(\varepsilon_\eta) \times H(\hat{\eta} + \varepsilon_\eta - \eta)\mathrm{d}\varepsilon_\eta \mathrm{d}\hat{\eta}(T) \tag{2.19}$$

式中,$H(g)$是 Heaviside 函数,$g \geqslant 0$ 时,$H(g) = 1$;$g < 0$ 时,$H(g) = 0$。

为了举例说明外推数倍样本记录长度对预期遭遇概率的影响,Resio 等人[2.44]研究分析了佛罗里达西海岸 70 年间的中心压力。由于风暴潮与登陆热带气旋的关系比陆地的热带气旋更密切,因此他们将风暴样本分块,只考虑在 81 °W~85 °W和 25 °N~30 °N的矩形区域由西向东运动的风暴。另外,为了消除可能与组织有序的风暴表现不同的微弱风暴,他们进一步将样本风暴限制为选定地理区域内中心压力低于 990 mb 的风暴。根据国家气候数据中心(NCDC)提供的最新再分析数据,大约在 1940 年之前的大部分风暴并未报告中心压力,因此,分析的时间间隔仅限于 1940 年至 2009 年。

图 2.7 比较了三例佛罗里达州的综合结果与文献[2.44]中的原始确定性估计值。案例 1 是基于最佳拟合 Gumbel 分布重现期的确定性解。案例 2 是检验将偏差概率表示为函数

(即确定性线上的所有概率)而生成的数值算法,为积分算法的测试用例。正如预期的那样,案例 2 与案例 1 没有明显偏差,案例 1 和案例 2 的线是相同的。案例 3 中显示了标准偏差等于估计分布标准偏差除以 2 的结果,简单地表明与案例 4 相比,非线性如何依赖于置信区间标准偏差的影响;案例 4 为估计标准偏差的结果。这些结果表明,在墨西哥湾的这一地区,中心压力(热带气旋强度的替代指标)遭遇概率受到样本不确定性的显著影响。

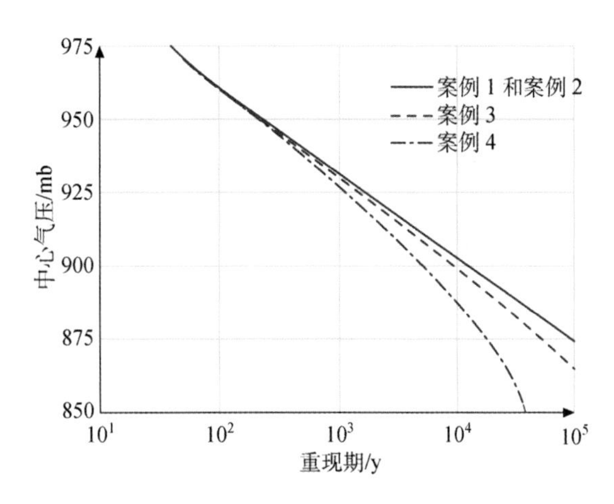

图 2.7　利用 1940—2009 年数据比较西佛罗里达地区未考虑不确定性(案例 1 和 2)和考虑不确定性(案例 3 和 4)中心压力预期重现期

这些结果的一个奇怪现象是随着重现期的增加,线条之间的偏差越来越大。鉴于包含完全不确定性(案例 4)的 10 000 年分布值略高于假定的最大可能强度(MPI)880 mb,40 000 年的分布数值则更低(850 mb)。这表明,不确定性在极低概率中的作用决定了在不确定性开始成为分布数值的主要贡献因素之前,人们可以外推至多长时间段。即使对于 10 000 年的中心压力分布值,相对于忽略不确定性的数值,压力差已增加约 20%。由于西佛罗里达海岸线许多地区的最大可能增水大约为 10 m 左右,因此考虑不确定性的影响会使设计增水水位比确定性估计值增加约 2 m。

2.3.3　历史风暴法估算沿海极端事件的发展

到 20 世纪 80 年代,人们普遍认识到,记录长度是估计极值的一个重要因素。这导致了种种困惑。如果测量的观测数据仅涵盖相对较短的时间跨度,那么如何有效估算重现期为 100 年的数值?除了波浪和风暴潮的记录长度不够长之外,对现有测量数据的仔细审查表明,经常缺失大的风暴数据,这进一步损害了为估算设计值提供合适基础数据。答案是通过基于物理学模型的开发改进从可用的气象信息中预测波浪和风暴潮。由于气象信息可在更远的时间内扩展,因此可假设,重建过去事件的风力和压力用于驱动波浪和风暴潮模型,以替代风暴期间的测量。但如前所述,至关重要的是用于此目的的计算模型需要有足够的精度,才能提供准确的无偏差的估计值。

聚焦风暴后报(估计过去时间间隔内的波浪/增水)很快成为许多近海[2.60]及海岸设计[2.61-64]中使用的主要方法。随着时间的推移,人们明显看到,波浪和风暴潮后报的风暴选择通常在不同量级范围内表现不同的累积分布函数特征。这导致了超阈峰值(POT,peaks over threshold)估计极值方法的发展。在此方法中,只有超过某一阈值的样本值才会包含在样本内,以便通过选定的参数形式进行拟合。

图 2.8 是许多规划人员和工程师处理实际数据时所面临的一个很好的例子,有助于证明在许多情况下需要使用超阈峰值方法。在这个例子中,数据实际上比最初研究中用于验证超阈峰值的数据更新。然而,其测点是相同的。这些数据都来自路易斯安那州庞恰特雷恩(Pontchartrain)湖一个站点的模拟后报风暴潮。一个简单的概念是使用三参数广义极值

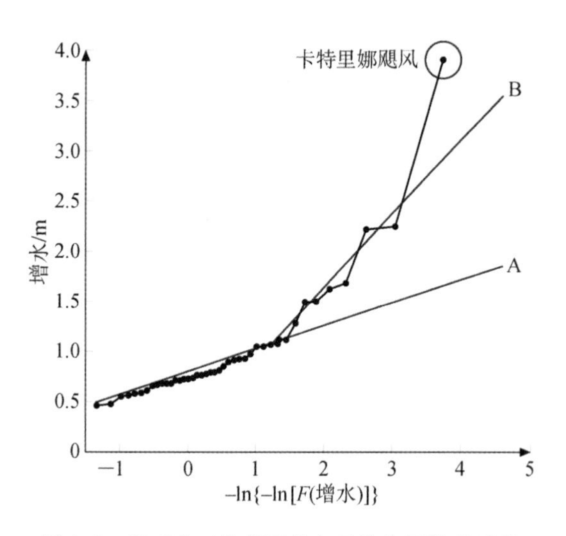

图 2.8　以双负对数累积分布函数为函数的后报风暴潮高度样本（直线 A 表示风暴登陆地点距离该站点很远，直线 B 表示在该站点附近登陆的飓风。单圈点代表卡特里娜飓风在这个站点的风暴潮。）

（或广义帕累托分布）分布来适配整体分布。这意味着卡特里娜飓风在这个站点产生的风暴潮仅仅是大约 65 年的事件。但是，基于几项独立分析，期望得到的风暴潮量级常常大大小于这一数值。

图 2.8 中添加的线条 A 和 B 表示根据登陆地点与该站点的距离对该站点的风暴潮进行不同分块分析。正如从风暴潮生成物理学中很容易看到和预期的那样，这两组事件之间存在着本质的差别。这一发现与研究人员多年来一直主张在将样本数据拟合为某种参数分布之前需要将样本分块的看法相一致。图 2.9 中出现了一个有趣的问题，即异常值问题。异常值被认为所代表的事件在样本记录的时间跨度内发生的机会少得多。很直观的是，即使是 100 万年事件也很可能发生在一些 10 年的样本中，所以对这些历史数据点的处理是认为它们不代表其发生被抽样的记录长度。这些点通常在分布拟合过程中被简单忽略；但是，遗漏一个地区所有数据点显然忽略了该地区所有分析中可能有价值的信息。

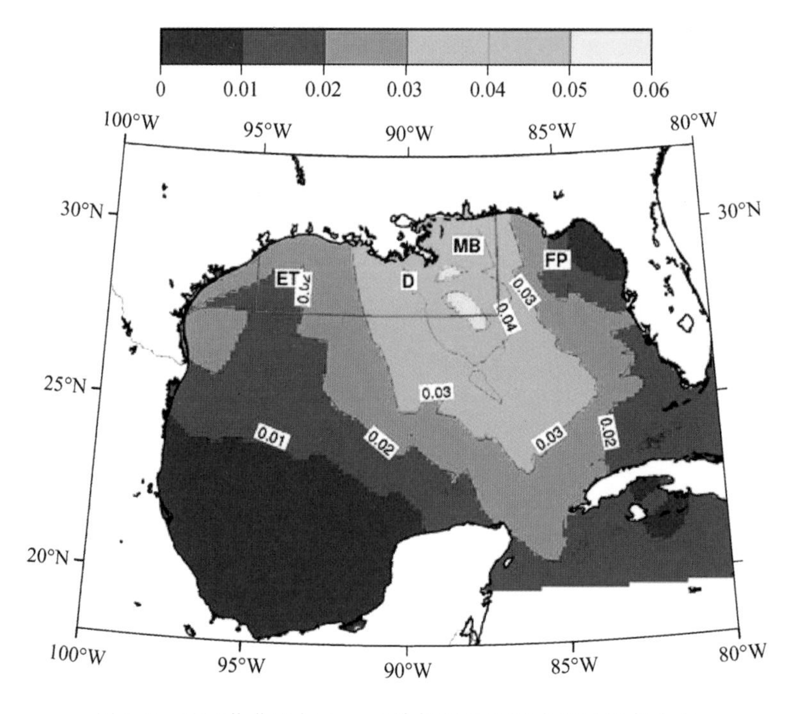

图 2.9　基于优化空间 kernel 分析的墨西哥湾飓风频率分析

2.3.4　替代方法的发展

卡特里娜飓风的悲剧强调了对海岸灾害和风险可靠性估计应包括一个地区可能发生的所有风暴的影响，而不仅仅是在特定历史样本内发生的事件。不过，早在 20 世纪 70 年代人们就已经认识到这一点，并开始开发替代方法来改进对海岸灾害和风险的估计。具有导数项 JPM-OS（联合概率法最优抽样）的联合概率法（JPM）和本手册中我们称作的经验跟踪法（ETM）可能是使用最广泛的两种方法。我们讨论这些方法发展的重要部分来自美国陆军工程兵白皮书材料[2.65]和白皮书的简化版本[2.66]，大量具体细节可从那里找到。

1）联合概率法（JPM）的发展

联合概率法是 20 世纪 70 年代应海岸风暴潮而开发[2.67,68]，随后由一些研究人员扩展[2.38,69]，试图解决与有限历史记录相关的问题。这种方法是从相对广泛的地理区域分析一小组风暴参数的特征信息。在 20 世纪 70 年代和 80 年代应用这种特定方法中，联合概率法假定沿整个海岸线抽取样本的风暴特征是恒定的。这个假设与最近研究的图 2.9 所示地区的风暴频率差异很大而不相一致。

联合概率法使用中心压力、最大风速半径、风暴前进速度、风暴登陆位置以及风暴路径相对于海岸线角度等参数来生成参数化风场。此外，联合概率法的初始应用中假定这五个参数的值在风暴接近海岸的过程中变化缓慢。因此，这些参数在风暴登陆时的数值可用来估计海岸的增水，并且这些值在风暴到达海岸的过程中可视为常数。最近的研究数据表明这不是一个好的假设[2.70,71]。具体而言，这些研究表明，热带气旋在接近陆地时会衰减。Kimball[2.72]已经表明，这种衰减与热带气旋登陆期间干燥空气侵入热带气旋相一致，尽管针对这种强度持续衰减的还有其他假设，如热带气旋的陆地部分缺乏能量产生，而且这些地区的阻力也有所增加。无论如何，这些证据似乎都证明这样的观点，即主要热带气旋在登陆前就开始衰减，而不是像之前假设的那样登陆后才开始衰减。

联合概率法的初始公式使用恒定参数风场直线轨迹的计算机模拟来定义选定的基本五个风暴参数组合最大增水值。每个最大值都与概率相关联

$$p(c_p, R_{max}, v_f, \theta_1, x) \tag{2.20}$$

式中，c_p 是中心压力；R_{max} 是最大风速半径；v_f 是风暴的前进速度；θ_1 是登陆时风暴路径海岸的角度；x 是兴趣点和登陆点之间的距离。

这些概率被视为不连续增量，累积分布函数被定义为

$$F(x) = \sum p_{ijklm} \mid x_{ijklm} < x \tag{2.21}$$

式中下标表示表征热带气旋的五个参数的序号。

联合概率法表示直接应用响应面方法估算极值。在这种方法中，特定变量（如波浪和风暴潮）的响应是作为几个参数的函数导出的，例如上面例子中使用的集合（c_p、R_{max}、v_f、θ_1、x）。鉴于已知五参数空间的多变量概率，而且已知定义来自这组变量的响应方法，所以本例的响应累积分布函数方程可写为

$$F(\eta) = \iiiint\!\!\int p(c_p, R_{max}, v_f, \theta_1, x) \times H[\eta - \Lambda(c_p, R_{max}, v_f, \theta_1, x)] \times \mathrm{d}c_p \mathrm{d}R_{max} \mathrm{d}v_f \mathrm{d}\theta_1 \mathrm{d}x \tag{2.22}$$

式中：Λ 表示以(c_p、R_{max}、v_f、θ_1、x) 为函数将参数转换为每个事件最大增水估计值模型。很容易看出，这种方法可以推广到任何一组可以定义响应面的个参数以及多变量概率分布。研究人员 Toro 等[2.59]、Niedoroda 等[2.73]、Resio 等[2.70]及 Irish 等[2.74]均提出了评估参数概率和模拟风暴的方法。每种方法都有各自的优点和缺点，只要在积分过程中充分解决多变量概率函数，结果应该是彼此一致合理的。

与经验模拟技术类似，这种方法对于累积分布函数的形式而言是非参数的；然而，用于将联合概率法结果扩展到超出记录长度之外的外推类型与历史风暴法所使用的外推方式很不相同。正如 Irish 等人[2.75]所述，前者是基于概率估计，这比历史数据中固有的局部增水响应要平稳得多，这意味着当应用联合概率法时，与历史风暴法相比，采样不确定性显著降低。

联合概率法相对于在很大程度上依赖历史风暴法的潜在优势是，联合概率法试图考虑在一个地区可能发生的所有风暴，而经验模拟技术只考虑该地区确实发生的风暴。例如，100 年重现期的风暴包含所有五个参数 (c_p、R_{max}、v_f、θ_1、x)；而历史风暴法只会有一两个风暴可用在这个参数空间。假设为了产生增水，可以通过所使用的一组参数充分表示风暴特性，即使之前没有发生过，也可以构建类似卡特里娜的风暴(高强度与大尺度相结合)。同样，可以在迂回风暴(如 Opal 和 Wilma 飓风)之间进行插值，以了解佛罗里达州坦帕地区可能受到飓风影响的概率，即使这些风暴都未曾在坦帕地区产生显著的风暴潮。

在 20 世纪 70 年代和 80 年代，联合概率法应用中最大的争议也许集中在用于联合概率函数这五个参数来产生精确的风场的充分性。除此之外，1950 年以前的历史风暴数据缺乏，因此很难推导出代表性分布，即使是对海岸地区的扩展部分也是如此。例如，大多数历史风暴都缺乏风暴尺度(R_{max})的信息；因此，R_{max}的统计估算值(纬度和中心压力的函数)经常用概率分布中的实际值代替。在早期联合概率法应用中，未考虑热带气旋风场的变化峰度，这一术语在近期的热带气旋风模型中以参数 Holland B[2.76]表示。

很显然，联合概率法的主要维数必须能以足够的精度表示风场，以便合理地、相对无偏地应用于驱动海岸波浪和风暴潮模型。对于温带风暴，没有已知的符合该标准的简单参数集合，经验模拟技术或超阈峰值方法的一些扩展可能是这种应用的合适选择，至少对于不太长的重现期(小于 100 年左右)。对于热带气旋，利用上面五参数以及 Holland B 参数驱动热带气旋风场的动力学模型可以捕获大部分的风场结构[2.77,78]。

反对在联合概率法中使用参数风场的论据是，每个历史热带气旋都表现出与理论参数(行星边界层，planetary boundary layer)估计有一定程度的偏差。在任何固定时间，这些偏差都可能由强风暴不对称、风暴周围 R_{max}的变化、螺旋带的增强等引起。因此，由专家精心设计的最佳估计风场能够同化特定热带气旋的所有观测资料，可以通过参数化的理论模型更忠实地反映特定风暴的细节。今天这样的风场主要由美国国家海洋与大气管理局(NOAA)飓风研究部门等组织研制[2.79]。这些风场对于我们理解热带气旋相对于海浪和风暴潮对近海和沿海地区的作用是绝对必要的。文献 [2.80] 很好地讨论了历史风场重建以及不同方法对模型精度的影响。

很明显，最佳估计风场在其形成中包含了大量的自由度。鉴于历史上热带气旋的数量相对较少，我们不可能理解或量化造成这些偏差的所有相关详细因素的概率性质。如果这些细节对海岸波浪和风暴潮估算绝对至关重要，我们则能够非常准确地反映过去的热带气旋，但对未来热带气旋的概率知之甚少，除非能保持相同的自由度数量，包括未来风暴潮和波浪估计值的预期变化。但从图 2.10(a)和图 2.10(b)比较卡特里娜飓风后报中使用最佳估计风和参数风场的后报风暴潮可以看出，在这种情况下，风暴潮模型结果与实测结果的差异相对较小。

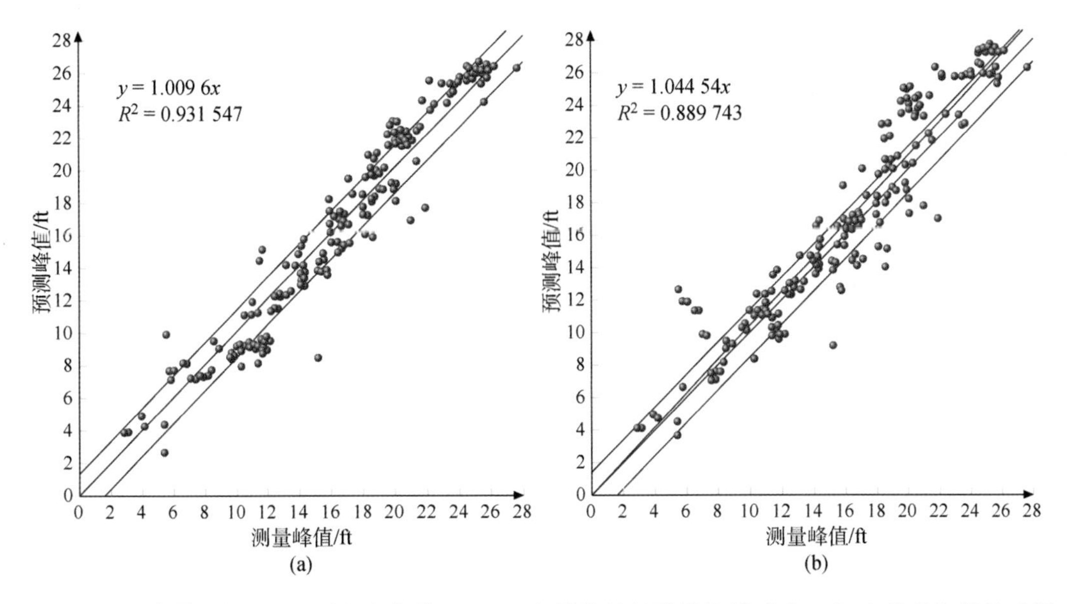

图 2.10　(a)卡特里娜飓风观测高水位线(HWM)与最佳风场模拟结果对比。(b)卡特里娜飓风观测 HWM 与最佳手工分析后风场计算模拟结果比较。(数据点为记录 HWM 数值，直线表示 1∶1 相关性以及每侧1.5英尺的标准偏差)

应用于卡特里娜飓风之后，人们对联合概率法进行改进，包括影响风暴的其他物理因素并提高了方法的效率[2.40,66,70,74]。改进后的新方法在新奥尔良降低飓风风险新系统的设计等级估算中发挥了重要作用。文献[2.65]中详细讨论了这些改进措施。

2）**经验轨迹法**(Empirical Trade Method, ETM)

Vickery 等人[2.78]提出了一种模拟美国飓风风险的方法。这种方法已被美国国家标准学会 (ANSI)[2.82,83]用于国内设计风速图的开发。经验轨迹法使用蒙特卡洛方法从经验推导的概率和联合概率分布进行抽样。中心压力是以海面温度、风暴方向、大小、速度以及 Holland B 为函数的随机模拟。该方法已在美国多个海岸地区得到验证，并为检验与地理分布系统(如传输路线和安全保障)相关的飓风风险提供了合理方法。

在蒙特卡洛框架内应用经验轨迹法的一个关键是要求能够模拟很多年的风暴(Vickery 等人的应用中为 20 000 年[2.78])。因此，每年平均发生三次热带气旋的流域尺度研究区需要模拟 6 万次风暴。对使用行星边界层(PBL)风模型估算风概率来讲，这不是太苛刻，但对现有大型高分辨率海洋和海岸响应模型(波浪模型和风暴潮模型)来讲则这远超出了当前计算机容量范围。因此，经验轨迹法通常不会用于计算量非常高的个体事件。

经验轨迹法目前的形式是基于一种自回归方法，其中后续时间步长的风暴参数是利用从统计和理论考虑得出的关系式由同一组当前时间步长数值确定。尽管人们认识到，这种预测对于特定风暴将包含很大的统计误差，特别是在预测风暴强度和大小方面，但预测结果表明对风暴种群的某些统计特征进行了合理估计,如一个地区的平均风暴数量。不太清楚的是,它们是否捕获了风暴特征之间相互关系中固有的复杂多元结构,如这些特征的变化率与接近陆地影响之间的相互作用。忽略这些高阶相互作用对预测极值统计的影响仍然是未来研究的主题。

2.3.5 温带风暴的概率分析

如前所述,由于温带风暴的尺度相对较大,因此,其对海岸地区影响往往比热带飓风更频繁,范围更大。基于这两点考虑,人们认为,对于大多数海岸地区,使用历史风暴法足以量化灾害/风险。然而,考虑到许多沿海地区,特别是内陆地区如主要海湾和湖泊的几何复杂性,这可能不是一个合理的假设,有下面四个原因:

(1) 在一些地区,使用原位观测来表征极值可能包含混合种群,少数风暴观测结果表明,沿最佳风暴潮/波浪产生方向的强风与许多其他观测方向的观测数据相混合。在这种情况下,前者往往出现异常值。由于 30～40 年的记录长度可能只包含单个风向与最佳产生方向一致的强风暴,这就给规划人员和工程师分析极值情况进行评估带来了困难。

(2) 尽管广义帕累托分布是专为拟合超出特定阈值的分布推导得来,但仍然受制于所有样本来自同质种群的统计约束。与广义极值一样,广义帕累托分布仍只是三参数分布,如果分析中混入了太多的小事件,则分布的上尾部分很可能被错估。因此,在研究人员由任意(事先选定)数量的事件来选择下限的应用中,可能导致对实际灾害/风险非常差的估计。

(3) 早些时候,我们注意到风暴特征和频率似乎受到大气环流模式几十年变化的显著影响。这种情况下,很难量化气候变化的影响,相对短期样本持续时间可能不足以准确量化预期的极值。尤为重要的一点,这与可能发生风暴和已发生风暴之间的差异有关。

(4) 由于前面提到的所有问题以及不确定性对遭遇概率的内在影响,正如某些关键基础设施脆弱性评估和设计所需,如果在分析中不采用一些方法增加实质的保守估计,就很难证明使用历史风暴法估算极低概率的合理性。开发一种联合概率法的变化形式来拟合温带风暴的相关研究满足这种需求将是非常有价值的。

2.3.6 未来研究方向和讨论

Irish 和 Resio[2.40]表明,风暴尺度、风暴前进速度、登陆地点和风暴轨迹方向与海岸线夹角对风暴潮的影响在热带气旋中都有渐近上限。虽然这些上限与地点有关,但形式上可以用相对简单的函数来表示。这将助于简化极低概率极值的估计,因为这种情况下,在风暴潮的极值范围内,风暴潮概率被降低为单变量分布,即是单参数风暴中心压力的函数。但是,正如前面所强调的,在估计过程中仍然需要考虑样本不确定性。在很多地区,将抽样不确定性纳入相对较小的样本量内可能会使 AEP 为 10^{-6} 的中心压力估计值不切实际地偏低。在这种情况下,可能有必要将概率估计与理论推导的上限相结合来估计海岸增水。目前,这一理论上限(MPI)仍然是通过相对简单的理论公式和世界各地最低观测中心压力的经验包络线相结合而形成[2.84-86]。在目前的形式中,这个上限主要作为海面温度的函数来估算。然而,更多的理论工作可能会表明其他参数项对估算 MPI 的重要性。一定要认识到,对 MPI 的任何估计都直接包含认知误差,间接包含因用于理论推导和校准的样本分布而导致的偶然误差。

2.4　结语

一方面，我们可以看到，过去的 100 年中，在海岸灾害和相关风险估计方面取得了相当大的进展。另一方面，像所有受限的决策过程一样，很难快速改变一种用于某种估计的方法。因此工程实践常常大大滞后于我们对海岸灾害和风险认识的现状，似乎倾向于等到自然灾害发生时，如卡特里娜飓风和日本福岛的海啸，才促使人们有改变的意愿。对于可能受灾害/风险影响地区的关键基础设施和社区，谨慎的设计理念必须继续考虑偶然不确定性和认知不确定性的影响。

虽然这里的讨论主要集中在海岸风暴问题，但关键概念可应用到影响海岸的各种灾害中。虽然每一种危害都会有各自独特的物理特征和统计要求，这里讨论的一般概念都适用于评估这些危害发生的概率和风险，并了解导致极值估计不确定性的因素。

2.5　术语一览

a—指定限值或系数
b—指定限值或系数
c—系数
c_p—风暴中心压力
d—系数
k—系数
n, m—指数
$p(x)$—概率密度函数
q—系数
v_f—风暴速度
x—变量
x_c—系数
AEP—年超越概率(Annual Exceedance Probability)
CDF—累积分布函数(Cumulative Distribution Function)
EST—经验模拟技术(Empirical Simulation Technique)
ETM—经验轨迹法(Empirical Track Method)
$F(x)$—累积分布函数
GEV—广义极值分布(Generalized Extreme Value Distribution)
GPD—广义帕累托分布(Generalized Pareto Distribution)
JPM—联合概率法(Joint Probability Method)
MPI—最大可能强度(Maximum Possible Intensity)
N—总数
P—超越概率
PDF—概率密度函数(Probability Density Function)

PMH—可能最大飓风(Probable Maximum Hurricane)
POT—超阈峰值(Peaks Over Threshold)
$P(A)$—发生事件 A 的概率
$P(B|A)$—事件 A 发生时后果 B 出现的概率
R—风险
R_{max}—最大风速半径
SPH—标准设计飓风(Standard Project Hurricane)
T—重现期(或重现间隔)
T'—无量纲重现期(或重现间隔)
ε—系数
ε'—系数
ε_η—与确定性增水估计的偏差
η—增水值
θ_1—在登陆时风暴轨迹相对于海岸的角度
λ—样本频率
μ—系数
y—简化的 Gumbel 分布变量
σ—分布标准偏差
σ_T—重现期 T 的均方根误差(rms)
σ'_T—无因次重现期 T' 的均方根误差

附录　概率和风险术语

(1) 置信区间:置信区间是某一个给定的变量(真值)位于给定范围内的一个统计表示形式。置信区间包括两部分——区间(数值将介于 x 和 y 之间)和确定性等级(90%置信区间表示该值在所给定区间的概率为 90%)。随着区间变小,数值落入该区间的确定性将会下降。置信区间与不确定性有关,因为它们是基于过去的数据测量预估值不确定性的统计方法,该方法可给出感兴趣的特定参数的概率分布和方差。

(2) 误差:误差本身有多重含义。在模拟/预测意义上,误差的概念要求有一个正确的答案来对比预测的答案(模拟情况)或样本结果(统计情况)。然后将误差定义为实际答案与预测答案或测量样本之间的差异。因此,就预测风险评估(前瞻性)而言,误差并不是一个有用的概念,因为还没有任何实际或真实的值可用来衡量或比较。误差不应与错误混淆,错误是不正确的假设、计算或模型表述的结果。错误的标志是它是可以避免的。

(3) 误差(I 型和II型):误差 I 型和误差II型是统计中描述测试过程中特定类型误差的技术术语。这些术语涉及接受或拒绝正在被测试的假设(零假设)。如果零假设在实际上为真时被拒绝(发现为假),则误差 I 型发生。相反,如果零假设实际上不为真时未被拒绝(发现为真),误差II型发生。这些定义与测试中的误报(误差 I 型)和伪报错(误差II型)的概念相关。有关误差 I 型和误差II型更好的技术教程详见文献[2.87]。

(4) 暴露:受体与灾害接触的过程。

(5) 暴露途径:受体暴露的途径。对于动物是通过摄入、吸入或皮肤吸收。

(6) 暴露评估:定量分析灾害对受体的危险程度(浓度、持续时间)。

(7) 危害/压力:可能造成不良后果的事件(风暴、事故)、药剂(化学、辐射)、情况或行为,如对财产、环境和人类健康或生命的危害。这个术语通常与威胁同义使用。

(8) 概率:在最基本的意义上,概率是事件发生的机会或可能性。定性地说,事件越可能发生,事件发生的可能性就越大。定量地说,概率是介于 0 和 1 之间的值,其中 1 代表事件发生的绝对确定性。事件的概率通常被定义为事件发生次数与事件发生总次数的比值。例如,如果我们将事件视为某任一天的降水发生,我们将收集一段时间内(如 1 年)某一天是否下雨的信息,那么下雨的概率为

$$\text{降水概率} = \frac{\text{发生降水的天数}}{\text{总天数}}$$

(9) 概率分布:概率的基本定义适用于离散事件,但当被评估的事件或参数是连续的(即任何给定日期的最高温度、任何给定日期的河流河段),那么单一的概率是不够的。相反,可能的值被分组到不连续的范围内,并在该范围内出现的次数被计数,然后除以总次数。

(10) 受体:受灾害/压力影响的特定事物或实体。在人体健康风险评估中,受体是人。

(11) 风险:对人类生命、健康、财产或环境造成不良后果的可能性。通常使用事件发生的条件概率预期值和事件发生结果来量化风险估计。这一定义目前被风险分析协会使用。在数学上表示为

$$R = P(A) * P(B \mid A)$$

其中:R = 风险值(从 0 到 1 的概率);$P(A)$ = 事件 A 发生的概率;$P(B \mid A)$ = 事件 A 发生时发生后果 B 的概率。

本手册中将使用这一技术定义。但知识面广的从业者应当了解其他领域的其他定义。表 2.2 总结了各领域中使用的其他定义和供参考的引证以便获取更多信息。对每种情况,除一些假设导致定义稍有不同之外,都可以使用相同的数学表示形式,表 2.2 也列出了这一点。

除了具有多个可能定义外,风险还可以通过类型进行区分。不同类型的风险,即使它们具有相同的数量值,通常也会有不同的管理方式,甚至被忽略。下面定义了影响这些风险的评估、管理和沟通方式的一些常见风险类型。

a) 实际风险:可经科学验证的风险。例如,已经充分研究并证明吸烟使人处于癌症危险之中[2.3-6]。实际风险有时被称为客观风险,但风险是主观还是客观与其实际的可验证性相比,更多地与其被测量的能力相关。

b) 认知风险:个人或团体认为存在的被低估或被夸大的风险。这通常发生在公众被误导或媒体报道灌输不必要恐慌的情况下。例如,食品安全问题往往是此类事件的首要议题,导致重大的公共政策讨论[2.7]。

c) 假定风险:由选择所承担的风险。假定风险可以被量化为大或小,可以是实际的或可感知的。例如,个人选择参与冒险活动(跳伞、爬山)并承担与活动相关的相对较大的风险,但选择驾车、服药或参与日常活动的仅涉及某些假定的风险。

表 2.2　不同应用中的风险定义

来源	风险定义	数学表示	参考
职业安全健康管理局(OSHA)	产生不利影响的可能性	在这种方法中，假定事件发生，因为危险是被管制的项目。例如，工厂狭窄人行通道没有安装护栏就是危险。根据职业安全健康管理局的定义，如果存在危险，则事故的可能性成为风险。在数学上，事件 $P(A)$ 的概率甚至假定为1.0。因此，风险公式为：$R=1*P(B\mid A)=P(B)$	文献[2.88]
生态和人类健康风险—美国环境保护局(EPA)	风险是指由于暴露于化学品、压力源或发生灾害而导致对人类的伤害、疾病或死亡或环境损害的总体概率。风险有三个组成部分：灾害、受体和灾害到达受体的方式(涉及运输和暴露途径)	这个公式的修改之处在于影响的风险不仅取决于事件 A 的发生，而且取决于灾害到达受体导致后果的能力。因此，如果发生毒性化学物释放，而且释放对一个人造成的结果是癌症(B)，如果没有途径(P)到达受体则不会有风险。在数学上，这意味着事件的可能性是基于发生途径的条件概率。因此，风险公式为：$R=P(A\mid P)*P(B\mid A)$	文献[2.89-95]
医学、心理学、健康和社会服务部门	发生不良后果事件的可能性	这种方法与OSHA方法非常相似，认为灾害是真实的(疾病或消极状况如贫穷或遭受家庭暴力)。因此，不存在发生条件事件的可能性— 疾病/状况是不利结果(即，$P(A)=1$)。这也称为处于某种疾病或负面结果的风险。因此，风险公式为：$R=1*P(A)*P(B\mid A)$	文献[2.96-103]
核管理委员会[2.104]	风险是三个问题的综合答案：①可能出错的地方；②出错的可能性；③可能的后果	提出的三个问题中，前两个问题是危险概率的定义(例如，可能出现的问题是泵故障(A)，而故障的概率由 $P(A)$ 定义)。第三个问题是事件 A 发生的负面后果的条件概率。因此，在数学上：$R=P(A)*P(B\mid A)$	NRC术语表[2.105]

（续表）

来源	风险定义	数学表示	参考
金融行业	风险是被保险人的人身、债务或财产损失的可能性，或者投资的实际收益与其预期收益不同的可能性。包括诸如保险公司损失的风险或可能性、保险公司损失的金额、投资收益的可变性以及不支付债务的可能性等。通常还定义为总投资回报的标准偏差或资产回报的不确定程度	在这个公式中，B(结果)被定义为与期望值的偏差，可以是正值也可以是负值(回报可能超过期望值)，但通常只会检验产生负面影响的情况。如果我们假设预期的投资回报为 x，实际回报为 x_a，回报差异为 $D=(x_a-x)$。那么事件 A 发生的财务风险为：$R=P(A)*P(D\mid A)$	文献[2.106-113]
联合国	风险被定义为围绕未来事件和结果的不确定性。它表达了一个事件的可能性和影响，并有可能影响组织机构的目标及其实现。联合国的风险范围通常指在效率低下、无效、欺诈、浪费、滥用和管理不善方面面临最大风险的方案和业务领域	这个表述中唯一的不同是预先定义特定的危害为低效率、无效、欺诈、浪费、滥用和管理不善。因此，风险公式保持不变：$R=P(A)*P(B\mid A)$	文献[2.114]
ISO 31000(2009) ISO Guide73:2002	风险是不确定性对客观事物的影响。在这个定义中，不确定性包括事件(可能发生也可能不发生)以及因模糊不清或缺乏信息造成的不确定性，还包括对客观事物负面的和正面的影响。这个定义由代表30多个国家、以数千名专家意见为基础的国际委员会制定。	这种方法最接近金融行业风险，因为风险是根据预期目标(预期的财务结果)来衡量。采用与财务风险相同的方法，定义预期结果为 $\bar{o}$；实际结果为 o_α 及差异 $D=(o_\alpha-\bar{o})$，那么发生事件 A 的风险为：$R=P(A)*P(D\mid A)$。和财务风险之间的唯一区别是被分析的事件 A 可能会导致 o_α 增加(一个积极的结果)	ISO 31000：2009 风险管理标准[2.115]

d）比较风险：将风险与另一个或许更好被了解的风险置于相同情况下进行比较。例如说一个人更有可能被流星击中而不是在飞机失事中受伤就是将人们认为的低风险(被流星击中)与实际上并非如人们认为的高风险相比较。这有助于在概念框架中了解风险所处的位置。

e）强加风险：在未经个人知情或未经同意的情况下强加于个人的风险。例如，披露的二手烟即为强加风险[2.8-10]。诸如地震、飓风、极端天气等自然事件在很大程度上属于强加风险，但在某种程度上，人们可依据他们选择的居住地来承受风险。读者可参考 Parsad[2.11] 的研究了解这一有趣的方法。

f）相对风险：在两个不同组别或条件之间比较特定结果的风险。相对风险按下式计算

$$相对风险=\frac{条件1的风险}{条件2的风险}$$

因此，相对风险证明条件1的风险值是条件2风险值的倍数。例如：假设在风暴潮期间，与海岸线接壤的财产（条件1）被淹没的可能性为30%，而距海岸线100 m之外的财产（条件2）被洪水淹没概率为25%。那么，淹没的相对风险为沿海岸线（条件1）风险的1.2倍。

必须给定关于实际基准风险的基本信息（即30%和25%的淹没概率），没有给出基本信息的相对风险的统计数据可能具有很大的误导性。例如，如果在A地点事件发生概率为1/1 000 000(10^6)，而在B地点相同事件有1/10 000 000(10^7)的概率，那么虽然说A地点的风险是B地点的风险的10倍，但这仍意味着A地点的风险依然非常小。

g）风险增加百分比：在两个不同组别或条件下比较特定结果的风险，衡量与基准风险相关的两种风险的相对差异。风险增加百分比计算如下

$$风险增加百分比=\frac{条件1下的风险-条件2下的风险}{条件2下的风险}$$

以条件风险为例，生活在海岸的淹没风险增加百分比为

$$风险增加百分比=\frac{30-25}{25}\times 100=20\%（增加）$$

和相对风险一样，必须给出实际基准风险的基本信息（如30%和25%的淹没概率）。风险增加百分比可能比相对风险更具误导性，特别是涉及小风险的情况下。例如，如果在A地点事件有1/1 000 000(10^6)的发生机会，在B地点有1/10 000 000的发生机会，则A地点处的风险增加百分比是900%，这显然与在A地点事件有百万分之一的发生机会是截然不同的。

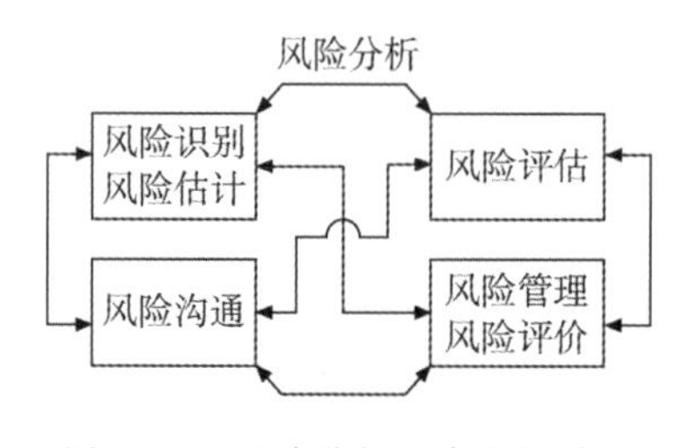

图2.11 风险分析要素之间关系

h）风险分析：风险概念在决策应用中的总体名称。包括进行详细的检查，以了解对人类生命、健康、财产或环境造成的不良后果的风险性质。该过程包括识别可能事件（情景）、风险的定量/定性评估、风险管理备选方案的分析以及将风险传达给必要的利益相关部门；提供有关不良事件信息的分析过程；以及确定风险的概率和预期后果的量化过程。图2.11给出了风险分析各方面的迭代和高度交互关系。

（12）风险评估：使用科学方法来评估特定的行动、事件或灾害/压力对选定端点的不利影响程度和可能性。评估可以是定性的，也可以是定量的。定性风险评估的一个例子是在世界气象组织进行的大气臭氧减少的基础上预测癌症。风险评估预测，如果条件不发生变化，到2000年将会增加5 000万人因晒伤而患皮肤癌[2.116]。关于相同主题（晒伤致癌）定性风险评估的例子是，如果一个人经历五次或更多的晒伤，患上最严重皮肤癌黑色素瘤的风险则会增加一倍[2.117]。

（13）风险估计：尽可能定量地科学确定灾害/威胁的特征。包括不良后果的大小、空间尺度、持续时间和强度及其相关概率，以及对因果链的描述。

（14）风险评价：风险评估的一个组成部分，对风险的重要性和可接受性作出判断。

（15）风险识别：确认存在灾害并试图定义其特征。风险通常情况下存在，甚至需要在

确认其不利后果之前进行一段时间的测量。在其他情况下，风险识别是一个旨在预测可能灾害的慎重评价过程。

（16）随机性：具有固有随机变化的性质。随机过程的变化可以通过概率理论来描述（见下面的不确定性和变异性）。

（17）威胁：参见前文的灾害/压力。

（18）不确定性：不确定性是一个广泛使用的术语，不幸的是，它经常被误用为一个笼统的术语。在某些情况下，它被误用于置信区间概念，而置信区间实际上是量化不确定性的方法。为了进行风险评估、模拟或预测，不确定性主要来自三个方面：误差、变异性和认知缺乏。

（19）变异性（偶然不确定性）：变异性是给定参数的一系列可能值。变异性是自然过程的自然特征（又称自然变异），可以用概率分布来描述。自然变异的结果有时称为不确定性。自然过程中的变异性（以及由此产生的不确定性）不能被降低，因为它是过程本身的固有属性。

（20）认知缺乏（认知不确定性）：风险评估中认知缺乏的结果有时也被称为认知不确定性。产生知识缺乏可能是因为还没有可科学使用的知识——因此，可以通过额外的数据、实验、理论开发和科学探索来减少认知缺乏及伴随而来的认知不确定性。然而，认知缺乏还包括我们甚至不知道我们仍有不知道的事情。这种认知欠缺的领域更难之处在于它不容易被识别，因此，将模型结果与现实相比较时，它可以存在于任一可变性中，或被称为错误。

参考文献

2.1　P. L. Bernstein：Against the Gods：The Remarkable Story of Risk，3rd edn.（Wiley，New York 1996）

2.2　P. S. Laplace：A Philosophical Essay on Probabilities（Wiley，London 1902），translated by F. W. Truscott，F. L. Emory

2.3　S. Bišanović：The length of cigarette smoking is the principal risk factor for developing COPD，Int. J. Collab. Res. Intern. Med，Public Health 4(1)，45-54 (2012)

2.4　H. G. Coleman，S. Bhat，B. T. Johnston，D. Mc-Manus，A. T. Gavin，L. J. Murray：Tobacco smoking increases the risk of high-grade dysplasia and cancer among patients with Barrett's Esophagus，Gastroenterology 142(2)，233-240 (2011)

2.5　G. C. Kabat，M. Y. Kim，J. Wactawski-Wende，T. E. Rohan：Smoking and alcohol consumption in relation to risk of thyroid cancer in postmenopausal women，Cancer Epidemiol. 36(4)，335-340 (2012)

2.6　G. C. Kabat，N. Shivappa，J. R. Hébert：Mentholated cigarettes and smoking-related cancers revisited：An ecologic examination，Regul. Toxicol. Pharmacol. 63(1)，132-139 (2012)

2.7　O. Johansson-Stenman：Mad cows，terrorism and junk food：Should public policy reflect perceived or objective risks?，J. Health Econ. 27(2)，234-248(2007)

2.8　A. Besaratinia，G. P. Pfeifer：Second-hand smoke and human lung cancer，Lancet

Oncol. 9(7), 657-666 (2008)
2.9 L. Lazuras, A. Rodafinos, J. R. Eiser: Adolescents'support for smoke-free public settings: The roles of social norms and beliefs about exposure to secondhand smoke, J. Adolesc. Health 49(1), 70-75 (2010)
2.10 J. Meadowcroft: Economic and political solutions to social problems: The case of second-hand smoke in enclosed public places, Rev. Political Econ. 23(2), 233-248 (2011)
2.11 S. Parsad: Planning for Human Settlements in Disaster Prone Areas (Manglam Publ., Delhi 2004)
2.12 E.J. Gumbel: Statistics of Extremes (Columbia Univ. Press, New York 1958)
2.13 M.R. Leadbetter, S. Lindgren, H. Rootzen: Extremes and related properties of random sequences and processes, Z. Wahrsch. Geb. 65, 291-306 (1983)
2.14 S. Resnick: Extreme Values, Point Processes and Regular Variation (Springer, New York 1987)
2.15 N. Cressie: Statistics for Spatial Data (Wiley, New York 1993)
2.16 S. Coles: An Introduction to Statistical Modeling of Extreme Values, Springer Series in Statistics(Springer, London 2001)
2.17 T. Aven: Foundations of Risk Analysis: A Knowledge and Decision-Oriented Perspective (Wiley,Chichester 2003)
2.18 M. Rausand: Risk Assessment: Theory, Methods, and Applications (Wiley, Hoboken 2011)
2.19 W.E. Fuller: Flood flows, Trans. Am. Soc. Civ. Eng. 77, 564-617 (1914)
2.20 R.E. Horton: Frequency of recurrence of Hudson River Floods, US Weather Bur. Bull. 2, 109-112 (1913)
2.21 A. Hazen: Discussion on flood Flows, Trans. Am. Soc. Civil Eng. 77, 626-632 (1914)
2.22 V.T. Chow: Handbook of Applied Hydrology(McGraw-Hill, New York 1964)
2.23 Y. Goda: Random Waves and Spectra. In: Handbook of Coastal and Ocean Engineering, Vol. 1,ed. by J.B. Herbich (Gulf Publ. Company, Houston 1990) pp. 175-212
2.24 Y. Goda: Distribution of Sea State Parameters and Data Fitting. In: Handbook of Coastal and Ocean Engineering, Vol. 1, ed. by J.B. Herbich (Gulf Publ. Company, Houston 1990) pp. 371-404
2.25 N. Hogben, F.E. Lumb: Ocean Wave Statistics (HMSO, London 1967)
2.26 J.A. Battjes: Long-term wave height distribution at seven stations around the British Isles, Dtsch. Hydr. Z. 25(4), 179-189 (1972)
2.27 M. Isaacson, N.G. Mackenzie: Long-term distributions of ocean waves, J. Waterw. Port Coast. Ocean Div. 107(2), 93-109 (1981)
2.28 C. Graham: The parameterization and prediction of wave height and wind speed

persistence statistics for oil industry operational planning purposes, Coast. Eng. 6 (4), 303-329 (1982)

2.29 S. Kuwashima, N. Hogben: The estimation ofwave height and wind speed persistence statistics from cumulative probability distributions, Coast. Eng. 9(6), 563-590 (1986)

2.30 B. Efron: Bootstrap methods: Another look at the jackknife, Ann. Stat. 7(1), 1-26 (1979)

2.31 B. Efron: Nonparametric estimates of standard error: The jackknife, the bootstrap and other methods, Biometrika 68(3), 589-599 (1981)

2.32 B. Efron: The Jackknife, the Bootstrap, and Other Resampling Plans, CBMS-NSF Monographs, Vol. 38(Society of Industrial and Applied Mathematics, Philadelphia 1982)

2.33 B. Efron: Better bootstrap confidence intervals, J. Am. Stat. Assoc. 82(397), 171-185 (1987)

2.34 C. F. J. Wu: Jackknife, bootstrap and other resampling methods in regression analysis (with discussions). Ann, Stat. 14, 1261-1350 (1986)

2.35 N. Scheffner, L. Borgman, D. Mark: Empirical simulation technique applications to a tropical storm surge frequency analysis of the coast of Delaware, Proc. 3rd Int. Conf. Estuar. Coast. Model. (1993)

2.36 V. Harcourt: Harbours and Docks, Vol. 1 (Clarendon Press, Oxford 1895)

2.37 H. E. Graham, D. E. Nunn: Meteorological considerations pertinent to the Standard Project Hurricane, Atlantic and Gulf Coasts of the United States, National Hurricane Res. Proj. Rep. No. 33(Weather Bureau, Washington 1959)

2.38 R. W. Schwerdt, F. P. Ho, R. R. Watkins: Meteorological criteria for Standard Project Hurricane and Probable Maximum Hurricane Windfields, Gulf and East Coasts of the United States, Tech. Rep. NOAA-TR-NWS-23 (National Oceanic and Atmospheric Administration, Washington 1979)

2.39 J. L. Irish, D. T. Resio, J. J. Ratcliff: The influence of storm size on hurricane surge, J. Phys. Oceanogr. 38(9), 2003-2013 (2008)

2.40 J. L. Irish, D. T. Resio: A Hydrodynamics-based surge scale for hurricanes, Ocean Eng. 37(1), 69-81(2010)

2.41 D. T. Resio, J. J. Westerink: Modeling the physics of hurricane storm surges, Phys. Today 61, 33-38(2008)

2.42 S. Bunya, J. C. Dietrich, J. J. Westerink, B. A. Ebersole, J. M. Smith, J. H. Atkinson, R. Jensen, D. T. Resio, R. A. Luettich, C. Dawson, V. J. Cardone, A. T. Cox, M. D. Powell, H. J. Westerink, H. J. Roberts: A high-resolution coupled riverine flow, tide, wind, wind wave, and storm surge model for Southern Louisiana and Mississippi. Part I: Model Development and Validation, Mon. Weather Rev. 138, 345-377 (2010)

2.43 J. C. Dietrich, M. Zijlema, J. J. Westerink, L. H. Holthuijsen, C. Dawson, R. A. Luettich Jr., R. E. Jensen, J. M. Smith, G. S. Stelling, G. W. Stone: Modeling hurricane waves and storm surge using integrally-coupled, scalable computations, Coast. Eng. 58(1), 45-65 (2010)

2.44 D. T. Resio, J. L. Irish, J. J. Westerink, N. Powell: The effect of uncertainty on estimates of hurricane surge hazards, Nat. Hazards 66(3), 1443-1459(2013)

2.45 R. A. Fisher, L. H. C. Tippett: Limiting forms of the frequency distribution of the largest or smallest member of a sample, Math. Proc. Camb. Philos. Soc. 24(02), 180-190 (1928)

2.46 B. V. Gnedenko: Sur la distribution limite du terme maximum d'une série aléatoire, Ann. Math. 44, 423-453 (1943)

2.47 L. E. Borgman, D. T. Resio: Extremal statistics in wave climatology. In: Topics in Ocean Physics, ed. by A. Osborne, P. M. Rizzoli (North-Holland, Amsterdam 1982) pp. 387-417

2.48 P. Embrechts, C. Klüppelberg, T. Mikosch: Modelling Extremal Events for Insurance and Finance(Springer, Berlin, Heidelberg 1997)

2.49 A. F. Jenkinson: The frequency distribution of the annual maximum (or minimum) values of meteorological elements, Quart. J. R. Meteorol. Soc. 81, 158-171 (1955)

2.50 J. Pickands: Statistical inference using extreme order statistics, Ann. Stat. 3(1), 119-131 (1975)

2.51 A. C. Davison, R. L. Smith: Models for exceedances over high thresholds (with discussion), J. R. Stat. Soc. B 52(3), 393-442 (1990)

2.52 E. Castillo, A. S. Hadi: Fitting the generalized Pareto distribution to data, J. Am. Stat. Assoc. 92, 1609-1620 (1997)

2.53 D. T. Resio: Some aspects of extreme wave prediction related to climatic variations, Proc. 10th Annu. Offshore Technol. Conf. (1978), OTC-3278-MS

2.54 N. R. Mann, R. E. Schafer, N. D. Singpurwalla: Methods for Statistical Analysis of Reliability and Life Data (Wiley, New York 1974)

2.55 M. Engelhardt, L. J. Bain: On prediction limits for samples from a Weibull or extreme-value distribution, Technometrics 24, 147-150 (1982)

2.56 J. K. Patel: Prediction intervals-A Review, Commun. Stat. Theory Methods 18(7), 2393-2465(1989)

2.57 I. I. Gringorten: A simplified method of estimating extreme values from data samples, J. Appl. Meteorol. 2, 82-89 (1962)

2.58 I. I. Gringorten: Extreme Value Statistics in Meteorology-A Method of Application, Air Force Surveys in Geophys. N. 125 (Air Force Cambridge Research Center, Bedford 1963)

2.59 G. R. Toro, D. T. Resio, D. Divoky, A. W. Niedoroda, C. Reed: Efficient joint probability methods for hurricane surge frequency analysis, Ocean Eng. 37(1), 125-

134 (2010)

2.60　V.J. Cardone, W.J. Pierson, E.G. Ward: Hindcasting the directional spectra of hurricane generated waves, J. Petrol. Technol. 28, 385-394 (1976)

2.61　S.G. Coles, J.A. Tawn: Statistics of coastal flood prevention, Philos. Trans. R. Soc. Lond. A 332, 457-476 (1990)

2.62　N.W. Scheffner, L.E. Borgman, D.J. Mark: Empirical simulation technique based storm surge frequency analysis, J. Waterw. Port Coast. 122, 93-101 (1996)

2.63　E.F. Thompson, N.W. Scheffner: Typhoon-Induced Stage-Frequency and Overtopping Relationships for the Commercial Port Road, Territory of Guam (Coastal and Hydraulics Laboratory, US Army Corps of Engineers Engineer Research and Development Center, Vicksburg 2002), ERD/CHL TR-02-1

2.64　H.W. van den Brink, G.O. Konnen, J.D. Opsteegh, G.J. van Oldenborgh, G. Burgers: Improving 104-year surge level estimates using data of the ECMWF seasonal prediction system, Geophys, Res. Lett. 31, L17210 (2004)

2.65　US Army Corps of Engineers: Performance Evaluation of the New Orleans and Southeast Louisiana Hurricane Protection System, Final Report of the Interagency Performance Evaluation Task Force. Vol. Ⅶ - The consequences (US Army Corps of Engineers, Washington 2006)

2.66　US Army Corps of Engineers: Performance Evaluation of the New Orleans and Southeast Louisiana Hurricane Protection System, Final Report of the Interagency Performance Evaluation Task Force. Vol. Ⅷ - Engineering and Operational Risk and Reliability Analysis (National Oceanic and Atmospheric Administration, Washington 2009)

2.67　V.A. Myers: Storm Tide Frequencies on the South Carolina Coast, NOAA Tech. Rep. NWS-16 (National Oceanic and Atmospheric Administration, Washington 1975)

2.68　F.P. Ho, V.A. Myers: Joint Probability Method of Tide Frequency Analysis applied to Apalachicola Bay and St. George Sound, Florida, NOAA Tech. Rep. NWS, Vol. 18 (National Oceanic and Atmospheric Administration, Washington 1975)

2.69　F.P. Ho, J.C. Su, K.L. Hanevich, R.J. Smith, F.P. Richards: Hurricane Climatology for the Atlantic and Gulf Coasts of the United States, NOAA Tech. Rep. NWS, Vol. 38 (National Oceanic and Atmospheric Administration, Washington 1987), completed under agreement EMW-84-E-1589 for FEMA

2.70　D.T. Resio, J.L. Irish, M.C. Cialone: A surge response function approach to coastal hazard assessment: Part 1: Basic Concepts, Nat. Hazards 51(1), 163-182 (2009)

2.71　D.H. Levinson, P.J. Vickery, D.T. Resio: A review of the climatological characteristics of landfalling Gulf hurricanes for wind, wave, and surge hazard estimation, Ocean Eng. 37(1), 13-25 (2010)

2.72 S. K. Kimball: Amodeling study of hurricane landfalls in a dry environment, Mon. Weather Rev. 134, 1901-1918 (2006)

2.73 A. W. Niedoroda, D. T. Resio, G. R. Toro, D. Divoky, H. S. Das, C. W. Reed: Analysis of the coastal Mississippi storm surge hazard, Ocean Eng. 37, 82-90 (2010)

2.74 J. L. Irish, D. T. Resio, M. C. Cialone: A surge response function approach to coastal hazard assessment: Part 2: Quantification of spatial attributes of response functions, J. Nat. Hazards 51(1), 183-205(2009)

2.75 J. L. Irish, D. T. Resio, D. Divoky: Statistical properties of hurricane surge along a coast, J. Geophys. Res. 116, C10007 (2011)

2.76 G. J. Holland: An analytic model of the wind and pressure profiles in hurricanes, Mon. Weather Rev. 108, 1212-1218 (1980)

2.77 E. F. Thompson, V. J. Cardone: Practical modeling of hurricane surface wind fields, J. Waterw. Port Coast. Ocean Eng. 122(4), 195-205 (1996)

2.78 P. J. Vickery, P. F. Skerjl, L. A. Twisdale: Simulation of hurricane risk in the U. S. using empirical track model, J. Struct. Eng. 126(10), 1222-1237 (2000)

2.79 M. D. Powell, P. J. Vickery, T. A. Reinhold: Reduced drag coefficient for high wind speeds in tropical cyclones, Nature 422, 279-283 (2003)

2.80 V. J. Cardone, A. T. Cox: Tropical cyclone wind field forcing for surge models: Critical issues and sensitivities, Nat. Hazards 51, 29-47 (2009)

2.81 J. J. Westerink, Personal communication with Dr. D. T. Resio. (2007)

2.82 Minimum Design Loads for Buildings and Other Structures, ANSI A58.1 (American National Standards Institute, New York 1982)

2.83 Standard Minimum Design Loads for Buildings and Other Structures, Report No. ANSI/ASCE 7-95(American Society of Civil Engineers, New York 1996)

2.84 K. A. Emanuel: An air-sea interaction theory for tropical cyclones. Part I: Steady-state maintenance, J. Atmos. Sci. 43, 585-604 (1986)

2.85 G. J. Holland: The maximum potential intensity of tropical cyclones, J. Atmos. Sci. 54, 2519-2541(1997)

2.86 H. Tonkin, G. J. Holland, N. Holbrook, A. Henderson-Sellers: An evaluation of thermodynamic estimates of climatological maximum potential tropical cyclone intensity, Mon. Weather Rev. 128, 746-762 (2000)

2.87 M. C. Ortiz, L. A. Sarabia, M. S. Sánchez: Tutorial on evaluation of type I and type II errors in chemical analyses: From the analytical detection to authentication of products and process control, Anal. Chim. Acta 674, 123-142 (2010)

2.88 OSHA: Guidance For Hazard Determination For Compliance With The OSHA Hazard Communication Standard. (29 CFR 1910.1200) http://www.osha.gov/dsg/hazcom/ghd053107.html (2014)

2.89 USEPA: Community-based air pollution projects glossary, http://www.epa.gov/

airquality/communitybase/glossary. html (2015)
2.90 USEPA: Waste and Cleanup Risk Assessment Glossary, http://www. epa. gov/oswer/riskassessment/glossary. htm (2015)
2.91 USEPA: Exposure Factors Handbook: 2011 Edition, EPA/600/R-09/052F (National Center for Environmental Assessment, USEPA Office of Research and Development, Washington 2011)
2.92 USEPA: Environmental Management System Glossary, http://www. epa. gov/region4/ems/glossary. htm (2015)
2.93 USEPA: Terms of Environment: Glossary, Abbreviations and Acronyms, EPA 175-8-92-001. (Office of Communications, Education, and Public Affairs, Washington 1992)
2.94 USEPA: Regional vulnerability assessment (ReVA) program glossary, http://www. epa. gov/glossary. html (2015)
2.95 USEPA: Integrated risk information system (IRIS) glossary, http://www. epa. gov/iris/help_gloss. htm (2015)
2.96 USEPA: Radiation protection radiation glossary, http://www. epa. gov/radiation/glossary/index. html (2015)
2.97 USEPA: RadNet Glossary (last updated on February 13, 2012), http://www. epa. gov/radnet/radnetglossary. html
2.98 A. Barker, J. Kamar, M. Graco, V. Lawlor, K. Hill: Adding value to the stratify falls risk assessment in acute hospitals, J. Adv. Nursing 67(2), 450-457(2011)
2.99 J. C. Fowler: Suicide risk assessment in clinical practice: Pragmatic guidelines for imperfect assessments, Psychotherapy 49(1), 81-90 (2012)
2.100 A. S. Prentiss: Early recognition of pediatric venous thromboembolism: A risk-assessment tool, Am. J. Crit. Care 21(3), 178-184 (2012)
2.101 N. Scurich, R. S. John: Prescriptive approaches to communicating the risk of violence in actuarial risk assessment, Psychol. Public Policy Law 18(1), 50-78 (2012)
2.102 G. Côté, A. G. Crocker, T. L. Nicholls, M. C. Seto: Risk assessment instruments in clinical practice, Can. J. Psychiatry 57(4), 238-244 (2012)
2.103 US Department of Health and Human Services: Guidance for Industry Development and Use of Risk Minimization Action Plans (FDA Center for Drug Evaluation and Research (CDER), FDA Center for Biologics Evaluation and Research (CBER), Washington 2005), online at http://www. fda. gov/downloads/RegulatoryInformation/Guidances/UCM126830. pdf
2.104 Nuclear Regulatory Commission: Glossary, http://www. nrc. gov/reading-rm/basic-ref/glossary. html#R (2015)
2.105 Nuclear Regulatory Commission: Glossary, www. nrc. gov/readng-rm/basic-ref/glossary/html
2.106 USEPA: Environmental insurance and risk management tools glossary of terms,

http://www.epa.gov/brownfields/insurance/ei_glossary_06.pdf (2004)

2.107 Farlex, Inc: The Farlex financial dictionary, http://financial-dictionary.thefreedictionary.com/(2012)

2.108 J. Guinan: Investopedia: The (I) Investopedia Guide To Wall Speak (McGraw-Hill, New York 2009)

2.109 A. Chernobai, P. Jorion, F. Yu: The determinants of operational risk in US financial institutions, J. Financ. Quant. Anal. 46(6), 1683-1725 (2011)

2.110 G. van de Venter, D. Michayluk, G. Davey: A longitudinal study of financial risk tolerance, J. Econ. Psychol. 33(4), 794-800 (2012)

2.111 K. Watson Hankins: How do financial firms manage risk? Unraveling the interaction of financial and operational hedging, Manag. Sci. 57(12),2197-2212 (2012)

2.112 M. Drehmann, K. Nikolaou: Funding liquidity risk:Definition and measurement, J. Bank. Finance 37(7), 2173-2183 (2013)

2.113 E. Vasile, I. Croitoru, D. Mitran: Risk management in the financial and accounting activity, Anul Ⅶ 3(27), 13-24 (2012)

2.114 United Nations: Risk management, Office of Internal Oversight Services http://www.un.org/Depts/oios/pages/risk_management.html (2010)

2.115 ISO 31000: Risk Management Principles and Guidelines (International Organization for Standardization,Geneva 2009)

2.116 W.M. Organization: Scientific assessment of ozone depletion. In: WMO Global Ozone Research and Monitoring Project, Report No. 44, ed. by D.L. Albritton, P.J. Aucamp, G. Megie, R.T. Watson(World Meteorological Organization, Geneva 1998)

2.117 Skin Cancer Foundation: Facts about sunburn and cancer, http://www.skincancer.org/prevention/sunburn/factsabout-sunburn-and-skin-cancer(2013)

第3章　近岸波浪及水动力模型

Patrick J. Lynett, James M. Kaihatu

本章综述了海岸波浪模拟方法。首先，概述了波浪在近岸由浅水效应到紊流混合的相关过程，为比较各种模拟近似提供基础。讨论的主要核心是风浪模拟，包括简要概述了可用来定量分析近岸波浪传播的线性和解析理论，进而总结了波浪分析的谱方法和相位识别法。接着讨论了长波模拟，尤其是海啸模拟。最后，总结了不同模型之间耦合技术及其最新进展。

当海洋表面波进入海岸地区（这里泛指大陆架近陆区或其他过渡水深的水域），与海底及水流的相互作用将发生重大变形。当水深(h)与波长(L)之比小于1/2，波浪传播开始受到海底影响。当h/L比值接近1/25，波浪位于浅水中，受到底部较强的影响。由于折射效应，海底的二维地形变化会导致波浪聚焦。波浪的浅化会导致波幅增加，波长变短，波前变陡直至波浪破碎。

根据入射波的特点，波浪的非线性是波浪破碎前和通过破波带这一区域的重要因素。浅水波的非线性决定于波高(H)和水深比H/h。由此定义可以清楚地看出，当比值增大，波的非线性显得尤其重要，特别是在接近破碎时。海岸带波浪的非线性可以改变波浪的传播速度、破碎位置及其与水流的相互作用。

非线性波也会引起海岸地区在波浪传播方向的净质量输运。这种净质量输运是由波浪辐射应力引起的，即波浪传播方向上的净正动量通量导致波生流。平行于海岸线运动的水流称为沿岸流，主要影响泥沙沿岸输运。这些波生流通常受沿岸水深变化而变得不稳定，表现为强烈的离岸流和浅水湍流相干结构。这会使流体产生较高的水平剪切力而导致水平向和垂向水流的高度掺混。

工程师在设计海岸结构时，通常最关心极端事件载荷，例如风暴潮及其伴随的台风浪或海啸。因为目前还没有普遍接受的极端波浪载荷设计规范，对海岸工程师来说，确定这些极端事件载荷是一项挑战。此外，气候变化引起的海平面上升有可能使风暴雨期间的极值水位增加[3.1]，这意味着波浪能量将影响到更深的内陆。工程师可选择的量化海岸地区波浪特性的方法有很多，包括过于简单的方法和不切实际复杂的数值技术。

对许多工程来说，使用数值近岸波浪模型进行设计是新的尝试，许多分析仍然依赖于简单线性波方法。因为模型效率高并已通过充分测试，大范围谱的波浪模型也已经得到普遍使用。目前，在工程实践中使用详细的相位识别模型并不多见。这种模型对海岸动力逐波求解，可以在较小的空间尺度上进行计算，例如，对于准确估算海堤的越浪量或结构的波浪荷载具有重要意义。下面将对这些方法进行简要的文献评论及理论背景介绍。

3.1 风浪模型

用于估算近岸风浪特性的技术有许多，选择使用哪种技术取决于某些制约因素，如可利用资源、结果所要求的精度以及波浪自身的物理特性。本节讨论的方法既要包含多变的物理近似，又要满足计算需求，这两方面往往是相互制约的。以下将概述主要可供应用的波浪模型，包括理论背景、数值方法及其典型应用。

3.1.1 线性、解析和半经验近似方法

线性波理论是估算海岸波浪特性最简单的方法。该理论在很多教科书中已有全面介绍[3.2]，这里仅给出最主要的方程。此外，本文还将确定海岸水动力模型中的基本变量。单一频率的自由表面高程 η 可表示为

$$\eta = \frac{H}{2}\cos\theta$$

式中，H 为波高(等于两倍波幅 $2a$)。当只考虑水平方向且水深恒定不变，θ 可表示为下面的波相函数

$$\theta = kx - \omega t$$

式中，k 为波数；x 为水平坐标；ω 为角频率；t 为时间。一般而言，当考虑不同方向波浪时，k 和 x 为矢量。与波数和角频率有关的重要物理变量有：

$$k = 2\pi/L,\quad \omega = 2\pi/T,\quad f = 1/T$$

式中，L 为波长，即两个连续的波峰或波谷之间的水平距离；T 为波浪周期；f 为波频。波角频率和波长之间的线性频散关系如下：

$$\omega^2 = gk\tanh(kh)$$

式中，g 为重力加速度；h 为当地水深。流体假定为非粘性。波浪作用下的流体速度和压力表达式可在教科书中找到，这里不再重复。线性波浪理论给出的是波浪作用下水质点运动是闭合的椭圆运动轨道，因此没有净质量输运。

在极浅水域，水深与波长之比趋于零，可对上面讨论的完全线性势流理论进行简化。频散关系表示为

$$\omega^2 = ghk^2$$

其中产生的波速 c 和水平流速 u 分别表示为

$$c = \frac{\omega}{k} = \frac{L}{T} = \sqrt{gk}$$

$$u = \frac{H}{2}\sqrt{g/h}\cos\theta$$

以上表达式仅适用于长波，如潮汐、海啸和极浅水域的涌浪。但基于上述理论可快速计算波浪特性，即使不在以上范围，也仍可为浅水风浪提供有用的初步参考。

浅水中的线性波传输包括浅水效应、折射和绕射的影响，一般表达形式如下：

$$\frac{H}{H_O} = K_S K_R K_D$$

式中，H 表示海岸水域任一点的波高；H_O 为深水波高；K_S 为浅水系数；K_R 为折射系数；K_D

为绕射系数。假定波浪在传播过程中没有能量耗散,浅水系数可由传播路径中任何两个位置之间的波能守恒得到

$$K_S = \sqrt{\frac{n_O L_O}{nL}}$$

其中,

$$n = \frac{1}{2}\left[1 + \frac{2kh}{\sinh(2kh)}\right]$$

n 的取值范围为 0.5(深水波)~1.0(浅水波)。值得注意的是,这里的基本线性理论未考虑底部反射或底部耗散,因此可应用于任何两点之间,而不必考虑这两点之间的水深变化。但是,该理论隐性地假定了波浪的传播不考虑粘性影响和海底是缓坡,这些假定在浅水估算中至少须满足物理意义上的近似。

波浪折射是波浪在水下等深线中传播,波向线变化引起波峰转向的过程。随着传播速度的减慢,波峰会转向进入浅水区域,折射系数为

$$K_R = \sqrt{\frac{\cos\alpha_O}{\cos\alpha}}$$

式中,α 为波浪相对于海岸线或某些指定等深线的入射角,根据斯涅尔定律(Snell 定律)可得

$$\sin\alpha = \frac{c}{c_O}\sin\alpha_O$$

上式仅适用于底床等高线与岸线平行的简单地形(译者注:α_O、c_O 分别为前一点的波浪入射角和波速)。在更为复杂的区域,修正后的斯涅尔定律可用来产生波射线法。这些波射线在 20 世纪通常用于显示波浪传播路径并大致给出波聚和波散发生的可能区域。这些技术已被数值方法所取代,后面的章节将进行讨论。尚没有通用的公式计算绕射系数 K_D,设计工程师可参考《海岸工程手册》(CEM)[3.3] 中大量的绕射图,这些图绘制了不同防波堤结构和入射波方向组合情况下的绕射系数曲线。

波浪一旦到达破碎点,上面的波浪变形公式将不再适用,必须采用其他方法来获取波高。工程中一种常用的方法是引入破波指数,即破波波高与当地水深的比值 H/h。对于给定波浪周期和海底坡度,便可估算出破波指数。当浅水和折射分析估算的波高与水深比大于破波指数,则认为波浪开始破碎,即为破波点。通常认为破碎受水深限制,即随着水深向岸方向减小,破波指数仍保持不变。该方法的难点在于如何可靠地估算破波指数。目前有许多的计算公式,最常用的是《海岸工程手册(CEM)》中的公式。对于波浪在陡坡上的浅水变形,破波指数可大于1.0;而对于波浪在平坦的底坡上破碎,破波指数可能小于0.4[3.4]。工程中一般假设破波指数为 0.78,此值由最大的理论上的孤立波高推导而得,但该指标与随机风浪破碎的物理相关性尚不清楚。

若要寻找不仅可直接分析并能估算垂直于海岸剖面的波高包络线的研究方法,能量法是一个有用的工具[3.5]。这里,假设波能通量 F 的空间变化率与耗散函数 φ 有关

$$\frac{dF}{dx} = -\varphi(x)$$

耗散函数受波浪破碎驱动,与当地波能通量和当地水深处稳定波能通量之间的差成正比。与确定破波指数类似,确定满足各种条件下的稳定波能通量是有困难的。常用的耗散

函数模型可见参考文献[3.6]和文献[3.7]，这些模型都是基于随机波破碎理论建立的。需注意的是，在破波区之外，即上式左边项为零，能量法将简化为线性浅化模型。这种波浪传输模型已在大量的大范围水域波浪传播模拟中采用，这种模拟需要很好地估算大范围水平区域的破波位置及产生的沿岸流。然而，这种方法很大程度上已被近代的数值计算工具取代，这些数值方法可以更好地考虑波浪方向性、波浪耗散和非线性的影响。

3.1.2 波浪谱模型：相位平均法和相位识别(Phase-Resolving)法

在开阔海域，通常用相位平均谱模型来描述风浪的产生和传播。这些谱模型确定了波谱或以波频率和波向为函数的波能的时间及空间变化。根据风能输入、白帽和底部摩擦推导得到谱能量平衡方程可计算波浪的增长、传播以及耗散。这类模型有 WISWAVE(wave information study wave model)[3.8]、WAVEWATCH III[3.9] 和 WAM(wave model)[3.10]。这些模型在开阔海洋波浪模拟中得到快速发展和应用，但不能恰当地考虑近岸因素影响，如浅水与波浪相互作用和水深导致的波浪破碎[3.11]。这些模型输出的方向谱可作为海岸模型中的边界条件来模拟近岸传播。例如，WAM 可与 SWAN(simulating waves nearshore)[3.12] 耦合来估算波谱从深水到浅水的演变[3.11]。但是，由于固有的近似假定，如相位平均、弱非线性影响及不考虑绕射，即便是近岸谱模型也只能粗略地解释海岸动力现象。

最常用的谱波作用量密度平衡方程如下

$$\frac{\mathrm{D}_{\omega}(N)}{\mathrm{D}t}=\frac{S}{\omega}$$

式中，N 为某一频率与时间相关的波作用密度，或能量密度除以频率；全导数 $\mathrm{D}_{\omega}(N)/\mathrm{D}t$ 为波运动方向的变化率；S 代表取总导数时，作用于守恒体的任何外部源或汇。根据定义，S 包括诸如风和粘性耗散的作用力，如白帽效应、波浪破碎和底部摩擦。如果忽略非线性水平对流项，那么 S 必须包含不同频率之间的非线性能量转移。考虑海岸各项重要因素对上述平衡方程的作用，展开得到

$$\frac{\partial N}{\partial t}+(\text{线性能量输移})=\frac{S_{\text{底部摩擦}}}{\omega}+\frac{S_{\text{破碎}}}{\omega}+\frac{S_{\text{白化}}}{\omega}+\frac{S_{\text{风输入}}}{\omega}-(\text{非线性能量输移})$$

其中各下标代表不同源/汇项 S 的作用，非线性能量传递项表示能量从一个频率到另一个频率的传递。例如，底部摩擦汇最常见于 JONSWAP(Joint North Sea Wave Project 北海联合海浪计划)谱模型[3.13]中：

$$S_{\text{底部摩擦}}=-C_{\mathrm{b}}G(f)E$$

式中，C_{b} 是与当地波浪和底部条件有关的底部摩擦系数；G 是与频率有关的汇的函数形式；E 是当地能量密度；G 具有物理意义上的合理形式，即低频时数值较大(浅水中高耗散)，深水区则趋于零(无耗散)。与前面讨论的线性模型相似，破碎耗散源函数受破波指数不确定性的制约。但是，由于这些海岸谱模型具有非线性和近似耗散的性能，因此它们是各种物理结构下波高变换非常好的估算工具。可以说，如果用户对详细估算逐波破碎、波浪爬高、长重力波、三维(3D)水流剖面以及紊流动力如离岸流和沿海涡流不感兴趣，那么选择海岸谱模型可获得最有效最准确的结果。读者可参考文献[3.14]了解对波谱建模方法的进一步讨论和最新评论。图 3.1 所示为 SWAN 模型[3.12]在对地理传播项(译者注：指岛屿对波浪传播的影响)的数值格式[3.15]进行改进后应用于南加利福尼亚湾的圣罗莎和圣米格尔群岛周围地

区的计算结果。岛屿周围的极端折射作为严格的模型验证;单峰入射波谱在两岛之间的测站位置被分成两个离散谱,如图3.1(c)所示。

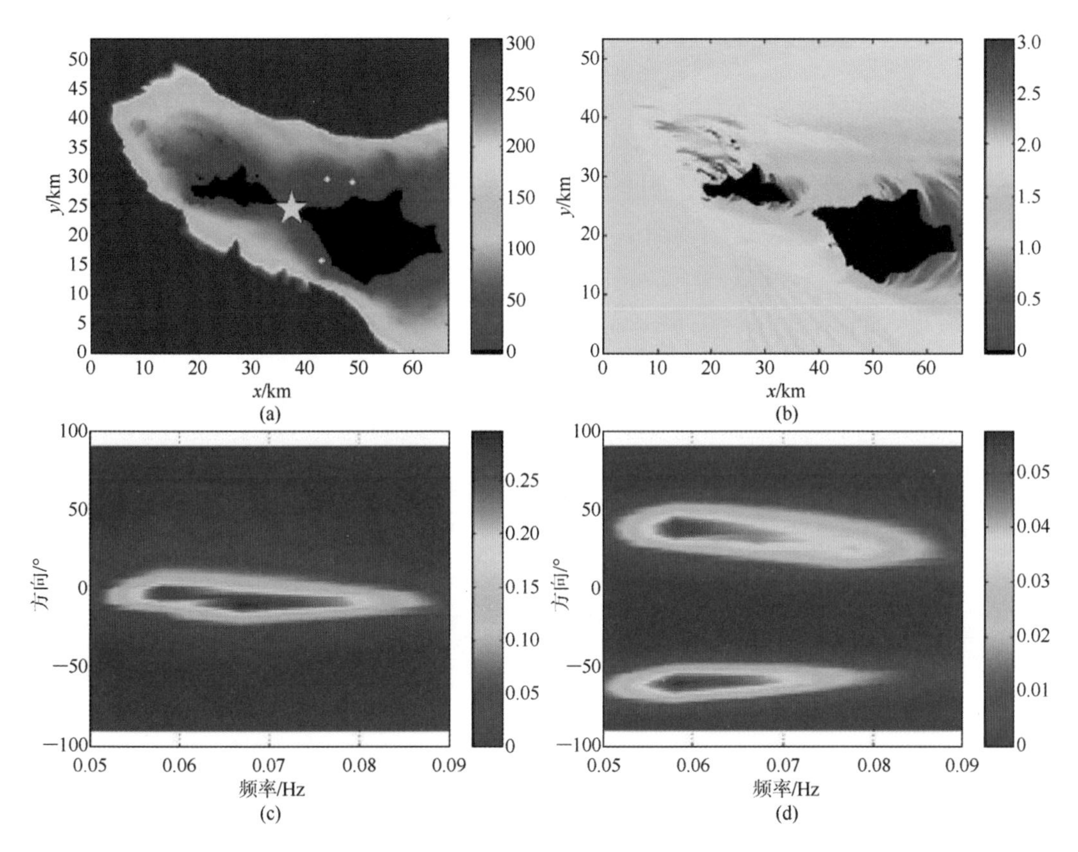

图3.1 SWAN模型模拟南加利福尼亚湾圣米格尔和圣罗莎群岛周围的波浪折射

(a) 圣米格尔(左)和圣罗莎(右)群岛附近的水深(m)和压力计位置(白点);星号★表示#10压力计位置 (b) 1992年1月14日太平洋标准时间(PST) 23:00时的有效波高(m) (c) 南加利福尼亚海岸(1992年1月14日23:00 PST)海上测量入射涌浪谱作为(a)中局部模型区域的左边界和上游边界;0°(表示从波浪沿正西方向传播,90°(则表示波浪沿正北方向传播 (d) #10压力计位置的涌浪谱输出

可模拟波浪从中等水深向海岸演变的相位识别模型很少。SWAN和STWAVE(steady state spectral wave model 稳态谱波浪模型)[3.16]等相当完善的模型属于相位平均模型,它们不能直接给出波浪引起的自由表面和速度波动的时间变化历程。缓坡方程模型如REF/DIF(折射/绕射)模型[3.17],则属于相位识别模型,它们大多数情况下在计算上是可行的。但是,这些模型因受弱绕射影响、未涉及波浪反射以及受窄频带谱等的局限而使用范围有限,通常不会获得高阶非线性结果[3.18]。

可同时保留浅水非线性和波浪周期性的谱相位平均模型的替代方法是非线性频域波浪模拟[3.19-22]。实质上,这些模型是相位识别模型的近岸线性折射—绕射模型的非线性扩展,如REF/DIF模型[3.17]。文献[3.23]较全面地叙述了这些模型。通过三波两两近乎共振的方法(次谐波和超谐波相互作用)保留波浪二阶非线性。相互作用强度既取决于相互作用系数,也取决于谱分量复振幅之间的相位失配。这些模型已在广角抛物线传播[3.24]和三个一组的沿岸波数[3.22,25]之间的相互作用方面得到改进。一些模型还考虑了表示谱波破碎的耗散机制，该破碎可用一系列与频域耗散分布相结合的参数[3.7]来描述。该耗散分布是频率无关的耗散权重与以频率平方加权权重之间的一种可调平衡。Kihatu 等人[3.26]表明后者的分布为破碎区内与频率相关耗散的渐近线。已经开发了将双谱量值平均来处理三波相互作用的光滑相位识别模型[3.22,25,27]，这些模型更接近于前面讨论的相位平均谱模型。

3.1.3 沿水深积分和 Boussinesq 型近似

虽然频域模型的优点是需求相对较小的计算量，但在过去的 10 年中，人们在近岸波浪模型向相位识别时域 Boussinesq 模型发展上做出了重大努力。Peregrine[3.28]在假设波浪非线性和频率色散都很弱且数量级相同的前提下，根据沿水深平均流速和自由表面位移推导出变化水深的标准 Boussinesq 方程。已经证明，基于标准 Boussinesq 方程或等效公式的数值计算结果与现场资料[3.29]和实验室数据相当吻合[3.30,31]。

如上所述，标准 Boussinesq 方程是基于波浪非线性 $\varepsilon = a/h$ 和波浪频散 $\mu = kh$ 之间的假设推导而来，这些参数的准确关系可用浅水尺度对完全势流方程进行无量纲化得到，由下式给出

$$O(\varepsilon) = O(\mu^2) \ll 1$$

这是与非线性表面长波有关的真正的 Boussinesq 假设。通过这个假设，可以将非线性二维垂向势流降为恒定水深下的波浪一维水平方程组：

连续性方程：

$$\eta_t + (\eta u)_x + hu_x = 0$$

动量方程：

$$u_t + g\eta_x + uu_x - \frac{1}{3}hu_{xxt} = 0$$

式中，下标表示偏导数；u 是沿水深平均水平流速。忽略动量方程左边的最后一项($\frac{1}{3}hu_{xxt}$)，可以很容易地得到非色散浅水波浪方程；这里施加于浅水方程的色散项只有一项。

附加色散项的数学影响可以通过验证上面的标准 Boussinesq 方程的线性形式并代入线性波浪解得到：

$$\eta = \eta_0 e^{i\theta}, \quad u = u_0 e^{i\theta}, \quad \theta = kx - \omega t$$

经过代数运算之后，这个近似方程组的色散关系可表示为

$$\omega^2 = \frac{ghk^2}{1 + \frac{1}{3}(kh)^2}$$

这也是前面线性波方法给出的完全线性色散关系的 Pade[0,2]近似。在实际意义上，当相位和波群速度采用相同的精度，动量方程中的这个附加项可使波浪线性传播精确度达到 $kh \approx 0.5$，与浅水模型相比，其适用性增加约 5 倍[3.32]。

由于要求频散和非线性效应都很弱且具有相同的量级，因此标准 Boussinesq 方程不适用于非线性影响大于频散影响的极浅水域，也不适用于频散量级为 1 的深水。标准 Boussinesq 方程在水深和波长比大于 1/10 时将不再适用。对于许多工程应用而言，入射波能谱由许多频率分量组成，这就要求较小的相对水深限制。已经引入各种改进 Boussinesq 型方程以便将应用扩展到波长较短的波浪(或更深的水深)[3.22,33,34]。虽然推导方法不同，但这些

改进的 Boussinesq 方程的线性分量的色散关系结果是相似的，可被看作线性波完全色散关系的 Pade[2,2]近似的细微改进[3.35]。已经证明，改进 Boussinesq 方程能够模拟波浪从中等水深(水深波长比约为 0.5)向波流相互作用的浅水区的传播[3.36]。

尽管改进 Boussinesq 方程成功模拟波浪在中等水深的传播，但它们仍然受到弱非线性假定的制约。当波浪接近海岸时，波高由于浅水作用而增加直到最终破碎，与此物理过程相关的波高与水深比违反了弱非线性假设。通过消除弱非线性假设可以很容易地消除其制约影响[3.37,38]。高阶非线性 Boussinesq 型方程如 FUNWAVE(完全非线性 Boussinesq 模型)[3.38]和 COULWAVE(康乃尔大学长中波模型)[3.39]已实现这种数值模拟。这些模型已应用于离岸流和沿岸流、波浪爬高，波流相互作用以及海底滑坡产生的波浪等。Boussinesq 模型已成为工程中的实用工具。通过模型可以很容易地生成定向随机波谱，高精度地捕获波浪近岸演化过程，如浅水效应、绕射[3.40,41]、折射[3.42]和波—波相互作用[3.43]。Boussinesq 模型的适用性仍受到无粘性假定的制约，在传统的 Boussinesq 模型中必须对耗散过程(如破碎和底部摩擦)进行参数化处理。

最近，人们已经开发了大量非传统的 Boussinesq 模型，目的是在流场中考虑水平涡量影响，文献[3.44]尝试将这些水动力应用于破碎波，文献[3.45]对其作了进一步改进。对 Boussinesq 型求解方程积分得到的流函数方程可确定流速的垂向变化，其中包含了破波产生的涡量。修正动量平衡的破波项是波浪破碎过程中产生涡量的函数，该涡量可通过解涡量输运方程获得，可得到崩波条件下的流场水动力。

Kim 等人[3.46]也进行了类似的尝试，他们直接在 Boussinesq 型求解方程中考虑底部切力的粘性影响及其相应的旋转性。虽然模型涉及更为复杂的方程，但它包含了模拟边界切力必需的物理过程并将这些影响因素与非线性色散波场进行完全耦合。该模型可预测弱非恒定流条件下摩阻引起的速度垂向分布变化，因此可较好地估算流体的内部运动，同时还可将底部产生的水平涡量转化为垂向涡量。这种模型能够将底部剪切的耗散及非线性影响与非线性色散波场相耦合。虽然这些进展可使沿水深积分方程模拟更广泛的物理过程，但其计算成本太高[3.47]。在量化方程各项所需的许多独立计算之外，由于该模型包含一阶至三阶空间导数，因此必须将求解主导数项设为四阶数值精度，需要进行四阶空间差分和时间积分。与求解高效率的浅水方程相比，高阶非线性 Boussinesq 型模型在相同数值网格和时间步长情况下需耗费 50～100 多倍的计算时间。虽然成本较高，但对大型区域可以通过并行计算来解决这个问题[3.48]。图 3.2 为模型可达到的模拟精度的一个示例。

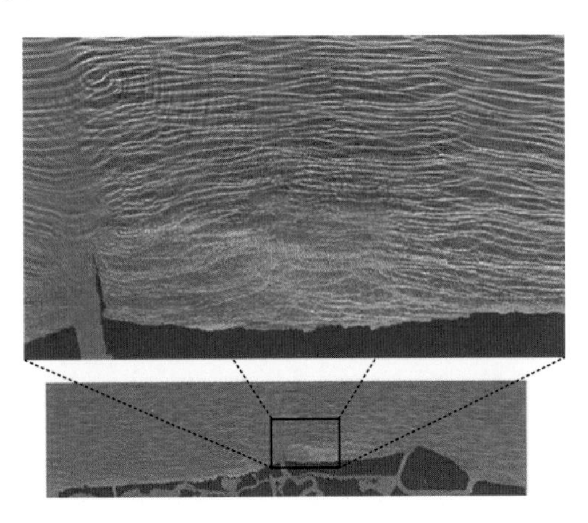

图 3.2 波士顿弗里波特附近波浪的 Boussinesq 模拟

注：模型分辨率为 5 m，模型空间范围≈100 km^2。

3.1.4 Navier-Stokes 方程模型

相位及水深识别(depth-resolving)破波区水动力模型是模拟包括波浪破碎在内的复杂近岸过程的理想替代模型，例如采用紊流闭合和自由水面鲁棒追踪格式的雷诺平均 Navier(Stokes(RANS)方程。一般来说，基于 RANS 的模型能够计算因波浪破碎和底部摩擦而产生的紊动能和能量耗散。例如，在基于 RANS 的 COBRAS(Cornell 破碎波和结构)模型[3.49-51]中，二维 RANS 方程与 $k-\varepsilon$ 紊流闭合方程和流体体积法(VOF)相耦合跟踪自由水面。这种模型和类似模型可以充分求解波浪破碎过程及其与海床的相互作用。图 3.3 为模型的一个计算实例。因为基于 RANS 的模型计算成本相对较高，而且高分辨率的物理输出通常超出工程设计实践标准，因此还没有广泛应用到海岸科学研究和工程实践当中。通常在二维垂向(2DV)横断面研究中使用这类模型，例如研究波浪破碎的细节[3.52,53]，波浪与复杂或多孔结构物的相互作用[3.54]以及流体应力和压力分布[3.55]等。

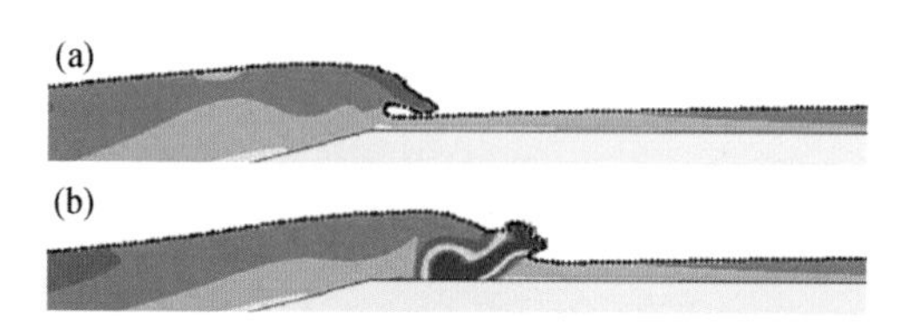

图 3.3　浅水大陆架风浪破碎的 RANS 模拟(颜色代表紊动能强度)

(a) 射流撞击水面瞬间的自由表面和紊动能　(b) 射流撞击水面短时间之后的破碎波

即使在学术意义上，这种一般类型的模型仍然不适用于模拟三维海岸地区的波浪。然而，使用不同紊流闭合方程的三维求解法正成为大型区域数值波浪水池计算的基础。作为开源且免费的计算流体动力学软件包，OpenFOAM 程序[3.56]更具应用前景。该软件包的灵活性以及它集成前人在计算流体动力学(CFD)工作重要成果的能力使其可应用于各种海岸模拟[3.57]。在未来的十年中，风浪模拟估算将不断向利用高分辨率、大涡模拟(LES)工具的方向发展，因为这类模型是估算紊流驱动水体垂向混合和输运的主要选择。

3.2 长波模型

波长比局部水深大得多的波浪定义为长波。常见的长波有潮汐、风暴潮和海啸。当波浪扰动距离较长，采用非色散非线性浅水(NSW)波动方程求解是合理的。NSW 方程可以通过不同的方法推导得出，但都是由欧拉方程或 Navier-Stokes 方程在水平流速垂向不变和静水压力的假设基础上积分而得。由于 NSW 方程简单而又经过充分研究，人们已采用各种数值格式来求解 NSW 方程。

用于模拟潮汐和风暴潮的不同模型常常是相似的。如 ADCIRC 模型[3.58]和 DELFT3D-FLOW 模型[3.59]，这两种模型均得到工程界的广泛采纳。这些模型包含了适当的潮汐驱动、风暴潮风应力以及近岸区域的底部摩擦。最近，人们将环流模型与近岸短波谱模型相结合，通过环流模型获得的辐射应力为波浪谱模型提供波浪增(减)水和流体驱动[3.60]。如要更加全面模拟近岸波浪，破波区附近产生的波生流则显得非常重要。高分辨率和精确的海岸水深和地形对于精确预测风暴潮尤其重要，通常需低至 10 m 或以下。因此，模拟长波产生及其演变通常须进行大范围的尺度模拟并采用适当的数值求解方法，如有限元网格划分或网格嵌套。

由于过去 10 年中致命海啸频发，人们对海啸的模拟能力得以快速增长。目前采用的受美国国家海洋大气管理局资助的海啸风险减灾计划的海啸模型，为阿拉斯加州、加利福尼亚州、夏威夷州、俄勒冈州和华盛顿州绘制出海啸淹没区和疏散区地图。模型包括最初由南加州大学开发的 MOST（method of splitting tsunami）模型[3.61]；康奈尔大学的 COMCOT（Cornell multi-grid coupled tsunami model）模型[3.62]和日本东仁大学的 TUNAMI-N2 模型[3.63]。这三个模型都采用不同的有限差分法求解了相同的沿水深积分水平二维（2DH）非线性浅水方程。

成功模拟海啸传播和到达不同位置的时间和波高的准确预测依赖于正确估算地震断层面的形成机制。俯冲带的板间断层是造成历史上大部分海啸的原因。可以用线弹性位错理论近似估算板间断层破裂造成的海底位移[3.64,65]。较为复杂的断层模型预计会产生不均匀应力强度场（各种障碍的断层等[3.66]），因此实际的海底位移可能毫无规律。海底位移一旦确定，基于海底上升运动的脉冲性和海水不可压缩假定，可假设初始自由海面剖面采用与海底位移相同的分布。

当区域源条件由初始自由表面高程或海底位移时间历程确定，并提供水深数据资料前提下，现有模型可精确地模拟海啸的长距离传播。图 3.4 为 COMCOT 模型模拟日本 2011 年 3 月 11 日海啸发生 10 小时 44 分钟后的自由表面高程。浅水方程模型不能够模拟波浪色散，而这很可能是模拟滑坡产生的海啸[3.39]和海啸远距离[3.67]传播的控制因素。为解决色散性问题，必须采用不同的控制方程组或对数字截断误差进行必要处理。

当海啸传播到近岸区域，波前发生非线性变化，因浅水作用而变陡。当海啸足够强大，海啸波可能在一定的离岸水深处破碎后转化为涌潮接近陆地。传统的 NSW 海啸模型不能令人满意地模拟波浪破碎，由于通常用数值离散来模拟波浪破碎，因此其结果依赖于网格划分。在 Boussinesq 模型中，由于沿水深积分求导方程不适用于研究波浪倾覆，因此这类破碎波仍采用近似方式处理，但这种处理已经得到广泛验证[3.68]。

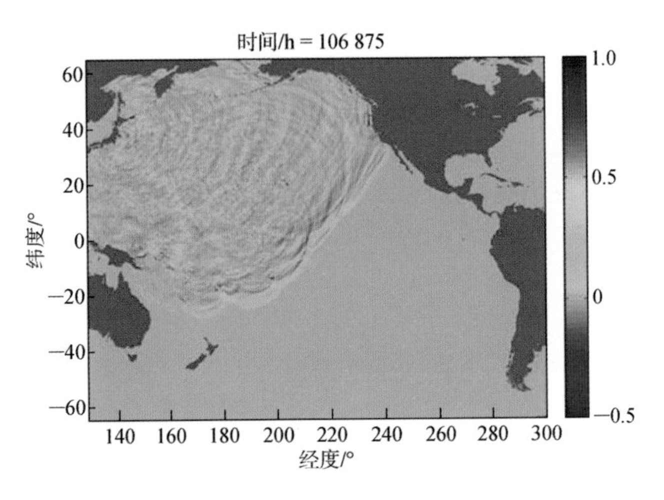

图 3.4　日本 2011 年 3 月 11 日海啸模拟

3.3 耦合嵌套技术

如上所述，将谱波模型与环流模型的成功耦合可以很好地模拟近岸流及其产生的物质/能量输运。人们如果对海岸高分辨率的海湾尺度风浪模拟感兴趣，可使用自然耦合技术从SWAN或STWAVE等大尺度模型中获得波浪谱信息来驱动细部的近海模型，如Boussinesq模型。由于这两类模型在不同的空间尺度中运行，所以两个模型之间的耦合可能是单向的，即意味着谱模型只输出信息，但不接收信息。与大多数单向耦合方法相同，这种耦合技术可直接实现并已用于大量研究。

谱模型在精细尺度上模拟瞬变波现象或波浪水动力的应用有限。NSW模型和Boussinesq模型是波浪研究中两个典型的相位识别沿水深积分模型。与NSW模型相比，Boussinesq模型被认为具有物理意义上的完全(至少更高阶)近似。在海岸地区，水深变得很浅而使得波幅增大，波长变短，在较宽的频率范围内会产生波浪非线性和与水深的相互作用。即使认为离岸驱动是一种长波，这些相互作用也会在局部生成不同的短峰波或弥散波分量。众所周知的例子是海啸前锋转化为波状涌潮。因此，Boussinesq模型适用于预测近岸波浪非线性及可能的波浪弥散。但是，包含在Boussinesq近似中的附加物理项需花费相当大的计算成本，使得该模型不能实际应用到海湾尺度模拟中。如果人们想利用Boussinesq模型的物理优势研究局部近岸区域，就必须将Boussinesq模型与作为边界条件的其他波浪信息源进行耦合，那么与高效率高精度的海湾尺度海啸预测模型NSW耦合则是明显不过的选择。

NSW模型与Boussinesq模型耦合的诸多问题之中，最显著的是它们的近似假定不同而可能造成在耦合界面处的物理失配。此外，NSW模型通常采用低阶数值求解方法(所以计算效率高)，而Boussinesq模型中的高阶偏导需要高阶求解格式，这两个求解方法之间的匹配也会产生数值稳定问题。有关NSW与Boussinesq耦合的细节可参考文献[3.69]。

虽然Boussinesq模型可详细描述海啸引起的流动，但可能有必要采用受限更少的物理近似模型来求解更小尺度(亚米级)的紊流特征，如3-D Navier-Stokes模型。完全3-D模型可以为Boussinesq模型提供类似的耦合参数。由于计算成本高，完全3-D模型最好与沿水深积分的水平二维模型(2DH)(即水深积分的NSW或Boussinesq模型)相结合。由2DH模型提供入射波信息，3-D模型计算局部波浪与结构相互作用。3-D模型还可以更好地将3-D小尺度特征参数化，然后嵌入到大尺度2DH模型中。单向耦合(即NSW模型生成的时间序列可驱动3-D模型，但3-D模型结果不能反馈到NSW模型)很容易构建[3.70]，但双向耦合则有点困难，需要模型耦合界面处的物理意义和数值格式相匹配。

Sittanggang和Lynett[3.71]开展了Boussinesq模型和二维Navier-Stokes模型耦合的工作。模型之间进行双向耦合，就像它们是在连续域中各自运行的单一模型。在耦合中，Boussinesq模型应用于非破碎区域，RANS模型应用于破碎区或高紊动区。两个模型共用一个界面区域作为模型的边界条件进行数据交换。通过这两个模型的耦合，在深水至中等水深采用粗网格技术及简单物理方法，在近岸区域使用精细网格和详细物理过程进行精确的大尺度波浪模拟在计算上是可行的。图3.5给出了一个使用该耦合方法模拟非线性风浪越过海岸结构物的算例。使用Boussinesq模型模拟海上的风浪传播，Boussinesq和RANS

模型在破波点附近大约有一个波长的距离是双向耦合的，可以对相对较大区域的越浪进行高精度模拟。

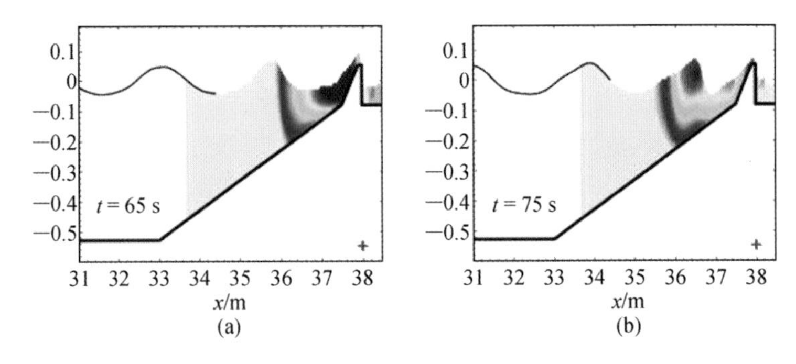

图 3.5　混合 Boussinesq—RANS 模型模拟波浪增水（$x=0\sim34$ m 为 Boussinesq 计算区域，$x=34\sim39$ m 为 RANS 计算区域）

（a）海堤前最大流速时的越浪　（b）水流冲刷海堤时的波浪及紊动能

3.4　模型特性分析

表 3.1 列出了本章各类模型模拟波浪所适用的空间和时间范围及分辨率，控制方程中微分运算（derivative operators）的数量及常见应用和结果输出。微分运算数量及最高阶微分可用来比较各种模型的运算成本，它们可以衡量每个模型网格节点在每个时间步长上求解所需的工作量。表中也给出了模型在工程实践或可操作层面上较为典型的应用。而研究性级别的应用在计算域大小、分辨率和应用方面则远超出表中所给出的模型类型。

表 3.1　模型类型及基本信息比较

模型理论	计算空间范围和分辨率	模拟时长和时间步长	控制方程中未知微分运算数量及最高阶导数	典型应用和输出结果
谱波能量平衡方程	全球计算域分辨率：30′ 100 km² 计算域分辨率：100 m	模拟时长：几小时； 时间步长：5 min	波频率数：250 每个频率有四个导数运算，所有导数为一阶求导	全球范围的波浪预报、海岸波浪预测和波浪驱动近岸环流模型。模型可输出频率方向谱
相位识别非线性频域方程	1 km² 计算域分辨率：1 m	模拟时长：几小时（取决于波频率数）。 时域周期性模型无时间步长	波频率数：150～300 每个频率有两个导数运算，最高为二阶导数	近岸及破波区波浪预测，波浪驱动近岸环流模型和瞬时泥沙输运模型。模型可输出复杂（包含相位）振幅的自由表面高程

（续表）

模型理论	计算空间范围和分辨率	模拟时长和时间步长	控制方程中未知微分运算数量及最高阶导数	典型应用和输出结果
非线性浅水（NSW）方程	全球计算域分辨率：2′ 100 km^2 计算域分辨率：10 m	模拟时长：几小时～几天 时间步长：1 s	在 2DH 模型中近似为 10，均为一阶导数	海岸环流模拟：潮汐、河流和地表径流及海啸。模型可输出水面高程和水深平均流速分量
Boussinesq 型方程	1 km^2 计算域分辨率：1 m	模拟时长：几十分钟～几小时 时间步长：0.1 s	弱非线性 2DH 模型中约为 15，最高阶导数为 3； 高非线性 2DH 模型中约为 50，最高阶导数为 3	波浪预测包括波浪破碎、增水、爬高、越浪及其造成的海岸灾害。模型可输出某一水位（z）处的水面高程和速度分量，并进行后期处理以获得速度的垂向分布剖面
Navier-Stokes（NS）方程	目前主要应用于水平长度 1 km，水深小于 10 m 的海岸二维垂向断面（2DV）研究。 水平分辨率：1 m 垂向分辨率：0.1 m	模拟时长：几十分钟到几小时 时间步长：0.1 s	标准 $k-\varepsilon$ 紊流闭合模型的 2DV RANS 方程中约为 40，最高阶导数为 2	可进行详细的海岸波浪预测，包括破碎波水动力、紊流、压力分布、结构物的波浪力、波浪通过多孔结构的传播。模型可输出整个水体的速度分量和紊流情况

3.5 结语

本章简要概述了海岸波浪模型理论及方法，为人们初步理解各种方法之间的差异提供帮助。模型的最终选择取决于可用的研究资源以及待估算的主要物理信息。如可用资源较少，而又不需要精确估算波浪条件，例如初步范围的分析，则可用线性波浪理论来模拟波浪在近岸的演变。如果想要获得较大区域内准确的波高和波浪周期，谱模型则可能是最佳选择，其中的非线性及分辨率受控于工程实际情况。对于需要了解详细的、小尺度范围内的波浪信息（如关键基础设施需要）的研究，Boussinesq 或 Navier-Stokes 方法则是合理的选择。重申一下，这里所讨论的各个模型并不完全代表国际工程界大量使用的数值模拟工具。

3.6 术语一览

η—自由表面高程

H—波高
a—波幅
θ—波相位函数
k—波数
ω—角频率
L—波长
T—波浪周期
f—波频
g—重力加速度
h—水深
c—波速
u—水质点水平运动速度
H_O—深水或初始波高
K_S—浅水系数
K_R—折射系数
K_D—绕射系数
α—波浪入射角
F—波能通量
N—与时间相关的波能密度
S—外部波浪力,谱波方程中的源/汇项
C_b—底部摩擦系数
G—波浪能汇的函数形式
E—局部波能密度
ε—波幅除以水深$=a/h$
μ—波数乘以水深$=kh$

参考文献

3.1　N. Lin, K. Emanuel, M. Oppenheimer, E. Vanmarcke: Physically based assessment of hurricane surge threat under climate change, Nat. Clim. Change 2, 462-467 (2012)

3.2　R.G. Dean, R.A. Dalrymple: Water Wave Mechanics for Engineers and Scientists (Prentice Hall, Englewood Cliffs 1984)

3.3　US Army Corps of Engineers: Coastal Engineering Manual. Engineer Manual 1110-2-1100, http://chl.erdc.usace.army.mil/cem (2002), in 6 volumes

3.4　B. Raubenheimer, R.T. Guza, S. Elgar: Wave transformation across the inner surf zone, J. Geophys. Res. 101(C11), 25589-25597 (1996)

3.5　W.R. Dally, R.G. Dean, R.A. Dalrymple: Wave height variation across beach of arbitrary profile, J. Geophys. Res. 90(C6), 11917-11927 (1985)

3.6 J. A. Battjes, J. P. F. M. Janssen: Energy loss and set-up due to breaking of random waves,Proc. 16th Coast. Eng. Conf. (1978) pp. 569-587

3.7 E. B. Thornton, R. T. Guza: Transformation of wave height distribution, J. Geophys. Res. 88, 5925-5938(1983)

3.8 D. T. Resio: The estimation of wind-wave generation in a discrete spectral model, J. Phys. Oceanogr. 2(4), 510-525 (1981)

3.9 H. L. Tolman: User manual and system documentation of WAVEWATCH-Ⅲ. Version 1.15. NOAA/NWS/NCEP/OMB Technical Note 151, http://polar.ncep.noaa.gov/mmab/papers/tn151/OMB_151.pdf (1997)

3.10 G. J. Komen, L. Cavaleri, M. Donelan, K. Hasselmannn,S. Hasselmannn, P. A. E. M. Janssen: Dynamics and Modeling of Ocean Waves (Cambridge Univ. Press, Cambridge 1994)

3.11 S. Wornom, D. J. S. Welsh, K. W. Bedford: On coupling the SWAN and WAM wave models for accurate nearshore wave predictions, Coast. Eng. J. 43(3),161-201 (2001)

3.12 N. Booij, R. C. Ris, L. H. Holthuijsen: A third-generation wave model for coastal regions, Part I:Model description and validation, J. Geophys. Res. 104(C4), 7649-7666 (1999)

3.13 K. Hasselmann, T. P. Barnett, E. Bouws, H. Carlson,D. E. Cartwright, K. Enke, J. A. Ewing, H. Gienapp, D. E. Hasselmann, P. Kruseman, A. Meerburg, P. Müller, D. J. Olbers, K. Richter, W. Sell, H. Walden:Measurements of Wind-Wave Growth and Swell Decay During the Joint North Sea Wave Project (JONSWAP)(Deutsches Hydrographisches Institut, Hamburg 1973)

3.14 L. Cavaleri, J.-H. G. M. Alves, F. Ardhuin, A. Babanin,M. Banner, K. Belibassakis, M. Benoit, M. Donelan,J. Groeneweg, T. H. C. Herbers, P. Hwang,P. A. E. M. Janssen, T. Janssen, I. V. Lavrenov,R. Magne, J. Monbaliu, M. Onorato, V. Polnikov, D. Resio, W. E. Rogers, A. Sheremet, J. McKee Smith,H. L. Tolman, G. van Vledder, J. Wolf, I. Young: Wave modelling - The state of the art, Prog. Oceanogr. 75, 603-674 (2007)

3.15 W. E. Rogers, J. M. Kaihatu, H. A. H. Petit, N. Booij,L. H. Holthuijsen: Diffusion reduction in an arbitrary scale third generation wind wave model, Ocean Eng. 29, 1357-1390 (2002)

3.16 J. M. Smith: Full-plane STWAVE with bottom friction: Ⅱ. Model overview. CHETN-I-75, http://chl.erdc.usace.army.mil/chetn (2007)

3.17 J. T. Kirby, R. A. Dalrymple: A parabolic equation for the combined refraction-diffraction of Stokes waves by mildly varying topography, J. Fluid Mech. 136, 453-466 (1983)

3.18 J. T. Kirby, R. A. Dalrymple: Combined Refraction/Diffraction Model REF/DIF 1, Version 2.5. Documentation and User's Manual, Vol. Res. Rep. No. CACR-94-

22 (Center for Applied Coastal Research, Department of Civil Engineering, University of Delaware, Newark 1994)

3.19 M. H. Freilich, R. T. Guza: Nonlinear effects on shoaling surface gravity waves, Philos. Trans. R. Soc. A 311, 1-41 (1984)

3.20 Y. Agnon, A. Sheremet, J. Gonsalves, M. Stiassnie: Nonlinear evolution of a unidirectional shoaling wave field, Coast. Eng. 20, 29-58 (1993)

3.21 J. M. Kaihatu, J. T. Kirby: Nonlinear transformation of waves in finite water depth, Phys. Fluids 7, 1903-1914 (1995)

3.22 T. T. Janssen, T. H. C. Herbers, J. A. Battjes: Generalized evolution equations for nonlinear surface gravity waves over two-dimensional topography, J. Fluid Mech. 552, 393-418 (2006)

3.23 J. M. Kaihatu: Frequency domain models in the nearshore and surf zones. In: Advances in Coastal Modeling, ed. by V. C. Lakhan (Elsevier, Amsterdam 2003)

3.24 J. M. Kaihatu: Improvement of parabolic nonlinear dispersive wave model, J. Waterw. Port Coast. Ocean Eng. 127, 113-121 (2001)

3.25 Y. Agnon, A. Sheremet: Stochastic nonlinear modeling of directional spectra, J. Fluid Mech. 345, 79-99 (1997)

3.26 J. M. Kaihatu, J. Veeramony, K. L. Edwards, J. T. Kirby: Asymptotic behavior of frequency and wavenumber spectra of nearshore shoaling and breaking waves, J. Geophys. Res. 112, C06016 (2007)

3.27 T. H. C. Herbers, M. C. Burton: Nonlinear shoaling of directionally spread waves on a beach, J. Geophys. Res. 102, 21101-21114 (1997)

3.28 D. Peregrine: Long waves on a beach, J. Fluid Mech. 27(4), 815-827 (1967)

3.29 S. Elgar, R. T. Guza: Shoaling gravity waves: A comparison between data, linear finite depth theory and a nonlinear model, J. Fluid Mech. 158, 47-70(1985)

3.30 D. G. Goring: Tsunamis-The Propagation of Long Waves Onto a Shelf, Ph. D. Thesis (California Institute of Technology, Pasadena 1978)

3.31 P. L.-F. Liu, S. B. Yoon, J. T. Kirby: Nonlinear refraction-diffraction of waves in shallow water, J. Fluid Mech. 153, 184-201 (1985)

3.32 O. Nwogu: Alternative form of Boussinesq equations for nearshore wave propagation, J. Waterw. Port Coast. Ocean Eng. 119(6), 618-638 (1993)

3.33 P. A. Madsen, R. Murray, O. R. Sørensen: A new form of the Boussinesq equations with improved linear dispersion characteristics (Part 1), Coast. Eng. 15, 371-388 (1991)

3.34 Y. Chen, P. L.-F. Liu: The unified Kadomtsev-Petviashvili equation for interfacial waves, J. Fluid Mech. 288, 383-408 (1995)

3.35 J. M. Witting: A unified model for evolution of nonlinear water waves, J. Comput. Phys. 56, 203-236(1984)

3.36 Q. Chen, P. A. Madsen, H. A. Schaffer, D. R. Basco: Wave-current interaction based on an enhanced Boussinesq approach, Coast. Eng. 33, 11-39 (1998)

3.37 P. L.-F. Liu: Model equations for wave propagation from deep to shallowwater. In: Advances in Coastal and Ocean Engineering, Vol. 1, ed. by P. L.-F. Liu (World Sciectific, Singapore 1994)

3.38 G. Wei, J. T. Kirby, S. T. Grilli, R. Subramanya: A fully nonlinear Boussinesq model for surface waves. I. Highly nonlinear, unsteady waves, J. Fluid Mech. 294, 71-92 (1995)

3.39 P. Lynett, P. L.-F. Liu: A numerical study of submarine landslide generated waves and runup, Proc. R. Soc. Lond. A 458, 2885-2910 (2002)

3.40 Q. Chen, R. A. Dalrymple, J. T. Kirby, A. Kennedy, M. C. Haller: Boussinesq modeling of a rip current system, J. Geophys. Res. 104(C9), 20617-20637(1999)

3.41 Q. Chen, J. T. Kirby, R. A. Dalrymple, F. Shi, E. B. Thornton: Boussinesq modeling of longshore currents, J. Geophys. Res. 108(C11), 3362 (2001)

3.42 P. Lynett, T.-R. Wu, P. L.-F. Liu: Modeling wave runup with depth-integrated equations, Coast. Eng. 46(2), 89-107 (2002)

3.43 S. Ryu, M. H. Kim, P. Lynett: Fully nonlinear wavecurrent interactions and kinematics by a bembased numerical wave tank, Comput. Mech. 32,336-346 (2003)

3.44 J. Veeramony, I. A. Svendsen: The flow in surf zone waves, Coast. Eng. 39, 93-122 (2000)

3.45 R. E. Musumeci, I. A. Svendsen, J. Veeramony: The flow in the surf zone: A fully nonlinear Boussinesqtype of approach, Coast. Eng. 52(7), 565-598 (2005)

3.46 D.-H. Kim, P. J. Lynett, S. A. Socolofsky: A depth-integrated model for weakly dispersive, turbulent, and rotational fluid flows, Ocean Model. 27(3/4), 198-214 (2009)

3.47 D. H. Kim, P. J. Lynett: Turbulent mixing and scalar transport in shallow and wavy flows, Phys. Fluids 23, 016603 (2011)

3.48 K. Sitanggang, P. Lynett: Parallel computation of a highly nonlinear Boussinesq equation model through domain decomposition, Int. J. Numer. Methods Fluids 49 (1), 57-74 (2005)

3.49 P. Lin, P. L.-F. Liu: Turbulent transport, vorticity dynamics, and solute mixing under plunging breaking waves in surf zone, J. Geophys. Res. 103(C8), 15677-15694 (1998)

3.50 P. Lin, P. L.-F. Liu: A numerical study of breaking waves in the surf zone, J. Fluid Mech. 359, 239-264(1998)

3.51 T.-J. Hsu, T. Sakakiyama, P. L.-F. Liu: A numerical model for wave motions and turbulence flows in front of a composite breakwater, Coast. Eng. 46(1), 25-50 (2002)

3.52 Q. Zhao, S. Armfield, K. Tanimoto: Numerical simulation of breaking waves by a multi-scale turbulence model, Coast. Eng. 51(1), 53-80 (2004)

3.53 J. L. Lara, I. J. Losada, M. Maza, R. Guanche: Breaking solitary wave evolution over a porous underwater step, Coast. Eng. 58(9), 837-850 (2011)

3.54 N. Garcia, J. L. Lara, I. J. Losada: 2-D numerical analysis of near-field flow at low-crested permeable breakwaters, Coast. Eng. 51(10), 991-1020(2004)

3.55 A. Pedrozo-Acuña, A. Torres-Freyermuth, Q. Zou, T.-J. Hsu, D. E. Reeve: Diagnostic investigation of impulsive pressures induced by plunging breakers impinging on gravel beaches, Coast. Eng. 57(3), 252-266 (2010)

3.56 OpenFoam: The OpenSource CFD toolbox, User guide, Version 1.4.1., http://www.openfoam.org/docs (2007)

3.57 P. Higuera, J. L. Lara, I. J. Losada: Realistic wave generation and active wave absorption for Navier-Stokes models: Application to OpenFOAM, Coast. Eng. 71, 102-118 (2013)

3.58 C. Dawson, J. J. Westerink, J. C. Feyen, D. Pothina: Continuous, discontinuous and coupled discontinuous-continuous Galerkin finite element methods for the shallow water equations, Int. J. Numer. Methods Fluids 52, 63-88 (2006)

3.59 Wl|Delft Hydraulics: Delft3D-FLOW User Manual, Version 3.13., http://www.oss.deltares.nl/web/delft3d/manuals (2006), 638p.

3.60 J. Dietrich, S. Tanaka, J. J. Westerink, C. N. Dawson, R. A. Luettich Jr, M. Zijlema, L. H. Holthuijsen, J. M. Smith, L. G. Westerink, H. J. Westerink: Performance of the unstructured-mesh, SWANCADCIRC model in computing hurricane waves and surge, J. Sci. Comput. 52(2), 468-497 (2012)

3.61 V. V. Titov, C. E. Synolakis: Numerical modeling of tidal wave runup, J. Waterw. Port Coast. Ocean Eng. 124(4), 157-171 (1998)

3.62 P. L.-F. Liu, Y.-S. Cho, S. B. Yoon, S. N. Seo: Numerical simulations of the 1960 Chilean tsunami propagation and inundation at Hilo, Hawaii. In: Recent Development in Tsunami Research, ed. by M. I. El-Sabh (Kluwer, Dordrecht 1994) pp. 99-115

3.63 F. Imamura, N. Shuto, C. Goto: Numerical simulations of the transoceanic propagation of tsunamis, Proc. 6th Cong. Asian Pac. Reg. Div. (IAHR) (1988) pp. 265-272

3.64 L. Mansinha, D. E. Smylie: The displacement fields of inclined faults, Bull. Seismol. Soc. Am. 61, 1433-1440 (1971)

3.65 Y. Okada: Surface deformation due to shear and tensile faults in a half-space, Bull. Seism. Soc. Am. 75(4), 1135-1154 (1985)

3.66 H. Kanamori: The energy release in great earthquakes, J. Geophys. Res. 82, 2981-2987 (1977)

3.67 S. T. Grilli, M. Ioualalen, J. Asavanant, F. Shi, J. T. Kirby, P. Watts: Source constraints and model simulation of the December 26, 2004 Indian Ocean tsunami, J. Waterw. Port Coast. Ocean Eng. 133, 414-428 (2007)

3.68 P. Lynett: Nearshore modeling using high-order Boussinesq equations, J. Waterw. Port Coast. Ocean Eng. 132(5), 348-357 (2006)
3.69 S. Son, P. Lynett, D.-H. Kim: Nested and multiphysics modeling of tsunami evolution from generation to inundation, Ocean Model. 38(1/2), 96-113 (2011)
3.70 S. Guignard, S. Grilli, R. Marcer, V. Rey: Computation of shoaling and breaking waves in nearshore areas by the coupling of BEM and VOF methods, Proc. 9th Offshore Polar Eng. Conf., Vol. 3 (1999) pp. 304-309
3.71 K. Sitanggang, P. Lynett: Multi-scale simulation with a hybrid Boussinesq-RANS hydrodynamic model, Int. J. Numer. Methods Fluids 62, 1013-1046 (2009)

第4章　海岸地貌过程模拟

J. A. Dano Roelvink, Dirk-Jan R. Walstra,
Mick van der Wegen, Roshanka Ranasinghe

形态学是对形式的研究，无论动物、植物还是文字的形式；海岸地貌学是研究海岸形式的学科。其中一些海岸形式坚硬(如岩石)，不会有太大的变化。其他海岸如海滩、沙丘、海峡、沙洲、浅滩，由泥土、沙或者砾石构成，常会发生移动。海岸地貌学家的工作便是尝试理解和预测这些运动。

所采取的方法取决于问题的规模或待研究过程。研究对象的规模小到沙纹大到整个潮汐水道或海岸线。长度尺度越大，时间尺度越大；上层的岸滩剖面可以在几小时内发生变化以适应风暴；港口周围的海岸线可能需要数十年来适应变化，而封堵潮汐通道的影响可能会持续几个世纪。

海岸地貌学是海岸工程中的一门核心学科，需要借助它评估极端事件对海滩、沙丘和离岸沙洲岛的破坏情况，了解并减缓海岸侵蚀。在港口设计中，地貌学在评估建港对海岸的影响、估算航道和港池的疏浚要求方面也有重要意义，土地围垦的设计及影响研究也离不开地貌学，它还可为海岸带管理提供方案。

本章将先讨论不同类型的海岸地貌模型，接着将聚焦过程模型。首先介绍过程模型的基本原理，然后简要描述一些常用的过程模型，接下来给出一些从风暴事件模型到河口长期模型等不同尺度的模拟方法；最后讨论未来的发展方向。

4.1　海岸模型的类型

4.1.1　物理比尺模型

我们通常用模型来解决海岸相关问题，有多种模型可供使用或正在开发。在数值模型成为一段时间的研究热门后，物理比尺模型又开始引起人们的关注。荷兰的沙丘侵蚀设计规则几乎完全基于大型水槽试验，最近刚刚根据这些试验考虑设计波浪条件变化对这些规则进行了修改[4.1]。结构物冲刷是另一个仍在使用物理模型的例子，主要是由于其中三维(3-D)潮流及其周围湍流的复杂性。然而很多情况下，直接应用物理模型解决问题相对困难，所以一般使用物理模型来研究过程细节并用以验证使用范围更广的数值模型。

对于发达国家，潮汐系统、河流和河口的大比尺物理模型成本太高，很难与不断改进的数值模型竞争，但在中国等国家仍然被广泛使用，因为那里劳动力成本相对便宜，而且他们具备相当专业的知识处理不可避免的比尺效应。将物理模型与数值模型相结合可以得到令人感兴趣的结果，也是一个值得进一步探索的方向。

当波浪作用很重要、同时又必须关注较大的系统时，物理模型就不在考虑之中了，模拟的波浪太小很难充分表示真实情况，所以必须寻求其他方法。

4.1.2 解析模型

首先来看解析模型。它们使用简便，结果直观。Pelnard-Considère 的海岸线理论[4.2]让我们对大尺度海岸演变的思考逐渐成形，该理论的解析和数值发展仍然被大量使用[4.3]。其他更复杂的解析模型解释了河流和河口中的边滩[4.4]、沙波和潮汐沙洲[4.5]，尽管使用了物理学的强近似，但它们告诉我们哪些过程导致了我们看到哪些现象，因此可以确保更复杂的数值模型重现这些过程，理论上它们应该这样做，但实际上往往无法做到。

4.1.3 (半)经验模型

这类模型主要依赖数据，因此称为经验模型。已写入荷兰法规的沙丘侵蚀平衡剖面模型便是一个很好的例子[4.1,6]。岸滩剖面在风暴之后总是呈现相同的形状，基于这个观察，该模型采用剖面来回移动的方法，直到侵蚀面积等于增加面积。SBEACH 模型[4.7]中采用更先进的方法研究海滩演变和沙丘侵蚀。SBEACH 是风暴作用下一维(1-D)(剖面)海滩侵蚀模型，当局部波浪耗散率与平衡速率不同时，发生净输沙。对于潮汐通道和河口，有许多平衡方程[4.8]将潮量与河道断面、河槽总容积、落潮三角洲等相关联。如果将潮汐通道或河口分成若干单元(落潮三角洲、海峡、潮漫滩)，可以定义它们中每一个的平衡状态，但仍无法得知它们如何达到平衡。为了解决这个问题，开发了半经验模型，其中所有单元都试图达到平衡，但泥沙必须在它们之间输运。泥沙交换速率取决于每个单元距离平衡有多远。Stive 和 Wang 使用这个概念模拟了海平面上升和天然气开采、水道封堵、疏浚及其他情景的长期大规模影响[4.9]。

这些模型对解决特定问题有很大的价值，其中有大量的历史数据和近期的良好试验案例(封闭潮汐通道、加深航道)来校准这些模型中的系数。然而在世界很多地方情况并非如此，并且还有更复杂的情况或更细致的问题等待解决，这些问题超出了刚刚讨论的半经验模型能够代表的范围。对于这样的情况，我们需要寻求基于过程的动力地貌模型。

4.1.4 过程模型

在过程模型中，首先对过程进行详细描述，接下来再讨论泥沙输运、底部变化和随之产生的地形演变。这是一种自下而上的方法，我们不预先指定任何平衡状态，而是让模型自由地发展到任何它能到的程度。显然，这就提出了一个问题：从长远来看，这种方法能否提供合理的解决方案。正如将在下面的章节中看到的那样，使用这种方法来达到合理的演变特征还有很大空间，本章的其余部分将重点介绍过程方法。

4.2 基于过程的动力地貌模型原理

“动力地貌模型”是动力地貌学模型的简称，其中地貌学是指形状的研究；对海床的形状而言，动力表明我们考虑海床如何因受作用而发生变化的演变过程。图 4.1 给出的基本流程对于大多数动力地貌模型是有效的。模型始于对导致泥沙输运和底部变化物理过程的详细描述，因而称之为过程模型。

4.2.1　过程动力地貌模型的含义

从二维（区域模型情况下）或一维（海岸线或海岸剖面模型情况下）进行水下地形测量开始。给定波浪和水流的边界条件，可以预测波浪和流场。通常这些波浪和水流是相互作用的，其过程决定泥沙输运。正如接下来要讨论的那样，泥沙运动梯度导致底部变化，并会反馈至地形、水流和波浪以及泥沙输运等等。不同的模型在计算水流、波浪和泥沙输运方面可能会有较大差异，在计算底部变化及其对地形的反馈也各不相同。下面首先讨论泥沙平衡和海床演变与输沙演变之间反馈的重要性。

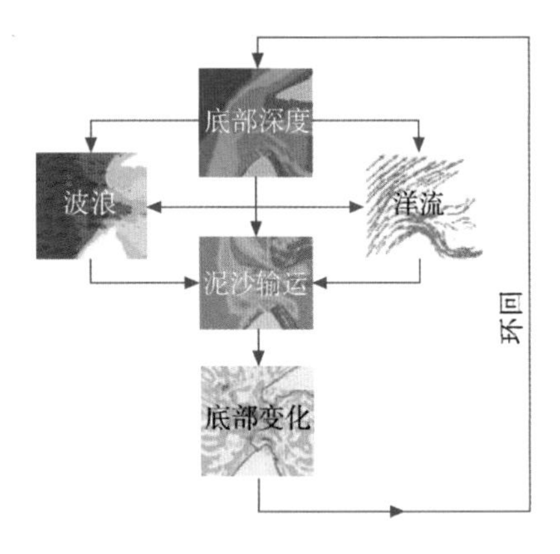

图 4.1　动力地貌模型基本流程

4.2.2　质量平衡方程

海床变化主要过程是泥沙输运，与河流一样，描述冲淤的最基本方程是质量平衡方程或 Exner 方程：

$$(1-\varepsilon)\frac{\partial z_b}{\partial t}+\frac{\partial q_x}{\partial x}+\frac{\partial q_y}{\partial y}=0 \tag{4.1}$$

式中，ε 是海床的孔隙度；z_b 是底部垂直位置（向上为正）；q_x 和 q_y 是泥沙输运在 x 和 y 方向的分量，分别表示单位宽度内每秒输运体积（$m^3/m/s$）。

由该方程可知，海床高程变化率取决于泥沙输运梯度而不是输移率；泥沙输运（正梯度）会导致海床高程下降（冲刷），因为离开控制体积的泥沙比进入的多；同样，泥沙输运减少（负梯度）时会发生沉积（淤积）。

如果输移率不随时间而改变，则冲刷率和淤积率将保持不变，并且海床会以恒定的速度向上或向下移动。通常当底部变化时，泥沙输运也会改变，而这种相互作用形成了海床形状变化的动态特征。

4.2.3　海床波动速度

对于通过水道的一维稳定流，假定输运是速度相对于某个速度系数 b 的函数且当前速度是由恒定流量除以水深 h（详细推导参阅文献[4.10]），得出的海床演变可用简单波动方程描述

$$\frac{\partial z_b}{\partial t}+c_{bed}\frac{\partial z_b}{\partial x}=0 \tag{4.2}$$

这里

$$c_{bed}=\frac{bq_x}{(1-\varepsilon)h} \tag{4.3}$$

这些简单的方程解释了海底圆丘如何以与输运关系中的输移率和速度系数 b 成正比、

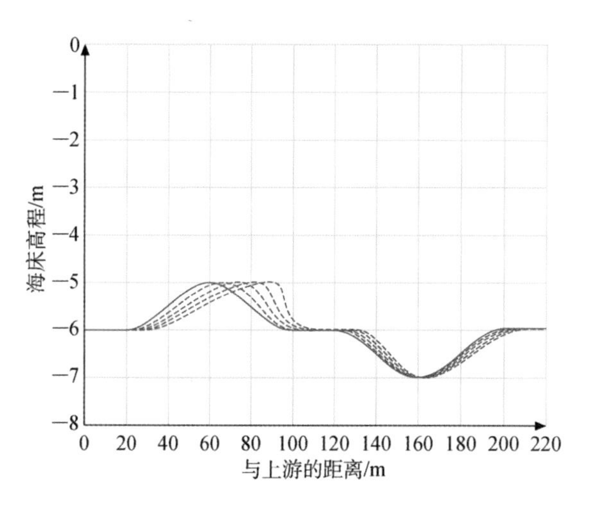

图 4.2　水道中圆丘和沟槽的移动

与水深成反比的速度传播；换句话说，浅水中海床变化更快。这也解释了为什么圆丘变成冲击状沙丘（因为顶部移动速度比底部快），而沟槽的上游侧较陡，下游侧趋于平缓。图 4.2 所示为一个 1 m 高的圆丘和 1 m 深的沟槽横跨平均深度为 6 m 的水道。在沿海地区，这类锋面的演化较常见，例如落潮浅滩的发展；同样，垂直于沿岸流的疏浚航道的变化通常与我们在图中看到的类似：向下游移动时，其上游坡度变陡。

正如后文将述的情况，所谓的海床波动速度 c_{bed} 在对确定数值模型中地形更新的时间步长也起着重要作用。

通过移动圆丘的这个简单例子，我们看到输运关系对确定形态响应很重要。如果泥沙输运关系中的速度系数 b 发生变化，那么海床的波动速度也会变化。同样，增加泥沙输运关系的复杂性将导致更复杂的形态响应。

4.2.4　趋向平衡的发展

质量平衡方程的另一个重要特征是，当输运场的散度趋于零时，底部变化率也趋于零，即使存在泥沙输运循环，也能达到平衡或近平衡状态。典型的例子是平直海岸线，因沿岸输沙恒定，因此梯度为零，甚至对于沿岸输沙模式复杂的潮汐通道，形态变化也不大。为了说明这一过程，以一个新建的 300 m 长的丁坝周围海床演变情况为例，丁坝建于 1 km 宽的水道，其余条件各处是统一的。初始水深 5 m，未扰动的水速约为 1 m/s。图 4.3(b)给出的是

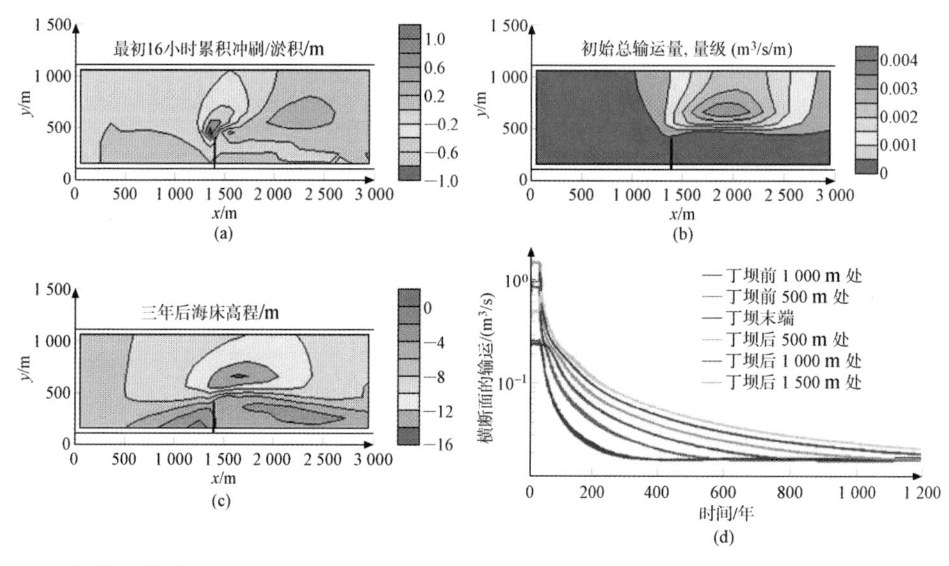

图 4.3　丁坝附近冲刷坑的发展；初始输运(b)和初始 16 小时的淤积/冲刷(a)，3 年后床面高程变化水深测量(c)和给定的横断面的输运时间变化(d)，在 2D 水平(2DH)模式中使用 Delft3D 进行样本模拟

无丁坝时海床的泥沙输运量；本例的初始冲刷和沉积速率[见图 4.3(a)]约为 1.5 m/day。如果相同的输运模式持续下去，每年将会产生大约 500 m 的侵蚀；然而，由于冲刷坑的形成，泥沙输运量级降低，3 年后冲刷坑仅有 10 m 深。丁坝浅滩的上下游缓慢发展；可以从多个横断面的输运时间序列[见图 4.3(d)]中看出，整个形态更加光滑并使泥沙输运减缓，非常接近平衡，最终达到相同的值，几乎比最初泥沙输送率低两个数量级。

从这些简单的例子可以看出，动力地貌模拟的本质是泥沙输运和底部演变之间的相互作用，这种相互作用在瞬变下造成移动海床特征，并在某些条件下趋于平衡。

泥沙输运是海床演变的函数，其方式受作用于底部的水流和波浪以及底床和悬浮物中泥沙性质的控制。描述这些过程的详细程度取决于模型的类型；目前通常采用的模拟方法大致可分为海岸岸线模型、海岸剖面模型和海岸区域模型。下面对这些方法展开介绍。

4.2.5　过程模型的类型

1）海岸岸线模型

最早的动力地貌模型是由 Pelnard-Considère 首先开发的[4.2]，他提出了海岸线水平运动的一个解析解，假定海岸剖面形状不变，而浅滩和所谓的封闭深度向海或向陆移动取决于沿岸输沙梯度：

$$h\frac{\partial y}{\partial t}+\frac{\partial S}{\partial x}=0 \tag{4.4}$$

式中，h 是活动剖面高度；y 是垂直于海岸线的方向；x 是沿海岸线的方向；S 是总沿岸输运。当海岸角度偏差不大时，假定输运随着海岸角度线性变化，用$\partial y/\partial x$ 表示，正如 Pelnard-Considère 给出，岸线演变由一个扩散方程表示

$$\frac{\partial y}{\partial t}-\frac{s}{h}\frac{\partial^2 y}{\partial x^2}=0 \tag{4.5}$$

式中的海岸常数 s 主要取决于波候。这个方程具有解析解，用以描述例如丁坝带来的淤积或喂沙沿岸扩散。然而，对于更实际的情况以及更多样的海岸角度和过程，泥沙输运和岸线演变可以用很多公式（如 CERC 或 Kamphuis 公式）进行数值计算，在这种情况下，它主要是关于入射波能通量和角度的函数，或者可以使用海岸剖面模型进行评估。海岸线模型如 GENESIS、UNIBEST LT/CL、BEACHPLAN 和 LITCROSS（模型概述可参见文献[4.10]）在工程研究中被广泛应用，但需谨慎使用。

海岸岸线模型假定水流条件逐渐变化、等深线大致平行。在这种情况下，沿岸输沙可以在局部进行处理，就像它已完全适应与海岸方向相关的局部入射波条件。沿岸流通常绵延数百米，因此原则上应在沿岸距离达数千米的大尺度算例中使用海岸线模型。较好的示例有：海港上游海滩的淤积[4.11]、河流三角洲的大规模演变、大型人工喂沙的沿岸扩展[4.12]、岬角海湾的演变以及波候变化导致的海岸线重塑[4.13]。

然而借助于各种其他技术，海岸线模型经常也可应用于较小尺度的算例中，例如离岸出水防波堤后部、T 型丁坝周围和潮汐水道附近。模拟可通过如下方法实现：将海岸线模型与二维（2-D）波浪模型结合来预测近岸波候，通过沿岸输沙方程中的预加项来考虑差异，有时还会把海岸概化为两条相互关联的岸线。这种应用受到越来越多的批评，因为该方法没有体现这类小尺度中的很多过程。

有时会在用以预测大尺度趋势的海岸线模型中将小尺度的结构以某种方式表现出来。只要认识到结构附近的演变细节不可尽信，我们认为这种做法也是可以的。

如上所述，海岸岸线模型大多研究扩散问题。但当主波以大于45°的角度接近海岸时，岸线演变可能变得不稳定：最大的沿岸输沙率发生在大约45°的角度，因此如果一个给定点处的角度大于它上游邻近点的角度，沙子将在那里堆积，直到再次达到最大输沙率。Ashton和Murray[4.14]通过海岸线模型完美地展示了这一点，这可以解释诸如沙波、活动沙嘴和岬角等壮观的海岸形状。

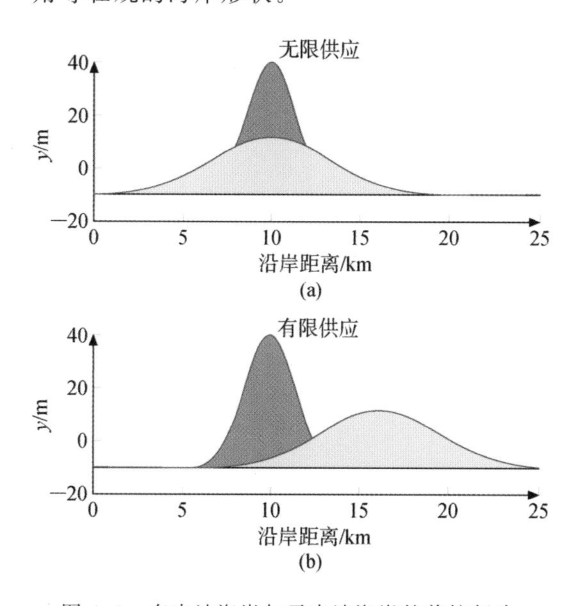

图4.4　有来沙海岸与无来沙海岸的养护行为

(a) 有来沙海岸　(b) 无来沙海岸

注：初始分布(深棕色)，斜向入射波作用后的分布(浅棕色)。

如文献[4.10]所示，如果泥沙供应有限，例如修建了海堤或丁坝，海岸线模型的性能也可能从扩散转向传播。比如，如果丁坝后面的岸线不能后撤，则侵蚀影响沿下游方向沿岸传播，其机制是沿岸输沙不仅取决于海岸方向，还取决于海岸线的绝对位置。图4.4给出了在有来沙和无来沙海岸进行养护的对照，必须指出的是，后一种情况通常由于人类侵占海洋、河流停止向海岸供沙而导致。

2）海岸剖面模型

在剖面模型中，主要假设海岸在沿岸方向几乎均匀，因此剖面变化主要由垂直岸线方向过程控制。文献[4.15]回顾了一些可能的方法，与垂直岸线方向性质相关的物理过程的扩展讨论可参阅文献[4.10]。剖面模型通常包含：

- 基于某种波浪能平衡形式的波浪模型；为沿剖面各点提供局部波浪状况。
- 底流和其他近底流动过程的1DV(垂直剖面)或2DV模型。
- 泥沙输运模型，其中包括底流、波浪分布不均和不对称，海床坡度等作用的结果。
- 计算底部变化的泥沙平衡方程。

由于这些模型计算量不太大，所以可以使用波浪、风力和潮汐边界条件(强力仿真)长达数年的真实变化来研究。

海岸剖面模型通常用于解决两类问题：评估有无硬质结构时风暴对海岸剖面的影响，以及评估沙滩和水下边滩的沙洲及养滩方案的长期表现。第一类问题最传统也最简单，因为我们模拟的是向海输运为主的情况，其主要困难在于预测侵蚀的准确大小和速度以及风暴过后得到正确的剖面形状，大部分剖面变化发生在沙丘前缘或海堤向海的几百米处，此类事件最多持续几天。第二类问题牵涉整个活动剖面，从以公里为量级的离岸深至6～15 m水深处，取决于波候和模拟的时长。沙坝和深槽的形态变化持续多年，在某些系统中，单个沙坝来回移动，而在另一些系统中，沙坝在岸线附近形成，最初增长时向海上移动，然后衰减，开始新的循环。这个过程可能需要几年甚至十余年。这种变化是各种阻力过程之间微妙平衡的结果,但还没有任何一个过程能被精确地模拟出来。Roelvink 等人[4.16]在大约10年的时间尺度上得到了一些真实的、几乎周期发生的沙坝变化。Ruessink 等人[4.17]经过严格的模型敏感性研究和广泛的验证后,在月份时间尺度上从三个不同地点重现了沙坝变化。这种系统会受到相同尺度的海滩或前滩人工投沙养护的影响,而该养滩工程明显与沙坝相互作用,这增加了对人工养滩行为及项目持久性模拟的难度:只有逼真地模拟出天然的沙坝行为,才能对模型预测人工养滩的相对影响有一定的把握。类似论点对硬质结构也成立,这些结构也和与沿岸沙坝尺度相同的剖面相互作用。

3)海岸区域模型

当沿岸和离岸尺度无法分开考虑时,适用海岸区域模型,例如感潮通道附近,水道和浅滩与保持稳定的海岸方向的角度不断变化,地形情况复杂。

区域模型的典型组成如下(见图4.1):

• 二维波浪传播模型;到目前为止使用最多的是频谱波浪模型,如SWAN[4.18,19]或Mike21SW;这类模型解决波浪浅水作用和波浪折射、风力增长、白帽浪和波浪破碎等问题,并提供水流和泥沙输运模型中波动特性和辐射应力的空间变化场。

• 2DH、Q3D或3D水流模型,通常基于浅水方程,解决由潮汐、风、波浪和密度梯度引起的非稳态流场和水位变化问题。

• 泥沙输运模型,通常基于2DH或3-D对流扩散方程或一种能量学方法得到推移质和悬移质输沙模型,特别针对受波浪扰动影响的海岸区域。

• 泥沙平衡和底床组成统计系统,用以更新水深和底部成分(在多个泥沙组分的情况下)。

区域模型适用范围较广,包括从小尺度海岸工程问题到大尺度的纳潮水域的演化。

关于最小的尺度,我们指的是波浪和波成流流场的细节,以及由此产生的如丁坝和离岸防波堤等小结构周围的形态变化,或者附近沿岸不均匀的沙丘侵蚀。解决主要过程所需的小网格单元尺寸及相适的小时间步长使得此类问题计算量庞大,尤其是在需要做出比某些风暴更长时间的预测时。一个重要的选择是应该将问题聚焦在水平环流模式影响的二维问题,还是考虑垂直环流(底流)以及与波浪相关附加效应作为向岸分量的(准)三维问题[4.20,21]。在第一种情况下,海滩剖面可能会演变成远离平衡形态的形状;第二种情况下,有恢复某种剖面形态的趋势,但必须非常小心地调整垂直于岸线过程,以便发展或维持合理的剖面。在这些尺度上,也可以解决沙坝问题,但正如在剖面模型中所讨论的那样,获得正确的沙洲变化需要权衡兼顾。一个特别困难的挑战是模拟复杂的三维海滩地形的自然演变,正确地获得不同海滩状态之间的转变是其关键。

在较大尺度的研究中,比如港口扩建、通道稳定、大规模养滩或土地复垦的研究中,在破波区内的过程细节通常无法解决,但至少可以产生可接受的沿岸流和沿岸输移;这意味着在破波区内至少有5~10个网格单元。由于这些研究往往预测数月至数年的演变,一些垂直于岸线的输运过程需要考虑,因此即使沙坝不能重现,甚至可能被禁止出现,垂直于岸线剖面仍然保持合理的形状。从沙丘被风吹侵蚀和再生的角度看,海岸剖面的部分演变取决于与沙丘的相互作用。这些过程模拟还不太清楚,需要探索新方法来研究水域与干滩以及沙丘之间沙量的交换。

在更大尺度、较长期的情况下,如纳潮水域的长期演化,借助新的加速技术,现在可以进行数个世纪时间跨度的模拟，使我们能够研究纳潮水域的平衡过程以及海平面上升对这些水域的潜在影响[4.25-29]。令人惊讶的是，使用相对简单的物理学获得了逼真的结果，尽管这种模拟的一般趋势是产生的水道太深太窄。然而，最近的研究表明，如果考虑颗粒粒径的空间变化，特别是泥沙随着平均切应力增加有粗化的趋势，可以得到更好的水道剖面。如果要恰当地表示相邻海岸和落潮三角洲，波浪效应就必须考虑在内。这就严格限制了近岸网格的分辨率，计算量增加了至少一个数量级。表 4.1 总结了前几段讨论的应用和相应尺度。

表 4.1　模型应用及比尺概述

时间尺度	空间尺度		
	1 m～1 km	10 m～10 km	100 m～100 km
1 小时～10 天	沙丘侵蚀(1-D)[a] 复位事件[c] 沙丘侵蚀、过度冲刷和破坏(2-D)[c]		
1 天～10 年	周期沙坝行为 边滩养护的影响[a] 沙滩状态的演变 小尺度海岸结构的影响[c]	港口扩建、土地复垦[c]的影响 大型养滩工程[c]	喂沙的沿岸扩散[b] 响应气候变化的海岸重塑[b]
1～1000 年	气候变化对剖面行为的影响[a]	潮汐通道的演变[c]	纳潮水域演变，包括气候变化的影响[c] 大尺度岸线演变[b]

[a]剖面模型、[b]岸线模型、[c]区域模型的应用比尺。

4.2.6　尺度提升技术

动力地貌模型的子模型各有其典型的时间尺度和数值时间步长。对于求解潮汐和与风相关变化的水流模型而言（几小时至几天量级），典型的时间步长是几秒到几分钟；使用的波浪模型通常是平稳或缓慢变化的，时间步长为 5～10 分钟；输运模型的时间步长通常与流动模型相近。在动力地貌模型中更新地形的一种直接方法是更新每个水流时间步长的水深，并使地貌变化的时间步长等于水流的时间步长。然而，由于地貌时间尺度往往比水动力时间尺度大几个数量级（比较海床波动速度与水波波速可知），除非是极端条件下地貌变化迅速，否则这种方法效率不高。

为了克服时间尺度上的差距，已经提出了几种方法，参见文献[4.30，31]或[4.32]。现在最常用的方法是：

• 潮汐平均法：通过潮汐周期计算泥沙输运，同时保持底部不变；然后对输运取平均，通过平均输运计算底部变化率；利用可能大于潮汐周期的地貌时间步长来计算底部变化。通常这种方法与使用所谓的连续校正或地貌快速评估（RAM）技术的简化升级版输运方程相结合，以避免频繁重新评估全部水动力条件。该方法的缺点是地貌时间步长受到海床波动速度柯朗数(Courant number)的限制，在动态系统中可能会小于潮汐周期，导致该方法效率低下;连续校正或 RAM 步骤会降低计算精度,特别是在波浪作用主导的情况下。

• 在线或地貌加速因子 morfac 方法:每个水流时间步长更新一次底部条件,但底部变化需乘以加速因子或 morfac。这样经过 1 个潮汐周期后,获得了 morfac 潮汐周期的地貌变化。潮汐周期内的结果不可信,因为海床变化的幅度被放大了 morfac 倍,但由于潮内变化通常非常小,结果反而出人意料的准确。由于经常需要更新,所以该方法在数值上非常平滑;实际操作也简单,所以现在长期模拟大多使用 morfac 方法。典型 morfac 值范围从 10(适用于非常动态的小尺度问题)到 200 或更大(适用于大型纳潮水域模拟)。若稍加注意的话也可使用随时间变化的 morfac,例如在模拟一系列波浪或河流径流时,短能量条件采用的 morfac 值要小于中长条件。文献[4.33]基于使用动力地貌模型 Delft3D 的数值模拟结果,研究了 MORFAC 方法的主要相关性和敏感性。还提出了预先确定临界 MORFAC 值的判断依据[基于 Courant-Friedrichs-Lévy(CFL)的海床形状迁移条件],但将这个判据扩展到潮汐情况,还需要进一步研究。

• 平行在线法,在风和波候迅速变化的情况下,不同条件的时间顺序并不重要,不同条件的模拟可以平行执行,而所有条件引起的底部变化在每一个时步后都要被交换、平均并带回。此方法优点在于:针对不同条件的模拟可以在不同的处理器上执行,由于平均结果相当平滑,可以使用相对较高的 morfac 值。而缺点是技术上有点复杂,不过一旦正确实施,它可以实现包括波浪效应在内的复杂地区的长期模拟;Dastgheib[4.34]用平行在线法对须德海封堵后,荷兰马尔斯水道的发展情况进行了详细的 50 年后报。

提升方法重要的一点是对输入驱动力作必要的简化;为使用高 morfac 值模拟或使用潮汐平均法,必须把风、流量和波候统一变为更少的代表条件。为此已经开发了许多方法,更多信息可参阅文献[4.10,35,36]。

4.3　模拟方法

后续章节将讨论几种基于过程的海岸动力地貌模拟方法,它们都有最新的发展。

在第一种方法中,讨论影响复杂海岸的风暴或涌浪事件的模拟,其中无法假设沿岸一致性,影响包括与完全淹没状况假定的冲突[4.37],并且该区域波群引起的长波作用占主导地位。

在第二项研究中,描述了垂直海岸的破波沙坝周期机理模拟的最新发展和理解,了解这些机理对当地工程设计或人工养滩很有必要,这些工程往往与沙坝特性相互作用,以数月至数年的时间尺度进行研究。论述遵守沿岸一致性条件,但模型概念很容易扩展到海岸区域模型。

最后一个案例使用系统化的 2DH 过程模拟法介绍了河口长期演变模拟。这种模型对理解潮汐系统对海平面上升的响应有重要意义,也可以支持地质研究,因为它实际上可以生成真实的形态,而不仅是预测底床变化。

4.3.1　风暴事件模拟

1）背景

本方法描述了极端事件期间快速和复杂过程的模拟,需要采用高时空分辨率。这是基于近来的发展，即已经允许从简单的、准静态的、经验公式为主的方法转变为基于物理的方法，从数十年的模型开发中吸取的经验教训促使开发了一个强大的模拟工具，利用这个模拟工具可解决重大事件中的重要过程。下一节重点关注风暴事件而不是海啸，因为绝大多数海啸相关的模拟研究，其影响和设计结果仅解决水动力学问题，由于海啸期间的海岸形态变化对流速和波浪爬高高度影响不大。但海岸形态研究被越来越多地用来解释海啸沉积，这将在第 4.4.6 节进行讨论。

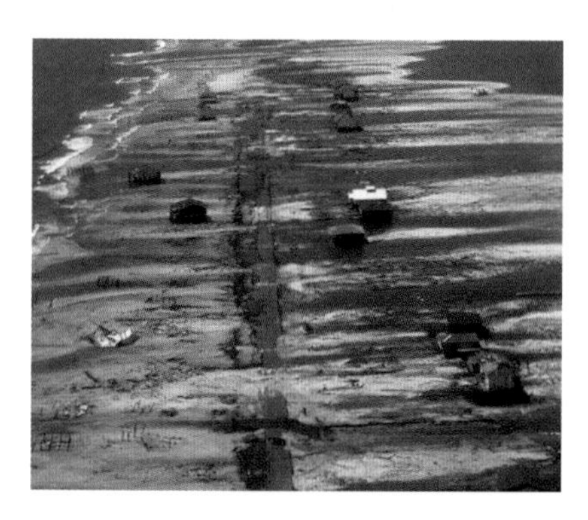

图 4.5 美国亚拉巴马州多芬岛在卡特里娜飓风过境后的航空照片（来源：美国地质勘探局/美国宇航局）

飓风对低洼沙质海岸造成的破坏性影响，尤其是美国 2004 到 2005 年飓风季期间（见图 4.5），已经显示出不仅要评估海岸地区的脆弱性和（重新）设计海岸保护以应对未来灾害的迫切需要，同时也要对现有海岸保护工程与不做保护工程进行比较和评估。现有的沙丘侵蚀模型如 DUROS[4.38]、DUROSTA[4.39] 和 SBEACH[4.7] 虽然有用，但无法处理沿岸地形变化、漫顶越流、淹没、硬质结构和其他复杂情况。

开发 XBeach 模型[4.40] 是为了克服这些限制条件。它不仅可以作为小尺度（工程尺度）海岸应用的独立模型，还可以在操作模型系统中使用，在模型系统中，由风、波浪和风暴潮模型的边界条件驱动，其将被传回的主要输出结果是将随时间变化的地形和可能越过离岸沙体决口的断面流量。

2）XBeach 中的物理过程

该模型求解了不同（频谱）波浪和水流边界条件下的波浪传播、水流、泥沙输运和海床变化的耦合二维水平方程。

因为该模型考虑了波高随时间的变化（冲浪者熟知），所以可以求解由这种变化产生的长波（长重力波）运动。这种所谓“击岸拍”（surf beat）是大部分实际冲击沙丘前缘或越过沙丘的上涌波产生的原因。由于这种革新，XBeach 模型能够更好地模拟沙丘侵蚀剖面的发展，并预测沙丘或离岸沙体何时开始冲刷和破坏。图 4.6 给出了 XBeach 中击岸拍公式中的物理原理。多个单一波以群的形式传播，其包络线在时间和空间上缓慢变化。短波能量及其调谐以群速 c_g 传播；与这些变化有关的是约束长波；当它们传播到破波带时，短波会破碎，但是约束波会释放出来，以漏波形式向离岸方向反射。总的来说，沿岸的短波能量很小，这里的运动主要由长重力波运动控制。在 XBeach 中，没有解决单波运动，但是解决了波群尺度上的波能变化及由此产生的长波运动。

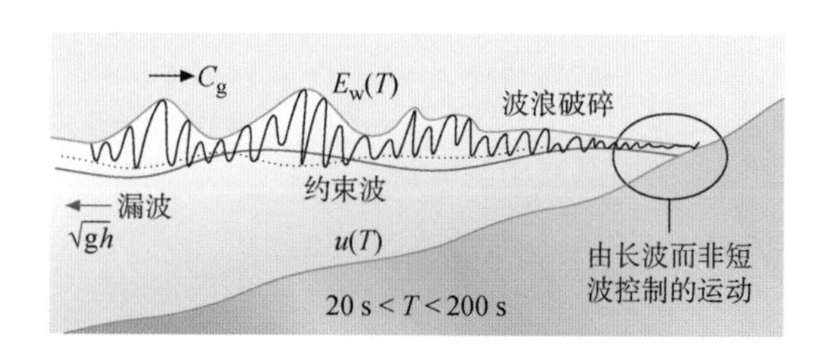

图 4.6 波群和击岸拍的原理简图

此外，与大多数现有的沙丘侵蚀模型不同，XBeach 是一个完全的二维（区域）模型，因此可以考虑沿岸地形变化、沿岸流影响和沿岸输沙梯度。

3）一维验证测试

该模型已经通过广泛的大型水槽数据进行了验证，包括沙丘侵蚀事件期间的短波和长波分布、回流、轨迹速度、含沙量和剖面变化数据。一个重要部分是崩坍机制，它可以异常准确地描述上层剖面和沙丘表面的演变。图 4.7 所示为 1993 年在代尔夫特水工研究所进行的三角洲水槽大尺度试验中，沙丘剖面发展的测量值和计算值对比[4.41]。图 4.7(c)、(d)说明了长波运动和崩坍机制的重要性。

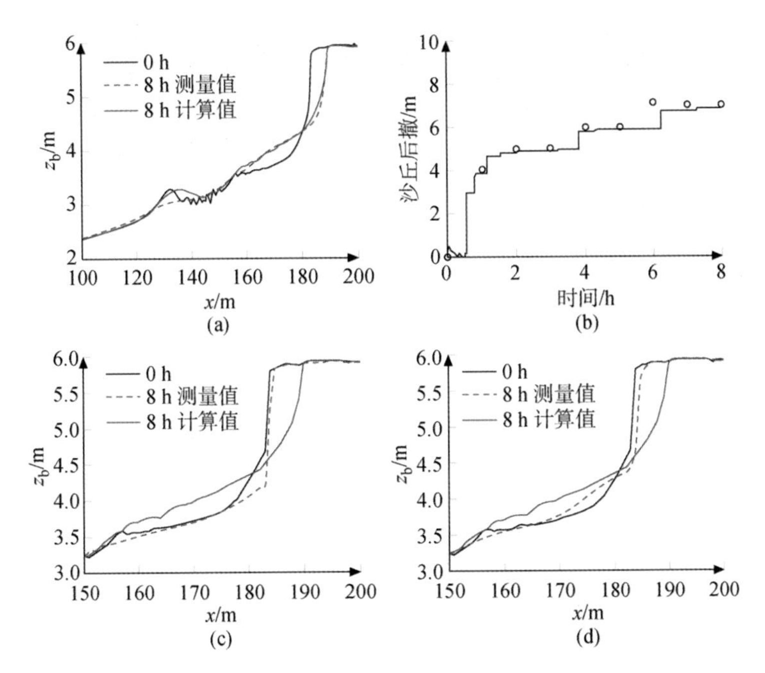

图 4.7 三角洲水槽试验剖面发展的测量值和模拟值，2E 组

(a) 全过程 (b)沙丘前缘的准时后撤，测量值(圆圈)与计算值(绘制线) (c)没有崩塌的剖面演变 (d)没有波群的剖面演变

文献[4.40]中用大量试验案例给出了 XBEACH 模型水动力、泥沙输运和剖面演变的广泛验证。验证已经扩展到过去用于开发经验沙丘侵蚀模型的几乎所有大尺度试验，结果可以在网页 www.xbeach.org 上定期更新的技术手册中找到。

4）2DH 验证试验

文献[4.42]进行了第一次 2DH 现场验证试验，推算伊万飓风对墨西哥湾佛罗里达州圣罗莎岛的影响。该模拟结果表明，XBeach 可以模拟复杂的波浪爬高和沿岸变化地形的淹没漫顶。模拟的细节如图 4.8 所示，该图是漫顶开始时的动画快照。该模型能够产生漫顶后常见的形态特征，如沿岸沙丘侵蚀、沙体后沉积和冲刷扇。未经率定的结果会过高估计淹没阶段和伴随极端潮流流速条件下的侵蚀，因为当时使用的 Soulsby-van Rijn 输运模型不是针对这些条件开发的，但是加入切应力限制后，性能有很大提升。

图 4.9 显示了模拟的和 LIDAR(激光雷达)观测到的冲刷与淤积形态；冲刷区和淤积区结果都惊人得一致。验证模型的量化结果相当好。

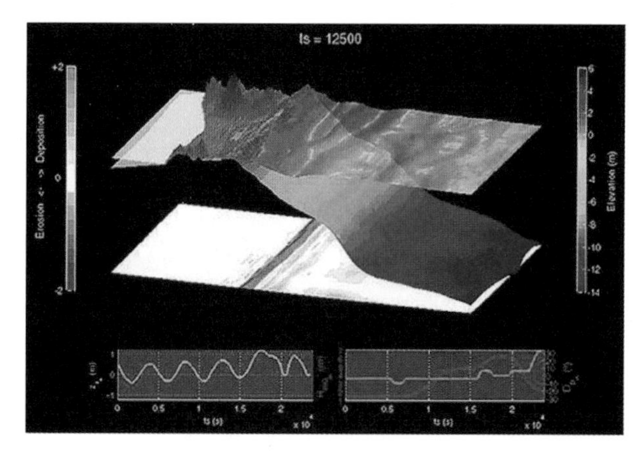

图 4.8 伊万飓风后圣罗莎岛越堤流阶段的水位、地形和侵蚀/淤积模式快照(美国地质勘探局的 Dave Thompson 提供)

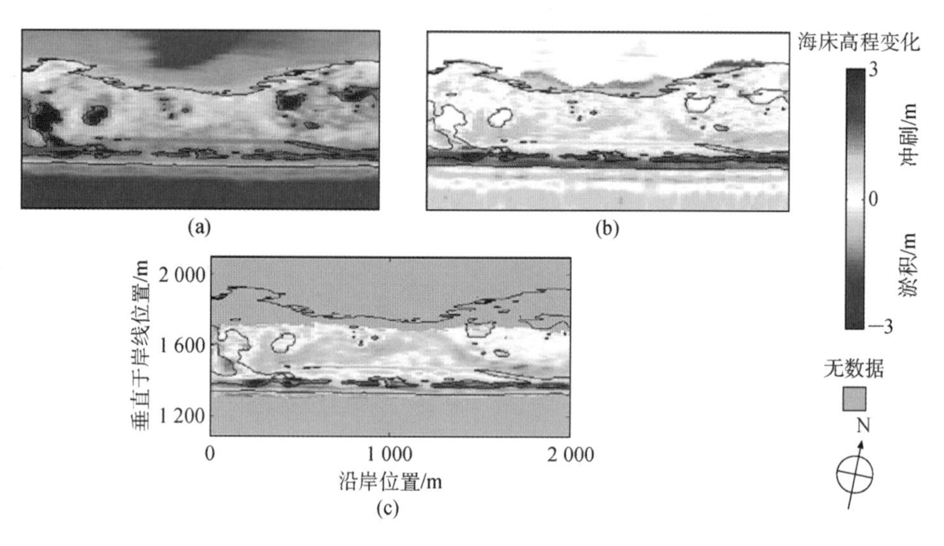

图 4.9 (a)圣罗莎岛 LIDAR 激光雷达测量的地形,(b)模拟和(c)观测到的淤积和冲刷

5) 弯曲海岸线的侵蚀

最初 XBeach 使用直线的、非等距的有限差分网格,适用于相对较小的沿岸范围或较直的海岸,例如圣罗莎岛的案例。但是,对于较长的弯曲海岸线(验证模型的典型示例),保持所需的精细分辨率求解沙丘侵蚀过程变得非常麻烦。曲线方法可以解决这个问题,并且可用平滑的方式解决包括沿岸梯度对海岸演变的影响问题。

文献[4.43]给出的 XBeach 曲线版本的第一个现场试验案例,是关于新鹿特丹港扩建的 Maasvlakte-2 沙质海岸堤防在早期施工阶段的响应,当时它呈香蕉形状(见图4.10)。在 2009 年 9 月 3 日至 5 日的一场风暴中,陡峭剖面出现了很大的陡坎,那里被侵蚀的泥沙没有向外海堆积,而是大部分沿着海岸移动,如第三幅图所示。采用离岸方向分辨率为 6～20 m、沿岸方向为 17～50 m 的曲线网格。应用观测到的水位和波况的时间序列,并使用系统默认的泥沙输运设置进行了为期三天的模拟。图4.10(b)、(d)所示为计算出的侵蚀和淤积。在观测和模拟结果中都出现了相当大的陡坎,只有小部分泥沙离岸淤积,大部分沿着海岸移动并淤积在两端。图 4.11KP4800 的横断面视图进一步说明了这一点，图中比较了观测的剖面变化与 2DH 和 1-D 的模拟结果。

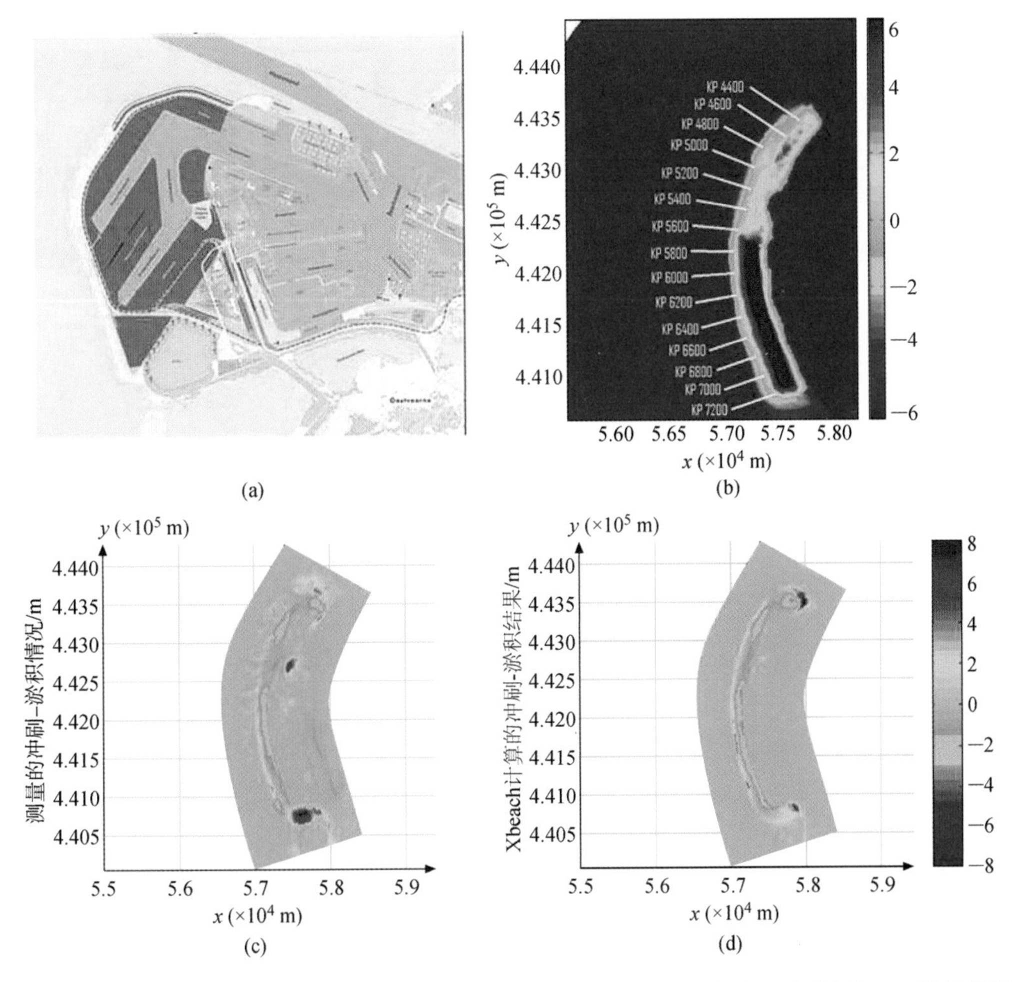

图 4.10　(a)新港口扩建的平面布局；(b)建设阶段的地形；(c)淤积/冲刷的测量结果；(d)计算结果

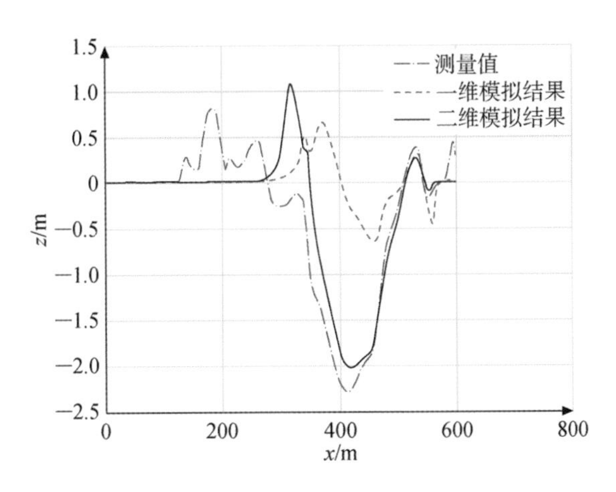

图 4.11　观测的剖面变化情况与 1-D 和 2-D 模拟结果的比较

这个案例清楚地表明将沿岸尺寸纳入风暴侵蚀模型的重要性。

该模型在 EU-MICORE 项目内进行了 9 个现场测试(见图 4.12)。每个现场都有独特的水深/地形和/或波浪/潮汐气候条件,有助于在广泛的环境条件中测试模型的物理现象。全部结果在文献[4.44]中给出。

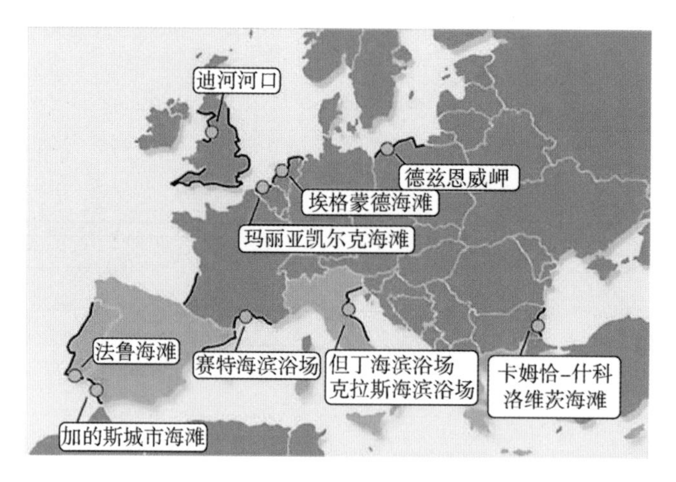

图 4.12　MICORE 现场测试点

上一节已经表明,基于过程的方法是可行的,模拟沙丘侵蚀和漫顶越流过程不再需要依靠经验或半经验方法。这种方法的巨大优势是通用性更好,经过完整的验证后,同样的模型概念可以应用到广泛变化的环境中(从北海沙质海岸到开敞海域的珊瑚礁环境)。

4.3.2　离岸破波沙坝周期模拟

大多数沙质海岸都有沙坝特征[4.45,46],会呈现出在时间尺度上从几天到数十年范围内的变化特性。这些特征与丁坝、离岸防波堤和养滩等工程措施有类似的长度和时间尺度,任何时候它们的状态都会影响其后的堤坝和沙丘的安全性。因此,揭示其生成、迁移和衰退背后的动力机制非常重要。文献[4.47]中给出了重要步骤,总结如下:

多沙坝系统往往呈现周期性的离岸方向的净迁移,其重现期为年的量级。通常,沙坝在近岸处生成,高度和宽度不断增加,同时向海迁移,最后在破波区海侧边缘衰减[4.48-51]。观测到的沙坝行为反映了横向运动主导沙坝变化,而不是海岸斜沙坝沿岸传播的结果[4.52]。这意味着横向水动力和输沙过程比沿岸过程作用更强。全球范围内沙坝变化周期约为 1 至 15 年[4.49]。离岸沙坝净迁移是在风平浪静期间平缓地向岸移动以及风暴期间突发的强烈向海移动的结果。然而,沿岸相关性并不意味着沿岸沙坝处于周期的同一相位。在某些位置例如外沙坝与内沙坝相接处可以观察到明显的迁移,这通常被称为“沙坝转换”。此外,沙坝位置和顶高程的沿岸微小变化也可能会导致周期内的部分时段内出现不同的形态响应。

Walstra 和 Ruessink[4.53]利用文献[4.17]中的标准化的验证方法探索了基于过程的离岸剖面模型(Unibest-TC)的适用性,后报了 1984 年到 1987 年间荷兰诺德韦克一个沙坝周期变化,之所以选择荷兰诺德韦克的多沙坝系统是因为它的沙坝周期相对较短,约为 3～4 年。

目前已有周期性大尺度海岸地貌演变的定量描述,但是在沙坝循环周期中不同地点间差异的潜在物理机理尚不清楚。其他研究如文献[4.49]和文献[4.52]发现了沙坝响应和环境参数之间的各种相关性，但这些相关性只能对所观察到的不同地点间差异的现象做出解释。接下来，我们总结了文献[4.47]利用波浪平均的横向过程模型[4.17]来研究沙坝周期内振幅的增长和衰减，以识别驱动这种瞬态沙坝振幅响应的主要机制。

1）沙坝振幅变化机制

为了确定沙坝振幅的增长和衰减与离岸波浪条件（波高、周期和波向）及离岸沙坝位置的相关性，结合一系列示范案例，对诺德韦克后报进行了详细的分析。最后，得出的主导沙坝振幅变化的过程与观测结果有关，以解释年际间净离岸沙坝迁移过程中瞬态沙坝振幅变化。

从3.4年模拟（见图4.13）中提取的dA_b/dt是确定沙坝何时增长和衰减的第一步，其与离岸和当地（即坝顶）波浪参数有关。图4.14显示相关系数显著但低于0.5。离岸波高和坝顶波高与dA_b/dt具有相似的相关性。有趣的是，相关系数符号“+”“—”号从沙坝1（最靠陆地）到沙坝4（最靠海）的变化。这体现了对类似波浪条件的相反响应，见图4.13。尤其是与沙坝3和沙坝4的沿岸表面应力$\tau_{sw,y}$的强相关性表明，沿岸作用力对破波区内沙坝的增长起重要作用。

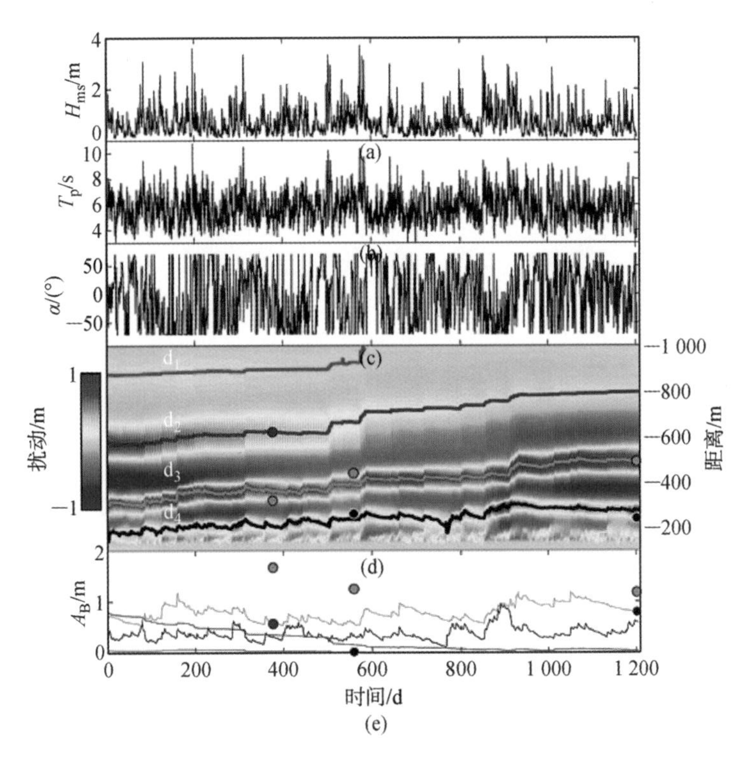

图4.13 （a）离岸均方根波高H_{rms}；（b）离岸最大波浪周期H_p；（c）离岸入射波角α；（d）预测的剖面扰动和坝顶位置示意的时间叠加；（e）预测的沙坝振幅A_b的时间序列

应用系统变化的一系列条件H_{rms}、T_p、α和η发现，沙坝仅在特定的波浪条件下增长，而波浪入射角度决定了特定的（H_{rms}、T_p、η）条件是否会导致沙坝增长或衰减（根据波浪入射角不同，相同的波高和周期或带来沙坝衰减或带来增长）。然而，愈靠岸边的沙坝增长率（dA_b/

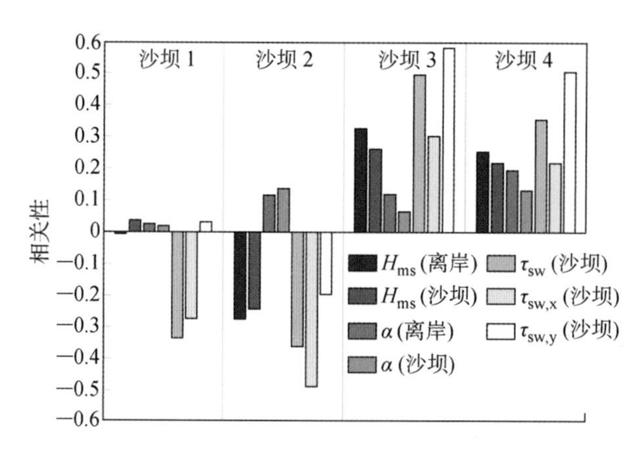

图 4.14　波浪参数与 dA_b/dt 之间的相关系数

$dt>0$)更加频繁,且明显高。这也解释了在后报模拟中瞬态沙坝的响应(沙坝 1 和 2 净衰减及沙坝 3 和 4 净增长)。

对模拟结果的详细评估表明,斜向入射波引起沿岸的波生流,通过增强泥沙扰动,影响海床切应力的大小,进而引起泥沙输运在垂直岸线方向上的分布。波浪破碎时,它们不会瞬间耗散能量,而是通过表面卷浪消散能量:这导致 τ_{sw} 向陆地移动。但是由于波浪引起底流,导致最大横向流的位置与坝顶位置重合,越坝横向流的局部分布对局部水深的变化格外敏感。相比之下,波浪引起的沿岸流直接源于 $\tau_{sw,y}$,因此分布非常相似,导致沿岸流同时向陆地方向移动[4.54,55]。对于斜向入射波,由于沿岸流通常远大于垂直岸线的水流,因此它支配含沙量在垂直岸线上的分布。如果沿岸流足够强,当沙坝向海上迁移时,离岸输运高峰向陆地移动,会增加沙坝的振幅。当沙坝向岸迁移时,沿岸流的存在导致槽内和坝坡向陆面的离岸输运增强。因此,对向岸沙坝迁移而言,入射波的角度和相关的沿岸流也非常重要,因为槽中的沙受到侵蚀并沉积在沙坝上,从而促进坝体生长和向岸迁移。

使用不同垂直岸线位置的沙坝剖面示意图进一步说明了沙坝响应的影响,从而改变了坝顶 h_{Xb} 处的水深(见图 4.15)。使用单一波浪条件($H_{rms}=1.7$ m;$T_p=8$ s)结合一定范围的入射波角度($\alpha=0°-70°$,$\Delta\alpha=2.5°$)分析初始沙坝振幅(dA_b/dt)和迁移(dX_b/dt)的响应。通过结合分析沙坝从增长($dA_b/dt>0$)到衰减($dA_b/dt<0$)(由图 4.16 中灰线所示)及向岸

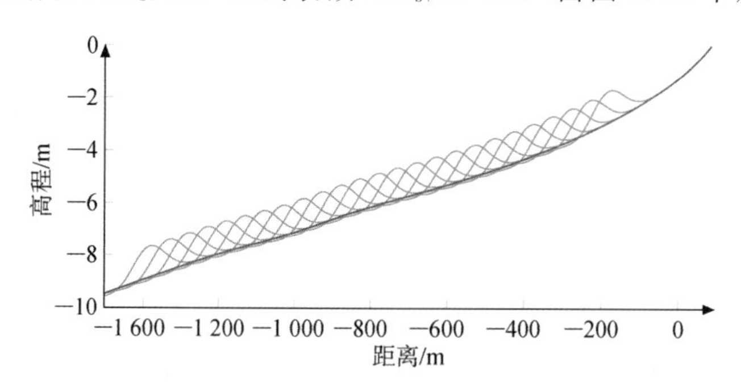

图 4.15　示意沙坝的平均剖面(黑线)和底部剖面(灰线)

($dX_b/dt>0$)到向海($dX_b/dt<0$)的转变(图 4.16 中黑线),明显看出无论沙坝响应怎样组合,沙坝向岸或向海移动与其振幅变化无关:相同的波浪条件下,沙坝向岸、向海迁移(记为L、S)和沙坝生长、衰减(记为 G、D,图 4.16)均可能发生。值得注意的是,水深较深时($h_{Xb}>$ 6 m)沙坝衰减但不再迁移。此外,向岸迁移速率通常低于离岸迁移速率,并伴随较低的生长速率。最大沙坝振幅变化(增长和衰减)出现在离岸迁移期间。

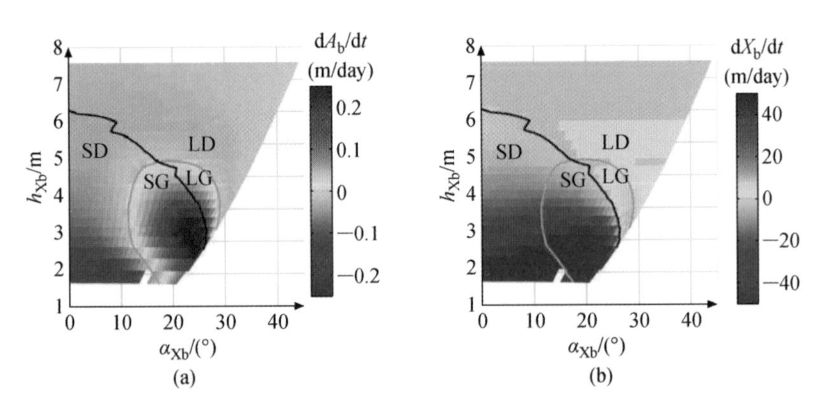

图 4.16　(a)预测的沙坝振幅变化和(b)沙坝迁移作为坝顶水深和波角的函数

注:黑线表示 $dX_b/dt=0$ 的等值线,灰线表示 $dA_b/dt=0$ 的等值线。标记的沙坝响应(SD=向海,衰减;SG=向海,增长;LD=向岸,衰减;LG=向岸,增长)。

2) **周期性沙坝行为解释**

沙坝顶部水深 h_{Xb} 和波浪入射角控制着沿岸流的产生。对于浅水沙坝,由于波浪在一定角度下破碎产生较强的沿岸流,因此沙坝振幅响应和 α 强烈密切相关。深水沙坝没有破碎波和相关的沿岸流,因此垂直岸线的水流对泥沙输运起支配作用,这导致泥沙输运峰值出现在坝顶位置,从而迫使深水处的沙坝振幅衰减。对沿岸流的强烈依赖也解释了在年际净输移期间观测到的瞬态沙坝振幅响应现象。对于较浅水域的沙坝来说,波浪破碎更为频繁,斜向入射波促使沙坝振幅净增长;而较深水域中的沙坝周围波浪破碎受限,导致沙坝振幅净衰减。后者通常是岸线附近新沙坝产生的开始,从而使沙坝周期循环往复。

本节所述的研究表明,即使假定沿岸一致性,大部分沙坝的横断面变化也可以用相对简单的物理原理来描述,其中底流、波浪不对称性和偏态、沿岸流和海床坡度影响是主要机制。由于这些过程可以很容易地在 2DH 或 3D 模型中实现,因此有理由乐观地认为,通过本研究提供的调试方法,这些模型将能够描述沙坝在非沿岸均匀形态下的各种变化。但是,这仍有待在实践中证明。

4.3.3　河口长期模拟

近年来,河口动力地貌模型在物理模型、解析、半经验或聚合法以及基于过程的数值模拟方面取得重大进展。以下章节旨在介绍基于过程的河口动力地貌模型研究的最新进展及案例。我们将用更现实的方法开展研究以区别于基础的方法。基础方法更加模式化,旨在培养对动力地貌系统长期演变或平衡条件的理解。现实方法致力于以数十年的工程时间尺度,在现实环境中进行动力地貌预测。

1）系统理解—概化法

在理想化一维作用条件下，通过潮汐作用基于过程的数值模型可用于研究纵向河口海床剖面的平衡条件[4.27,56-60]。包括水道—浅滩形态演变的理想化二维模型[4.4,26,61-64]展现了应用高度概化的潮汐动力，一个矩形港湾在几十年时间内由平坦沙质海床开始发展成稳定的水道—浅滩形态。纵向水深剖面的发展属于另一个更长的时间尺度，是由沿着港湾的潮汐不对称性引起的潮汐—余流泥沙输运造成的。类似的模拟测试[4.65,66]表明，由于空间切应力梯度连续变小，动力地貌演变导致动力地貌活动也减少。模型结果很好地比较了横断面面积(A)和纳潮量(P)[4.67]（见图 4.17）之间的经验关系。

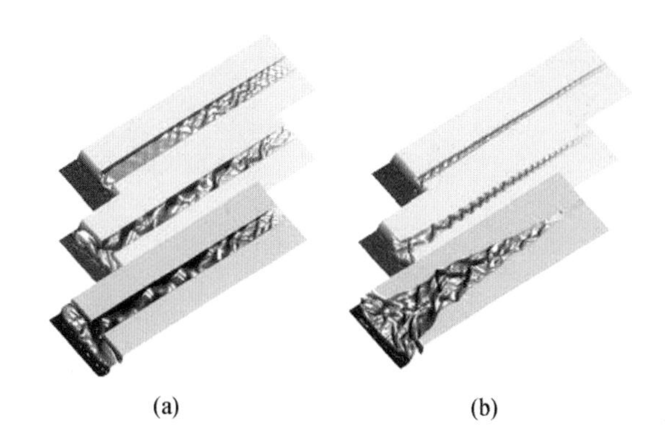

图 4.17　25 年，400 年和 3200 年后的地形图

(a) 固定岸滩（宽 2.5 km，长 80 km）　(b) 易受侵蚀的岸滩（初始宽度 0.5 km，长 80 km）

一旦在概化模拟方法中应用现实的平面形态，水流受限于河口几何形状的重要性就变得很清楚了。二维过程模型能够再现真实河口中观察到的真实形态模式[4.28,29,68,69]。Van der Wegen 等人[4.70]表明，通过施加 Western Scheldt 几何形状和主要潮汐作用力，模拟的水道—浅滩形态与测量的地形显著类似。系统的敏感性分析表明，包括外部倍潮、不同泥沙粒径、不同输沙公式，以及疏浚和倾倒活动等仅对水道—浅滩形态产生次要影响。这表明河口平面形态是河口形态发育和动力地貌发展的决定性因素。

鉴于高度概化的模型能够重现真实的水深地形，可以适合于长期变化的作用条件。文献[4.71，72]的作者研究了恒定作用条件下海平面上升对同一模型先前生成的地形影响。结果表明，在模型本身早期产生的稳定的水道—浅滩模式上，施加真实的海平面上升情景时，潮间带会慢慢消失。这种方法的优点是模型参数设置保持不变。在这种情况下，模拟结果将不会受到由于模型参数设置不佳或过程描述局限性造成形态改变的影响，如果以更为真实的设置，即将海平面上升施加到实际测量地形上，则可能会发生由于模型参数设置不佳或过程描述局限带来的影响。

2）真实条件—处理复杂性和不确定性

与高度概化的模型设置相比，更真实的模型将现有的且往往复杂的环境作为起点。政策制定者、决策者和工程师对短期的高精度预测感兴趣，因为大家迫切希望预测可能的动力地貌演变来限制不必要的开发，或者采取应对策略。相对于海平面上升等缓慢变化的作用带来的系统改变而言，河口人造工程对动力地貌的影响可能在相对较短（以 10 年计）的时期内表现明显。例如，Apostos 等人[4.73]和 Van der Wegen 以及 Jaffe[4.74]进行了过程模拟，以重现旧金山海湾的一个小湾——圣巴勃罗湾(San Pablo Bay)的动力地貌发展。一个独特的数据集描述了 150 年间变化，测量时间间隔是 30 年。它涵盖了由于上游水力采矿(1849 年至 1884 年之间)带来的大量泥沙供应和随后流域修建水库导致泥沙供应减少造成的净沉积和净侵蚀的时期。环境要求对盐淡水相互作用、泥沙不同组分、风浪和河流流动引起的边界条件变化进行三维模拟，需要建立一个高度复杂的模型。尽管涉及大量模拟过程和作用条件，但图 4.19 显示模拟结果与实测的动力地貌发展吻合极好。此外，在合理的范围内改变模型输入参数(即不确定的泥沙特征和作用条件)仅对模拟结果产生有限影响。圣巴勃罗湾的平面形态和水深似乎在很大程度上决定了侵蚀与沉积模式的演变。

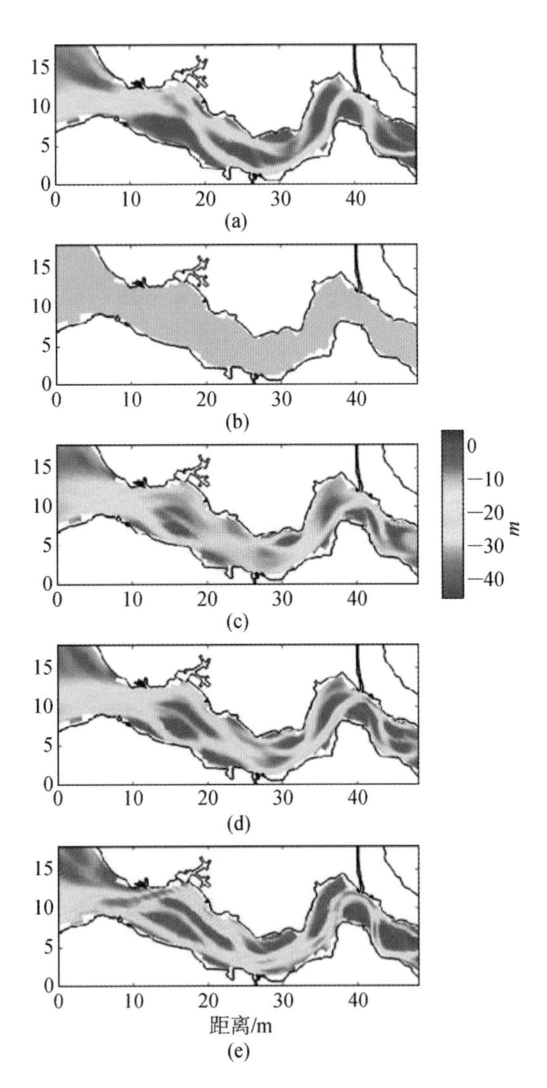

图 4.18 (a) 1998 年测量的水深；使用 Engelund-Hansen 泥沙输运公式的三维水动力模拟的海床发展；(b) 从最初的平面开始；(c) 15 年后的水深；(d) 30 年后的水深；(e) 200 年后的水深(Elsevier 提供)

过程模型已经发展为接近真实复杂性的有效模型。这些模型能给出详细的高精度结果，可以对过程和作用机制进行仔细分析。但是有两点需要注意：

• 模型计算中的大量过程也需要高质量的数据输入，测量很难完全满足。例如，收集有关底沙组成和 SSC(悬浮泥沙浓度)等边界条件的详细资料代价高昂，特别是涉及整个模型范围时。其他模型输入如扩散系数(随空间和时间变化)几乎无法测量。Van der Wegen 和 Roelvink[4.70]提出，当泥沙特征值在合理范围内变化时，模拟结果不会发生根本改变。

• 不确定的模型输入会导致不确定的模型结果。过程模型可以很好地描述真实情况，以证明一定程度的作用力概化或最佳估计模型输入是合理的。尽管如此，模型结果应该根据可能的发展方式来呈现，而不是作为优化模型的单一结果。Pinto 等人[4.75]给出了不同输沙公式带来不确定性的例子。Fortunato 等人[4.76]及 Van der Wegen 和 Jaffe[4.74]最早探索了在河口环境中对统计平均动力地貌预测评估的可能性。

• 从实测水深开始，模拟结果最初可能只呈现有限的模型设定下的发展情况，而不是重现真实发展。只有在数十年之后，水深才可能经充分调整模型参数设置得到可靠的预报。

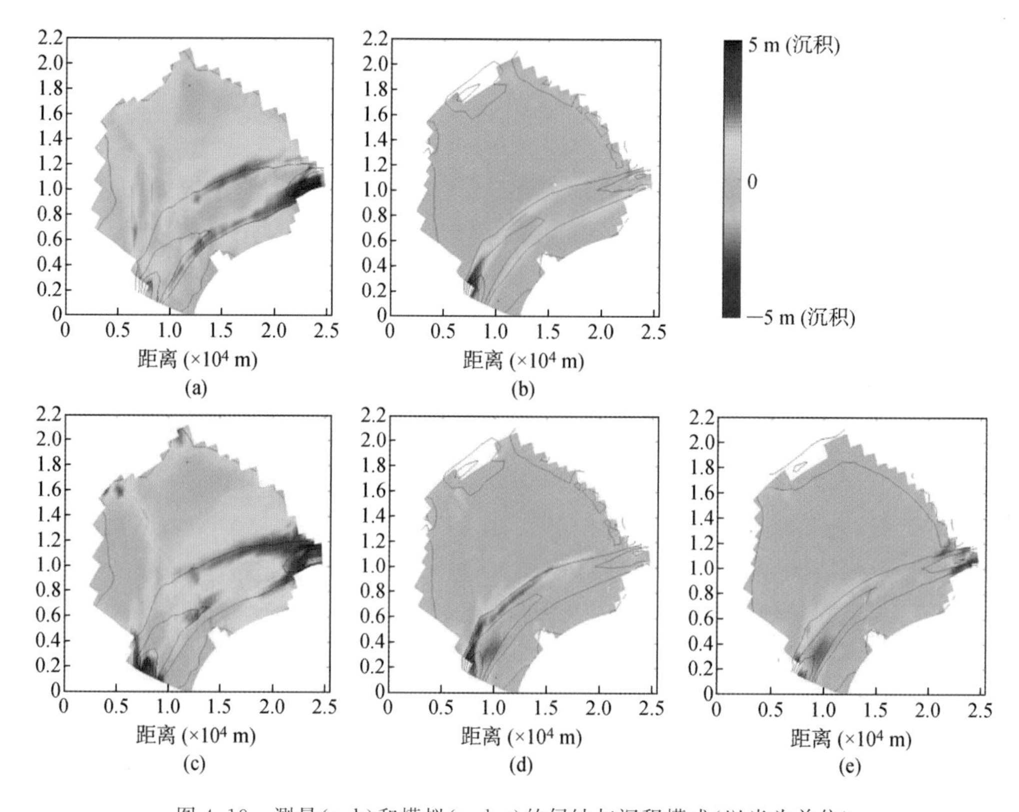

图 4.19　测量(a,b)和模拟(c,d,e)的侵蚀与沉积模式(以米为单位)

注:其中(a,c)1856 — 1887 年净沉积期(b,d)1951 — 1983 年净侵蚀期和(e)1983 — 2013 年预测期。沉积和侵蚀周期间模拟模式的差异主要由于向陆边界泥沙供应的减少(Elsevier 提供)。

区分是实际发展还是某一时期的一种动力地貌错误运行的影响很重要。Van der Wegen 等人[4.77]提出了一种限制动力地貌错误运行的方法,即让模型在河床高程更新之前给出模拟区域内的泥沙类别分布。通过这种方式,避免了由于模型区域泥沙初始类别分布不明确造成的动力地貌演变中不真实的峰值。

基于之前的讨论可以得出结论,动力地貌过程模型就如下而言已经逐步发展:可以进行稳定、长期的模拟,以趋近于合理的近平衡状态;这些模型足够稳健,可以在水平海床初始条件下产生形态;外部作用、地质条件或人为约束在很大程度上限定这个形态。

认为动力地貌模型在一段时间后会偏离方向、在长期预测中无用的经典假设,已被许多案例证明是错误的。相反,最近的研究表明,河口外形在很大程度上决定了动力地貌特征,而动力地貌模拟结果对模型输入参数设置的敏感度是有限的。

虽然很难给出正式证明,科学讨论仍在继续,但经验表明,如果满足以下条件,过程模型将计算得更好:

• 河口几何形态限制动力地貌的演变(几何形状与感兴趣的形态特征具有相似的长度尺度[4.70])。

• 扰动主导了其他次生过程(防波堤带来的冲刷坑,大量泥沙供给[4.78]或与河川径流相比主要潮汐作用的存在[4.70])。

• 要考虑更长的时间尺度(＞数十年)[4.78,80,81]；但需要进一步开展研究。在波浪主导的环境中,Fortunato 等人[4.76]认为不确定性随着时间而增加,而 Ruessink 和 Kuriyama[4.82]认为风暴决定可预测性。

通常情况下,河口的动力地貌变化比前面部分描述的海岸动力地貌变化要慢。主要原因可能是风区长度较短、水浅、避风环境使得波浪的作用相对有限。此外,河口的水道—浅滩模式由潮汐—余流泥沙输移发展而来,其程度比最大落潮、洪水或河流输沙约小一个数量级。因此,用于这些模型率定和验证的数据应该具有数十年或(并且最好是)更长的时间跨度。所以这样的案例研究非常罕见,而且往往局限于港口等人为影响较大的河口。

4.4　未来发展方向

4.4.1　集成模拟

动力地貌预测从来不是单次计算的结果。模拟实践表明需要对模型参数设置和模型性能进行大量测试,直到结果可信。进行测试有时是由模型缺陷或系统错误引起的,但更重要的原因是由于模型输入参数事先未知。

采用过程模拟存在以下不确定性:

(1) 模型本身的过程定义:泥沙输运公式是否合适？是否需要包含更多的过程？能使用地貌因子吗？

(2) 输入参数值:黏度/扩散系数的值应该是多少？诸如临界床面切应力或沉降速度等泥沙特征值是多少？沉积物该如何划分？

(3) 初始条件:海床中最初的沉积物成分是什么？水体中最初的 SSC 或盐度场是多少？

(4) 动力条件:是否有可能概化风候？可以应用地貌代表潮汐？极端事件的影响是什么？预期的海平面上升率是多少？

(5) 模型系统本身:模拟系统本身是否反映(确定性的)混沌还是对稍微不同的模型输入不敏感？

迄今为止,已有文献对动力地貌模型不确定性的系统分析关注还很少。Baart 等人[4.83]指出形态预测的置信区间是从天气(风和气压)到水动力(波浪和潮汐)以及最终动力地貌预测的一系列模型的不确定性传播的结果。Vreugdenhil[4.84]和 Pinto 等人[4.75]提供了与不同泥沙输运公式相关的不确定性的例子,而 Fortunato 等人[4.76]和 Ruessink 和 Kuriyama[4.82]探究了不确定性如何随着时间推移而发展。此外,Ruessink 和 Kuriyama[4.82]及 Van der Wegen 等人[4.79]表明动力地貌预测中的整体运行可以用来区分主导作用力和次要过程。

在未来的研究中,如何让动力地貌模型运行良好仍面临一系列挑战:为得到可信的预测结果,模型输入参数应达到怎样的要求？以及在不确定模型输入参数的情况下模型输出的质量如何？考虑了(未知)输入参数的系统变化以及根据概率范围呈现模拟结果的集成运行可能是探索不确定条件下模型质量的有效方式。

4.4.2　生物地貌学

近 20 年来,人们越来越认识到地貌过程和生物过程之间相互作用的重要性,生物地貌学这一新领域应运而生。沿海范围内，主要受到地貌过程和生物过程相互作用影响的地区有泥滩、盐沼、红树林、珊瑚礁和洪泛平原。河口海床的冲淤可能受到生物过程的影响。海床演变受底栖动植物的影响，也可能是关于生物过程(如生物膜的发展或生物群落的出现)的函数[4.85-87]。盐沼可能是植被覆盖主导流动模式和泥沙捕获率的最明显的例子。D'Alpaos 等人[4.88]和 Temmerman 等人[4.89]开展的过程模拟工作中包括植被对动力地貌的反馈过程。通过这种方式，盐沼动力及其对水道——浅滩动力地貌的反馈才能被纳入模型中。

生物膜或植物根系可能会稳固海床，而表层食泥生物在摄食过程中会使上部海床失稳。所有这些过程都可能是关于时间的函数，因此几个月、几个季节甚至几十年内都会发生很大变化。

目前，Delft3D 和 SWAN 等模型有许多算法描述了植被对消波、水流阻力和拦截泥沙的影响，文献[4.90]使用了通用植被演替公式，为探索这些复杂的相互作用提供了工具。

4.4.3 沙丘模拟

风沙输移模型可以作为水动力模型的一个有益补充，用来描述陆地和水之间的长期相互作用。文献[4.91]给出了风沙输移模型[4.92,93]作为海岸养护和沙丘演变工具的应用。该模型最初用于描述典型沙漠沙丘的重要特征和动力特征，为适用于沙滩和海岸养护进行了一些修改。随着大规模人工养滩活动的增加，需要考虑自然沙丘生长过程的恢复以及预测这些养滩的长期演变，因此风沙输移模型有望成为一个重要的研究方向。

4.4.4 珊瑚礁

珊瑚礁在保护和构建海岸环境方面所起的作用受到越来越多的关注。珊瑚礁不同于其他硬质保护结构之处在于它们非常粗糙，因此能够非常有效地消散波浪能；它们也会产生泥沙，从而在健康状态下与海平面一起上升。近 10 年来，珊瑚礁系统的水动力学模型日益受到关注；文献[4.94]对长重力波对该系统的重要性和模拟进行了全面回顾并提出新见解。今后几年需要更加重视珊瑚礁如何保护岛屿和低洼海岸社区以适应气候变化和海平面上升这一重要问题，参见文献[4.95]。

4.4.5 地层模型

动力地貌模型能够重现真实的形态模式。如果考虑不同沉积物类型并增加海床成分管理模型，它们也能够重现海床的分层。根据水体的水动力条件和泥沙供给变化，细沙沉积层会与粗沙层交换。长期(约数百年至数千年)的模拟能够再现地层特征，如水库或河流三角洲的地层特征[4.96,97]。

这些信息对地质学家特别有用。动力地貌模型提供了一个工具用以解释什么过程可能导致所观察到的地层特征。地层模型也可以反过来使用，一旦获悉某一区域的主要水动力条件，地层模型就可以再现地层特征和渗透参数。这些数据对研究地下水流动或更好地确定油井钻孔位置非常重要。

4.4.6 海啸沉积的地貌模型

为获得海啸的频率和强度数据，有大量关于历史海啸沉积的研究。文献[4.98]提出了一个简单的模型将海啸的流速与海啸的沉积联系起来；Goto 和 Imamura[4.99]探讨了能够模拟海啸期间泥沙和大卵石输运的数值模型的需求；文献[4.100]利用 Delft3D 模型对 2004 年印度洋海啸进行了详细的动力地貌模拟，并考虑了植被的阻尼效果；同一系统也用在了不同垂直海岸剖面的流态、湍流、泥沙浓度和侵蚀/沉积的扩展 2DV 分析中[4.73]。关于班达亚齐(Bandar Aceh)海啸的大量后报研究中，Li 等人[4.101]应用嵌套模型的双向耦合系统来模拟海啸波的产生和向关注区域的传播；对于形态变化很重要的地方用精细网格，他们将 XBeach 模型嵌入自己的 COMCOT-SED 系统中。结果发现文中提出的模型能够模拟大范围内的极端海啸事件(海啸波高度在 30 m 量级)，可以对海啸沉积物厚度进行定量模拟，因此，不断发展的海啸泥沙输运模型可能成为帮助海啸地质学家了解海啸沉积物的一种有前景的工具。

4.5　术语一览

α—波角[rad]

b—输运关系中的速度系数[-]

c_{bed}—海床速度 [m=s]

$\mathrm{d}A_{\mathrm{b}}/\mathrm{d}t$—初始沙坝幅度[m/s]

$\mathrm{d}X_{\mathrm{b}}/\mathrm{d}t$—沙坝迁移[m/s]

ε—海床孔隙度[-]

h—水深[m]

$h_{X_{\mathrm{b}}}$—沙坝顶部水深[m]

q_x，q_y—泥沙输运的水平分量[m^3/m/s]

S—总沿岸输运[m^3/s]

s—沿岸输运系数[m^3/s/rad]

z_{b}—海底垂直位置[m]

参考文献

4.1　J. van de Graaff: Dune erosion during a storm surge, Coast. Eng. 1(0), 99-134 (1977)

4.2　R. Pelnard-Considere: Essai de theorie de l'Evolution des Formes de Rivages en Plage de Sable et de Galets, Les Energies de la Mer: Compte Rendu Des Quatriemes Journees de L'hydraulique, Paris Question Ⅲ, Rapport No. 1, 1956) pp. 289-298, french

4.3　A. Ashton, A. B. Murray, O. Arnoult: Formation of coastline features by large-scale instabilities induced by high-angle waves, Nature 414(6861), 296-300 (2001)

4.4　H. M. Schuttelaars, H. E. de Swart: Initial formation of channels and shoals in a short tidal embayment, J. Fluid Mech. 386, 15-42 (1999)

4.5　S. J. M. Hulscher, G. M. van den Brink: Comparison between predicted and observed sand waves and sand banks in the North Sea, J. Geophys. Res. 106(C5), 9327-9338 (2001)

4.6 P. Vellinga: Beach and dune erosion during storm surges, Coast. Eng. 6(4), 361-387 (1982)

4.7 M. Larson, N.C. Kraus, M.R. Bymes: SBEACH: Numerical Model for Simulating Storm-Induced Beach Change, Report 2: Numerical Formulation and Model Tests, Tech. Rep. CERC-89-9 (US Army Engineer Waterways Experiment Station, Coastal Engineering Research Center, Vicksburg 1990)

4.8 W.D. Eysink, E.J. Biegel: ISOS * 2 Project: Impact of Sea Level Rise on the Morphology of the Wadden Sea in the Scope of its Ecological Function, Phase 2 (Delft Hydraulics, Delft 1992)

4.9 M.J.F. Stive, Z.B. Wang: Morphodynamic modeling of tidal basins and coastal inlets. In: Advances in Coastal Modeling, ed. by V.C. Lakhan (Elsevier, Amsterdam 2003) pp. 367-392

4.10 D. Roelvink, A. Reniers: A Guide to Modeling Coastal Morphology, Advances in Coastal and Ocean Engineering, Vol. 12 (World Scientific, Singapore 2011) p. 292

4.11 M. Szmytkiewicz, J. Biegowski, L.M. Kaczmarek, T. Okrój, R. Ostrowski, Z. Pruszak, G. Rózyńsky, M. Skaja: Coastline changes nearby harbour structures: Comparative analysis of one-line models versus field data, Coast. Eng. 40(2), 119-139(2000)

4.12 R.G. Dean: Beach nourishment: Design principles, Proc. 23rd Int. Conf. Coast. Eng. (1992) pp. 301-349

4.13 M.C. Buijsman, P. Ruggiero, G.M. Kaminsky: Sensitivity of shoreline change predictions to wave climate variability along the southwest Washington coast, USA, Proc. Conf. Coast. Dyn. (2001) pp. 617-626

4.14 A. Ashton, B. Murray: High-angle wave instability and emergent shoreline shapes: 1. Modeling of sand waves, flying spits, and capes, J. Geophys. Res. 111, F04011 (2006)

4.15 J.A. Roelvink, I. Broker: Coastal profile models, Coast. Eng. 21, 163-191 (1993)

4.16 J.A. Roelvink, T.J.G.P. Meijer, K. Houwman, R. Bakker, R. Spanhoff: Field validation and application of a coastal profile model, Proc. Coast. Dyn. (1995) pp. 818-828

4.17 B.G. Ruessink, Y. Kuriyama, A.J.H.M. Reniers, J.A. Roelvink, D.J.R. Walstra: Modeling crossshore sandbar behavior on the timescale of weeks, J. Geophys. Res. 112(F3), F03010 (2007)

4.18 N. Booij, R.C. Ris, L.H. Holthuijsen: A thirdgeneration wave model for coastal regions - 1. Model description and validation, J. Geophys. Res. 104(C4), 7649-7666 (1999)

4.19 R.C. Ris, L.H. Holthuijsen, N. Booij: A third-generation wave model for coastal

regions - 2. Verification,J. Geophys. Res. 104(C4), 7667-7681 (1999)
4.20 G. R. Lesser, J. A. Roelvink, J. A. T. M. van Kester,G. S. Stelling: Development and validation of a three-dimensional morphological model,Coast. Eng. 51(8-9), 883-915 (2004)
4.21 R. Ranasinghe, C. Pattiaratchi, G. Masselink:A morphodynamic model to simulate the seasonal closure of tidal inlets, Coast. Eng. 37(1), 1-36(1999)
4.22 A. J. H. M. Reniers, J. A. Roelvink, E. B. Thornton:Morphodynamic modeling of an embayed beach under wave group forcing, J. Geophys. Res. 109(C1), 10.1029/2002JC001586 (2004)
4.23 M. W. J. Smit, A. J. H. M. Reniers, B. G. Ruessink,J. A. Roelvink: The morphological response of a nearshore double sandbar system to constant wave forcing, Coast. Eng. 55(10), 761-770(2008)
4.24 R. Ranasinghe, G. Symonds, K. Black, R. Holman:Morphodynamics of intermediate beaches:A video imaging and numerical modelling study,Coast. Eng. 51, 629-655 (2004)
4.25 Z. B. Wang, C. T. Louters, H. J. De Vriend: Morphodynamicmodelling for a tidal inlet in the Wadden Sea, Mar. Geol. 126, 289-300 (1995)
4.26 A. Hibma, H. J. de Vriend, M. J. F. Stive: Numerical modelling of shoal pattern formation in wellmixed elongated estuaries, Estuar. Coast. Shelf Sci. 57(5/6), 981-991 (2003)
4.27 M. van der Wegen, J. A. Roelvink: Long-term morphodynamic evolution of a tidal embayment using a two-dimensional, process-based model, J. Geophys. Res. 113 (C3), C03016 (2008)
4.28 A. Dastgheib, J. A. Roelvink, Z. B. Wang: Longterm process-based morphological modeling of the Marsdiep Tidal Basin, Mar. Geol. 256(1-4),90-100 (2008)
4.29 D. M. P. K. Dissanayake, J. A. Roelvink, M. van der Wegen: Modelled channel patterns in a schematized tidal inlet, Coast. Eng. 56(11-12), 1069-1083(2009)
4.30 H. J. de Vriend, M. Capobianco, T. Chesher, H. E. de Swart, B. Latteux, M. J. F. Stive: Approaches to long-term modelling of coastal morphology: A review, Coast. Eng. 21(1-3), 225-269 (1993)
4.31 B. Latteux: Techniques for long-term morphological simulation under tidal action, Mar. Geol. 126(1-4), 129-141 (1995)
4.32 J. A. Roelvink: Coastal morphodynamic evolution techniques, Coast. Eng. 53(2-3), 277-287 (2006)
4.33 R. Ranasinghe, C. Swinkels, A. Luijendijk,D. Roelvink, J. Bosboom, M. Stive, D. J. R. Walstra:Morphodynamic upscaling with the MORFAC approach: Dependencies and sensitivities, Coast. Eng. 58(8), 806-811 (2011)
4.34 A. Dastgheib: Long-Term Process-Based Morphological Modelling of Large Tidal Basins, Ph. D. Thesis (UNESCO-IHE/Delft University of technology,Delft 2012)

4.35 D. J. R. Walstra, R. Hoekstra, P. K. Tonnon, B. G. Ruessink: Input reduction for long-term morphodynamic simulations in wave-dominated coastal settings, Coast. Eng. 77, 57-70 (2013)
4.36 G. R. Lesser: An Approach to Medium-Term Coastal Morphological Modelling, Ph. D. Thesis (Delft Univ. of Technology, Delft 2009)
4.37 A. Sallenger: Storm impact scale for barrier islands, J. Coast. Res. 16(3), 890-895 (2000)
4.38 P. Vellinga: Beach and Dune Erosion During Storm Surges, Ph. D. Thesis (Delft University of Technology, Delft 1986)
4.39 H. J. Steetzel: Cross-shore transport during storm surges, Proc. 22nd Int. Conf. Coastal Eng. (1990)pp. 1922-1934
4.40 D. Roelvink, A. Reniers, A. van Dongeren, J. van Thiel de Vries, R. McCall, J. Lescinski: Modelling storm impacts on beaches, dunes and barrier islands, Coast. Eng. 56(11-12), 1133-1152 (2009)
4.41 A. S. Arcilla, J. A. Roelvink, B. A. O'Connor, A. Reniers, J. A. Jimenez: The delta flume'93 experiment, Proc. Coast. Dyn. (1994) (1994), pp. 488-502-1061
4.42 R. T. McCall, J. S. M. V. de Vries, N. G. Plant, A. R. Van Dongeren, J. A. Roelvink, D. M. Thompson, A. J. H. M. Reniers: Two-dimensional time dependent hurricane overwash and erosion modeling at Santa Rosa Island, Coast. Eng. 57(7), 668-683 (2010)
4.43 D. Roelvink, G. Stelling, B. Hoonhout, J. Risandi, W. Jacobs, D. Merli: Development and field validation of a 2dh curvilinear storm impact model, 33rd Int. Conf. Coast. Eng. (ICCE) (2012)
4.44 J. van Thiel de Vries, A. van Dongeren: Validation of Dune Impact Models Using European Field Data(Deltares, Delft 2011)
4.45 L. D. Wright, A. D. Short: Morphodynamic variability of surf zones and beaches: A synthesis, Mar. Geol. 56(1-4), 93-118 (1984)
4.46 T. C. Lippmann, R. A. Holman: Quantification of sand bar morphology: A video technique based on wave dispersion, J. Geophys. Res. 94, 995-1011(1989)
4.47 D. J. R. Walstra, A. J. H. M. Reniers, R. Ranasinghe, J. A. Roelvink, B. G. Ruessink: On bar growth and decay during interannual net offshore migration, Coast. Eng. 60, 190-200 (2012)
4.48 K. M. Wijnberg, J. H. J. Terwindt: Extracting decadal morphological behaviour from high-resolution, long-term bathymetric surveys along the Holland coast using eigenfunction analysis, Mar. Geol. 126(1-4), 301-330 (1995)
4.49 R. D. Shand, D. G. Bailey, M. J. Shepherd: An inter-site comparison of net offshore bar migration characteristics and environmental conditions, J. Coast. Res. 15 (3), 750-765 (1999)
4.50 Y. Kuriyama: Medium-term bar behavior and associated sediment transport at

Hasaki, Japan, J. Geophys. Res. 107(9), 15-1-15-12 (2002)

4.51 B.G. Ruessink, A. Kroon: The behaviour of a multiple bar system in the nearshore zone of Terschelling, the Netherlands: 1965-1993, Mar. Geol. 121(3-4), 187-197 (1994)

4.52 B.G. Ruessink, K.M. Wijnberg, R.A. Holman, Y. Kuriyama, I.M.J. van Enckevort: Intersite comparison of interannual nearshore bar behavior, J. Geophys. Res. 108(8), 5-1-5-12 (2003)

4.53 D.J. Walstra, B.G. Ruessink: Process-based modeling of cyclic bar behavior on yearly scales, Proc. Coast. Dyn. (2009)

4.54 A.J.H.M. Reniers, J.A. Battjes: A laboratory study of longshore currents over barred and nonbarred beaches, Coast. Eng. 30(1-2), 1-21 (1997)

4.55 B.G. Ruessink, J. Miles, F. Feddersen, R. Guza, S. Elgar: Modeling the alongshore current on barred beaches, J. Geophys. Res. C: Oceans 106(C10), 22451-22463 (2001)

4.56 A.R. van Dongeren, H.J. de Vriend: A model of morphological behaviour of tidal basins, Coast. Eng. 22(3-4), 287-310 (1994)

4.57 H.M. Schuttelaars, H.E. de Swart: An idealized long term morphodynamic model of a tidal embayment, Eur. J. Mech. B/Fluids 15(1), 55-80(1996)

4.58 H.M. Schuttelaars, H.E. de Swart: Multiple morphodynamic equilibria in tidal embayments, J. Geophys. Res. 105(C10), 24105-24118 (2000)

4.59 S. Lanzoni, G. Seminara: Long-termevolution and morphodynamic equilibrium of tidal channels, J. Geophys. Res. 107(C1), 3001 (2002)

4.60 I. Todeschini, M. Toffolon, M. Tubino: Long-term morphological evolution of funnel-shape tidedominated estuaries, J. Geophys. Res. 113(C5), C05005 (2008)

4.61 G. Seminara, M. Tubino: Sand bars in tidal channels. Part 1. Free bars, J. Fluid Mech. 440, 49-74(2001)

4.62 G.P. Schramkowski, H.M. Schuttelaars, H.E. de Swart: The effect of geometry and bottom friction on local bed forms in a tidal embayment, Cont. Shelf Res. 22 (11-13), 1821-1833 (2002)

4.63 G.P. Schramkowski, H.M. Schuttelaars, H.E. de Swart: Non-linear channel-shoal dynamics in long tidal embayments, Ocean Dyn. 54(3/4), 399-407 (2004)

4.64 M. ter Brake, H.M. Schuttelaars: Channel and shoal development in a short tidal embayment: An idealized model study, J. Fluid Mech. 677, 503-529 (2011)

4.65 M. Van der Wegen, Z.B. Wang, H.H.G. Savenije, J.A. Roelvink: Long-term morphodynamic evolution and energy dissipation in a coastal plain, tidal embayment, J. Geophys. Res. 113, F03001(2008)

4.66 M. van der Wegen, Z.B. Wang, I.H. Townend, H.H.G. Savenije, J.A. Roelvink: Long-term, morphodynamic modeling of equilibrium in an alluvial tidal basin using a process-based approach, River Coast. Estuar. Morphodynamics, RCEM

2009(2010)
4.67 M. van der Wegen, A. Dastgheib, J. A. Roelvink: Morphodynamic modeling of tidal channel evolution in comparison to empirical PA relationship, Coast. Eng. 57(9), 827-837 (2010)
4.68 F. Cayocca: Long-term morphologicalmodeling of a tidal inlet: the Arcachon Basin, France, Coast. Eng. 42(2), 115-142 (2001)
4.69 R. Marciano, Z. B. Wang, A. Hibma, H. J. de Vriend, A. Defina: Modeling of channel patterns in short tidal basins, J. Geophys. Res. 110(F1), F01001 (2005)
4.70 M. van der Wegen, J. A. Roelvink: Reproduction of estuarine bathymetry by means of a processbased model: Western Scheldt case study, the Netherlands, Geomorphology 179, 152-167 (2012)
4.71 D. M. P. K. Dissanayake, R. Ranasinghe, J. A. Roelvink: The morphological response of large tidal inlet/basin systems to relative sea level rise, Clim. Change 113 (2), 253-276 (2012)
4.72 M. van der Wegen: Numerical modeling of the impact of sea level rise on tidal basin morphodynamics, J. Geophys. Res. Earth Surf. 118(2), 447-460 (2013)
4.73 A. G. Apostos, G. Gelfenbaum, B. Jaffe: Process-based modeling of tsunami inundation and sediment transport, J. Geophys. Res. 116(F1), 10.1029/2010JF001797 (2011)
4.74 M. Van der Wegen, B. E. Jaffe: Towards a probabilistic assessment of process-based, morphodynamic models, Coast. Eng. 75, 52-63 (2013)
4.75 L. Pinto, A. B. Fortunato, P. Freire: Sensitivity analysis of non-cohesive sediment transport formulae, Cont. Shelf Res. 26(15), 1826-1839 (2006)
4.76 A. B. Fortunato, X. Bertin, A. Oliveira: Space and time variability of uncertainty in morphodynamic simulations, Coast. Eng. 56(8), 886-894 (2009)
4.77 M. van der Wegen, A. Dastgheib, B. Jaffe, D. Roelvink: Bed composition generation formorphodynamic modeling: Case study of San Pablo Bay in California, USA, Ocean Dyn. 61(2-3), 173-186(2011)
4.78 N. K. Ganju, D. H. Schoellhamer, B. E. Jaffe: Hindcasting of decadal-timescale estuarine bathymetric change with a tidal-timescale model, J. Geophys. Res. 114 (F4), F04019 (2009)
4.79 M. Van der Wegen, B. E. Jaffe, J. A. Roelvink: Process-based, morphodynamic hindcast of decadal deposition patterns in San Pablo Bay, California, 1856-1887, J. Geophys. Res. 116(F2), 10.1029/2009JF001614 (2011)
4.80 N. Ganju, D. Schoellhamer: Decadal-timescale estuarine geomorphic change under future scenarios of climate and sediment supply, Estuar. Coasts 33(1), 15-29 (2010)
4.81 M. Van der Wegen: Modeling Morphodynamic Evolution in Alluvial Estuaries, Ph. D. Thesis (Delft Univ. of Technology, Delft 2010)
4.82 B. G. Ruessink, Y. Kuriyama: Numerical predictability experiments of cross-shore

sandbar migration, Geophys. Res. Lett. 35(1), L01603 (2008)
4.83 F. Baart, P. H. A. J. M. Van Gelder, M. Van Koningsveld: Confidence in real-time forecasting of morphological storm impacts, J. Coast. Res. 64, 1835-1839 (2011)
4.84 C. B. Vreugdenhil: Appropriate models and uncertainties, Coast. Eng. 53(2-3), 303-310 (2006)
4.85 A. R. M. Nowell, P. A. Jumars, J. E. Eckman: Effects of biological activity on the entrainment of marine sediments, Mar. Geol. 42, 133-153 (1981)
4.86 S. Temmerman, T. J. Bouma, J. Van de Koppel, D. Van der Wal, M. B. De Vries, P. M. J. Herman: Vegetation causes channel erosion in a tidal landscape, Geology 35(7), 631-634 (2007)
4.87 B. W. Borsje, M. B. de Vries, S. J. M. H. Hulscher, G. J. de Boer: Modeling large-scale cohesive sediment transport affected by small-scale biologicalactivity, Estuar. Coast. Shelf Sci. 78(3), 468-480(2008)
4.88 A. D'Alpaos, S. Lanzoni, M. Marani, A. Rinaldo: Landscape evolution in tidal embayments: Modeling the interplay of erosion, sedimentation, and vegetation dynamics, J. Geophys. Res. 112(F1), F01008 (2007)
4.89 S. Temmerman, T. J. Bouma, J. Van de Koppel, D. Van der Wal, M. B. De Vries, P. M. J. Herman: Impact of vegetation on flow routing and sedimentation patterns: Three-dimensional modeling for a tidal marsh, J. Geophys. Res. 110 (F4), F04019 (2005)
4.90 Q. Ye: An Approach Towards Generic Coastal GeomorphologicalModelling with Applications, Ph. D. Thesis (UNESCO-IHE and TU Delft, Delft 2012)
4.91 M. Muller, D. Roelvink, S. de Vries, A. Luijendijk, J. van Thiel de Vries: Process-based modeling of coastal dune development, ASCE Int. Conf. Coast. Eng., Santander (2012)
4.92 G. Sauermann, K. Kroy, H. J. Herrmann: Continuum saltation model for sand dunes, Phys. Rev. E 64(3), 031305 (2001)
4.93 K. Kroy, G. Sauermann, H. J. Herrmann: Minimal model for aeolian sand dunes, Phys. Rev. E 66(3), 031302 (2002)
4.94 A. Van Dongeren, R. Lowe, A. Pomeroy, D. M. Trang, D. Roelvink, G. Symonds, R. Ranasinghe: Numerical modeling of low-frequency wave dynamics over a fringing coral reef, Coast. Eng. 73(0), 178-190 (2013)
4.95 C. T. Perry, P. S. Kench, S. G. Smithers, B. Riegl, H. Yamano, M. J. O'Leary: Implications of reef ecosystem change for the stability and maintenance of coral reef islands, Glob. Change Biol. 17(12), 3679-3696 (2011)
4.96 N. Geleynse, J. E. A. Storms, M. J. F. Stive, H. R. A. Ja gers, D. J. R. Walstra: Modeling of a mixed-load fluvio-deltaic system, Geophys. Res. Lett. 37(5), L05402 (2010)
4.97 N. Geleynse, J. E. A. Storms, D. R. Walstra, H. R. A. Jagers, Z. B. Wang, M. J.

F. Stive: Controls on river delta formation; insights from numerical modelling, Earth Planet. Sci. Lett. 302(1-2), 217-226 (2011)

4.98 B. E. Jaffe, G. Gelfenbuam: A simple model for calculating tsunami flow speed from tsunami deposits, Sediment. Geol. 200(3-4), 347-361 (2007)

4.99 K. Goto, F. Imamura: Numerical models for sediment transport by tsunamis, Quat. Res. (Daiyonki-Kenkyo) 46, 463-475 (2007)

4.100 G. Gelfenbaum, D. Vatvani, B. Jaffe, F. Dekker: Tsunami inundation and sediment transport in vicinity of coastal mangrove forest, Coastal Sediments (2007) (2007) pp. 1117-114

4.101 L. Li, Q. Qiu, Z. Huang: Numerical modeling of the morphological change in Lhok Nga, west Banda Aceh, during the 2004 Indian Ocean tsunami: Understanding tsunami deposits using a forward modeling method, Nat. Hazards 64(2), 1549-1574 (2012)

第5章　人工养滩

Robert G. Dean, Thomas J. Campbell

尽管人工养滩是一项相对年轻的技术，但一些重大工程已经实施了80年，且有充分的监测数据，因而有足够的信心为设计和效果预测提供依据。在稳固海岸线的各种方法中，人工养滩在解决匮沙问题上有独到之处，并具有恢复天然海滩休闲娱乐、风暴防护和生态功能的能力。人工养滩中投放沙的质量和数量是有效发挥作用的关键。本章对设计和效果预测方法进行了回顾，包括Pelnard Considèon分析法，该方法提供了各种设计参数之间的相互关系，也是一种优秀的教学工具，既有助于理解这些参数关系还可指导日趋复杂的细分方法。传统工程是指那些在多年前得到养护的海滩，现在几乎很少需要维护，已经被记录在案表明其性能发挥良好，并且通常不被当成是人造海滩。本章将详细回顾其中两个传统工程，以及其他几个成效出色的工程。未来人工养滩面临的挑战包括：能源成本上涨、环境问题、公众认知度和沙源有限。

沿着海岸线投放大量优质沙使岸线向海推进是一项相当年轻的技术。除了一些早期有机会从建造工程中取沙用沙的工程外，美国的第一个大规模设计的养滩工程开始于20世纪70年代中期。早期工程对设计背景、法规及环境影响等方面关注较少。然而，其中一些工程今天仍在运行且维护相对较少，居民和游客一般意识不到它们是人工养护的海滩。其中两个传统工程将在本章稍后部分详述。

人工养滩可以直接在海滩上开展，也可将沙置于水下滩肩与海岸之间，目的是使这种水下沙堆向海岸移动，拓宽干滩。该做法的另一个设计目标是减弱海浪、稳固海滩(见图5.1)。

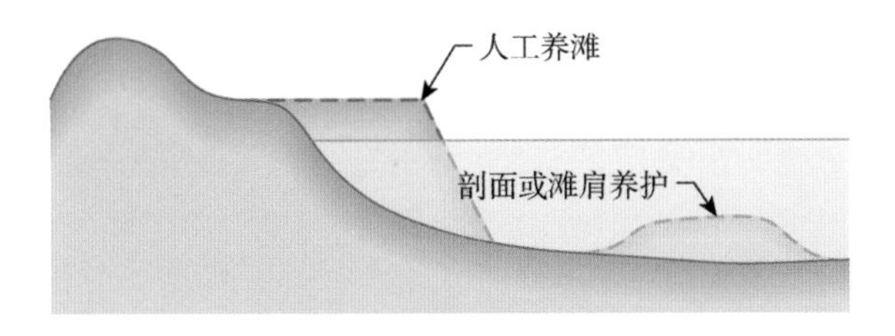

图5.1　海滩及剖面养护

人工养滩的替代方案通常为硬质结构，包括丁坝、海堤和离岸式防波堤。沙丘植被的种植和稳定对抵抗风蚀和固定风吹沙有效，但对水流侵蚀的作用较小。虽然修筑结构物可有效地固岸聚沙，但通常以牺牲邻近海滩为代价。在某些情况下，结构物可以与人工养滩工程结合使用，从而延长工程寿命。目前已经提出了一些成本较低的"创新"方法，部分已经在实验基地上安装和监测；然而，根据我们的经验，它们都不成功，包括人工海草、海滩排水系统、垂直海岸线的拦沙网等，本章不再赘述。

篇幅有限，更多信息请参阅《美国陆军工程师兵团海岸工程手册》、期刊及包括国际海岸工程会议(ICCE)在内的会议论文集。

5.1 人工养滩与其他方法相比的优势

养滩是稳固岸线一个有吸引力的替代方案，原因很多。通过投放优质沙，经过相对短暂的调整后，海滩呈现天然沙滩外观并发挥天然沙滩的作用，恢复了自然休闲和环境功能。较宽的沙滩还可有效缓冲风暴潮和海浪，通常还会大幅提高附近房产的价值。

人工养滩通常是为了将受侵蚀的沙滩恢复到较早的状态。沙滩侵蚀的原因可以是自然的或人为的或二者皆有。最普遍和最持续的自然原因是海平面上升，根据布伦规则(Bruun Rule)[5.1]，岸线后退速度是海平面上升速度的 50～100 倍。按照 20 世纪全球海平面每年 1.7 mm 的平均上升速度计算，岸线后退约为 8.5～17 cm/a，数量并不大，许多地区完全可以采用人工养滩这种经济的方法进行抵消。通常，需要养护的地区遭受侵蚀的速率快得多，这往往是由于人类活动影响近岸系统，特别是干扰了沿岸输沙。示例稍后提供。

适合人工养护的侵蚀沙滩的一般特征包括相对较小的侵蚀率、内陆高地财产价值大以及待养护海岸附近具有大量合适的泥沙。较小的侵蚀率确保沙滩系统在投入合理数量的沙和资金的情况下能恢复到以前的理想状态。

5.2 人工养滩的运沙方法

向沙滩输沙通常通过疏浚完成；然而，相对少数的较大型工程(数十万立方米左右)采用卡车运输。适合采用疏浚的条件是对正常交通和沙滩活动干扰最小。由于一些工程需沙量巨大，卡车运输会干扰正常交通且损毁路面。以 100 万立方米的养滩工程为例，每趟运输约 20 m^3 的大型自卸卡车需要跑 50 000 趟。如果天气状况好，一艘大型疏浚船每天可输送高达 40 000 m^3 沙，因此留出维护、因天气不佳而停工等时间后，工程持续 1 至 2 个月左右。用疏浚船采沙的海底区域被称为采沙区，须对该区域沙粒粒径是否合适和其他潜在的环境影响进行彻底调研。

通常用于人工养滩的疏浚船包括管道式挖泥船和抓斗式挖泥船。管道式挖泥船用取水管将沙从海底挖出，然后通过管道将沙直接输送到干滩的养滩区。管道的直径可以从 0.5 到 1 m 不等。抓斗式挖泥船更多以一种批处理模式运行。抓斗式挖泥船的船体内有一个大型储存区域，在挖泥船以几节速度行驶时，通过船体两侧的耙臂从海底抽取沙并存放在船体中。与管道式挖泥船最佳挖掘深度 1 米相比，抓斗式挖泥船仅在海床表面 30 cm 处挖去相对较薄的一层沙。抓斗式挖泥船按其所容纳泥沙量的体积分类，容纳量可达几千立方米。一旦装满，挖泥船就开动到养护区，在那里用各种方法铺沙。虽然沙可能会掉到海底，但直接从挖泥船抽沙到沙滩的方式正变得越来越常见；管道式挖泥船直接将沙运送到沙滩，而抓斗式挖泥船则返回到采沙区再次装载。

5.2.1 人工养滩工程设计的特点与思考

人工养滩工程通常在比平衡剖面更陡的海岸开展，部分是为了便于量化投放的沙量，并尽量减少在养护期间直接将淤泥和黏土引入近岸水域。此外，养滩工程是一个不平衡的平台。布沙后，波浪作用会立即使这个不平衡剖面和平台向平衡方向发展(见图 5.2)。对于大多数工程而言，剖面平衡与平台平衡在时间尺度上完全不同，与平台演变相比，剖面平衡只发生在相对短的时间尺度上。该剖面的调整使得在平衡过程中丢失约一半的造沙宽度，在中等波候下这种调整在几年内可实现一半[5.2]。由于剖面和平台平衡时间尺度上的差异，人工养滩工程效果的设计和预测通常认为剖面平衡是瞬间发生的，只需要考虑平台演变来作为工程效果的评估。

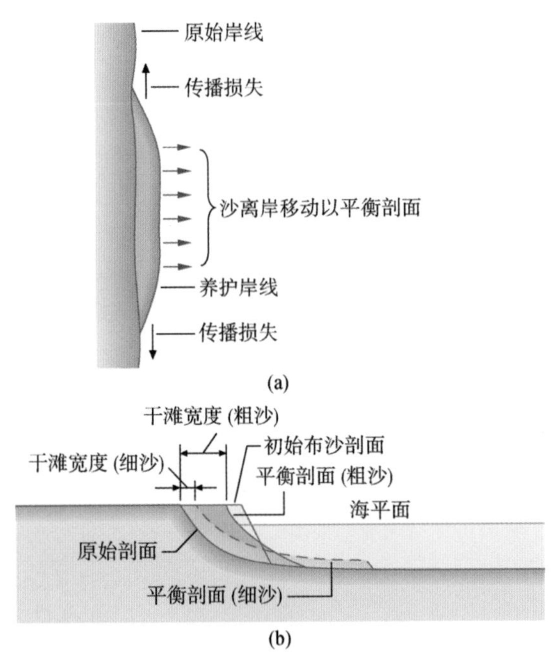

图 5.2　设计考虑的两种模式

(a) 平台，比　(b) 剖面图需要更长时间演变

为了让养滩沙能与海岸相容，单位长度海滩的体积密度 v 通过下式转化为与平衡的附加干滩宽度 Δy 的关系

$$\Delta y = \frac{v}{(h_* + B)} \tag{5.1}$$

式中，h_* 是所谓的封闭深度，即以养滩沙分布的向海最远处的深度为限；B 是滩肩高程(见图 5.3)。例如，当 $h_* + B = 10$ m 时，200 m³/m 的体积密度将带来 20 m 的平衡沙滩宽度。

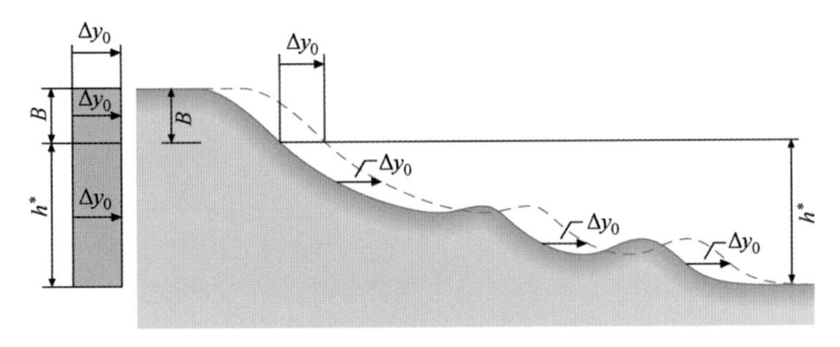

图 5.3　人工养滩带来的向海剖面推进

稍后我们将讨论养滩沙比原生沙更细或更粗的情况。v 是单位长度海滩的体积，为体积密度，是比较人工养滩工程的有用参数。沿佛罗里达东海岸有效体积密度约为 250 m^3/m。

5.2.2 优质沙的意义

了解用优质沙养护的重要性对于人工养滩工程的设计和预测至关重要。优质沙是指养滩沙的水力特性与原生沙类似（通常称为相容性）。在大多数情况下，沙的水力特征等同于沙粒粒径特征；然而，在沙粒形状不同的情况下，如贝壳碎片，其沉降速度是衡量沙（和水力）相容性的一个更好指标。因此，尽管在某些工程中沙的颜色很重要，但我们在养滩工程中主要关注的是沙的物理和水力特性。

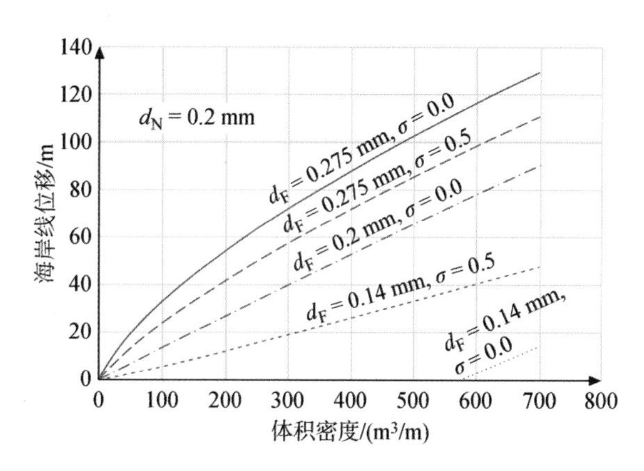

图 5.4　海岸线位移相对于体积密度增加和沙粒特征的计算变化

沙的相容性主要问题是细沙比相容沙形成的斜坡更和缓。因此，对于给定的养滩沙体积密度，用细沙得到的附加干沙滩宽度小于相容沙，这个宽度是沙滩使用者和基金资助机构考量的重要参数。第二个影响是，由细沙建造的海岸平面质心将向沿岸净输沙方向迁移，而用相容沙建造的将保持不变（稍后讨论）。用细沙建造的工程平台也会演变得更快，虽然通常来自近海的沙往往比原生沙更细，但比原生沙粗糙的养滩沙会得到比相容沙更宽的海滩，不过也有例外。图 5.4 给出了不同沙粒径特征的体积密度和平衡岸线推进之间的计算关系[5.2]。σ 代表所谓的沙粒粒径分类或范围，0.5的取值比更理想化的 $\sigma=0.0$（全部为单一尺寸）更具代表性。（请注意，$d_F=0.2$ mm 所示的直线对应 $\sigma=0.0$ 和 $\sigma=0.5$。详阅 Dean[5.2]）。在此图中，$h_*+B=7.8$ m。只考虑 $\sigma=0.5$的情况，对于体积密度 $v=250$ m^3/m，可以看出，相对于0.2 mm 的原生沙粒径，粒径为 0.14、0.2 和 0.275 mm 的养滩沙（点划线，下标 F）产生的平衡干滩宽度分别为 14、32 和 48 m。因此，与原生沙相比，相容沙和粗糙沙的优势明显。

5.2.3 养滩的各种设置

开展人工养滩工程的地貌环境设置包括：

（1）不受人工或天然沙坝干扰的长沙滩。

（2）设置或未设置导堤水道的下游。

（3）两岬头之间的海滩。

以下简要介绍前两个设置。

1）绵长不间断的海滩

从设计和预测考虑，这是最简单的环境条件之一。如后文所述，使用相容沙养滩，工程演变基本不受波浪方向影响，因此这些工程起到了补养沙滩的作用。也就是说，随着它们的发展，将使上游和下游的沙滩均受益。图 5.5 给出了没有背景侵蚀情况下初始矩形平台的计算结果。通常情况下，必须在设计和预测阶段考虑背景侵蚀（稍后讨论）。可以看出，最初平台快速调整，但当平台变得越平缓时，演变速度也就越慢。这种影响将在稍后量化。

2）**沿岸障碍物的下游**

诸如导堤和丁坝之类的沿岸障碍物可能会造成下游的大量侵蚀，在设计和预测阶段必须考虑到这些问题。可以采用两种方法解释这种背景侵蚀，并在稍后讨论。两者中最现实的方法需要规范等效波向。图 5.6显示了 1883 年至 1970 年的下游后退率，这是由 1892 年沿佛罗里达最东南海岸开挖圣露西水道（St. Lucie Inlet）造成的。海岸以 9 m/a 的速率向水道的下游（南部）后退，显然是佛罗里达州最严重的。随着时间的推移，朱庇特岛镇（Town of Jupiter Island）内的侵蚀加剧，只能由大面积人工养滩工程来解决。迄今为止，那片地区已使用超过 12 000 000 m^3 沙进行养护。

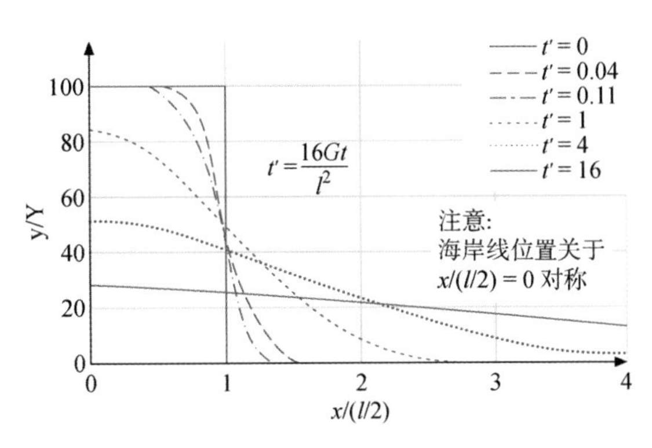

图 5.5　长度为 ℓ、宽度为 Y 的初始为矩形的人工养滩工程的无量纲平台演变。注意：这里只给出了工程的一半，演变是关于 x/(ℓ/2)＝0 对称的

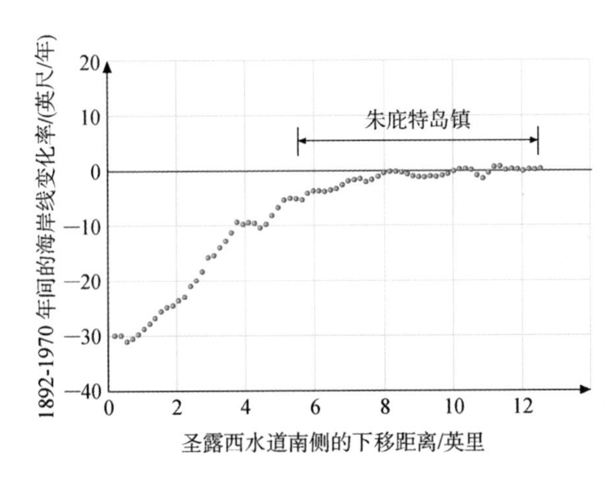

图 5.6　沿佛罗里达东南海岸的圣露西水道下游（南部）的海岸线变化率

5.3　结构物在人工养滩中的作用

海岸结构物可用于减少沿岸输沙以缓解或阻止特定区域沙滩的侵蚀。海岸结构物的主要问题是它们可能会产生意料之外的后果，如减少一个地区的沙滩侵蚀，却将侵蚀转移到相邻的沙滩。在理解其与相邻沙滩的相互作用之前，先通过丁坝的修建来说明这个问题。鉴于可能产生的不利影响，美国的一些沿海州基本上不允许建造海岸结构物。我们对此表示遗憾，因为如果应用得当，海岸结构物可以给整个系统带来有益的影响。例如，养滩工程中使用结构物可减少易蚀热点区域（详见5.5.1节）的侵蚀问题，还可以减少用沙量和长期成

本。Campbell 等人[5.3]表明,在开敞岸线上,结构物占地需要扩展到易蚀热点区域之外,以控制下移影响。

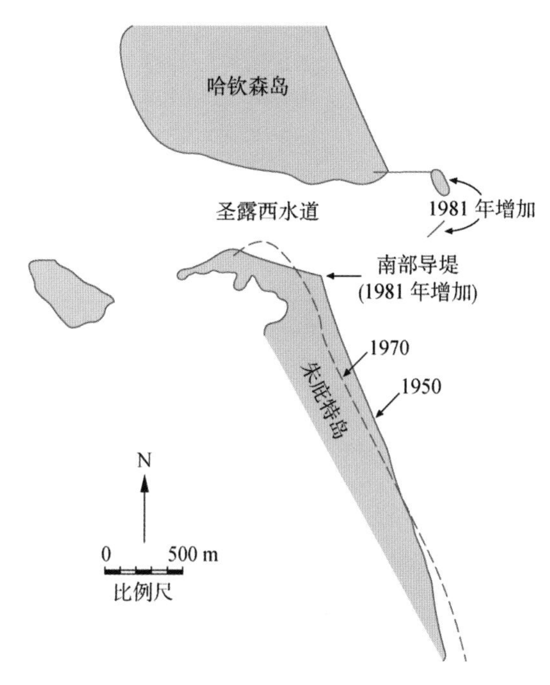

图 5.7 下游导堤对减少泥沙从朱庇特岛进入圣露西水道的有利影响

5.3.1 终端建筑

"终端建筑"一词表示置于工程末端或海岸系统末端的建筑物。如上所述,尽管许多监管体系不支持修筑结构物,但终端建筑可以为沙滩稳定带来实质性的好处。对那些毗邻为通航而疏浚水道的岸滩来说尤其如此。浚深的水道成为上游和下游的沉沙坑,使泥沙进入水道。因此,已有研究[5.4]显示在水道的上游或下游侧修建短结构物可对相邻沙滩起到实质性的稳固作用。对于大量沿岸净输沙的岸线也是如此。

图 5.7 所示为在圣露西水道建造的短南部导堤(下游)的有利影响。在修建该导堤之前,沙是移动的,主要随涨潮流从朱庇特岛向北进入水道,估计沙量为 170 000 m^3/a,几乎等于净南向的净输沙量 180 000 m^3/a。

5.3.2 丁坝

前文简要提到了丁坝。丁坝已被完美设计成控制受影响海岸剖面的样板结构物。在设计单个丁坝或成片丁坝时,若其可能带来负面效应,则应仔细研究对邻近沙滩的潜在影响并做好监测和应急计划。可调节的丁坝在应用中已经取得了一定成功,提供了一种根据监测结果对结构进行微调的方法。

5.3.3 离岸式防波堤

离岸式防波堤可以浮出水面或没入水中,起到减少背面波浪能的作用,因此可以减少斜向波作用下的沿岸输沙,在正向入射波或斜向波作用时可以使沙向后流动并滞留在防波堤的背浪面。离岸式防波堤与近岸输沙过程的相互作用与丁坝类似,如果是大量沿岸净输沙区域,同样的注意事项也适用于离岸式防波堤。丁坝优于离岸式防波堤的一点在于它们可直接控制海滩剖面。此外,在通常伴随风暴的水位抬升阶段,如果水位超过防波堤顶高,离岸式防波堤的防护效果会被削弱。

如今已经提出并兴建了许多潜堤,它比出水的离岸式防波堤视觉干扰小。然而研究表明,为达到有效性能,防波堤顶部宽度和高程的设计组合必须要达到相当的能量耗散。上面讨论的风暴期间水位升高对潜堤减小波能耗散效率影响更为重要。此外,对潜堤来说,波浪越过防波堤的水将有可能汇聚并沿着海岸将泥沙带离本该固沙的区域,参见 Dean 等人[5.5]

对发生此类情况的整体潜堤的监测结果。

5.4 设计和预测方法

篇幅所限，本章仅简要介绍设计和预测方法。为获取更详细信息，读者可参考 Dean 的研究[5.2]及本节其他参考文献。以下各节介绍了设计和效果预测的重点考虑因素。股东，即工程资助者，对工程的未来效果极其关注，特别是将来何时以及需要多少次养护。因此，工程师有责任尽可能准确地提供未来效果评估，并对不确定性进行量化。我们认为，只有最初的海岸线明显失去平衡，例如由于养护工程或结构物(如丁坝)的存在阻断了沿岸输沙，预测岸线演变才能取得一些成效。通常情况下海岸线侵蚀发生在养滩之前，这必须在效果预测中予以说明。

在设计人工养滩工程之前，了解导致填沙需求的侵蚀原因和程度非常有益。原因可能显而易见也可能不明显。在大多数情况下，养护并不能改变这个原因，所以最好的估计就是工程地区继续以一个预测的速率侵蚀，这个速率或多或少等于工程演变的速率与历史速率之和。

有一些不同层次的方法或模型可以用来预测效果，包括解析模型、一线数值模型、先进的三维模型。一线模型只跟踪剖面的一条等值线，通常是海平面，或代表海岸线的其他等值线。这些模型都可以在设计和预测中发挥作用。

5.4.1 Pelnard Considèon 方法

Pelnard Considèon(P-C)[5.6]最简易的方法是解析法，有助于初步掌握设计变量之间相互关系(包括工程长度、波高和输沙能力)。相对简单的一线数值模型提供了解析模型所不具备的灵活性。更先进的模型比上述两个层次的模型提供更多细节。由于 P-C 方法简便，建议在使用时与其他两种更高级的模型相结合。所有模型都包含一个输运方程和一个泥沙守恒方程。

通过对 P-C 模型的简要讨论和所得结果来说明它的实用性。这种一线模型将沿岸输沙方程线性化与泥沙守恒方程相结合，得到经典热传导方程

$$\frac{\partial y}{\partial t} = G\frac{\partial^2 y}{\partial x^2} \tag{5.2}$$

式中，y 是岸线位移；t 是时间；x 是沿岸坐标(符号约定以观察者面向大海的右侧为正)；G 是所谓的沿岸扩散系数，根据破碎波条件定义为

$$G = \frac{KH_b^{5/2}\sqrt{g/k}}{8(S-1)(1-p)(h_* + B)} \tag{5.3}$$

式中，数量 K 是与泥沙粒径有关的泥沙输运系数(量级为 1)；H_b 是有效破碎波高(类似于均方根波高)；g 是重力；k 是破碎波高与破碎水深的比值(量级统一)；S 是单位沙重量与其浸没的水的重量之比(通常为 2.57)；p 是原状孔隙度(0.35 ~ 0.4)；h_* 是所谓的闭合深度；B 是滩肩高度。后两个变量在图5.3中定义。

P-C 方法有几个显著的优点。控制方程是一个经典的线性方程，有许多与沙滩侵蚀和人工养滩相关的已知解。由于其线性特征，可以叠加解，例如由于养护工程扩张而导致的岸

线后退以及历史背景侵蚀率。最后，虽然方程是线性化的，但它在许多情况下提供了出人意料的有效结果[5.7]。我们认为，这种方法的最大价值在于深入了解各种设计和工程变量之间的相互关系，其中一些将在下面讨论。

1）长直海岸初始矩形平台养滩的 P-C 解

最有价值的结果是用相容沙养护长直沙滩，除非本小节另有说明，否则以下结果适用于这种情况。在没有背景侵蚀的情况下，初始矩形平台的人工养滩工程的演变（见图 5.5）如下：

$$y(x,t)=\frac{Y}{2}\left\{\mathrm{erf}\left[\frac{\ell}{4\sqrt{Gt}}\left(\frac{2(x-x_o)}{\ell}+1\right)\right]-\mathrm{erf}\left[\frac{\ell}{4\sqrt{Gt}}\left(\frac{2(x-x_o)}{\ell}-1\right)\right]\right\} \tag{5.4}$$

式中，erf 是所谓的误差函数；x_o 是工程中心的沿岸位置；ℓ 是工程长度；Y 是工程宽度。

P-C 方法的一个惊人的结果是，采用相容沙养护，养护工程的质心保持不变，并且与波向无关（注意波向未出现在上述方程中）。这在设计中是一个有益的结果，因为通常设计时所估计的波高和周期的不确定性远小于波向。此外，在没有背景侵蚀的情况下，工程寿命与工程长度的平方成正比，与有效破碎波高的2.5次方成反比，从而解释了为什么在相对中等波候地区建造的工程比那些波浪动力较强环境中的工程持久得多，为什么比较长的工程比短的工程持续更久。所有情况下，工程的变化仅取决于影响工程的累积波能通量。因此，特定时间的演变与导致工程演变的先前波浪条件的顺序无关，仅取决于累积波浪载荷。背景侵蚀给上述求解增加了细微的差别，但是对于沿岸方向的简单背景侵蚀，这些可以通过直接方法合并。

前面已经提出了初始矩形平台养护工程随时间和距离变化的一个例子，如图5.5所示。所显示的演变关于中心线对称，本例中的工程中心取为 $x=0$。可以看出，该工程初期演变迅速，然后速率变缓。可以整合式(5.4)来确定工程范围内任何时间剩余泥沙的比例，这里定义为 $M(t)$。得到：

$$M(t)=\frac{2\sqrt{Gt}}{\ell\sqrt{\pi}}\left(e^{-(\ell/2\sqrt{Gt})^2}-1\right)+\mathrm{erf}\left(\frac{\ell}{2\sqrt{Gt}}\right) \tag{5.5}$$

如图 5.8 所示，工程建设初期的填沙损失率变化很快，随着工程平台增长，损失率变化减小（见图 5.5）。

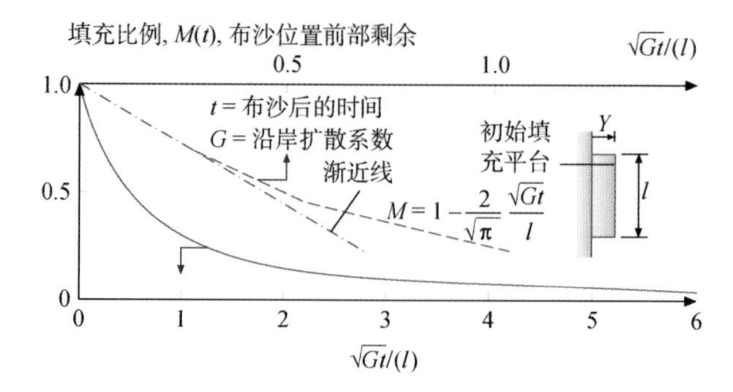

图 5.8　$M(t)$用于初始矩形平面的人工养滩且没有背景侵蚀

2）沿岸障碍物海岸线上下游变化的 P-C 解

第二种求解岸线变化的方法是沿海障碍物的泥沙下游(或上游)

$$y(x,t)=\pm\left[\sqrt{\frac{4Gt}{\pi}}e^{-x^2/4Gt}-x\mathrm{erfc}\left(\frac{x}{\sqrt{4Gt}}\right)\right]\times\tan(\theta-\alpha_0) \tag{5.6}$$

正号和负号分别代表障碍物的上游和下游，θ 和 α_b 分别是未受影响岸线的外向法线的方位角和破碎发生处波浪的方位角，且 $\mathrm{erf}c=1-\mathrm{erf}$。上述解适用于开始绕开障碍物之前的情况，开始之后则需应用不同的解(参见 Dean and Dalrymple[5.8] 获取更多信息)。要应用式(5.6)，需估计相对于海岸线的破碎波方向 α_b。如果有海岸线变化数据的话，可用另一种方法来确定与测量数据最佳拟合解对应的波向。图 5.9给出了 P-C 方法与前叙图 5.6所示数据的最佳拟合。在这种情况下，相关的沿岸扩散系数 G 和角度 $\theta-\alpha$ 分别为 0.011 1 m^2/s 和 8.65°。

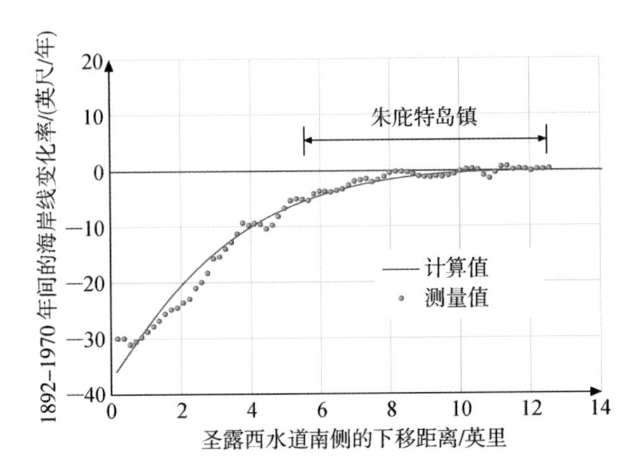

图 5.9　P-C 理论与佛罗里达圣露西水道南部测量数据的比较

注：测量数据：1883 至 1970 年。P-C 理论中，$G=0.011\ 1\ m^2/s$，$\theta-\alpha=8.65°$。

图 5.10 给出了试验比较结果，其中丁坝上游侧的测量结果与 P-C 理论结果符合良好。

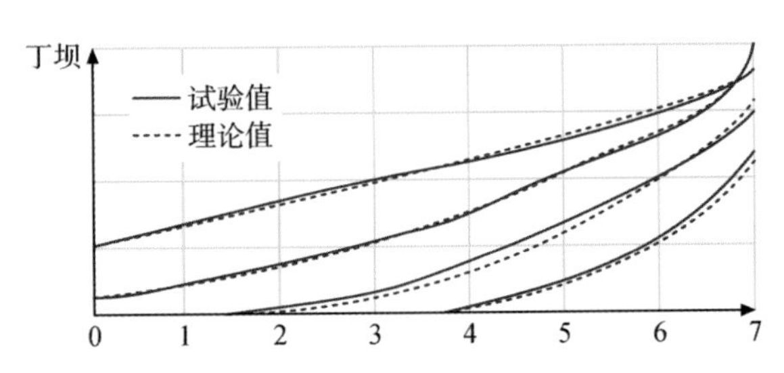

图 5.10　P-C 理论与实验室丁坝上游侧数据的比较

5.4.2　一线数值模型

一线数值模型相较 P-C 法在灵活性上有更大的优势，该方法可以将丁坝或其他海岸结构(如旁边有或没有水道)引入到设计中。许多这类模型已被开发出来，有些已经具备了可描述细节的先进水平。美国陆军工程师兵团已经将 GENESIS 模型发展到允许其应用于各类设计条件的程度，包括丁坝和离岸式防波堤[5.7,10,11]。

5.4.3 N线及更详细的模型

更复杂的模型能够展示第三个(垂直)维度，因此原则上可以比相对简单的模型提供更有价值的信息。这些模型中一部分尚在研究开发阶段，未投入应用。所有模型的应用都需要使用更复杂的模型进行验证，通常需要大量的验证以达到所需的细节水平。

Delft3D是一种全面的、开放获取、基于进程的模拟软件包，可模拟二维(2D)和三维(3D)水流、泥沙输运和形态学、波浪、水质和生态，并能够反映这些过程之间的相互作用。专业和非专业人士均可使用该程序包，其范围从咨询师、工程师或承包商到监管机构和政府官员，他们都会参与到设计、实施和管理进程的一个或多个阶段。Delft3D适用于模拟风暴(7～14天)或工程在役(5～10年)时间尺度内的侵蚀和沉积，并能考虑各种海岸结构。像Delft3D这样的海岸形态模型与N线模型相比具有明显优势，因为它们能在每个时间步长上更新三维地形特征，从而为波浪和水流模型提供反馈，以便更全面地模拟海岸环境。但Delft3D需要大量的数据和时间来设置和运行，因此可能不是众多应用程序中的最佳选择。

5.5 其他设计注意事项

5.5.1 侵蚀热点

在人工养滩工程中，侵蚀热点(EHSs)被定义为比周边侵蚀更快的地区，或可能比设计中预期的侵蚀速度更快的区域。EHSs几乎出现在所有的人工养滩工程中，有的可以预测，有的则不能。在美国路易斯安那州格兰德岛(Grand Isle)的一个著名案例中[5.12]，养护过的海滩朝两个向海的取料区的陆侧显著推进。据称这些取料区充满了细沙并使波浪显著衰减(与A. J. Combe私人交流得知)。这些取料坑起到了离岸式防波堤的作用，降低了向岸波高，导致岸线向疏浚坑陆侧推进，邻近这些向前推进区域成为侵蚀热点。Benedet和List[5.13]应用Delft3D软件，得出佛罗里达州德尔雷(Delray Beach)人工养滩工程的EHSs与向海的取料区有关的结论。

路易斯安那州格兰德岛的EHSs是个例外；然而，在典型的人工养滩工程中出现的EHSs并非无关紧要。图5.11和图5.12展示了1992年佛罗里达州安娜玛利亚岛(Anna Maria Key)人工养滩工程的状况。该工程长6.7 km，养护总量1 780 000 m^3。最初的附加沙滩宽度从55～107 m不等，养护体积密度从200～350不等。图中最新的测量值(1999年2月)是养护后6年的数据，截至那时，即时养护后的体积变化范围在减少320 m^3/m到增加160 m^3/m之间。相应的海岸线宽度减少范围从37 m到69 m。这个工程的取料区位于25至34号界石之间，离岸边相当近。因此，部分养护后的数据变化可能是由于靠近取料坑；然而，这个工程中其他区域的一些变化较显著，通常无法由数值模型预测。岸线后退既包括体积损失，也包括趋于平衡的剖面调整。

天然海滩也存在不规则岸线。这通常发生在波浪不强的条件下，侵蚀事件发生后堆积了或多或少线性离岸沙坝。较温和的波浪条件往往导致部分沙洲向岸边移动，部分向陆移动，使海岸线趋于向前推进。这个恢复阶段通常与裂流的存在有关。

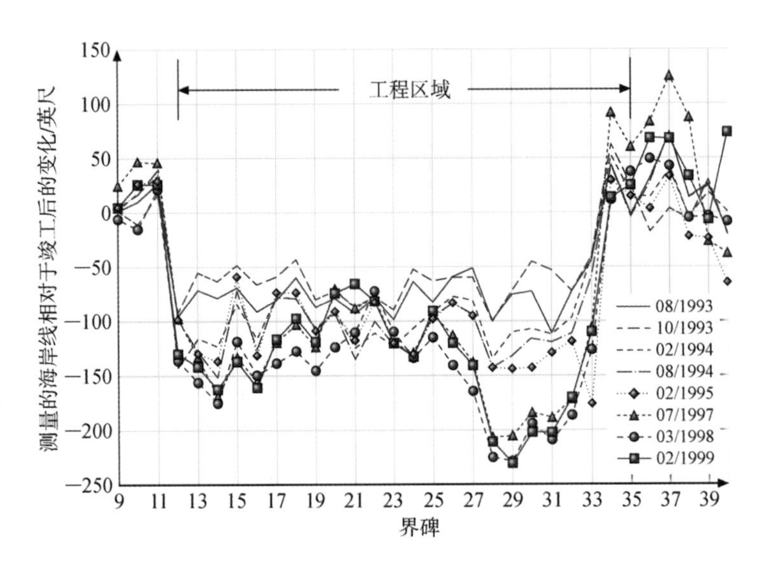

图 5.11　安娜玛利亚岛人工养滩后的海岸线变化。取料区靠岸边很近，位于 25-34 界碑之间，界碑间距约 300 m

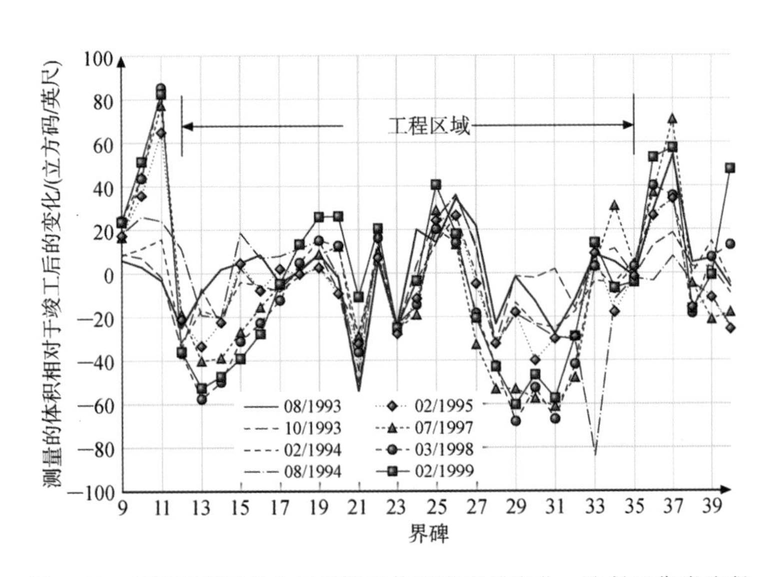

图 5.12　安娜玛利亚岛人工养滩后体积密度的变化。取料区靠岸边很近，位于 25-34 界碑之间，界碑间距约 300 m

5.5.2　近岸堆沙布置

图 5.1 显示了将泥沙堆置于近岸的案例，预期沙会向陆地移动并加宽海滩或抑制入射波，从而遮挡和稳定沙滩。以下讨论只涉及近岸沙堆向陆地移动的条件。但值得注意的是，在伴随水位升高的风暴中，近岸布置的沙堆消减波浪的作用会降低。

对于什么条件下近岸沉积物稳定或向陆、向海移动已开展大量研究。一些实地观察结果得不出结论性意见，部分原因是缺乏详细的波浪和沉积物测量数据。Douglass[5.14,15] 开发了一个解析模型，Hands 和 Allison[5.16] 基于布置沙堆附近波浪引起的近底水质点速度提出了判据。Otay[5.17] 对近岸沉积物的现场测试和其移动情况做了全面的总结。

Andrassy[5.18] 描述了南加利福尼亚附近的一个较小的(113 500 m^3，365 m 长)近岸堆沙布置。沉积物位于水下约 7 m 深处，其顶部位于 4 m 水深处。发现该沉积物大约向陆地移动了 2 年。泥沙粒径没有给出，波高和波周期分别达到 1.5 m 和 15 s。

Browder 和 Dean[5.19] 描述了美国仪器配备最好的现场试验，其中 3 000 000 m^3 沉积物分散在深度 6 m、长度超过 7 km 的水域内，其顶高在水下 4.5 m。监测该沉积物约九年，期间遭遇四次飓风。定向波浪测量仪安放了四年半，在 1992 年安德鲁飓风期间测到有效波高达 2.7 m、周期 13 s 的波浪。根据 Douglass 或 Hands 和 Allison 的预测方法，这样的条件肯定会导致沉积物的向岸输运。在这 9 年监测期内，与质心初始距岸线 700 m 左右相比，该沉积物的质心向陆地仅移动了约 20 m。

总的来说，结论之一是沉积物粒径虽然没在大多数预测方法中提及，但它可能很重要。其次，为了确保沙堆在合理的时间范围内向陆地移动，建议检查沙滩剖面以确定离岸沙洲的季节性极限，并将沙体置于该极限的向陆面。

5.5.3 模拟的特别变换

大部分海岸线都有些不规则，因此在数值模拟中如何精确地表示海岸线是个问题。已经注意到，只有系统明显处于不平衡状态，才能对岸线演变进行有效模拟。此外，养护前的岸线变化率必须纳入养护后岸线变化预测中。我们建议，采用一种特别变换，其中模拟的海岸线和离岸等高线是平直平行的，并且养护前的岸线变化率可根据经验应用，如图 5.13 所示。这样一来，系统的扰动(养护)被模拟为最适合该目标的几何形状，并且引发背景侵蚀的离岸等高线的精细部分通过养护前岸线变化而被直接应用。问题在于，养护前的条件应该是直接作为岸线变化还是作为泥沙输移梯度来应用。最好的方法需要模拟者对变化原因进行判断。如果泥沙输运是由垂直岸线输运引起，那么很明显应该直接应用。如果不存在丁坝等海岸结构，结果将不受应用方法选择的影响。

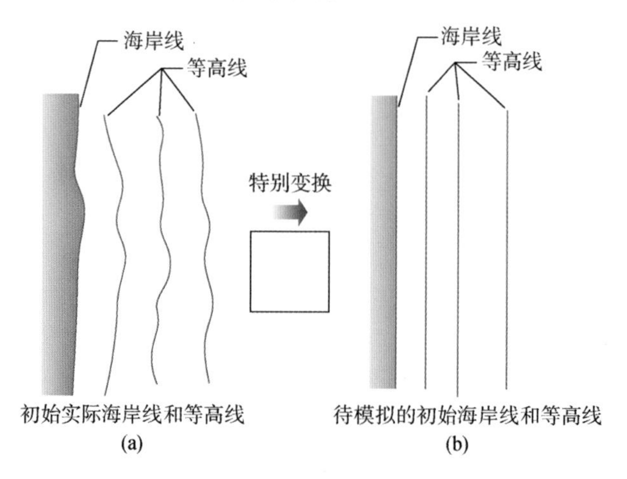

图 5.13 推荐用于模拟系统的特别变换，其中引入一种大扰动(人工养滩和/或沿岸屏障)[5.20](美国土木工程师协会提供)

5.6 人工养滩传统工程

这里定义的传统工程是那些已经养护并且存在多年,效果良好、记录完善的工程,并且在很多情况下,普通沙滩用户对沙滩的养护史不知情。虽然毫无疑问有许多工程符合要求,但我们仅详细介绍两个美国工程,并为其他几个传统工程提供参考。

传统工程示例及讨论

1) 圣莫尼卡湾(Santa Monica Bay)海滩养护

加利福尼亚州南部的圣莫尼卡湾海域长约 64 km。这个海湾的中部和南部地区主要通过施工产生的沙来养护,与沙滩养护的主要需求无关。这个工程 1939 年开工,两次最主要的养护分别在 1947 年(13 000 000 m^3,用建设海伯利安(Hyperion)污水处理厂产生的沙)和 1963 年(7 700 000 m^3,用建造玛丽安德尔湾港(Marina del Ray Harbor)产生的沙)。这两个工程用沙占 1939 年至 1989 年间投放总沙量 22 200 000 m^3 的 93%。在投放的总沙量中,不到 4%专门用于稳定海岸线。圣莫尼卡湾中部和南部 35 km 岸段内有一些海岸结构物,包括一些丁坝、离岸式防波堤、两个港口和一个海底峡谷。这个系统内尚无已知的大量自然泥沙输入来源,并且认为海底峡谷是一个巨大的泥沙沉积区。通过建设丁坝控制了部分进入海底峡谷的泥沙损失。这个整体工程因其历时长、监测数据完整及不为游客所知是人工养护而被认定为传统工程。此处这个工程的大部分介绍来自 Leidersdorf 等人的文章[5.21],读者可以参考该文获取更完整的信息。

相对于 1939 年以前的位置,沙滩仍然在大幅扩张。平均而言,沙滩比 1939 年前加宽了约 100 m。图 5.14 所示为该区域的总体情况,图 5.15 给出了人工养滩的历史,图 5.16 展示了 1935 年至 1990 年的 55 年间两个地点的海岸线变化。

总之,圣莫尼卡湾的沙滩功能发挥得非常好,对该地区的经济和娱乐活动产生了深远的影响,得到国际认可并且留下了丰富的记录,为海岸工程学生提供了学习机会。

2) 佛罗里达州德尔雷海滩

德尔雷海滩市第一个养护工程于 1973 年 7 月建成,沿海岸线 4.3 km。建成后的测量显示,平均高水位的沙滩平均扩宽了 80 m,而在头几年内沙滩就平衡达到该宽度的一半。1973 年工程投放了大约 1 250 000 m^3 的沙料,其中有 380 000 m^3 在 1977 年前已被侵蚀。1974 年种植了沙丘植被,用于巩固海滩修复,并帮助减少风吹沙跨过沿海公路、覆盖相邻草地造成的损失。

截至 2012 年,历时 39 年,经历四次人工养滩(1978 年、1984 年、1992 年、2002 年),共有 4 780 000 m^3 的沙被投放在德尔雷海岸。在 2004/5 年的飓风季,一系列飓风影响佛罗里达州,遂在 2005 年对风暴破坏进行了 190 000 m^3 的修复。德尔雷海滩第五次定期养护工程已设计并获准于 2012 年施工。该工程将沿约 3.1 km 的海滩填放约 920 000 m^3 沙。

人工养滩的时间间隔已从 5 年增加到 10 年(2005 年对飓风破坏的修复除外)。此外,如图 5.17 所示,工程区内的增加沙量已从 1973 年的 1 250 000 m^3 增加到 2009 年的 2 900 000 m^3。随着时间的推移,养护间隔增加可归因于早期工程的不断积累减缓了沙的损失速率。

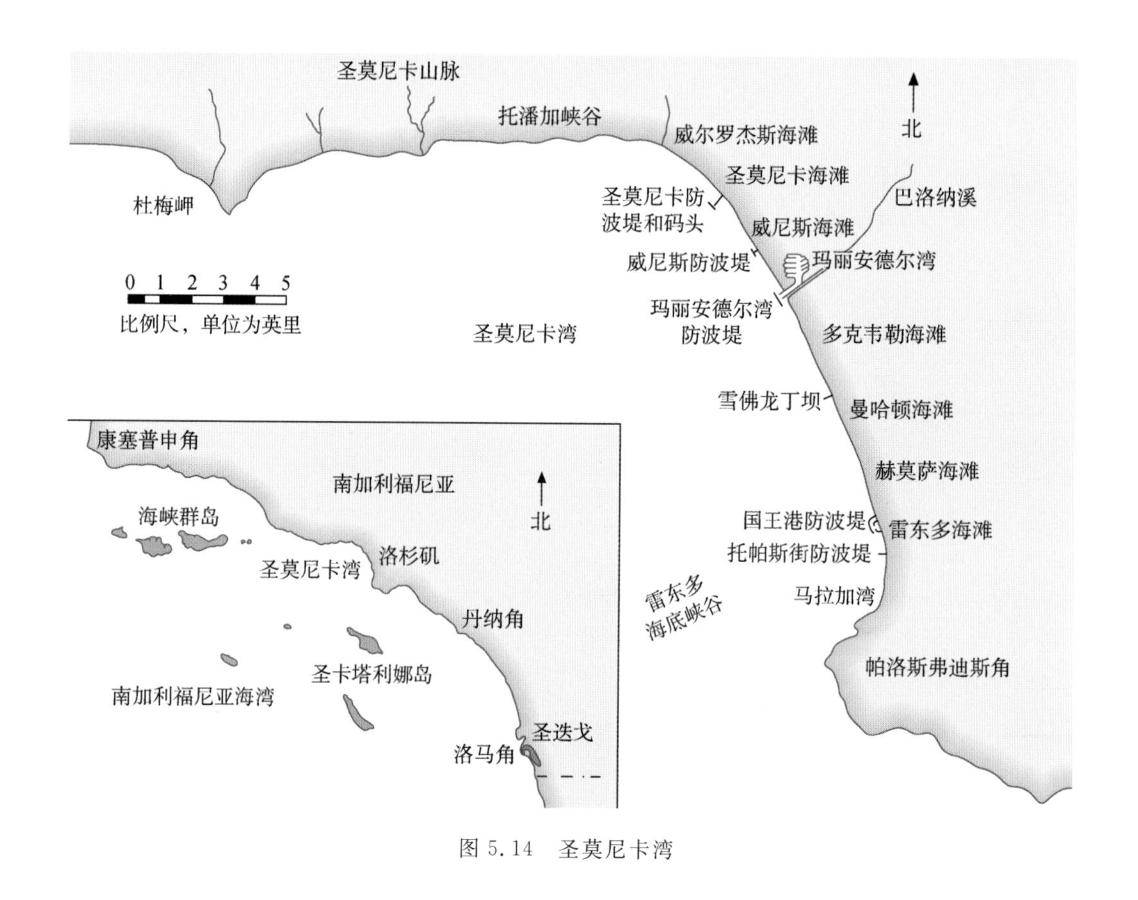

图 5.14　圣莫尼卡湾

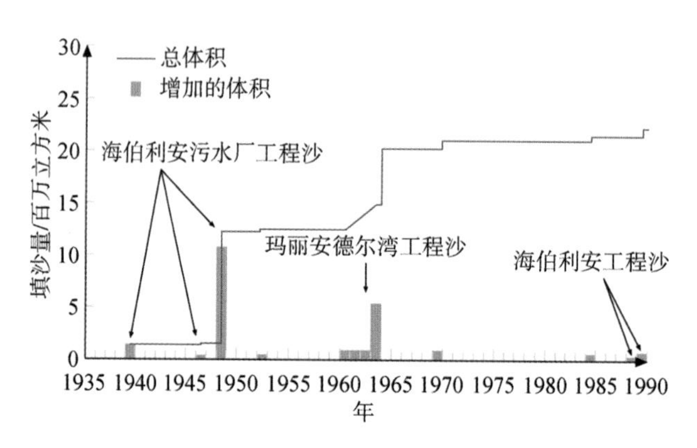

图 5.15　沿圣莫尼卡湾的养护史

图 5.17 也给出了工程区域内剩余沙量的测量值和计算值对比。计算是基于 Pelnard Considd C 方法（5.4节）并给出两个 G 值 $G=0.3\ \text{ft}^2/\text{s}$（$0.0028\ \text{m}^2/\text{s}$）和 $G=0.6\ \text{ft}^2/\text{s}$（$0.005\ 6\ \text{m}^2/\text{s}$）的结果。对比中有意思的是，$G$ 值取 2 倍时对计算结果影响较小；但是当然，这种影响随着时间而增加。其次，参考较小 G 值的计算结果，可以看出有时计算值大于测量值，有时却小于测量值。这是因为计算仅基于一个代表性波高，而自然界中，某些年份比其他年份有更多的暴风（G 值随时间变化，取决于波高，如式(5.3)所示）。这样的对比为计算

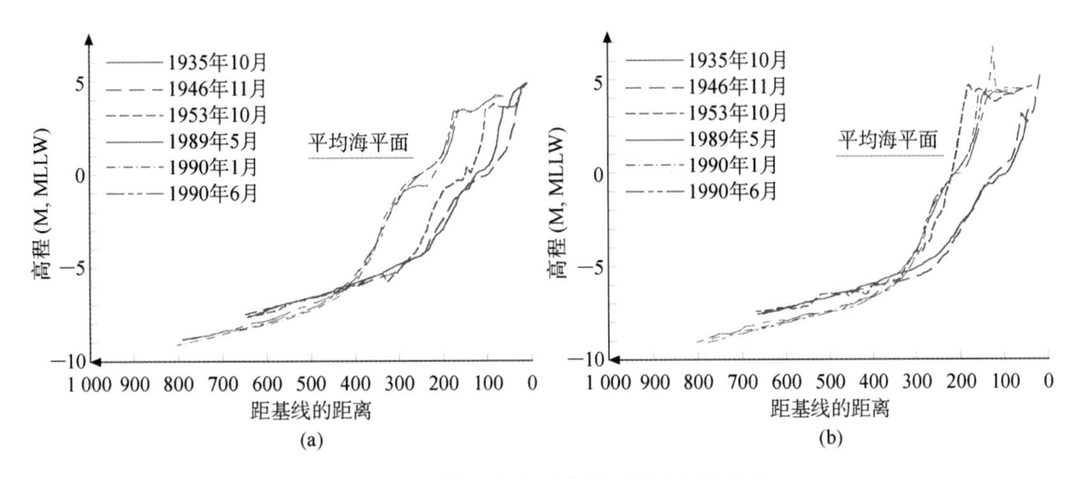

图5.16 圣莫尼卡湾两个剖面随时间的变化

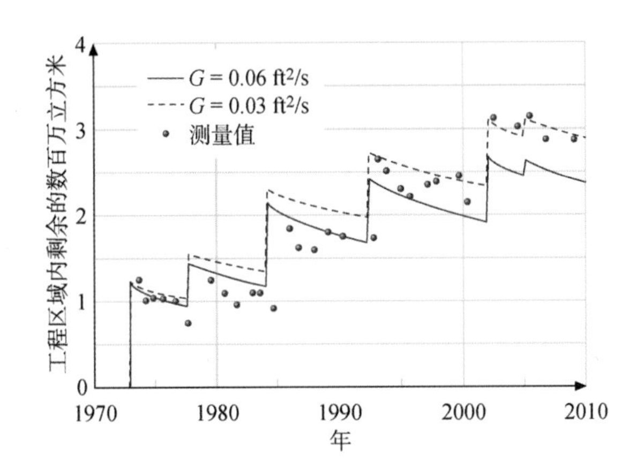

图5.17 德尔雷海滩养护工程区内剩余沙量的测量值和计算值对比。两个沿岸扩散率 G,不考虑背景侵蚀

未来工程的效果提供了有效依据。

3）其他传统工程

这里列出了其他三个传统工程,给予简单的描述和一些文献参考。

(1) 其他南加州沙滩。Herron[5.22]总结了包括圣塔莫尼卡湾在内的多个沙滩早期投放大量沙进行人工养滩的情况。这些沙通常是海岸工程项目的副产品而不是专门为人工养滩。他写道:

> 从1919年到1978年,大约60个海岸工程提供了83 000 000 m^3 的沙来改善南加州的沙滩,仅有三个工程完全是为沙滩补给。其他均是海岸工程项目为主,投放到沙滩上的沙仅仅是总体规划的副产品或间接收益。

Herron指出在这83 000 000 m^3 中,圣莫尼卡湾小区域仅投放了21 000 000 m^3 沙,其余62 000 000 m^3 则置于圣莫尼卡湾以外的沙滩。根据其个人观察,这些沙滩大多持续表现良好,只需要很少的维护。

(2) 佛罗里达迈阿密沙滩。这个工程也被称为戴德县人工养滩工程,长约 16 km,建于 1976 年至 1981 年间,约使用 7 700 000 m^3 来自海上取沙区的沙。养护之前,许多地方的沙滩都紧邻海堤,在高潮期和强劲波浪条件下沿着海岸行走很危险。Wiegel[5.23] 对这个工程做出了很高的评价。该工程对振兴地区经济有深远影响,可参阅文献[5.24,25]。

(3) 佛罗里达大西洋沙滩和杰克逊维尔沙滩(Jacksonville Beach)。大西洋沙滩和杰克逊维尔沙滩以北的圣约翰河口(St. Johns River Entrance)(上游)已经被长导堤加固,并因通航疏深了航道。这个河口基本上切断了每年大约 420 000 m^3 的净南向输沙,导致 20 世纪 60 年代初大西洋沙滩和杰克逊维尔沙滩遭受严重侵蚀。1962 年的东北暴风和 1964 年的飓风多拉重创这些沙滩,摧毁了沿岸海堤和其他建筑物。这些事件之后,开始利用从圣约翰河口航道浅滩和圣约翰河退潮浅滩获得的沙开展养滩工程。自 20 世纪 70 年代以来,这些组合措施成功地护持了这一地区的沙滩,2004 年严重飓风和东北风暴期间沙滩表现是最好的证明,养护沙滩附近的建筑物和财产基本没有遭受破坏和损失。

自 1963 年以来,圣约翰河口以南总共投放 10 300 000 m^3 沙。10 个工程利用的是航道疏浚沙(4 050 000 m^3),7 个工程的用沙来自联邦海岸保护工程(5 200 000 m^3),还有 2 个工程用沙来自航道疏浚和海岸保护工程。

尽管需要对这个工程进行详细的记录说明,但还没有做过,不过有 Howard 等人[5.26] 的一份很详细的 PPT 材料。

5.7 其他人工养滩工程

本节讨论的养滩工程是不同规模和环境中的示例,通常认为运行良好。

5.7.1 新泽西州锡布赖特—马纳斯泉水道

锡布赖特(Seabright)至马纳斯泉(Manasquan)水道沿浅沙滩是美国历史最悠久的休闲海滩之一,因此带来了海岸线的早期发展。海岸很早便受到保护,建设了各类沿海防护结构,包括坚固的海堤、丁坝和护岸,都是当时最先进的方法。

初始的养滩工程于 1994 年 1 月至 2000 年 6 月间开展,第一次和第二次整修工程于 2002 年 11 月和 2012 年初完成。初始工程沿蒙茅斯县 34 km 长海岸线的大部分地区铺设 17 000 000 m^3 沙。尽管曾有些相反的预测,但养滩效果良好,超过了预期。

5.7.2 佛罗里达州俘虏岛

俘虏岛(Captiva Island)位于佛罗里达州西南海岸,长 8 km,在两条水道之间,雷德费什水道(Redfish Pass)在其北边,布兰德水道(Blind Pass)在其南边。自从 1923 年一场飓风开辟了雷德费什水道,该岛南向净输沙大量减少,并已受到严重侵蚀。1981 年,在该岛北部 3.2 km 开始进行人工养滩,采用的 500 000 m^3 沙来自雷德费什水道落潮浅滩。随后在 1989 年的全岛范围的养护中,投放的 1 200 000 m^3 的沙也来自雷德费什水道落潮浅滩。在 1996 年和 2005 年,该岛开展了两次海岛沙滩养护,又投放了 1 400 000 m^3 沙。该工程的南边界已延伸至邻近的萨尼贝尔岛(Sanibel Island)。俘虏岛已建了两座末端导堤以减少泥沙损失。

5.7.3 佛罗里达州金银岛

金银岛(Treasure Island)是一个5.3 km长的沙洲,以北部的约翰水道(Johns Pass)和南部的布兰德水道(Blind Pass)(与毗邻俘虏岛的不同)为界。在金银岛北端的潮汐通道封闭和布兰德水道南移导致该岛变长后,金银岛扩大到目前的规模。20 世纪 20 年代岛上开始开发度假村,随后在 50 年代发展迅猛。到 60 年代,该岛面临严重的侵蚀问题。为应对侵蚀,金银岛城在布兰德水道的北侧建造了 56 个混凝土(最早是木材)丁坝和一个抛石堤,当时的平均侵蚀率为 52 000 m^3/a[5.27]。

1969 年佛罗里达西海岸的第一个养滩工程就开始于金银岛。1968 年飓风格拉迪斯过境,金银岛经过初始建造和修缮后,每 2～3 年就再进行一次修复。用于养护的沙料来自布兰德水道、约翰水道和与该岛平行的近岸沙坑。阳光海滩(Sunshine)和落日海滩(Sunset)需要频繁的养护。

位于金银岛北端的阳光海滩由于受通道影响一直以来备受侵蚀。阳光海滩唯一一次淤积是在 20 世纪 70 年代的养护之后,当时沉积在浅海水域的疏浚土向岸输移。1989 年,建造了一个有角度的结构物来保护其南向发展[5.28]。没有证据表明该结构物为何或何时被拆除。2000 年在约翰水道南侧修建了一个末端导堤,以限制阳光海滩的沙流失到水道。该丁坝建设之前,阳光海滩的形状和宽度都变化很大。丁坝建成后,受到丁坝有效长度的限制,沙滩得到稳固并形成顺直海岸。

5.8 结语

大规模人工养滩工程是新技术发展的结果,方兴未艾,预计在下个世纪仍将占主导地位。然而一些主要问题需要讨论。

1) 能源成本

疏浚过程需要相当大的动力。水沙混合物必须高速通过管道输送,防止沙粒沉降堵塞管道。有些工程距离取料区很远,可能需要增压泵,因此会增加能源成本。美国目前(2012年)能源成本约占总成本的三分之一。虽然未来疏浚技术的革新可能会降低单位体积沙的能源成本,但这些改进措施估计很难将能源需求减少到 25%以上。

2) 环境问题

人工养滩已被证明对海滩环境有暂时的影响和长期效益。当然,一个养护良好的沙滩比用海堤或护坡防护的沙滩更有益生物群落。在佛罗里达州海龟筑巢密集的地方,发现与沙滩养护前筑巢密度相比,筑巢数量通常会先降低,数年之后海龟又会恢复沙滩养护前的筑巢活动。对养滩带来的有利和不利影响(包括“什么都不做”方法的不利影响)进行更均衡的环境评估,可使人工养滩工程和社会受益。

3) 沙源有限

近海沙源的可利用性因地质条件不同而异。一些工程利用退潮浅滩区的大量沉积物进行沙滩养护。一些地区,优质海沙资源相当丰富,而其他地区则数量有限。在佛罗里达东南部,有限的沙源往往位于与海岸线大致平行的海岸礁石之间。沿着该地区的一些县,近海大量现成的优质沙资源已几近枯竭。还有一些地区,以前养护投放的沙已经沿工程区不均匀分布,导致养滩工程变成了沙源的再分配,而不是提供额外的沙。在其他地区,如前所述,用卡车从内陆运来养滩沙。之前已经讨论了卡车运输和道路损坏的局限性。一种可能的解决方案是将沙从内陆沙石场通过专用管道输送到岸边,然后通过沿岸输送将这些沙运到所需的区域。以这种方式输送的沙也可以作为邻近海岸线的长期补给沙滩。

4) 公众认知

虽然人工养滩的效益可能会扩展到内地及工程的投资者州和联邦,公众通常认为人工养滩只会使靠近沙滩的人受益(参见 Houston 的精彩文章[5.24,25])。但是,大部分(如果不是全部的话)获得部分公共资金资助的工程都需要公共通道和停车位、厕所设施,并且必须符合其他公益标准。通常,这些工程在保护紧急疏散路线和为有价值房产提供防暴风雨保护方面发挥着重要作用,从而产生可观的税收。

5.9 术语一览

α_b—破碎波入射角
B—滩肩高度
d—泥沙粒径
G—沿岸扩散率
g—重力加速度
h_*—闭合深度,养滩沙向海侧分布的最远处水深
H_b—破碎波高(均方根)
K—泥沙输运系数
k—破碎指数或破碎波高和破碎水深之比
ℓ—工程的长度
$M(t)$—在时间 t 时人工养滩沙剩余的比例
p—孔隙度
σ—沉积物粒径的分类或范围
S—比重
t—铺沙后的时间
θ—未受影响海岸线的外向法线方位角
v—单位长度沙滩铺沙的体积密度
x—沿岸距离
x_0—人工养滩工程中心的沿岸位置
Δy—平衡的附加干滩宽度
y—离岸距离
Y—人工养滩宽度

参考文献

5.1 P. Bruun: Sea level rise as a cause of shore erosion, J. Waterw. Harb. Coast. Eng.

Div. 88(1),117-130 (1962)

5.2 R. G. Dean: Beach Nourishment: Theory and Practice (World Scientific, Singapore 2002) p. 396

5.3 T. J. Campbell, M. G. Jenkins: Design considerations for hot spot erosion areas on beach nourishment projects, Proc. 28th Int. Conf. Coast. Eng. (2002) pp. 3642-3648

5.4 R. G. Dean: Terminal structures at ends of littoral systems, J. Coast. Res. SI18, 195-210 (1993)

5.5 R. G. Dean, R. Chen, A. E. Browder: Full scale monitoring study of a submerged breakwater, Palm Beach, Florida, USA, Coast. Eng. 29, 291-315 (1997)

5.6 R. Pelnard-Considère, Essai de théorie de l'evolution des formes de rivage en plages de sable et de galets, 4th Journees de l'hydraulique,Les Energies de la Mer Ⅱ(1), 289-298 (1956)

5.7 H. Hanson, M. Larson: Comparison of analytical and numerical solutions of the one-line model of shoreline change, Proc. Coast. Sediments (ASCE, Reston 1987) pp. 500-514

5.8 R. G. Dean, R. A. Dalrymple: Coastal Processes with Engineering Applications (Cambridge Univ. Press,Cambridge 2002) p. 475

5.9 B. Le Mehaute, A. Brebner: An Introduction to Coastal Morphology and Littoral Processes, Civil Engineering Department Report 14 (Queen's University, Canada 1961)

5.10 H. Hanson, N. C. Kraus: GENESIS: Generalized Model for Simulating Shoreline Change: Report 1, Technical Report CERC 89-19 (US Army Waterways Experiment Station, Coastal Engineering Research Center,Vicksburg 1989)

5.11 H. Hanson: Genesis: A generalized shoreline change numerical model, J. Coast. Res. 5(1), 1-27(1989)

5.12 A. J. Combe, C. W. Soileau: Behavior of man-made beach and dune, Grand Isle, Louisiana, Proc. Coast. Sediments (ASCE, Reston 1987) pp. 1232-1242

5.13 L. Benedet, J. H. List: Evaluation of the physical process controlling beach changes adjacent to nearshore dredge pts, Coast. Eng. 55, 1221-1236 (2008)

5.14 S. L. Douglass: Estimating landward migration of nearshore, constructed, sand mounds, J. Waterw. Port Coast, Ocean Eng. 121(5), 247-250 (1995)

5.15 S. L. Douglass: Nearshore placement of sand, Proc. ,25th Int. Conf. Coast. Eng. (1996) pp. 3708-3721,Chapter 286

5.16 E. Hands, M. C. Allison: Mound migration in deeper water and methods of categorizing active and stable depths, Proc. Coast. Sediments (1991) pp. 1985-1999

5.17 E. O. Otay: Long-Term Evolution of Nearshore Disposal Berms (Department of Coastal and Oceanographic Engineering, University of Florida, Gainesville 1994)

5.18 C. J. Andrassy: Monitoring of a disposal mound at silver strand park, Proc. Coast.

Sediments (ASCE, Reston 1991) pp. 1970-1984

5.19 A. E. Browder, R. G. Dean: Monitoring and comparison to predictive models of the perdido key beach nourishment project, Florida, USA, Coast. Eng. 39(2-4), 173-192 (2000)

5.20 R. G. Dean, C. H. Yoo: Beach-nourishment performance predictions, J. Waterw. Port Coast. Ocean Eng. 118(6), 567-586 (1992)

5.21 C. J. Leidersdorf, R. C. Hollar, G. Woodell: Beach enhancement through nourishment and compartmentalization: The recent history of Santa Monica Bay. In: Beach Nourishment Engineering and Management Considerations, ed. by D. K. Stauble, N. C. Kraus (ASCE, Reston 1993) pp. 71-85

5.22 W. J. Herron: Artificial beaches in Southern California, Shore Beach 48, 3-12 (1980)

5.23 R. L. Wiegel: Dade county, Florida beach nourishment and hurricane surge protection project, J. Shore Beach 60(4), 2-28 (1992)

5.24 J. R. Houston: International tourism and U. S. beaches, Shore Beach 64(2), 3-4 (1996)

5.25 J. R. Houston: The economic value of beaches-2002update, Shore Beach 70(1), 9-12 (2002)

5.26 S. C. Howard, K. R. Bodge, T. R. Martin: Beach renourishment in Jacksonville, http://www. fsbpa. com/2011TechPresentations/Howard_Bodge_Martin_fsbpa%201-2011r. pdf, Powerpoint Present. 2011 FSBA Conf. , Jacksonville

5.27 USACE: Beach Erosion Project Review Study and Environmental Impact Statement for Pinellas County, Florida (US Army Corps of Engineers, Jacksonville 1984)

5.28 J. Krock: Historical Morphodynamics of Johns Pass, West-Central Florida, M. S. Thesis (University of South Florida, Tampa 2005), http://scholarcommons. usf. edu/etd/731`

第6章　风暴灾害防治结构

David R. Basco

长期以来，海岸工程界都是采用硬结构保护海岸不受沿海风暴侵袭。在本章中，我们首先介绍海岸工程建筑物设计标准、原理和限制条件。工程中可采用的风暴灾害防治措施主要包括海岸线防护措施(海堤、堤坝、护岸等)和海岸线稳定措施(岬角防波堤、近岸防波堤、丁坝等)。然而，出于多种原因，目前海岸线稳定措施结合人工养滩在世界各地已经成为海岸防护中较受欢迎的一种选择。抛石结构和整体(混凝土)结构是最常见的结构类型。本章的重点主要考虑这些结构物的功能性设计(波浪爬高、越顶和平面布置等)和结构稳定性(护面层、滑移、倾覆等)设计，总结了目前美国、欧洲和日本最新最可信的概率设计方法。关于这些主题有大量参考文献以及大量的详细设计实例。我们这里提供了主要文献的网站链接，感兴趣的工程师可以查阅这些资料以了解细节。

未来，相对海平面加速上升(包括局部沉降)将会增加造成更大破坏的潜在风险，并降低现有海岸防护系统的恢复能力。随着时间的推移，用于海岸防护的硬结构物设计将不断发展。随着海平面上升速度的加快，需要更多经验丰富的工程师开展更多的基础研究。

用硬结构保护海岸线一直以来都是传统的抵御来自海洋强大作用力的海岸防护方式。自20世纪50年代以来，沿海人口增加，旅游业发展和公众对环境的关注导致了传统防护方式的转变。海岸线稳定结构物和天然泥沙的补给(第5章)常常成为目前海岸防护的首选。在本章中，硬结构主要指：①海岸防护结构(海堤、堤坝、护岸等)；②海岸线稳定结构(岬角、防波堤、丁坝、暗礁、岩床等)。这些结构的选择是对海岸防护的天然物理系统的改造。非结构物的替代方案(防洪、分区、后退等)是通过适应和调节的方法来改变建造环境。如图6.1所示，海岸防护形式有多种选择，而正确的选择取决于特定地点的设计约束条件，这也是海岸设计工程师的责任。

强大作用力源于：

(1) 产生水位上升、狂浪和强洋流的沿海风暴；

(2) 可能发生的海啸；

(3) 强大作用力可能导致的海岸侵蚀。

在本章中，“海岸保护”一词指的是用来降低这些强大水动力及由此产生的海岸侵蚀对人类、财产、基础设施和运输系统所造成的破坏性灾害后果。这些作用力对于开敞海岸与有限风区、水域、海湾和河口大不相同，因此海岸防护设计方案的选择总是应该因地制宜。

6.1节讨论了有关的设计标准。实践中已经从确定性设计演变为概率性设计，因此设计中需要波谱和相关的统计数据。海岸工程师是跨学科团队的成员之一，并始终受到五大设计约束(科学/技术、经济、环境、制度—政治—社会和美学)的限制。可持续的长久方案的

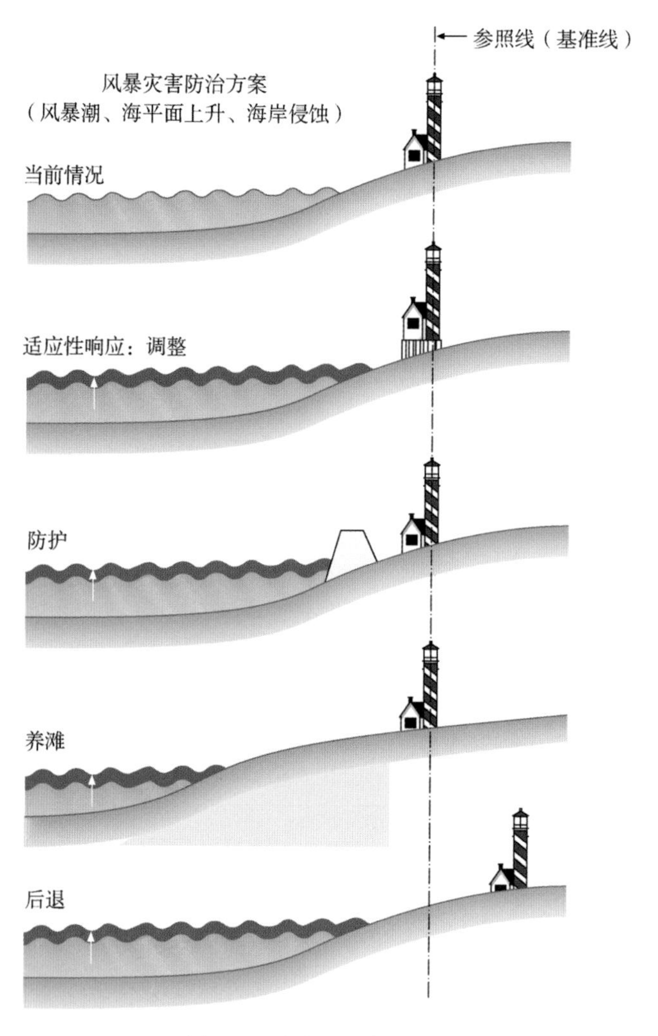

图 6.1　海岸防护备选方案

关键首先是为支付初始建设和工程使用维护期成本的公众（或顾客）提供设计方案中所明确定义问题和目的。沿海工程专业的实践远不止于在本章的下一节中对设计公式的建立和应用。

6.2 节简要总结了沿海防护结构的类型、功能设计和结构设计。

6.3 节则强调了岸线稳定结构的类型、功能和结构设计。

关于以上这些主题已有大量文献，这里主要使用的参考文献是美国陆军工程兵团的《海岸工程手册》[6.1]、由英国、德国和荷兰共同资助的《越浪手册》[6.2]、由建筑工业研究与情报协会(CIRIA)/CUR 资助的《岩石手册》[6.3]（Rock Manual）、Goda[6.4]总结的日本 PROVERBS 直立防波堤设计项目[6.5]和国际航运协会(PIANC)工作组的成果[6.6,7]。我们对文献进行了非常有限的概述和总结。

第 6.4.1 节列出了本书出版时一些参考文献的最新网站链接。由于设计实践的细节涉及广泛，负责任的工程师应该查阅这些参考文献以掌握具体细节。篇幅所限，本文不讨论潮汐河口的堤防(堤坝)、防洪墙和移动闸门结构,但本文提供了这些结构物的波浪爬高、越顶和直墙上波浪作用力设计的有关数据。

未来,相对海平面的加速上升(RSLR)(包括局部下沉速率)将可能带来更多的破坏性风险,并降低现有海岸防护系统的恢复能力。第 6.4.2 节提供了一些维护人类在沿海地区可持续发展的最佳备选方案的建议。随着时间的推移,用于海岸保护的硬结构设计将不断发展。未来随着海平面上升的速度加快,需要更多经验丰富的工程师开展更多的基础研究。

6.1　设计标准、原理和限制条件

6.1.1　水位

水深可以说是海岸结构设计中最重要的独立变量。根据定义,当结构物位于或靠近海陆边界(海岸)时,较浅的水深限制了波浪破碎的波高。低压风暴和飓风产生的风暴潮,在风暴期间可以显著增加局部水深,当波浪再次达到破碎水深前会生成更大的台风浪,并导致作用在结构物上的更高荷载。图 6.2 描述了切萨皮克湾内水位(1929 年国家大地高程基准面)与重现期 T_r 以及超越概率 P 之间的关系(数据来源于美国海洋暨大气总署(NOAA)/国家海洋服务(NOS)的 Sewells 验潮站)。伊莎贝尔飓风(Hurricane Isabel)在 2003 年 9 月 18 日时水位为 2.38 m(7.82 英尺),是自 1927 年开始记录以来的第二高水位。而该位置的平均潮差为 0.82 m(2.7 英尺)。显然,结构设计时必须考虑水位的概率变化。

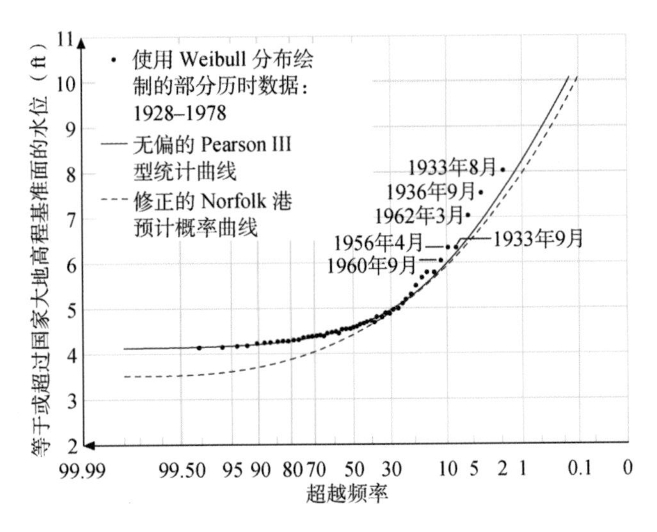

图 6.2　水位超越频率曲线,弗吉尼亚州诺福克市 Sewells 验潮站历时 61 年的数据集

风暴潮主要体现实际测量的潮位和预测的天文潮二者之间的差异。如果伊莎贝尔飓风(2003 年 9 月 18 日)在 10 天后的大潮期间发生,那么在 Sewells 验潮站(弗吉尼亚州诺福克)测得的水面高程将增高 0.26 m(0.85 ft),成为 1927 年以来的最高纪录。下面是几种曾经使用过的洪水频率分析方法:

（1）仅基于历史风暴数据的估算；

（2）经验模拟技术（EST）；

（3）联合概率法（JPM）；

（4）蒙特卡罗模拟方法。

全球范围内许多验潮站的历史风暴数据的记录时长（年）通常较短，但风暴潮事件的总数较多。风暴事件可能包括热带和温带风暴。Coles[6.8]提供了一个极端洪水事件的概率模拟实例。

Scheffner 等人[6.9]开发了经验模拟技术（EST），可以生成一个风暴合成序列。如上述伊莎贝尔飓风的例子，在假设每个风暴可能由不同潮相和潮差的不同组合产生的基础上，历史风暴数据可以进行扩展。完整细节可以参考文献[6.10]。EST 方法可以应用于热带和温带风暴。

由于产生沿岸风暴潮的飓风内部联合变量概率已经相当清楚，联合概率方法（JPM）主要应用于热带风暴（飓风）。目前已经开发了一种改进的 JPM-OS 方法[6.12]，并被应用于温带风暴事件。

蒙特卡洛方法[6.13]与联合概率方法（JPM）相类似，依赖于为表征风暴所需参数建立的概率分布估计，但是采用随机数发生器来为每个参数取值。蒙特卡罗方法所产生的每个风暴等效于产生一个长系列的历史风暴，用高速计算机生成成千上万次的风暴，可以改善极端风暴事件的外推精度。

对于飓风来说，文献[6.14，15]和文献[6.12]推荐使用联合概率方法（JPM）。

第 5 章讨论了海岸沉积物输运过程（侵蚀和淤积），该过程也可能改变水下地形，从而改变海岸和结构物附近的水深和波浪条件。现在，在设计中可以通过数值模拟考虑结构物附近的水深变化。

在确定性设计方法中，通常仍选择某个级别的重现期。在下面讨论的现代方法中，基于风险的方法将考虑整个超越概率曲线。

最后，结构物处的波浪条件将导致波浪增水，$\bar{\eta}$ 是由近岸波浪引起的在时间上平均的水位增高。当地海滩坡度是一个重要因素。Dean[6.16]建议可以使用 $\bar{\eta}/H_s=0.911\pm0.100$ 作为海岸最大波浪引起增水的参考值。然而，实际情况应该使用与岸线垂直方向的波浪变形模型来计算增水，因为破波带的水位是一个复杂的非线性过程，取决于近岸地形和波浪破碎的细节，经验关系并不准确。

6.1.2 波浪条件

海洋波浪力学机制、近岸波浪模拟和水动力学（波生流、潮流）已在第 4 章讨论。实际的海洋表面变化在空间和时间上是不规则的，因此必须采用一些统计的特征波高和波周期来进行结构物设计。最常见的选择是有效波高 H_s，它是在时域中由下跨分析方法（下跨法）确定的，在 17～20 分钟内水面变化记录中取最大的三分之一波高的平均值。下跨法应用于跨零分析，并能够正确捕捉真实的波高（从前一波谷到后一波谷间波面的垂直距离）。然后，用平均时间周期 T_m 作为特征波周期。

另一种常见的选择是对水面记录进行频域内的频谱分析以确定频谱有效波高 H_{mo} 和谱峰周期 T_p。第三个波周期的定义，即谱矩周期（或换言之，一阶矩周期）$T_{m-1.0}=(m_{-1}/m_0)$

也较为常用，因为它赋予波谱中较长的周期更大的权重，并且与波谱类型无关。这些通常用于海岸结构物上的波浪爬高和越浪计算，下面将详细讨论。波谱可能包含两个峰值，代表了来自不同方向的波浪，从而生成结构物设计所需的海况和涌浪(swell)条件。波浪方向和风暴持续时间是功能性和结构性设计时所需的附加变量。

基于风险的设计方法还需要对多年的波浪数据或波浪信息进行分析。图 6.3 展示了加拿大休伦湖(Lake Huron)最东端一个位置的波浪威布尔(Weibull)分布换算变量 W(reduced variate)相对于极值有效波高 H_s 的曲线，其中有效波高通过超阈极值法(POT)确定。POT 法将相关的波高分离为独立的风暴事件，而换算变量只是简单对风暴超越概率进行坐标变换，从而生成一条直线以用于外推波高极值[6.17]，这个例子很好地解释了如何将 POT 法应用于工程实例。如果由于波浪破碎条件下的水深限制了波高，那么在极高重现期条件下由此计算得到的波高极值有可能永远无法出现。符号 $\hat{H}_s^T$ 用来对每 T 年中超过有效波高 H_s 的值进行平均从而得到中心估值(下标 s 和上标 T 代表中心估计)。

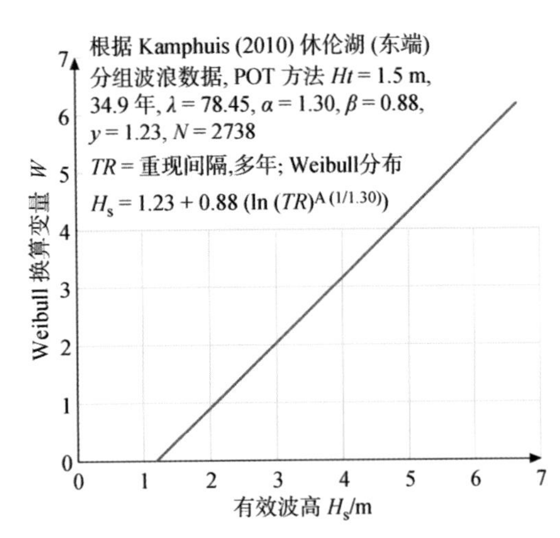

图 6.3　休伦湖东海岸历时 34.9 年有效波高极值的 Weibull 分布

最后，岸线稳定结构物(近岸防波堤、丁坝群等)的功能设计还要提供平均、年、季节性周期的波候要素(波高、周期和方向)。在美国，美国陆军工程兵团波浪信息研究中心(WIS)提供了大西洋、太平洋、墨西哥湾和五大湖沿岸的全波候要素。

6.1.3　结构物上波浪破碎条件

在坡度为 $\tan\alpha$ 的结构物(包括海岸)上会发生不同类型的波浪破碎(激破、崩破、坍破和卷破)。波陡是指波高 H 与波长 L 的比值，通常定义深水波长为 $L_0=(g/2\pi)T^2$，显然，根据定义不规则波波陡是由所采取的特征波高 H 和特征周期 T 来决定。

破波(相似)参数 ξ 是结构物坡度与波陡平方根的比值，在许多用于海岸结构物功能性和结构性设计的经验公式中都有使用。下文将进一步解释不同类型的波浪破碎过程将如何产生不同结果。

6.1.4　概率设计

结构物设计通常可以考虑三个不同水准的概率设计。这里我们采用了 I 级(最低级)方法，该方法在设计结构物的稳定性方程中简单地采用了与特征荷载相关的部分安全系数 γ_H 和特征阻力 γ_Z。设计人员选择与失效等级相应的概率 p_f 和由变异系数确定的不确定程度 σ'(σ' 为标准差 σ 除以平均值)。下面将详细讨论在设计中用于体现可靠性所常用的部分安全系数法。

6.1.5 海岸风险

脆弱性曲线是描述荷载(力)超过海岸系统在全部荷载范围内可能遭受的失效概率函数[6.18]。参考文献中的这些作者们讨论了四种方法[判断、经验、分析(模型)和各种方法组合]来绘制脆弱性曲线。这里没有讨论如何定义海岸系统的荷载。在此,我们将荷载定义为海岸风暴。

失效概率是灾害超越概率(海岸风暴)和灾害对海岸系统破坏概率的卷积[6.17]。海岸风险则是在所有海岸风暴中,失效概率乘以所有后果(经济、结构、功能、生命损失、环境等)的简单加和。

恢复力是系统在扰动后保持和恢复其结构性和功能性状态的能力[6.19]。扰动是指短期内作用于海岸系统组成部分的过度作用力以及可能损害系统功能的过程(荷载或海岸风暴)。本文作者讨论了海岸系统的三种恢复力(生态、工程、社区),并侧重讨论了工程恢复力,引用 Saffir-Simpson 飓风风速等级作为海岸风暴扰动等级的例子。如果扰动水平(海岸风暴)超过临界水平,则系统性能损害程度和损害持续时间都可能超过海岸系统恢复力的管理目标。

我们需要采用脆弱性曲线来量化风险,从而量化海岸系统设计的恢复力。绘制脆弱性曲线必须量化荷载或扰动的强度以及海岸风暴的剧烈程度。过高的水位(风暴潮)、波浪条件(波高、周期、方向)和风暴持续时间都会增加海岸风暴的强度。长期以来,海岸科学家和工程师一直在关注这三个因素如何组合。

6.1.6 海岸风暴剧烈程度指数

海岸风暴的定义可能取决于波高或水位(特定地点),有时则取决于风暴事件的后果。例如,位于美国东海岸大西洋中部的北卡罗来纳州杜克的陆军工程兵团现场研究设备(Field Research Facility,FRF)使用平均有效波高加上平均值的两个标准差(在近海深水浮标处测量)来定义海岸风暴的发生[6.20]。然而,意大利政府则用亚得里亚海气象条件引起的威尼斯圣马可广场洪水来定义海岸风暴,其后果是财产损失、旅游中断等,因此,在威尼斯用洪水水位来定义发生海岸风暴。目前为止还没有已知的、被普遍接受的海岸风暴的流体动力学定义。将波浪、水位、水流和风暴持续时间合并为一个数字作为定义海岸风暴冲击(coastal storm impulse,COSI)参数是一种可能的方法[6.21]。

6.1.7 设计限制条件

工程的定义就是在限制中设计。海岸工程设计受到我们对科学和工程本质理解的限制;受到经济(成本)的限制;受到对环境影响关注的限制;受到社会、政治和体制问题的限制;也可能受到美学的限制。文献[6.1]详细讨论了设计的限制。本章仅从科学和工程的角度讨论了我们在海岸保护设计中对防护和稳定结构物的理解。

6.2 海岸防护结构

6.2.1 类型和目的

如图 6.4 所示,有许多不同类型的海堤、堤坝、岸壁(驳岸)和护岸,其功能也是各不相同的。海堤减轻了在其后方洪水和波浪力所造成的损害；岸壁防止后方的泥沙滑入海中；护岸则保护海岸免受侵蚀。但是，它们都具有以下的共同点：

（1）位于水/陆交界处；

（2）固定（防护）海岸线，使其不产生位移；

（3）是有一定构造和顶高程，从而决定了结构所在位置处给定水位和波浪条件下的爬高和越浪量。

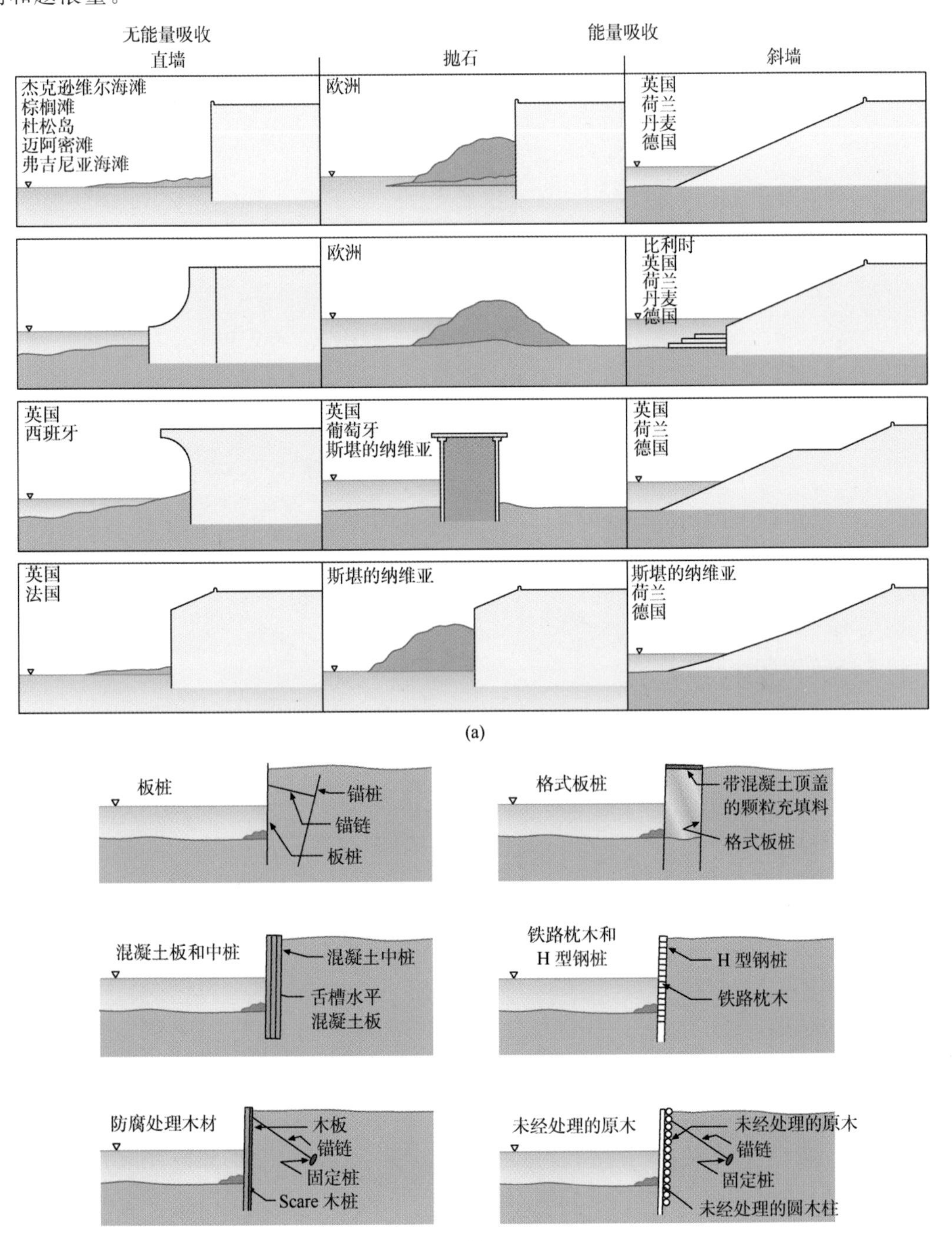

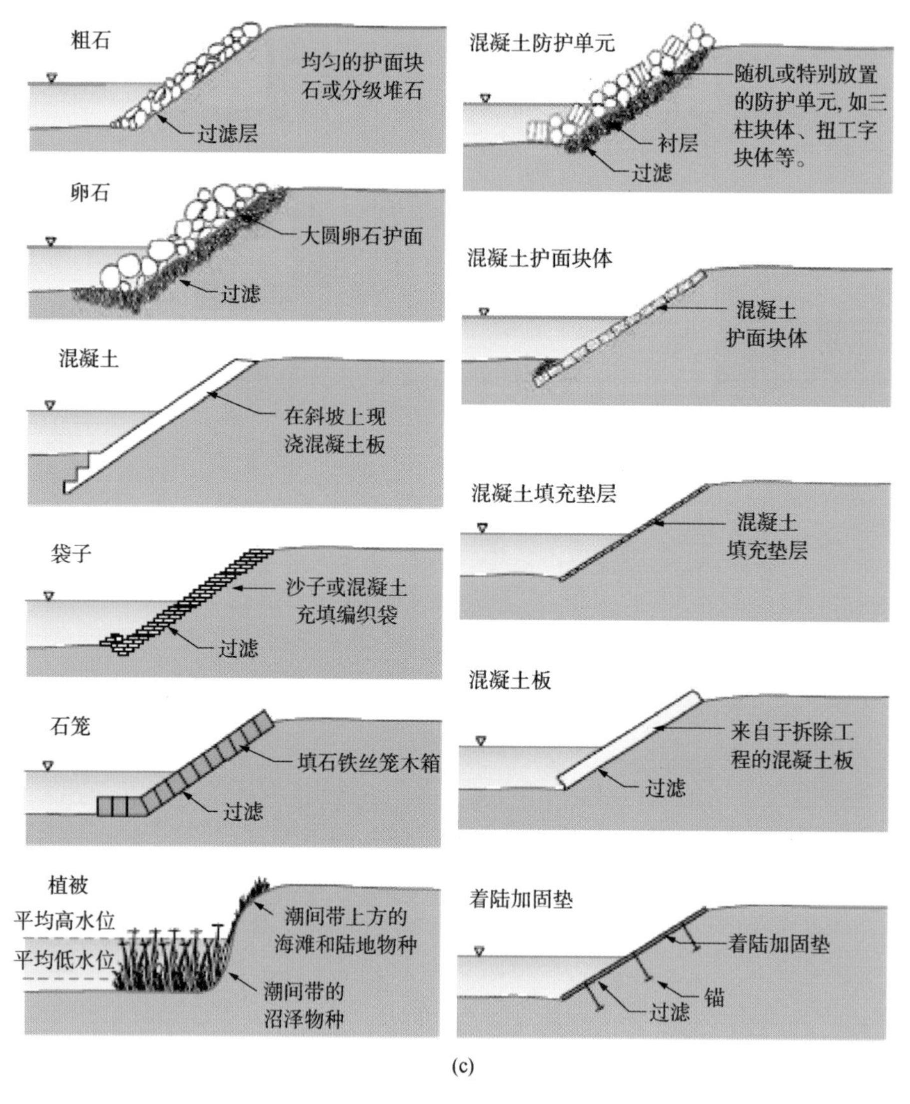

图 6.4 (a) 典型的海堤类型;(b) 典型的悬臂梁和锚定岸壁(驳岸);(c)具有护岸的典型堤防

6.2.2 功能设计

海岸防护结构的功能性设计涉及波浪爬高、越浪、波浪传播和反射的计算。这些技术因素以及经济、环境和其他限制条件结合在一起来确定结构物的顶高程。由于篇幅限制，我们只考虑波浪爬高和越浪。

1) 波浪爬高

如图 6.5 所示，波浪爬高 R_u 被定义为波浪可以达到的静水位以上的垂直距离。通常的做法是考虑不规则波波高服从瑞利(Rayleigh)分布，并将由超出 $i\%$ 的波浪爬高水平定义为 $R_{ui\%}$。一种常见的无量纲公式[6.23]是

$$\frac{R_{ui\%}}{(H_s)_{toe}} = (A\xi + C)\gamma_r\gamma_b\gamma_h\gamma_\beta \tag{6.1}$$

式中，H_s 是在结构物坡脚处的有效波高；ξ 是破波（相似）参数；A 和 C 是与 i 值有关的实验室和现场值的经验系数。γ 则是综合考虑糙率、戗台、浅水深和迎浪角的折减系数，下标分别为 r，b，h 和 β。

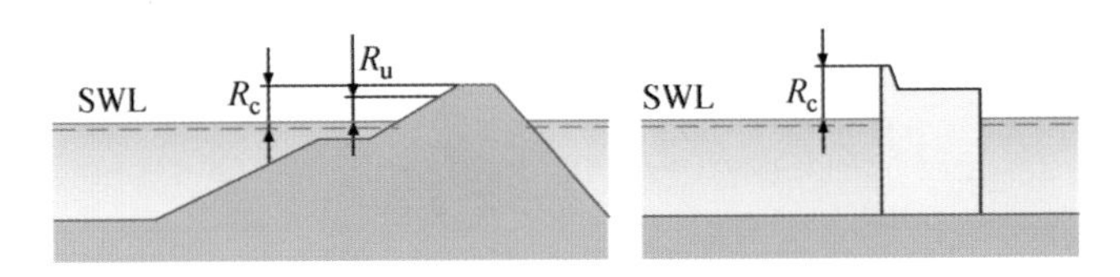

图 6.5　波浪爬高 R_u 和堤顶出水高度 R_c 的定义

关键的自变量是破波（相似）参数 ξ，通常在文献中有三个不同的定义，取决于选择哪个不规则波周期 T 来定义深水波长 L_0 和波陡 $S_0 = H_s/L_0$。研究人员分别采用了平均波周期 T_m、谱峰周期 T_p 和谱矩周期 $T_{m-1.0}$。由于结构物坡度和波陡会触发不同类型的破波（激破、崩破、坍破和卷破[6.23]），对于特定的结构物，系数 A 和 C 随 ξ 变化。Hunt[6.24] 首先将破波（相似）参数引入公式(6.1)。

对于非越顶波况下堤顶高程的设计，长期以来一直选择 2% 的波浪爬高值。这个值的选择一直可以追溯到 1932 年荷兰的《EurOtop 手册》[6.2]。

J. P. de Waal 和 J. W. van der Meer[6.25] 研究了光滑、粗糙和块石护面的不透水堤（堤坝和堤防）。使用谱峰周期 T_p 来定义 ξ_{op}，$i=2\%$ 超越标准的波浪爬高，$R_{u2\%}$ 取决于破碎类型。当 $\xi_{op} \leqslant 2$ 时，$A=1.5$，$C=0$；当 $2<\xi_{op}<3 \sim 4$ 时，$A=0$，$C=3.0$。变异系数 $\sigma'=0.085$。当防渗表面变得粗糙时，γ_r 在 0.5～0.6 的范围内。《海岸工程手册》CEM 中表 VI-5-3 给出了其他折减系数。

J. W. van der Meer[6.26] 详细研究了具有透水和不透水心墙的块石护坡波浪爬高（抛石防波堤）。透水结构物的无量纲波浪爬高公式形式稍微复杂一些。

$$\frac{R_{ui\%}}{(H_s)_{toe}} = A\xi + B\xi^C + D \tag{6.2}$$

使用平均波周期 T_m 来计算用于实验数据相关性分析的破波（相似）参数 ξ_{om}。对于不透水的心墙结构，透水系数 $P=0.1$；透水结构物，$P=0.5$（图 6.12 给出了 P 的描述）。

对于不透水的心墙结构，在 2% 的超越标准下：当 $\xi_{om} \leqslant 1.5$ 时，$A=0.96$，$B=D=0$；当 $1.5<\xi_{om} \leqslant 3.1$ 时，$A=0$，$B=1.17$，$C=0.46$，$D=0$。对于透水心墙结构，除 $\xi_{om} \geqslant 3.1$ 时，$D=1.97$ 外，A、B 和 C 系数取值相同。CEM 还给出了用于式(6.2)中的超越标准 i 取其他值的时候 A、B、C 和 D 的取值。见《海岸工程手册》CEM[6.1]中的表 VI-5-5。

但上述都是针对结构物坡脚处某种范围的有效波高 H_s。而对于具有非透水/透水心墙的块石护坡在某些重现期失效概率 P_f 下的波浪爬高现在可以通过平均有效波高 $\hat{H}_s^T$ 进行全概率处理。完整的细节参见 de Waal 和 van der Meer[6.25] 的工作总结（见 CEM[6.1]表中 VI-6-17）。

迄今为止还有许多可用的公式。在 EurOtop 项目所采用的实验条件范围内，可以参考《EurOtop 手册》[6.2] 计算波浪爬高高度。这些参考文献的作者在他们所有工作中都采用了谱矩周期 $T_{m-1.0}$ 来定义 $\xi_{m-1.0}$，以便更好地将较长周期的波纳入波浪爬高经验公式及其系数之中。

美国陆军工程兵团开发了一种水动力数值模型(CSHORE)来确定海岸结构物和海滩上的波浪爬高。美国联邦紧急事务管理局(Federal Emergency Management Agency,FEMA)资助了一项研究[6.27],该研究认为 EurOtop 在其实验条件范围内(地形和波浪水位)的结构物上波浪爬高相较于 CSHORE 有更好的处理能力。然而,对于复杂的近岸水深和超过 EurOtop 波浪和水深范围的复杂结构,CSHORE 可能显示出更好的处理能力。CSHORE 还可以预测会显著影响波浪爬高的风暴事件引起的海滩横向形态变化。

波浪越顶与波浪爬高和结构物的顶高程有关。

2) **波浪越顶**

如图 6.5 所示,当最高的波浪爬高 R_u 超过堤顶出水高度 R_c 时,就会发生波浪越顶。对于图 6.4 所示的几乎所有海岸结构物,在极端风暴事件期间堤顶高程都会被一些波浪所超越。从实用性目的和设计限制的角度出发,上述讨论的结构物设计顶高程允许结构物在使用期内会发生一些波浪越浪。越过结构物的单个波浪在空间和时间上差异很大,因此平均越浪量可能是单个波浪极值的一小部分。在大多数情况下,平均的允许波浪越浪量 q(m^3/s/结构长度)决定了结构物的顶设计高程。

多年来,许多研究者一直在进行临界的可接受的越浪限制的现场研究。图 6.6 是美国、荷兰、意大利和日本研究人员编写 CEM 的综合成果。设计者必须首先从图 6.6 或者标准、当地经验及客户有根据的推测得到 q 的允许值。例如,美国政府联邦紧急事务管理局(FEMA)发布了关于海岸结构物后方的洪泛区(洪水风险保险区)可接受的平均越浪量的建议值[6.28]。对于 AO 区域(1 m 水深),可接受的 q 是 9.3～93 L/s/m。然后可以参考图 6.6 来了解结构物、交通工具和行人的安全情况。如果不能接受的话,可以通过增加结构物顶高程以降低采用合适的计算公式得到的平均越浪量。

图 6.4 中的结构断面展示了四种不同形式结构的基本类型:单一斜坡、有戗台的斜坡、有顶墙的斜坡和直墙(有/没有挑浪的顶端)。因此,文献中出现了许多不同的越浪公式(见 CEM[6.1]表 VI-5-7 中从 Owen[6.29,30]至 Pedersen[6.31]的 8 种常用公式)。由于篇幅限制这里只介绍单一斜坡和有戗台不透水斜坡[6.32]的实例。然而,这些公式考虑了表面糙率、浅水、斜向波和短峰波的影响,非常实用。采用破波(相似)参数 ξ_{op}。

当 $\xi_{op}<2$ 时,

$$\frac{q}{\sqrt{gH_s^3}}\sqrt{\frac{s_{op}}{\tan\alpha}}=0.06\exp\left(-5.2\frac{R_c}{H_s}\sqrt{\frac{s_{op}}{\tan\alpha}}\frac{1}{\gamma_r\gamma_b\gamma_h\gamma_\beta}\right)\tag{6.3}$$

适用范围是

$$0.3<\frac{R_c}{H_s}\sqrt{\frac{s_{op}}{\tan\alpha}}\frac{1}{\gamma_r\gamma_b\gamma_h\gamma_\beta}<2\tag{6.4}$$

当系数为5.2时,不确定性 $\sigma'=0.55$。

当 $\xi_{op}\geqslant 2$ 时

$$\frac{q}{\sqrt{gH_s^3}}=0.2\exp\left(-2.6\frac{R_c}{H_s}\frac{1}{\gamma_r\gamma_b\gamma_h\gamma_\beta}\right)\tag{6.5}$$

当系数为 2.6 时,不确定性 σ' 为 0.35。

所有的符号定义与波浪爬高公式相同,包括糙率、水深和波浪斜向入射角的折减系数。短、长峰波的修正见 CEM[6.1]中表 VI-5-11。任意组合的 γ 因子最小值是 0.5。CEM 没有

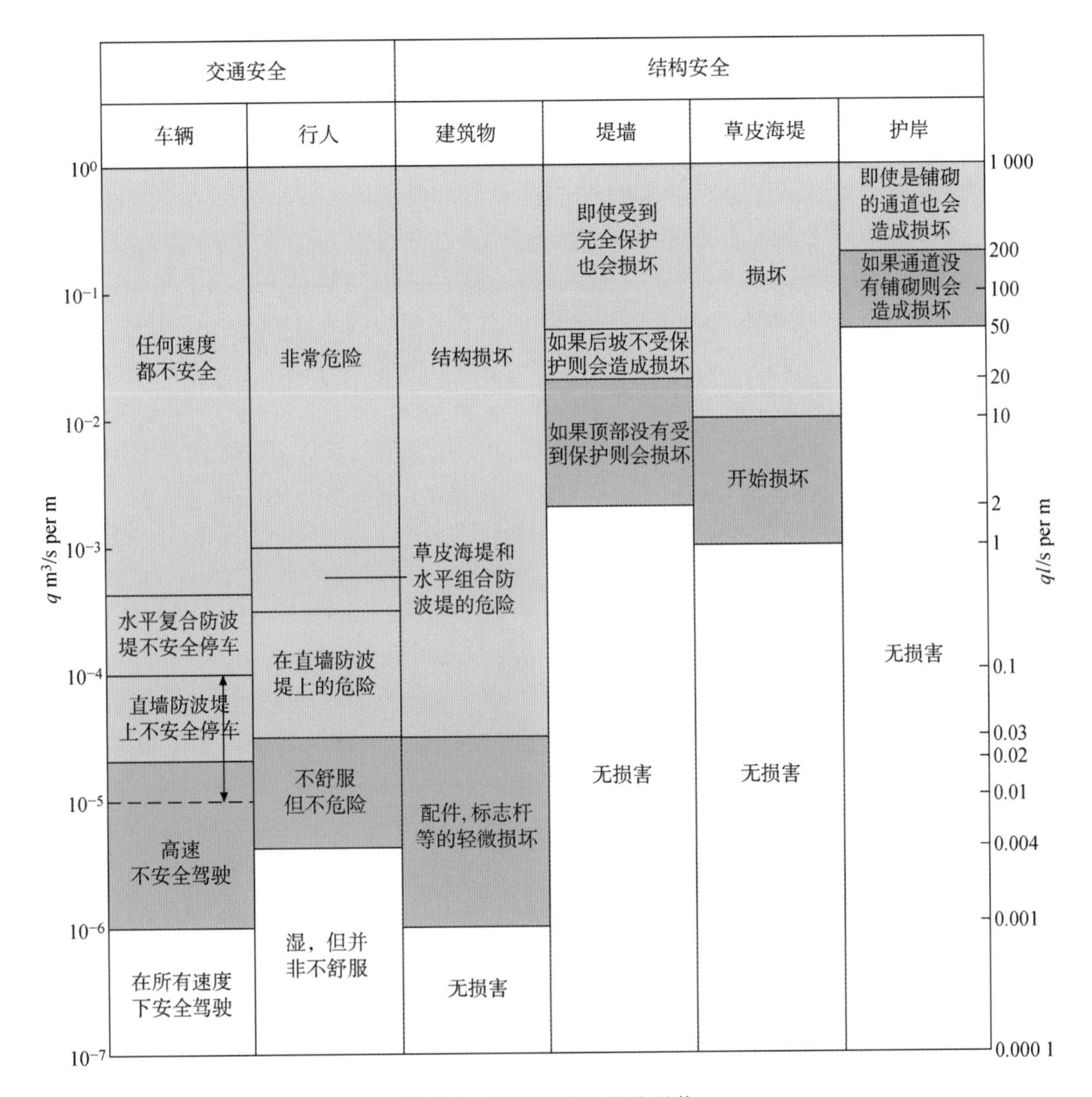

图 6.6　平均越浪量的临界值

涵盖直墙的波浪越浪公式，北欧最近的研究工作为《EurOtop 手册》中的波浪越浪提供了更广泛的处理方法。

2007 年 8 月，来自英国、德国和荷兰的研究团队出版了“海上防护和相关结构物的越浪：《评估手册》”(通常被称为《EurOtop 手册》)。该出版物是北海和波罗的海海岸研究和技术第 73 号档案文件[6.2]。它取代了这三个国家以前采用的手册，并提供了许多从欧盟(EU)和国家级项目(OPTICREST、PROVERBS、SHADOW、VOWS、BIG-VOWS、ComCoast 等)获得的重要的新信息，并在 CLASH 项目中延续发展。CLASH 是 crest level assessment of coastal structures by full scale monitoring, neural network prediction and hazard analysis on permissible wave overtopping 的首字母缩写，即项目名称为“通过全尺度监测、神经网络预测和允许越浪量的灾害分析对海岸结构顶高程之评价。”[6.33]

这也是欧共体第五次框架项目。这个国际项目得到的关键最终成果就是为全世界海岸工程界提供实用、在线、免费的 EurOtop 计算工具。

分析的结构物类型包括：如图 6.7 所示的直立堤和陡墙；阶梯式结构；海堤和护岸；抛石护面和抛石堤；以及阶梯式和组合结构物。该工具提供 3 种计算方法（经验、越浪公式和神经网络法），但并不适用于每种结构物类型。

EurOtop 计算工具的优势在于包含了大量的结构物类型，整合了最新的国际现场研究工作的成果。缺点在于必须手动输入感兴趣点的水位和波况。计算工具中所采用的公式文档在网站 www.overtopping-manual.com 的评估手册中进行了讨论。一些公式与 CEM 中使用的相同，例如 van der Meer 和 Janssen[6.32] 的不透水斜坡的计算公式。

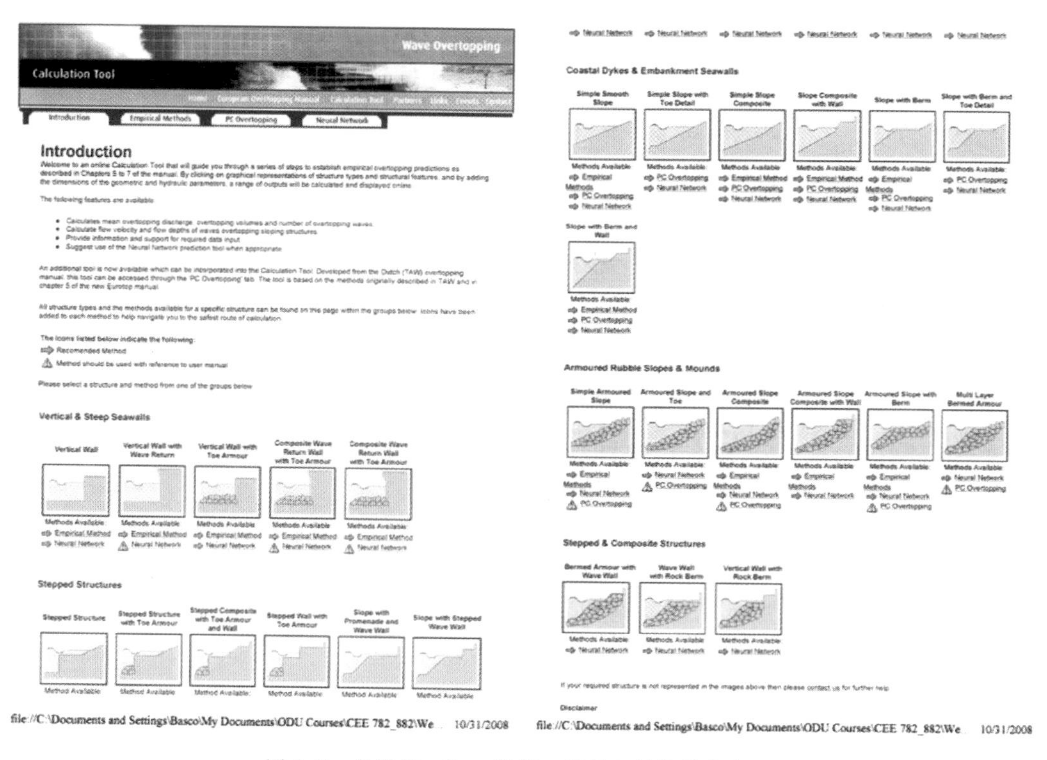

图 6.7 在线 EurOtop 计算工具处理的结构物类型

6.2.3 结构设计

海岸防护结构的结构设计涉及可能引起结构物整体部件的运动（滑动、翻倒、倾覆等）或者结构物中单个块体（块石）和混凝土防护层失去稳定性的水位和波浪力（以及可能的冰荷载）。结构稳定性是风暴条件下的设计目标。对于给定的设计限制（经济、环境等），在更加极端的风暴条件下很可能会造成损失，因此在项目的初始设计阶段必须始终考虑维护成本。我们在此考虑整体浇铸的沉箱式、直墙结构和块石（抛石）护岸。直立式海堤的设计水位和波浪荷载与本文中研究的沉箱类似。这里所包括的抛石（块石）防波堤的稳定性将在第 6.3 节进一步讨论。使用“rubble”这个词来表示块石结构的起源尚未可知。

对使用沉箱式直墙结构还是抛石防波堤结构的选择取决于许多因素，其中水深是最重要的因素之一。在深水中，沉箱类型的横截面积最小，因此成本也是最低的；而在浅水中，抛石类型的材料成本较低。在可行性研究中应考虑到没有同时适用于这两种类型的通用设计规则。

Oumeraci 等人[6.5]引述了以下关于进行整体浇铸的沉箱式结构研究的原因：欧洲灾难性事故需要在水深更大的地方建设防波堤，需要环境友好的结构物，需要考虑多用途结构物以及在海堤设计应用中的潜力，因此开展了如下所述的 PROVERBS 项目。

1）直墙、沉箱式的结构物

在没有波浪条件下，直墙上的水压分布为静压，在水面为零，水面以下的任意距离 z（水面以上为正）处水压为 $-\rho z$。ρ 为流体的质量密度。直墙上单位宽度的静水平力为 $\frac{1}{2}\rho g h^2$，其中 h 是壁面处的流体水深。风暴引起增水，并引起波浪在墙面反射和破碎，大大增加了直墙上的水平力。世界各地长期以来的研究努力得到了许多公式，用于计算直墙上的波浪压强和作用力。

日本海岸工程师通过开创性努力，得到了在非破波和破波条件下的沉箱式结构物上的波浪压强和作用力的实用公式。这里列出一些结果。

图 6.8（摘自 CEM[6.1]）给出了由 Goda[6.34]和 Tanimoto[6.35]提出的不规则波主要压强分布及其变量，这里称为 Goda 公式。

$$\eta^* = 0.75(1+\cos\beta)\lambda_1 H_{\text{design}} \tag{6.6}$$

$$p_1 = 0.5(1+\cos\beta)(\lambda_1\alpha_1 + \lambda_2\alpha_*\cos^2\beta)\times\rho_w g H_{\text{design}} \tag{6.7}$$

$$p_2 = \begin{cases} \left(1-\dfrac{h_c}{\eta^*}\right)p_1 & \text{for } \eta^* > h_c \\ 0 & \text{for } \eta^* \leqslant h_c \end{cases} \tag{6.8}$$

$$p_3 = \alpha_3 p_1 \tag{6.9}$$

$$p_u = 0.5(1+\cos\beta)\lambda_3\alpha_1\alpha_3\rho_w g H_{\text{design}} \tag{6.10}$$

其中，β= 波浪入射角；

$$\alpha_* = \alpha_2$$

$$\alpha_1 = 0.6 + 0.5\left[\frac{4\pi h_s/L}{\sinh(4\pi h_s/L)}\right]^2 \tag{6.11}$$

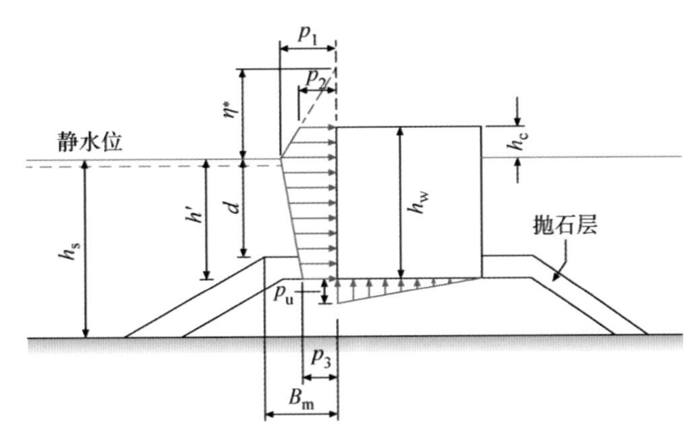

图 6.8　不规则波 Goda 公式中的术语定义

$$\alpha_2 = \text{the smallest of } \frac{h_b - d}{3h_b} \times \left(\frac{H_{design}}{d}\right)^2 \text{ and } \frac{2d}{H_{design}} \tag{6.12}$$

$$\alpha_3 = 1 - \frac{h_w - h_c}{h_s}\left[1 - \frac{1}{\cosh(2\pi h_s/L)}\right] \tag{6.13}$$

- L＝水深 h_b 处的波长，即对应有效波周期 $T_s \simeq 1.1T_m$ 的波长，其中 T_m 是平均周期。
- h_b＝距离防波堤前墙向海 $5H_s$ 处的水深。
- λ_1、λ_2 和 λ_3 是取决于结构物类型的修正系数。对于传统的直墙结构，$\lambda_1=\lambda_2=\lambda_3=1$。其他结构物类型取值将在相关表格中给出。

在设计静水位(SWL)处，压强是 p_1，其计算取决于上面给出的公式中的许多系数，包括设计波高 H_{design}。在 Goda 公式中选择什么设计波高来计算 p_1 存在争论，下面将进一步讨论。结构物背浪面的水位与迎浪面水位是一样的，因此结构物上的静水压力被平衡，在此没有列出。

波浪正压强和向上压强分布产生的结构物单位长度的力和力矩可以很容易通过下面的公式计算(CEM[6.1]，表 VI-5-55)。重力 F_G 是空气中的沉箱重量与浮力 F_B 之间的差值。

$$F_H = U_{FH}\left[\frac{1}{2}(p_1 + p_2)h_c + \frac{1}{2}(p_1 + p_3)h'\right] \tag{6.14}$$

$$F_U = U_{FU}\,\frac{1}{2}p_u B \tag{6.15}$$

$$F_G = \rho_c g B h_w - \rho_w g B h' \tag{6.16}$$

其中：

- ρ_c＝结构物的质量密度
- ρ_w＝水的质量密度
- U_{FH}＝随机变量，表示 Goda 公式中与水平力相关的偏差和不确定性
- U_{FU}＝随机变量，表示 Goda 公式中与上托力相关的偏差和不确定性
- h'＝从坡脚到静水位的壁面浸没高度
- B＝结构物宽度。

在结构物坡脚处的相应力矩是

$$M_H = U_{MH}\left[\frac{1}{6}(2p_1 + p_3)h'^2 + \frac{1}{2}(p_1 + p_2)h'h_c + \frac{1}{6}(p_1 + 2p_2)h_c^2\right] \tag{6.17}$$

$$M_U = U_{MU}\,\frac{1}{3}p_u B^2 \tag{6.18}$$

$$M_G = \frac{1}{2}B^2 g(\rho_c h_w - \rho_w h') \tag{6.19}$$

van der Meer 等人重新分析了 Goda 公式中的不确定性和偏差[6.36]，并提出了这些方程中的水平和上托力与力矩(在结构物单位长度上)的修正系数 U。这些修正系数都小于 1，并与用于计算 p_1 的 H_{design} 值有关。

力矩的修正系数定义如下(其值在表 6.1 中给出)：

- U_{MH}：随机变量，表示与 Goda 公式中水平力矩相关的偏差和不确定性。
- U_{MU}：随机变量，表示与 Goda 公式中上托力矩有关的偏差和不确定性。

表 6.1　Goda 公式中力矩的修正系数

随机变量 X_i	平均值 M_{X_i}
U_{FH}	0.90
U_{FU}	0.77
U_{MH}	0.81
U_{MU}	0.72

有关上述 Goda 公式中列出的不确定系数 U 平均值的标准差和变异系数，请参见 CEM（[6.1]中表 VI-5-55）。

如图 6.9 所示，通常要进行三种稳定性检验（滑移、倾覆和底部承载力）以确定设计沉箱宽度 B。重力 F_G 仅仅是空气中的沉箱重量 W 与浮力 F_B 之间的差值，乘以滑移摩擦系数 μ 时产生与水平波浪力 F_H 对抗的滑移摩擦阻力 F_S。沉箱宽度 B 越大，滑移摩擦阻力越大，也就越能稳定结构物以防止滑移破坏。

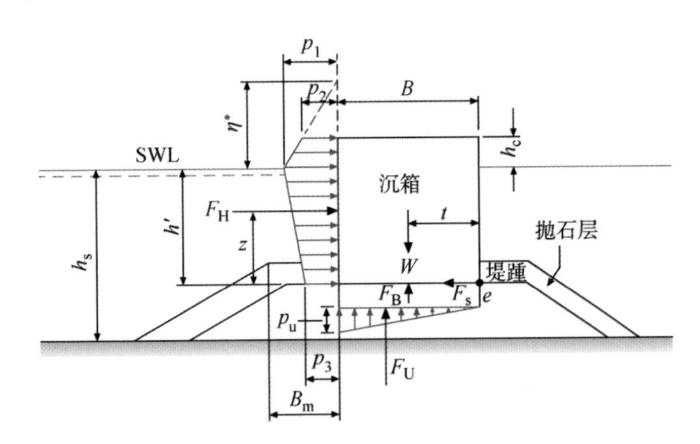

图 6.9　在沉箱结构物上导致滑移、倾覆和承载力

上托力 F_U 是假定上升压强三角形分布计算的结果，p_u 的最大值在三角形的前边。请注意 p_u 不等于 p_3。上托力臂为 $2/3B$；水平波浪力力臂是 z，在沉箱底部位置 e 处产生顺时针力矩。重力($W-B$) 乘以其力矩 t，产生在沉箱底部位置 e 的逆时针力矩，以防止沉箱翻转。这里再次说明，沉箱宽度 B 越大，对倾覆力矩的阻力越大，而稳定的结构物可以防止倾覆失效。

第三种失效检验通常是考虑沉箱结构物底部的土层承载力。篇幅限制不在这里进行讨论(CEM，[6.1])。

整体安全系数可以用于滑动、倾覆和承载失效的计算，但不推荐使用，因为它们与结构失效概率无关。现代概率设计方法使用的是分项安全系数。对于滑动失效，波高的荷载分项安全系数 γ_H 和摩擦系数的阻力分项安全系数 γ_Z，深水和浅水条件以及有和无模型试验的设计建议值请见 CEM 中的表 VI-6-24。注意，关于波高的变异系数 ρ' 的认知有两个水平，即良好的认识水平取值为 0.05，相对较差的认识水平取值为 0.2，用于估计相应失效概率 P_f 则分为五个层次(0.01、0.05、0.10、0.20、0.40)。对于沙质地基(表 VI-6-22)和黏土地基(表 VI-6-23)，倾覆分项安全系数(表 VI-6-25)和承载力失效的类似汇总表见文献[6.1]。

在文献[6.1]的所有分项安全系数表中，设计波高 H_{design} 设为给定重现期（上标 T）的有效波高（下标 s）统计概率长期分布的平均值（^符号），$\hat{H}_s^T$。Goda 建议在破波区海侧方向上使用 $1.8H_s$ 作为 H_{design}；破波区取最大波高作为 H_{design}。系数 1.8 的使用对应于瑞利分布中的 0.15% 超越值和总波浪个数中的 1/250 对应的值。在设计波高的规范中使用 $H_{design}=1.8H_s$ 相当于使用更高重现期的波高。例如，在图 6.3 中，如果设计波高为 4 m（$T=50$ 年），$1.8H_s$ 约为 7 m，重现期 T 相当于 5000 年。在文献[6.1]中所有分项安全系数表全部指定使用 $\hat{H}_s^T$。

最初的 Goda 方法通常用于较长结构物的设计，沿着结构物长度的方向有效地水平分布波浪荷载。如图 6.8 所示，对于非破波和破波，是通过应用最初 Goda 公式静水面压力 p_1 乘以一个安全系数，然后计算得到结构物单位长度上的波浪荷载的水平分布[6.37]。

然而，在一些波浪破碎的条件下，短时间内发生极高的波浪冲击（例如脉冲、砰击、撞击）荷载所产生的波浪荷载比原始公式估计得要大。考虑到这种冲击力，Takahashi[6.38] 修改了在静水位（SWL）处的压强 p_1。文献[6.1]建议，这些相对较小的室内模型结果不能正确包含墙面和砰击波之间的气袋影响。仍然推荐使用文献[6.39]中提到的 Minikin 方法[6.1, p. VI-5-162]，虽然众所周知，Minikin 方法提供的结果偏大很多。

为了提高对岩土方面和结构分析方面垂直防波堤设计的波浪冲击荷载的认知，产生了欧盟（1994（1998）的垂直防波堤概率设计工具 PROVERBS 项目（PRObabilistic design tools for VERtical BreakwaterS）。成果总结如下。

Oumeraci 等人[6.5]总结了 PROVERBS 项目的结果。这里只介绍波浪的影响。有兴趣的读者可以参考这个文献，以了解适用于垂直整体结构物设计的岩土方面、结构方面概率设计问题。

PROVERBS 项目取得了三项重大进展，即：

（1）开发了一个参数化决策图（见图 6.10），以提供计算程序来识别垂直结构物前的破波类型；

（2）破波类型取决于结构类型（识别和研究四种结构类型）以及靠近结构物的波浪参数；

（3）制定了一个 12 步骤的设计程序，包括计算所考虑的四种类型直墙结构上的波浪冲击力的新公式。

如图 6.10 所示，这四种结构类型是：垂直防波堤、低或高抛石防波堤（见图 6.9）、混合式防波堤和有胸墙的抛石防波堤。它们是由可以引起结构物上各种类型波浪破碎的相对堤坎（基床）高度 h_b^*，和相对护坡宽度 B^* 所确定。主要波浪参数是相对（受水深限制）有效波高 H_s^*，产生了四种不同类型的波浪破碎：准驻波、轻微破波、冲击波和破后波。小的、大的和超大的波浪都可以产生全部四种破波类型。

图 6.10 的底部给出了用相对波浪周期（t/T）表示四种类型破波所产生的相对水平力 $F_h^*(t/T)$（译者注：其中 t 为作用时间）。显然，波浪冲击会在结构物上产生最大的作用力。

推荐设计程序中的 12 个步骤如下：

• 步骤 1：确定主要的几何和波浪参数。应考虑各种可能的水位，因为它们会产生不同的相对堤坎高度 h_b^* 和相对波高 H_s^*。

• 步骤 2-4：估算波浪力和压强分布。使用 $H_{max}=1.8H_s$ 由上面的 Goda 公式[6.34]来得

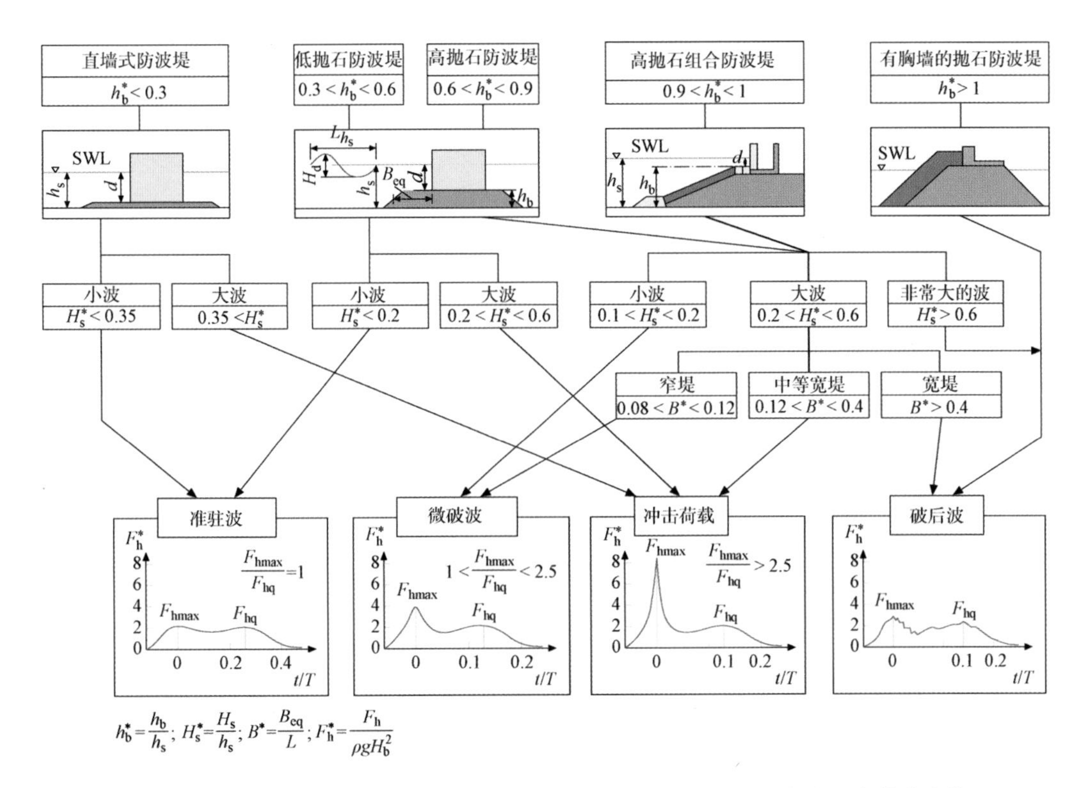

图 6.10　4 种结构物类型和 4 种不规则波形式组合产生不同波浪荷载的参数化决策

到结构物上波浪力和压强的第一个估计值。

• 步骤 5：使用参数图确定加载情况（见图 6.10）。关键性决定参数是 h_b^*、H_s^* 和 B^*。例如，对于低抛石防波堤（$0.3<h_b^*<0.6$），如果有大浪（$0.2<H_s^*<0.6$），则设计结构物尺寸必须采用冲击荷载公式确定。

• 步骤 6：初步计算冲击力。如果步骤 5 的结果表明有轻微的破碎或冲击荷载，则用估计的水平力 $F_h=15\rho wgd^2(H_s/d)^{3.134}$[6.41] 作为参考值。

• 步骤 7：估算产生影响的波浪破碎的百分比（$P_{i\%}$）。使用结果决定并确认以下 $P_{i\%}$ 的分级标准对应的荷载类型：

-$P_{i\%}<2\%$：小破碎。波浪荷载基本不破碎。

-$2\%<P_{i\%}<10\%$：破波会产生影响。

-$P_{i\%}>10\%$：严重破碎，可能会造成冲击或破后波波浪力。

遗憾的是，篇幅限制不允许提供计算 $P_{i\%}$ 所需的程序和公式，读者可以参考 Oumeraci 等人的文献。

• 步骤 8：估算冲击力。这是 PROVERBS 项目中的一个关键结果，它提供了一个基于力统计分布的新程序[6.42]。相对波浪力 F_h^* 可从下式得到

$$F_h^*=\frac{\alpha}{\gamma}\{1-[-\ln P(F_h^*)]^{\gamma}\}+\beta \tag{6.20}$$

结构物上的波浪力 F_h 除以 ρgH_b^2 得到相对波浪力 F_h^*。H_b 是考虑局部折射、浅水效应和结构物的反射计算破波时单个或最大波高，其破碎的计算采用的是 Vrijling 和 Bruinsma[6.44]

以不规则波有效波高对 Miche 破碎公式的修正版本的方法[6.43]。在步骤 7 中首先通过计算 H_b 来找出 $P_{i\%}$。篇幅限制不允许我们解释所有细节。

F_h^* 表达式是一个广义极值(GEV)分布[6.8]，依赖于三个统计参数 α、β 和 γ 以及关于冲击力的非超越概率，即关键变量 $P(F_h^*)$。α、β 和 γ 的值取决于海床坡度和测量波浪力 F_h 的试验次数。PROVERBS 报告[6.5]推荐使用由接近原型条件的大尺度模型得出的 $\alpha=3.97$、$\beta=7.86$ 和 $\gamma=-0.32$。

• 步骤 9：冲击上升时间和持续时长。波浪周期内(见图 6.10 底部)的冲击荷载(力)峰值可以通过公式来表示，该公式认为作用力为时域三角形分布，得到在 90%的非超越水平下 F_h 最大值。

• 步骤 10：估计冲击下的上托力。得到上托力、上托力压强分布和上托力臂位置，计算结构物的稳定性。

• 步骤 11：比尺修正。对于步骤 6 和 7 中得到的冲击荷载，PROVERBS 给出了一些力计算的比尺修正。

• 步骤 12：压力分布。提出公式用于估算墙体垂直面上的压力分布，并得到水平力臂的位置。再次指出，当步骤 6 和 7 证明冲击荷载很重要时，应该使用冲击荷载的公式。

最后，篇幅限制不允许我们提供遵循步骤 9-12 所需的细节，读者可以参考 Oumeraci 等人[6.5]的文献，完成参数图(见图 6.10)，并将结果应用于直立整体结构物的设计。该文献其中一节包括了破后波冲击直墙的情况。

当直立防波堤由相对较短的单个截面组成时，卷破波突然直接作用的影响可能会沿着短沉箱段截面的长度方向作用。那么很明显，应该用 PROVERBS 项目中的冲击荷载公式来检查设计。

电子表格的开发极大地加快了设计进程。关键设计变量是决定成本的沉箱宽度 B。对于相同宽度的顶高程也是可以改变的，以便确定最小的沉箱横截面面积。

Oumeraci 等人[6.5]也收录了一节标题为“替代性低反射结构物”，即开孔直墙的内容。

总之，对于许多设计，使用图 6.10 来确定荷载情况，证明 Goda 方法[6.34]是恰当的。如果情况并非如此，在冲击荷载条件下按步骤 6-12 进行提供安全的设计。

2) 海堤和岸壁(驳岸)压力

如图 6.4 所示，(a)海堤和(b)岸壁由填土支撑，以抵御水压力和波浪力。海堤或岸壁墙上土荷载常常支配设计，这超出了本章讨论的范围。恰当的海堤设计需要海岸工程师(确定直墙上的波浪力和水压力，预估位于墙体地基的根部冲刷以确定最低的海滩高程，潜在的向下漂移影响等)；岩土工程师(确定墙后岩土性质，墙面上主动和被动的土压力压强，墙面上主动和被动的土作用力和力矩等)以及混凝土、钢和木(隔墙)方面的结构工程师(确定结构荷载、应力、材料强度等)的共同努力。美国陆军工程兵团诺福克地区办公室设计的弗吉尼亚海滩防波堤就是一个例子[6.45]。海堤和岸壁的设计将在本手册中用完整、独立的章节阐述。

3) 抛石结构

足够尺寸(重量或质量)的天然块石是全世界范围内为海岸线提供保护的常用材料。块石被用于由土质材料筑成的倾斜式堤岸和堤坝的外部防护层(护岸)[见图 6.4(c)]，而防波堤、丁坝和突堤的整个横截面可由抛石构成(见图 6.11)。在设计波浪条件下确定防护层的稳定尺寸(重量或质量)是海岸工程师的责任。

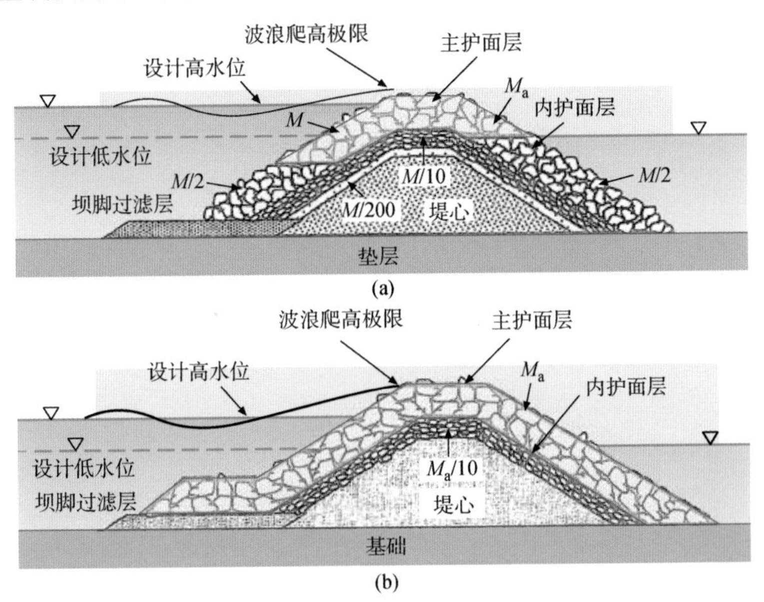

图 6.11　防波堤的横截面

(a) 深水　(b) 浅水情况

对于稳定的抛石结构,可以用很多变量决定所需的尺寸,从而控制护面块体的稳定重量(或质量)。表 6.2 列出了文献[6.47]中的主要变量。最初的讨论是针对具有足够高的顶高程的结构,以做到几乎没有波浪越顶。

表 6.2　影响护面块体稳定性的主要变量

变量	符号	量纲
标称直径	D_{n50}	m
相对质量密度	Δ	—
有效波高	H_s	m
平均波周期	T_Z	s
斜坡角度	α	°
损坏程度	S	—
波浪作用个数	N	—
护面块体分级	D_{85}/D_{15}	—
谱形	$\epsilon_{s\%}$, Q_p^*	—
波浪群性	GF, j_1, j_2^*	—
堤心渗透性	P	—
重力	g	m/s²

* 详见文献[6.46]。

在 20 世纪 80 年代早期,荷兰代尔夫特水力学所进行了一系列广泛的试验室实验,使用以下不规则波谱变量：

(1) 频谱形状

(2) 堤心渗透率

(3) 结构物坡度

(4) 块石级配

(5) 断面试验块石结构物的相对质量密度。

其结果在 van der Meer[6.47]的《防波堤防护层的稳定性—设计公式》中发布,该结果已成为一本标准参考书[6.3]。已知该书用破波(相似)参数 ξ_m 来量化波浪破碎类型(使用 T_m,平均波浪周期),将作用在结构上的破碎波浪分成卷破式和激破式波浪。换句话说,对于不规则波正面冲击抛石断面,将采用两个单独的无量纲公式[6.26,47],即：

1. 卷破波：$\xi_m < \xi_{mc}$

$$\frac{H_s}{\Delta D_{n50}} = 6.2 S^{0.2} P^{0.18} N_z^{-0.1} \xi_m^{-0.5} \tag{6.21}$$

和

2. 激破波：$\xi_m > \xi_{mc}$

$$\frac{H_s}{\Delta D_{n50}} = 1.0 S^{0.2} P^{-0.13} N_z^{-0.1} (\cot\alpha)^{0.5} \xi_m^{P} \tag{6.22}$$

其中临界破波(相似)参数 ξ_{mc} 是

$$\xi_{mc} = \left[6.2 P^{0.31} (\tan\alpha)^{0.5}\right]^{1/(P+0.5)} \tag{6.23}$$

和：

- H_s：防波堤前有效波高
- D_{n50}：中值粒径块石的等效尺寸
- ρ_s：块石的质量密度
- ρ_w：水的质量密度
- Δ：相对质量密度$(\rho_s/\rho_w)-1$
- S：相对损坏面积
- P：渗透系数
- N_z：波浪作用个数
- α：结构物倾斜角
- s_m：波陡,H_s/L_{om}
- L_{om}：对应于平均波浪周期 T_m 的深水波长。

这两个公式可以转化为具有分项安全系数 γ_H 和 γ_Z 的设计方程(式 6.24、式 6.25)；其中 ^ 符号表示变量的平均值。每个公式根据不同的失效概率 P_f 和波高不确定度 σ' 有各自的分项安全系数表。这些分项安全系数来源于文献[6.6]和[6.48]：

- 卷破浪

$$G = \frac{1}{\gamma_Z} 6.2 \hat{S}^{0.2} \hat{P}^{0.18} \hat{\Delta} \hat{D}_n \hat{f} (\hat{\cot} \infty)^{0.5} (\hat{s}_{om})^{0.25} \hat{N}_z^{-0.1} - \gamma_H \hat{H}_s^T \tag{6.24}$$

分项安全系数如表 6.3 所示。

表 6.3　卷破波分项安全系数(CEM[6.1],表 VI-6-5)

P_t	$\sigma'_{FH_s}=0.05$		$\sigma'_{FH_s}=0.2$	
	γ_H	γ_Z	γ_H	γ_Z
0.01	1.6	1.04	1.9	1.00
0.05	1.4	1.02	1.5	1.06
0.10	1.3	1.00	1.3	1.10
0.20	1.2	1.00	1.2	1.06
0.40	1.0	1.08	1.0	1.10

- 激破波

$$G=\frac{1}{\gamma_Z}\hat{S}^{0.2}\hat{P}^{0.13}\hat{\Delta}\hat{D}_n\hat{f}(\hat{\cot}\infty)^{0.5-P}(\hat{S}_{om})^{-0.5P}\hat{N}_z^{-0.1}-\gamma_H\hat{H}_s^T \tag{6.25}$$

分项安全系数如表 6.4 所示。

表 6.4　激破波分项安全系数(CEM[6.1],表 VI-6-6)

P_t	$\sigma'_{FH_s}=0.05$		$\sigma'_{FH_s}=0.2$	
	γ_H	γ_Z	γ_H	γ_Z
0.01	1.7	1.00	1.9	1.02
0.05	1.3	1.10	1.6	1.00
0.10	1.3	1.02	1.4	1.04
0.20	1.1	1.10	1.2	1.08
0.40	1.0	1.08	1.1	1.00

在这些设计公式中,折减系数 $\hat{f}$反映了低顶越浪防波堤的效果[6.49],其表达式如下:

$$\hat{f}=\left(1.25-4.8\frac{R_c}{H_s}\sqrt{\frac{S_{op}}{2\pi}}\right)^{-1} \tag{6.26}$$

$$0<\frac{R_c}{H_s}\sqrt{\frac{S_{op}}{2\pi}}<0.052 \tag{6.27}$$

请注意,当堤顶出水高度 R_c 为零时,$\hat{f}$ 降低至最小值0.8;而当参数$\frac{R_c}{H_s}\sqrt{\frac{S_{op}}{2\pi}}$达到 0.052 时,由于 $\hat{f}=1.0$,不考虑块石尺寸折减。

当抛石防波堤被完全淹没时,参见 van der Meer 的公式[6.49]。在越顶和淹没的情况下并不总是需要给防护层设置更小更轻的块石。Burchardt 等人[6.48]给出了一种替代方法来估计离岸低顶防波堤的静态稳定性。

当 G=阻力−荷载为零,对于给定的稳定块石尺寸 $\hat{D}_n$,设计方程中的主要变量是($\hat{H}_s^T$、$\hat{P}$、$\hat{S}$、N、T_{om}和 $\hat{\cot}\infty$)。那么块石质量简化为 $\rho(\hat{D}_n)^3$。下文中,表示平均值的 ^ 符号被省略。

堤心渗透参数可取 van der Meer[6.47]定义的渗透系数,如图 6.12 所示。一个极端情况是不透水结构(P=0.1),例如堤防和天然土坡上的护岸。如图 6.11 所示的抛石防波堤结构,堤心渗透参数可取 P=0.4或0.5。最具渗透性的结构物是由无堤心的均匀尺寸块石筑成,在 van der Meer 公式[6.47]中渗透参数 P=0.6。P=0.4的结构从未经 van der Meer 试验[6.26]验证过。

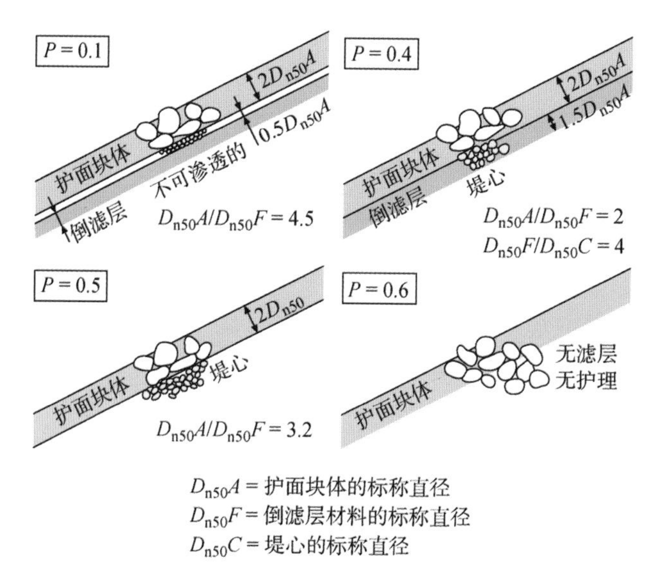

图 6.12　文献[6.47]中定义的渗透性参数 P

允许的破坏水平用无量纲破坏系数 S 参数化,S 是侵蚀面积与块石标称直径平方的比值,即 $S = A_e/(D_n^2)$。零破坏水平是 $S = 2(\cot\alpha = 1.5$、2 和 3) 和 $S = 3(\cot\alpha = 4$、5 和 6)。当防护层下第二层暴露出来时失效水平(对厚度为 $2D_{n50}$ 的防护层而言)发生。这些失效水平相应的是 $S = 8(\cot\alpha = 1.5$、2),$S = 12(\cot\alpha = 3)$ 和 $S = 17(\cot\alpha = 4$、5 和 6)。van der Meer 方程[6.47]可用于当波高增加到超过设计波高时计算 S 来绘制给定的设计稳定块石尺寸 D_n 的损坏(脆弱性)曲线。中等损坏水平 S 可以参见文献[6.3]。

破波(相似)参数 ξ_m 用平均波周期 T_m 带入公式。对于正常的单峰波谱,$T_m \approx 0.82T_p$,其中 T_p 是谱峰周期。

最后,波浪个数 N_z 在 van der Meer 公式[6.47]中也是一个变量。持续 4～7 h 的短时风暴,对于 5～10 s 的平均波周期建议选取 N_z=2 500。15～30 h 的风暴,对 5～15 s 的平均波周期范围内,最大 N_z 取 7 500。

以结构斜坡倾斜角 α 作为关键设计变量的电子表格极大地方便了这些用于设计护面层的块石稳定尺寸或重量(质量)的方程和表格的应用。

如式(6.21)～式(6.23)所示,原始公式中有许多变量、系数和指数[6.26,47]。Delft 理工大学的研究生和 Delft 水力学研究所(现在的 Deltares)的工程师在过去 15～20 年中一直在进行研究调查,以进一步了解和改进原有的 vdM 公式。下面总结了已有文献中可见的过去的成果和近期的进展。

van der Meer[6.26]出版文献是他在 Delft 理工大学时的博士论文。其中,van der Meer[6.26]坦承 Thompson 和 Shuttler[6.50]的早期工作是他们进行不规则随机波的基础研究的起点。他认识到系数 6.2(式 6.21,卷破波系数 C_{pl})和系数1.0(式 6.22,激破波系数 C_s)是随机的,平均值的标准差分别为 0.4 和 0.08。因此,在过渡区两个公式的系数(式 6.23)为 $C_{pl}/C_s=6.2$。van der Meer[6.26]也认识到,行进到浅水中的波高将受到水深的限制,并建议使用瑞利分布不同累积率波高比值 $H_{2\%}/H_s=1.4$ 来调整系数 C_{pl} 和 C_s,并在公式中使用 $H_{2\%}$。最后,van der Meer[6.26]呼吁进行更多的研究,以了解渗透系数 P 和石块形状(圆度)对静态稳定性的影响。

人们已经认识到,van der Meer[6.26]进行的 300 多次试验中,大部分结构物的坡脚处相对水深较大。据 van Gent 等[6.53]报道,Smith 等人[6.52]在 Delft 水力学研究所[6.51]进行了在浅前滩的块石稳定性补充试验(超过 200 个)。这些补充的试验证明:

(1) 如果平均波周期 T_m 用谱波周期 $T_{m-1.0}$ 代替,以确定破波(相似)参数 $\xi_{m-1.0}$,则离散明显减少。

(2) 如果由于破波受水深限制采用 $H_{2\%}/H_s$ 比值,则离散明显较少。

(3) 补充数据减小了初始 van der Meer 公式中修正 C_{pl} 的系数平均值的标准差[6.26]。

对于浅水波浪条件,van Gent 等[6.53]推荐使用 $C_{pl}=8.4(H_s/H_{2\%})$ 和 $C_s=1.3(H_s/H_{2\%})$。《岩石手册》[6.3]中也给出了这些值,并要求/允许用户可以指定合适的比率($H_s/H_{2\%}$)。请注意,由于($H_{2\%}/H_s$)比值将小于 1.4,从稳定性考虑,浅水中 C_{pl} 和 C_s 的这些修正值将导致选择比深水中更小(更轻)的块石。这与浅水波浪破碎和波谱与深水瑞利分布分开一致。《岩石手册》[6.3]定义了在结构物坡脚水深 h 小于 $3H_s$ 时为浅水。Van Gent 和 Pozueta[6.54]建议使用 $H_{s_{toe}}=0.7H_{so}$(深水波)作为浅水条件。浅水条件下 van der Meer 公式的分项安全系数尚未发布。

最近的研究集中在渗透系数 P 上。van der Meer[6.26]最初指定的数值没有物理含义,除了随着 P 增加,结构物有更多的孔隙容积来吸收波能的一般趋势,Verhagen 等[6.55]使用数值模型(流体体积法,VOF)方法计算透水/不透水堤心结构的波浪爬高,并将 P 表示为爬高比和破波(相似)参数的函数。Kik 等[6.56]用新的实验室试验证明,图 6.12 中 $P=0.4$的设置在 van der Meer 公式[6.26]中是正确的。请注意,P 是式(6.23)中的一个重要变量,它用于区分卷破波和激破波,并确定在静态稳定性分析中使用哪个公式。

美国陆军工程兵团对抛石防波堤的静态稳定性研究有着悠久的历史。Hudson 公式[6.57]是多年前的标准,现在仍然适用于下面讨论的人工混凝土护面块体的稳定计算。

Melby 和 Kobayashi[6.58]针对斜坡护面结构物上的卷破波和激破波提出了与传统方法中主要荷载变量是结构物坡脚的有效波高 H_s 不同的新的静态稳定性公式。在他们的方法中,Hughes[6.59]定义的最大非线性波动量通量$(MF)_{max}$被用作静态稳定性公式中的关键荷载变量。Melby 和 Kobayashi[6.58]的结果扩展并改进了 Melby 和 Hughes[6.60]的早期工作;利用 van der Meer 的小尺度物理数据,并采用了与 van der Meer[6.26]最初提出的 S、N_z 和 P 相同的定义。需要定义两个新的系数。一个是系数 a_m 出现在最终方程中,但有两个单独的表示形式,一个用于卷破波,另一个用于激破波。第二个是新系数 K_s 被用于破坏过程的分析,并将在下面进一步讨论。新的区分卷破波和激破波形成的公式仅取决于结构物坡度,并且不包括 van der Meer[6.26]和式(6.23)中的渗透系数 P。Melby 和 Kobayashi[6.58]提出的分析和公式是比较新的,不包括在本文中。

我们现在拥有超过 25 年的将深水 van der Meer 公式[6.26]用于抛石结构物静态稳定性

的应用经验。而且,对表格6.5中所汇总的浅水 van der Meer 公式版本进行了小幅调整。

公式(6.23)对于确定破波(相似)参数 ξ_{mc} 关键分界线仍然有效,但在表 6.5 中对于浅水条件需使用 C_{pl}/C_s 值。

表 6.5　van der Meer 公式中的关键系数

破波类型	深水平均值 μ	深水标准差 σ	浅水平均值 μ	浅水标准差 σ	方程
卷破 C_{pl}	6.2	0.4	$8.4(H_s/H_{2\%})$	0.109	(6.21)
激破 C_s	1.0	0.08	$1.3(H_s/H_{2\%})$	0.109	(6.22)
破波参数 ξ	ξ_m		$\xi_{m-1.0}$		
波周期 T	T_m		$T_{m-1.0}$		

《岩石手册》[6.3]进一步详细介绍了围绕 van der Meer 静力稳定性公式的设计细节,包括:块石级配的影响、块石形状的影响、密实程度和块石放置的影响以及引航道陡坡的影响。在设计中应考虑所有这些变量以及表 6.5 中使用的标准差 σ 的灵敏度分析。

4) 人工混凝土护面块体

当无法使用天然块石作为防护层时(采石场规模限制、运输距离等),则必须采用一些人造的、人工成形的混凝土块体。图 6.13 展示了一些已经使用的块体形状的例子(Kamphuis,[6.17])。最常见的是四脚体、异形块体、扭王字块、新型扭王字块(Core-Loc)和立方体。

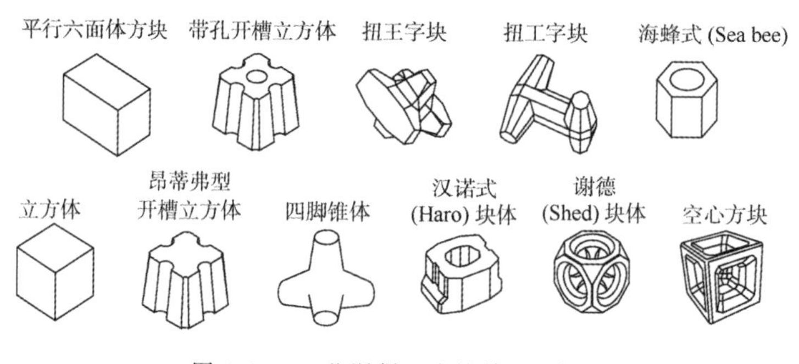

图 6.13　一些混凝土防护单元的例子

美国陆军工程兵团开发了改进扭王字块[6.61](Core-Loc,图中系列),其形状与扭王字块类似。这些形状大多数具有优越的互锁性能,因此较小、较轻的护体单元比天然块石更稳定。但由于它们的特殊形式、混凝土混合物、固化时间等,通常成本较高。其中有些包含钢筋,但大部分完全由混凝土制成。

通常采用 Hudson 公式[6.57]确定设计块体的稳定尺寸(质量或重量)

$$\frac{H}{\Delta D_{n50}} = (K_D \cot \alpha)^{1/3} \quad 或$$

$$M_{50} = \frac{\rho_s H^3}{K_D \left(\frac{\rho_s}{\rho_w} - 1\right)^3 \cot \alpha} \tag{6.28}$$

式中:

- H:特征波高(H_s或 $H_{1/10}$);
- D_{n50}:护面块体的等效立方体尺寸;
- M_{50}:护面块体的中位质量,$M_{50}=\rho_s D_{n50}^3$;
- ρ_s:护面块体的质量密度;
- ρ_w:水的质量密度;
- Δ:$(\rho_s/\rho_w)-1$;
- α:倾斜角;
- K_D:Hudson 稳定系数。

唯一的新变量是 Hudson 稳定系数 K_D。Hudson 公式在混凝土护面块体的设计中得到了广泛应用,表 6.6 中列出了许多常见形状的 K_D 值。然而遗憾的是,Hudson 公式不包括波周期 T、结构物渗透率 P、损伤程度 S 和波个数 N_z 的影响。而且,目前尚不清楚设计中采用哪个波高(H_s 或 $H_{1/10}$)和文献中破波和非破波情况如何采用不同的 K_D 值。表6.6中的 K_D 值来自不同的文献,包括 CEM 和 Reeve 等[6.62]。请注意,所有混凝土单元的 K_D 值都大于天然块石的值。其中一些获得了市场许可并拥有注册商标。

表 6.6　混凝土护面块体非破波的 Hudson 稳定系数(零破坏、堤主体不越浪)

护面块体	哈德逊(Hudson)稳定系数 K_D
天然块石	4(非破波)
天然块石	2(破波)
四脚锥体	8
扭工字块	32(8)
扭王字块	9.5～15
改进扭王字块	13～16
昂蒂弗型开槽立方体	6.0
改进的立方体	7.5
三柱体	10
X 型块体	13～16
四脚块体	10

对图 6.11 所示的具有标准横截面的防波堤形状应进行组织严密的设计。多年来,通过经验和实验室模型试验开发积累了十条设计准则。这些准则涵盖以下主要内容:

(1) 下层相对于上层的质量(重量)(见图 6.11,$W_{lower}=1/10W_{upper}$);

(2) 深水中水面以下的防护层范围;

(3) 防护层厚度;

(4) 单位结构物长度上的混凝土单元的数量(如果适用);

(5) 坝顶宽度;

(6) 坝顶高程;

(7) 底部对倒滤层和基石的要求;

（8）坡脚防护；

（9）相对于结构物主体的顶部设计；

（10）材料和施工方法。

篇幅不允许在此进行充分的讨论，设计师可以通过 CEM 或《岩石手册》[6.3]了解完整的细节。

以上讨论的全部是关于在设计条件下海侧防波堤形状的静态稳定性。如图6.11所示，还必须考虑结构物顶部和后部的护面块体的稳定性。在文献[6.54]中 van Gent[6.63]给出了在波浪越顶过程（超过1%的波浪）中顶部后侧的最大水流速度，用于在稳定性方程中求解所需的稳定石块尺寸 D_{n50}。在《岩石手册》[6.3]可以找到完整的细节。这里没有提供分项安全系数。

如果采石场无法生产所需尺寸的防护块石，并且制造混凝土防护单元的成本过高，那么可采用如图 6.14 所示的动态稳定（宽顶堤、重塑或非传统）的防波堤横截面（Baird 和 Hall，[6.64]）。上部横截面是传统设计，其他横截面显示了一个典型的在风暴期间采用较小块石和较大体积防护块体形成后续动态剖面（重塑）的宽顶堤防波堤设计。van der Meer[6.13]提出的动态剖面模型可以在文献[6.22]中找到（见 Pilarczyk，[6.22]第 157 页）。在文献[6.7]中汇编了一份有关设计和建造宽顶防波堤的现状报告。Torum 等人收集了其他许多最近的参考文献[6.55,66]。

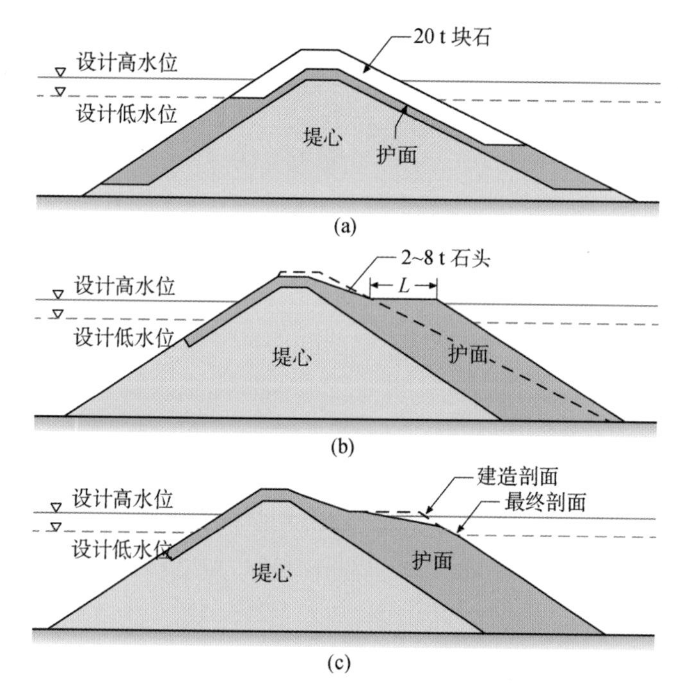

图 6.14 （a）传统防波堤形状，（b），（c）带重塑防护层剖面的护面防波堤

5）生命周期成本分析和平衡设计

当波高高于设计波高时，所有的防堤波都会受到一些破坏（即，块石运动大于初始设计中的运动，并导致形状变化，从而可能暴露易损的下层）。当现场重新出现有利的波浪条件，

可以立即进行维护或在风暴季节结束后进行维护。这些维护产生了保持防波堤形状功能性的维护成本。这些维护成本是随机的，因为它们是现场波高超标概率曲线（见图6.3）与上述van der Meer公式或实际模型试验中的损坏（脆弱性）曲线的乘积。然后，这些年度维护成本必须乘以现值因数（pwf），以确定项目设计使用期的总维护成本。关于用于计算设计收益率 i 和估计设计寿命 T 的pwf的公式，可参阅一些标准工程经济教科书。给定设计的总生命周期成本可简单表示为初始成本与项目设计寿命周期的预期维护成本的总和。

对于一定范围的设计波高，应重复上述步骤以确定最佳或平衡设计。较小的设计波高会有较低的初始建设成本，但较高的长期维护成本。非常大的设计波高将增加初始成本而降低维护成本。理想情况下，经典的U形总成本曲线将会通过平衡设计，得到最低的结构物总成本。这与由重现间隔（如1%概率的波高）所确定的确定性设计有所不同。

在许多情况下，由于各种原因，并未对受损防波堤进行年度维护。Melby和Kobayashi[6.67-70]已经开发出了公式，可以根据不同的波浪和水位条件，在寿命周期分析过程中使用公式及时地估计损伤进程。他们最近的工作[6.58]扩展了这些早期的工作，采用非线性波浪动量通量[6.43]作为随时间变化的损伤程度 $S(t)$ 的驱动函数方程。在不稳定模式下，需要用上面讨论的第二个新变量 K_s 来处理块石初始位置的调整。还有其他的损伤程度公式，如van der Meer直接使用他的静态稳定公式（6.21）和（6.22）。篇幅限制不对这个较新的有趣话题展开讨论。

6）功能性成本和风险

除结构物维修的维护成本外，还有因无法实现防波堤功能需求而产生的经济损失（如果有的话）的功能性成本。如果燃料、石油或其他材料无法在防波堤掩护水域泊船设备上安全卸载，则在评估选定的防波堤设计的风险时，还必须考虑这些潜在的经济损失（成本）。

海岸工程设计的基本风险方程为

$$R = \sum P_E P_F C_i \tag{6.29}$$

式中，R 是风险；P_E 是波高的超越概率曲线；P_F 是结构物的损伤（脆弱性）曲线；C_i 是所有相应后果，$i = 1, 2, 3\cdots$。

在上面的简单示例中，C_1 是维护维修成本，C_2 是无法卸货的功能性（损失）成本。在海岸工程设计中使用风险公式时，还可以考虑其他许多后果，包括环境、生命损失等。所选设计的最终选择应考虑所选设计所有可能的损害后果和潜在故障。应选择风险最低的一个设计付诸实施。

6.3　岸线稳定结构物

有海洋沉积物的海岸（沙洲和沙滩）是世界上最广泛存在的地貌形态之一。图6.15(a)给出了两个岩石岬角之间动态稳定海岸线形状的例子，而图6.15(b)则阐明了海岸横剖面中最小潮漫滩宽度 Y_{min} 的概念。岬角后方的潮漫滩宽度要比在风暴期间直接接受波浪袭击的沙滩宽度窄得多。这些沉积物在常规风暴条件下保护陆地（悬崖、沙丘、植被、基础设施或建筑物）不受损害。1960年，Silvester写道[6.73]：

……为了允许风暴期间和短期的反向漂砂，应有足够海滩宽度作为海洋演化的运作空间。一旦海岸已经通过阻止沉积物的净移动而稳定下来，就不会存在长

期的侵蚀,则活动的海滩宽度被最小化。

然而,许多海岸线由于自然原因(例如海平面上升)和人为原因(例如阻止自然泥沙经过潮通道运动的突堤下游)而遭到侵蚀。海岸线稳定结构物可以为风暴发生期间在基准基线之上的陆地提供保护,因此可以减轻海岸侵蚀的影响。至少,这些结构物的设计应能为海岸保护提供最小潮漫滩宽度 Y_{min}。

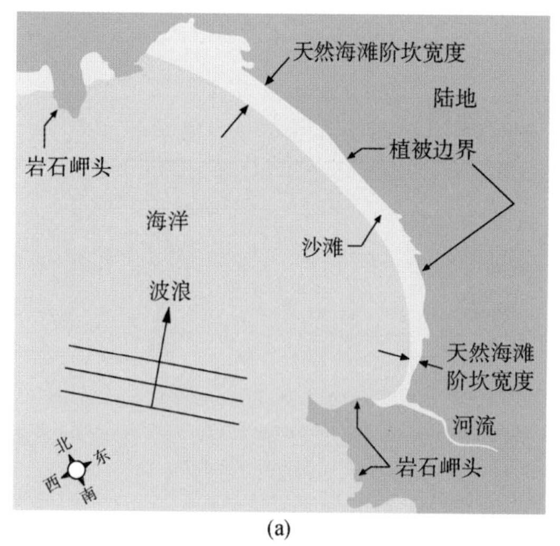

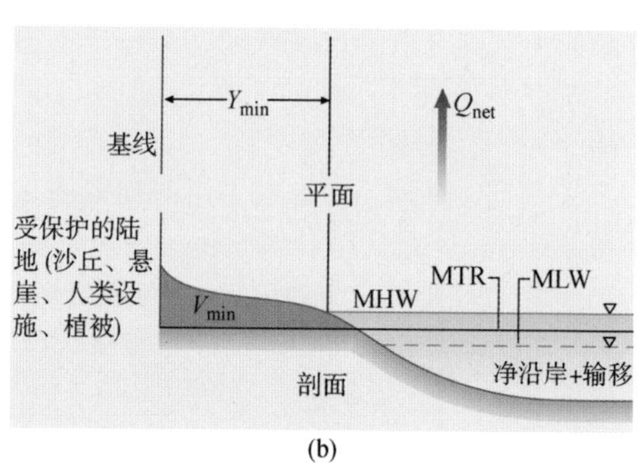

图 6.15 (a) 自然稳定海岸线的平面形状[天然海滩宽度从平均海平面(MSL)到陆地植被的距离];(b) 最小潮漫滩宽度 Y_{min}的概念

6.3.1 类型和目的

图 6.16(c)—(e)显示了三种最常见的海岸防护结构物,即岬角防波堤、近岸防波堤和丁坝群。它们的主要目的是在风暴期间保护沙滩。目前的设计实践始终将其建设与沙滩养护相结合(见第 5 章),以最大限度地降低其下移影响。很明显,当向岸泥沙输运过程占主导地位时,岬角防波堤和近岸防波堤最为有效,而丁坝群则是针对沿岸泥沙输运过程占主导地位的海岸。

如图 6.16 所示,波浪、水流和由此产生的泥沙输运所引起的结构物后岸线响应可以是连岛坝[见图 6.16(c),有岸线附着的结构物]或凸出的堆积体(译者:以下简称"凸出体)[见图 6.16(d),无岸线附着]。Pope 和 Dean 发表的现场数据[6.74]如图 6.17 所示,其关键变量为:

- L_s:结构物长度。
- L_g:结构物之间的空隙宽度。
- Y:从设计养滩的海岸线到近岸结构物距离。
- d_s:结构物坡脚海侧平均水深。

当 L_s/L_g 的比值较大(长结构/小间距)时,只有较少波浪能到达海岸线。当 Y/d_s 的比值较小时(结构物在浅水中接近海岸),或者 L_s/L_g 值同时也较大,在结构物后面形成的连岛坝被称为岬角防波堤。当这些关键比值取相反值时,更多的波浪能可以到达海岸线以维持

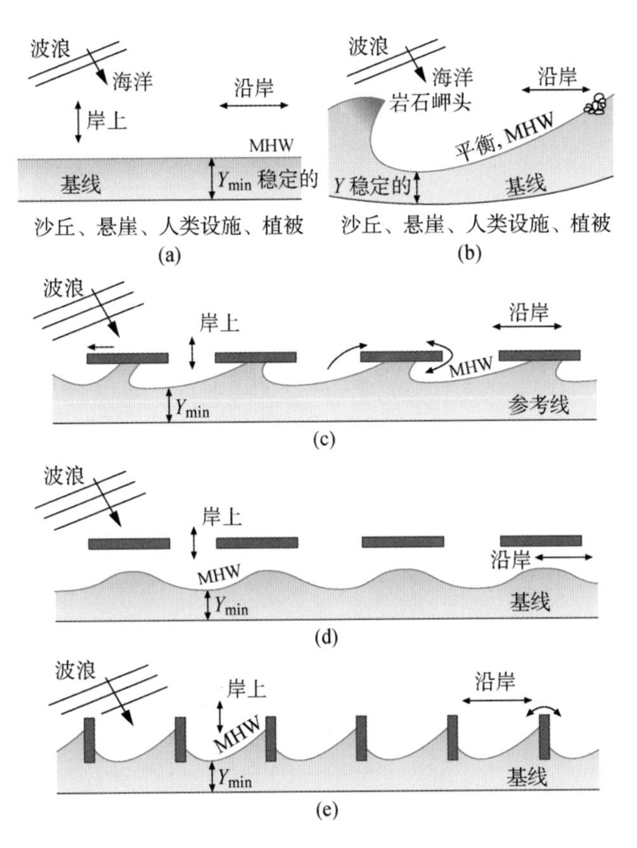

图 6.16 (a-b) 自然岸线,(c-e)为有最小潮漫滩宽度的人工稳定岸线;其中(c)岬角防波堤;(d)近(离)岸防波堤;(e)丁坝群

沿岸的泥沙输运过程,在所谓的近岸防波堤后面仅存在凸出体。显然,如图 6.17 所示,当有较大间距的短结构物位于离岸较远的相对深水处,它们可能对非弯曲的海岸线很少有甚至没有影响,几乎起不到护岸作用。

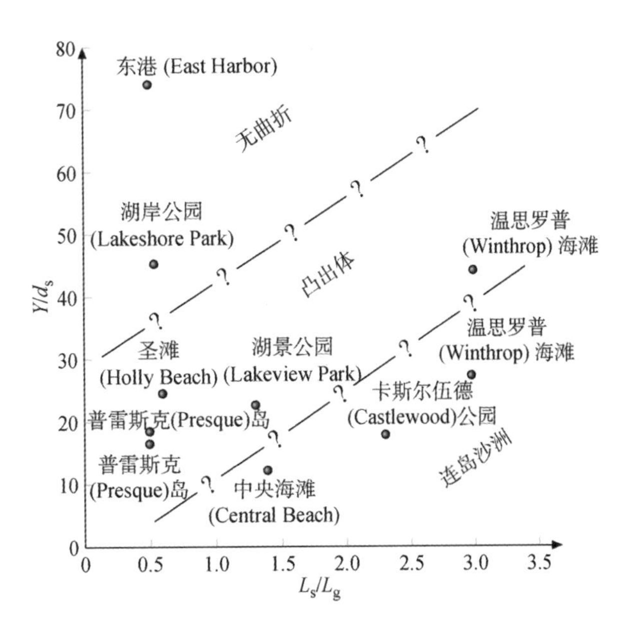

图 6.17 美国各地防波堤现场数据(由美国陆军工程兵团提供)

6.3.2 功能设计

1) 岬角防波堤

在岬角防波堤之间的海岸线形状具有天然沿岸岬角在露岩之间形成的自然海岸平衡状态的平面形状。如图 6.18 所示,波射线(实线 1、2、3 等)在浅水等深线(虚线)中发生浅水作用、折射和绕射,并冲击海岸线。如果波射线与海岸线成直角破碎,则沿岸输

沙不会发生。图中是给定离岸浪向的平衡海岸线位置。当海岸线处于非平衡状态时(见图6.19,虚线),它将持续演变(侵蚀或堆积)直至达到平衡。设计的最大限度非平衡位置是海岸风暴过后,侵蚀位置达到设计的 Y_{min} 值。大的风暴事件可能会在此范围内引起决口。

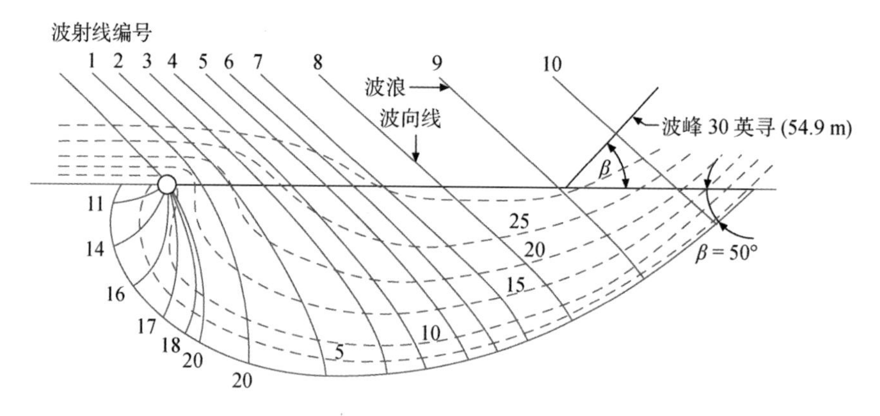

图 6.18　波射线经浅水作用、折射和绕射在垂直于岸线方向破碎,从而形成平衡剖面平面形状,因此没有沿岸输沙

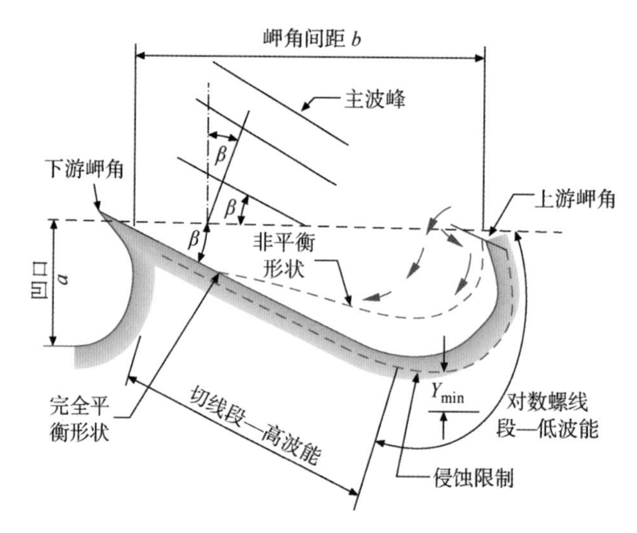

图 6.19　岬角防波堤和海滩平面形状的示意图,平衡(实线)和非平衡(虚线)

在设计时,岬角防波堤系统推荐使用的 L_S/Y 的比为 1.8。在美国弗吉尼亚州的切萨皮克湾周围[6.76]建造了 40 多个岬角防波堤组成的系统[6.75]。他们推荐使用 $L_S/L_g=1$,并设定 $Y_g/L_g=0.6$,其中 Y_g 是连接建筑物和再养滩的海岸线的直线间距。这些与海岸平行的结构物在建造时与海滩路堤相连接,并设置了护坎高度,以便在高潮时可以看到接近陆地的沙滩(连岛沙坝)。

Hsu 等人[6.77]基于已知处于静态平面平衡海湾的海岸线数据和物理水动力模型,提出了一种经验方法,称之为抛物线模型。图 6.20 展现了两个关键的独立变量:① R_0,一条从上游海岸岬角(尖端)到下游海岸岬角(尖端)控制线的距离;②波峰和控制线 R_0 之间的渐近

角 β(见图 6.20 中的 $\beta=24°$)。这些变量因地点而异,并且是岬角防波堤设计的一部分。两个因变量是(R,θ),其中 R 是半径,θ 是图6.20所定义的角度。使用 10～12 对(R,θ)数据由下式定义出一条抛物线[6.77]:

$$\frac{R}{R_0}=C_0+C_1\left(\frac{\beta}{\theta}\right)+C_2\left(\frac{\beta}{\theta}\right)^2 \tag{6.30}$$

抛物线模型中的系数 C_0、C_1 和 C_2 如图6.21所示,作为迎浪角的函数,由 Hsu 等人[6.77]凭经验得到。简单的二阶多项式被用于曲线拟合来得到这些系数,作为迎浪角的函数,给出

$$C_0=-0.0002\beta^2+0.0079\beta-0.0209 \tag{6.31a}$$

$$C_1=0.0002\beta^2+0.0004\beta+0.9437 \tag{6.31b}$$

$$C_2=-0.00005\beta^2-0.0093\beta+0.0879 \tag{6.31c}$$

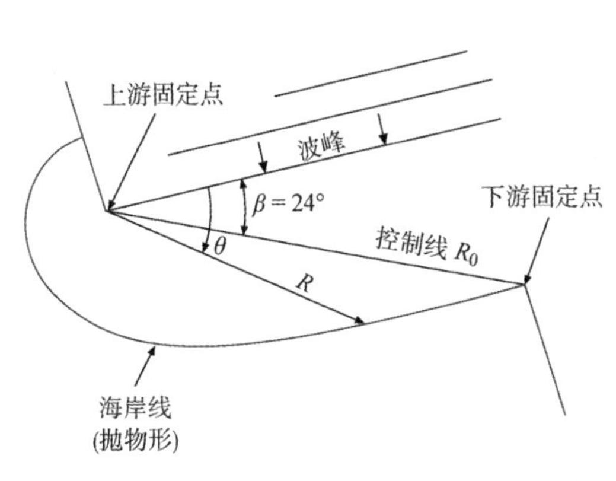

图 6.20　由四个变量 R_0、β、R 和 θ 定义的抛物线海岸线形式示意图

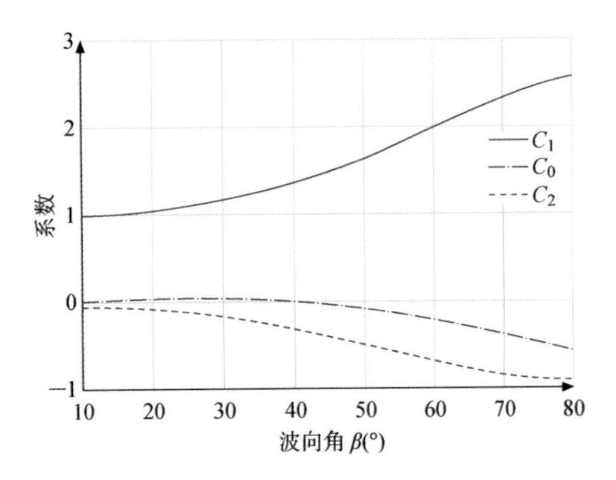

图 6.21　抛物线模型中的系数 C_0、C_1 和 C_2

C_2 表达式的准确性可以通过使用更高阶的多项式来改进。为了提高应用效率并改善设计过程,MEPBAY 软件包已经从原来单纯的计算发展到其计算结果通过图形显示[6.78]。Gonzalez 和 Medina[6.79]用该方法模拟西班牙由天然和人工海滩组成的平衡海湾,证实了其准确性(6.30)。

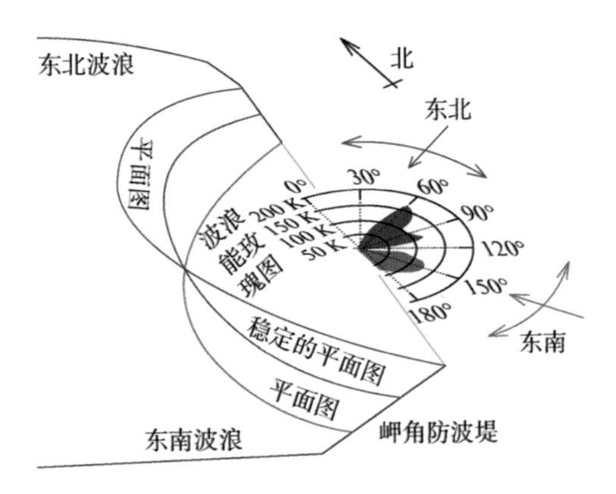

图 6.22　使用抛物线模型从两个浪向估计的稳定平面形态(红色)

大多数地点的主波向来自不止一个方向,如图 6.22 所示的东北(蓝色)和西南(绿色)方向的波浪玫瑰图。接下来,可以将抛物线模型应用两次,用来估计所产生的稳定岸线的平面形状(红色,加权平均位置)。在意大利,D'Alessandro 和 Frega[6.80]使用公式(6.30)模拟了第勒尼安海岸一系列近岸防波堤后的海岸线。并且,他们的研究还表明,由防波堤产生的连岛坝表面积可以用 Ming 和 Chiew[6.81]给出的方法(篇幅限制,这里没有提供)来模拟。

如下节所讨论的,当近岸防波堤系统被放置在离岸更远的位置时,将仅产生凸出体,而

不形成连岛坎。

2）近岸防波堤

近岸防波堤主要存在于美国、日本和地中海地区。这些地区的沿岸潮差在潮差范围内每天变化很小（小潮，0～2 m）。下面所列出的是从图 6.17 所示的主要变量所导出的经验关系，是针对小潮海岸和来自 CEM 所提供的美国经验。

近岸防波堤系统通常是和岸边平行且分离的结构物，它们的位置和间隔只能在结构物后形成凸出体。图 6.23 展示了平面和剖面视图中的关键变量。应用这些建筑物的目的与岬角防波堤系统的相同，即：

（1）增加防波堤后养滩工程的补沙寿命；

（2）保护陆地，使其免受风暴破坏；

（3）提供宽阔的休闲海滩；

（4）在某些情况下，创建或稳定陆上湿地区域。

主要的几何变量是结构长度 L_s 以及在设计海滩宽度内的再养滩离岸距离 Y。对于海岸系统，Dally 和 Pope[6.75] 推荐稳定的近岸防波堤系统为 $L_s/Y=0.5\sim0.67$；对于更远的近

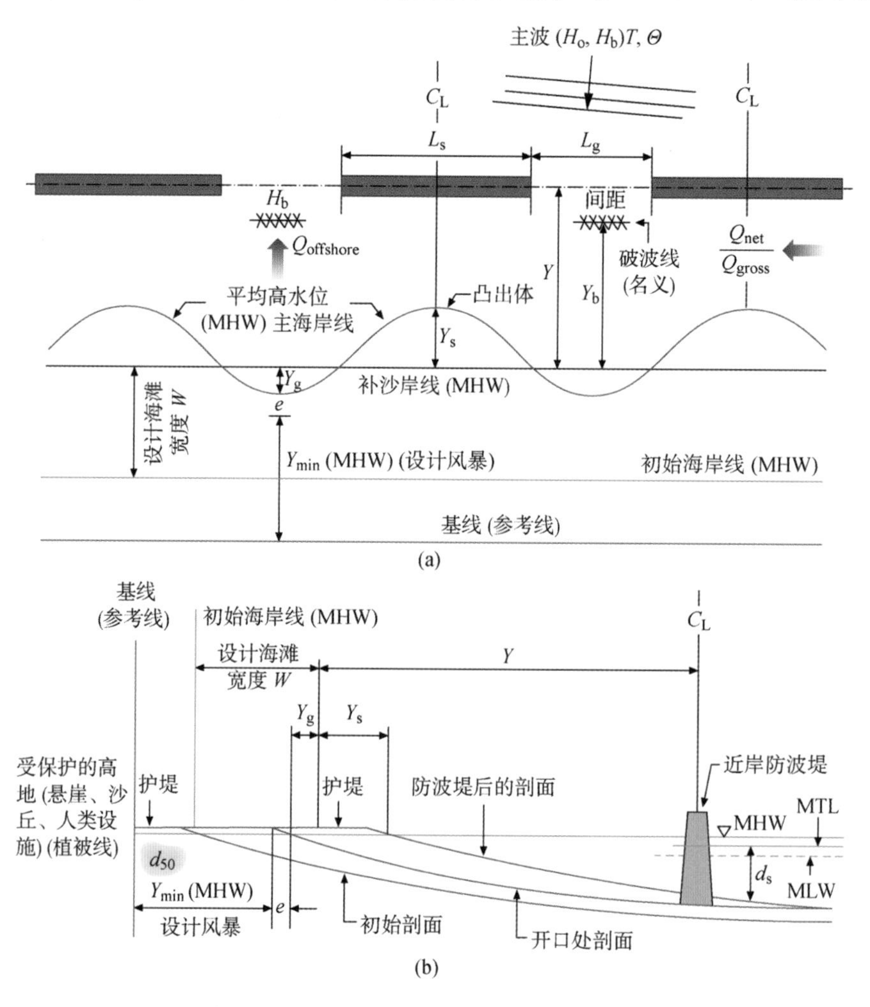

图 6.23　近岸防波堤 (a) 平面图；(b) 剖面图

岸防波堤的长系统，$L_s/Y=0.125$，例如在美国宾夕法尼亚州普雷斯克艾尔所建设的防波堤。

如文献[6.1]中所述，美国陆军工程兵团推荐的用于海岸线稳定系统防波堤首选具有凸出体的岛式近岸防波堤系统。这种设计允许沿岸输沙持续通过，经过工程区域，向下游海岸线运动，最大程度降低对下游的影响。波浪作用和沿岸流足够强到保持结构物与凸出体不相连接。在 Chasten 等人[6.82]的文献中可以发现大量关于适用于微、小潮海滩上的近岸和岬角防波堤系统的文献综述。

注意在图 6.23 中设计海滩宽度的海岸线位置 W 与凸出体的距离不是对称的($Y_s \neq Y_g$)，并且必须考虑缺口(二近岸防波堤之间水平距离)影响范围内的风暴侵蚀距离 e，以预测设计风暴的 Y_{min}。凸出体塑造的海滩的平面形式以及风暴侵蚀距离 e 多年来已经被广泛研究，但是没有通用的分析程序。可参见 Chasten 等人[6.82]的一些例子。防波堤顶部高程和顶部宽度、结构物渗透率、结构物坡度等因素也会影响近岸防波堤系统的使用性能。由于这些原因，波浪、波生流、泥沙输运和地形变化的数值模型已经被用来研究由近岸防波堤系统引起的海岸线改变。

针对潮差 2～4 m(中潮差)或大于 4 m(大潮差)的海岸设计指南有限。由于超过 75%的英国海岸线被归为中潮或大潮的类型，Rodgers 等人[6.83]认为英国需要研究并制定沙质、大潮海岸上的防波堤性能指南。根据环境署的报告，采用两种海岸形态数值模型(PISCES 和 MIKE21-CAMS)得到的结果相互矛盾[6.84]。这并不令人惊讶，因为数值模型需要四个耦合的子模块(波浪、水流、泥沙输运和地形变化)，并使用不同的经验公式来计算泥沙输运。事实上，上述微潮海岸的设计指南已被用于确认数值模型的结果。

然而，数值模拟研究的结果确实展示了美国环境署中总结出的一些重要差异[6.86]。研究发现全日潮和半日潮类型以及潮差、斜向波入射的影响、防波堤顶部高程的影响都很重要。因此，现有的设计指南(Fleming 和 Hamer[6.87])被大潮海岸上新的设计程序所取代。不幸的是，篇幅限制不允许在此提供所有细节。

在一些仅一个主导方向上具有较大沿岸输沙率的海岸线，初始建造的岛式近岸防波堤系统内将被泥沙填满，并转化为带有连岛坝的岬角系统。这就是在弗吉尼亚州弗吉尼亚海滩附近大西洋上的弗吉尼亚斯托瑞所发生的情况，如图 6.24 所示。向北移动的泥沙(从左下到右上)已经填满了防波堤后方，这些大量捕获的泥沙没有被输运到下游的海滩，并且正

图 6.24　弗吉尼亚州斯托瑞已经转变为岬角防波堤的 19 个近岸防波堤

在对下游海岸产生影响。设计师必须始终关注一个岛式近岸防波堤系统的堤后泥沙堆积可能会导致下游海岸的侵蚀。

3）丁坝群

丁坝是最古老、最常用的，也可以说是所有沿海结构物中误用最多、设计最不正确的。如图 6.16(e)所示，它们通常是相对较短的垂直于岸线的结构物（与潮汐入口的通航码头相比）。丁坝中断了沿岸输沙，使得泥沙在上游侧堆积，因此导致下游侧泥沙缺乏，如图 6.25 所示。

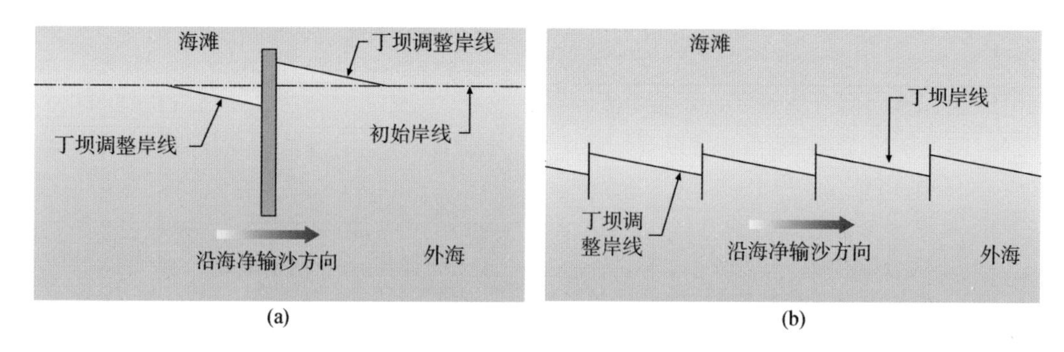

图 6.25 (a) 单个丁坝示意图；(b) 显示下游侧影响的丁坝群示意图

上图显示了净沿岸输沙方向，泥沙在防波堤上游侧堆积。在海岸工程设计中，如何保持下游侧海滩的最小宽度一直是人们关注的问题。如图 6.26 所示，现在的丁坝设计理念是将该结构物与养滩项目结合起来：

(1) 尽量减少下游侧的影响；

(2) 在风暴侵蚀 e 之后维护由 Y_{min} 所定义的海岸减灾的一些基本需求；

(3) 允许一些泥沙由堤端旁通。

关于丁坝间距 X_g 与丁坝长度 Y_g 之比的基本经验原则是从多年的经验中发现的，$X_g/Y_g=2\sim3$ 可以用来满足上面所列出的三个设计目标[6.88]。请注意，丁坝长度 Y_g 是从养护的（平均高潮位，MHW）海岸线位置到丁坝末端的距离。图 6.26 所示的上游 Y_{gu} 和下游 Y_{gd} 距离是在丁坝间隔内进行岸线调整之后的距离。

如图 6.27 所示，丁坝上部垂直于岸线的剖面应模仿当地正常的海滩剖面。

通常为丁坝的功能设计推荐以下 10 条基本规则[6.88]：

• 规则 1：沿岸和垂直于岸的泥沙输运的质量守恒意味着丁坝既不产生也不破坏沉积物。

• 规则 2：为减轻邻近海滩的侵蚀，在设计中总是考虑海滩填沙。

• 规则 3：同意将风暴期间陆地保护的最小潮漫滩宽度 Y_{min} 作为判断成功与否的一个尺度。

• 规则 4：从 $X_g/Y_g=2\sim3$ 处开始建造。

• 规则 5：使用数值一线模型来估计单个丁坝和丁坝群周围的海岸线变化（例如，Hanson 和 Kraus[6.89] 的 GENESIS 模型）。

• 规则 6：使用垂直于岸线的剖面变化模型来估算风暴期间最小潮漫滩宽度（例如 Hanson 和 Kraus[6.89] 的 SBEACH 模型）。

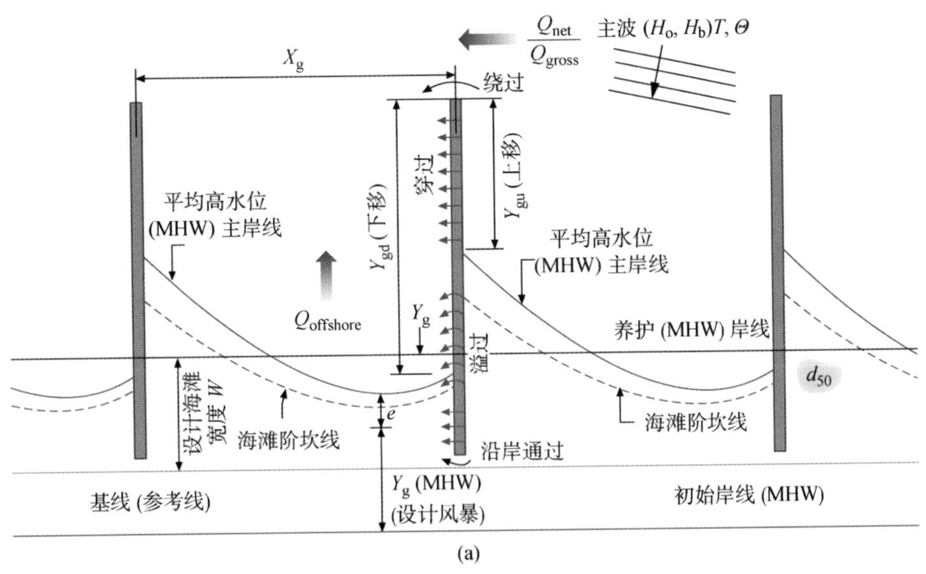

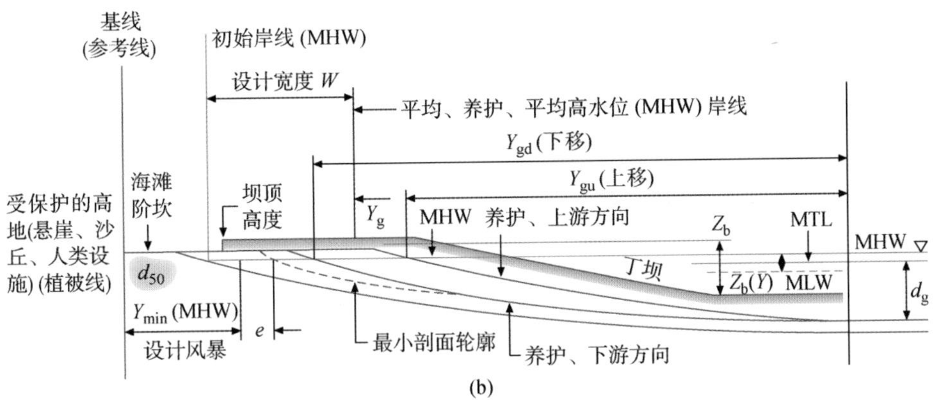

图 6.26　丁坝设计中变量的定义

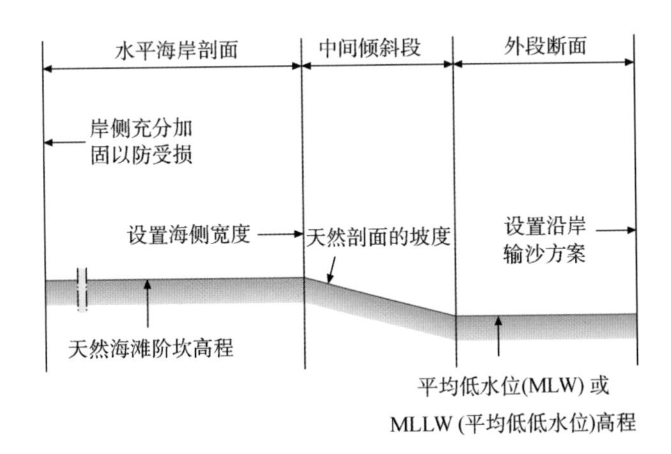

图 6.27　推荐的具有斜坡的丁坝剖面，允许在泥沙越过丁坝和沿着外端旁通以减轻下游的影响

在不久的将来，规则 5 和 6 可能与使用数值海滩演变模型结合起来，在一个模型中结合了沿岸和垂直于岸线的输沙过程，例如 Gen-Cade[6.90]。

• 规则 7：旁通、结构物渗透率、净沿岸输沙率和总沿岸输沙率之间的平衡是功能设计的三个关键因素。使用模型模拟来反复设计，以得到最终满足 Y_{min} 指标。

• 规则 8：考虑变截面、不同平面形状和横截面的丁坝结构，以减少对邻近海滩的影响。例如，考虑 T 型丁坝、渗水丁坝、开槽丁坝、淹没丁坝和其他形状[6.88]。

• 规则 9：开展现场监测工作，确定设计是否成功，并确定对邻近海滩的影响。

• 规则 10：建立一个管理机制，以便发现对相邻海滩的影响不可接受时提出修改（或拆除）的决定。

可以添加规则 0 来强调这样一个事实，即只有在沿岸泥沙输运过程占主导地位的情况下，才使用丁坝。如果是垂直于岸线的输沙过程是主要控制因素，则应首先考虑近岸或岬角防波堤。

文献[6.91]侧重于海岸丁坝的功能和设计。它包括了关于丁坝群的背景和文献综述、管理、设计、案例研究以及数值和物理模型的论文等大量的信息，可以供功能和结构设计参考。

4）总结

由此可见，我们对海岸结构物功能性、平面形状布局的理解是比较落后的。我们只是通过现场经验和实验室的物理模型实验获得了一些设计指南和经验法则。未来，数值模型的使用将显著提高我们对物理现象的理解。

6.3.3 结构设计

海岸线稳定结构物的主要材料是块石。木材、钢材和混凝土材料已被用于丁坝，但在此不予考虑。

上面讨论了用于海岸防护的块石结构物的结构设计（6.2.3）。然而，岬角防波堤、近海防波堤和丁坝结构多数情况建在浅水中，如图 6.28 所示，往往只采用一种尺寸的块石。坝顶高程高于平均高水位（MHW），但在风暴潮期间，结构物会被越顶并经常完全淹没。在越浪和完全淹没的条件下应该采用 van der Meer 公式。这些结构物是高渗透性的，因此渗透系数 $P=0.6$。

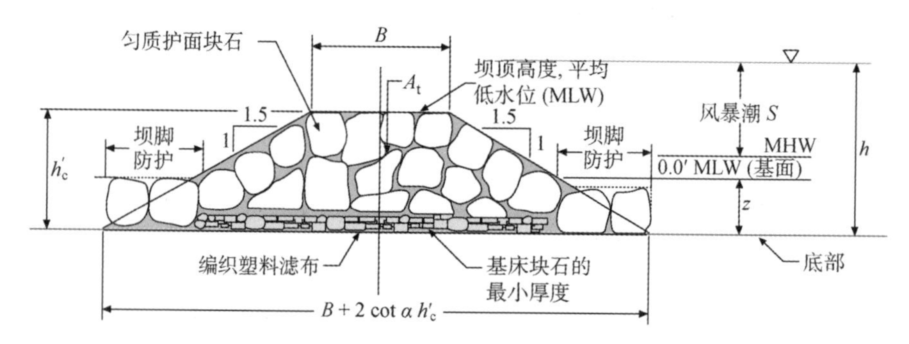

图 6.28　由 van der Meer 公式确定的由同一稳定尺寸的护面块石建造的低顶抛石结构物的典型横截面

6.4　网站和海平面上升趋势

6.4.1　网站

美国陆军工程兵团,《海岸工程手册》(The Coastal Engineering Manuel,CEM):http://chl. erdc. usace. army. mil/cem。

• 美国建筑工业研究与情报协会(CIRIA);CIRIA/CUR/CETMEF《岩石手册》(Rock Manual):http://www. ciria. org。

• 《EurOtop 手册》:http://www. overtopping-manual. com。

• 计算工具:http://www. overtoppingmanual. com/calculation_tool. html。

6.4.2　海平面上升趋势

全球气候变化是真实发生的。在大多数沿海地区海平面上升率加速的可能性对世界各地现有的海岸硬体防护结构构成了威胁。严重的风暴(低气压事件和飓风)可能会更频繁地发生,以致风暴潮的频次增加并改变高水位的超越频率曲线(见图 6.2)。更严重的风暴可能会导致更高的离岸波高。因此,靠近岸边的水深越深,此处的破波将越大。气候变化和海平面上升对水位和波高造成的后果将对海岸结构物造成更大的压力。荷载(水位和波高)的超越概率将增加失效的可能性并导致风险。另外,波浪爬高和越浪的增加,将损害结构的功能,加剧洪水的破坏。

图 6.4 所示的典型海岸防护结构和图 6.16 所示的海岸线稳定结构的回顾表明,块石结构通常是海岸硬结构保护的最佳选择(最低生命周期成本)。块石结构可以更容易地使顶高程上升并且在受到损坏时被修复,这一点不是所有其他类型结构能做到。块石结构顶高程可以升高以跟上可能加速的海平面上升速率,以保证防护波浪爬高和越浪的功能。而且,可以修复块石结构的损坏以适应更频繁的更大的波浪造成更多的破坏。块石结构可以保证海岸防护能力快速修复,在将来,混合结构(具有正面护坡的抛石宽堤)更为重要。

但是,在目前现代的海岸工程设计中,必须始终要考虑海岸防护系统的完全失效。有关富有恢复能力的弹性系统设计的讨论,请参阅文献(kamphuis,[6.17]第 17 章),而完全的弹性系统设计还必须考虑社会、政治和体制的约束。

参考文献

6.1　CEM: The Coastal Engineering Manuel (US Army Corps of Engineers, Engineering Research and Development Center, Vicksburg 2006, 2011)

6.2　Kuratorium für forschung im küsteningenieurwesen: EurOtop, wave overtopping of sea defences and related sturctures: Assessment Manual, Küste 73, 1-178 (2007)

6.3　CIRIA/CUR/CETMEF: Rock Manual, 2007. The Use of Rock in Hydraulic Engineering, 2nd edn. (CIRIA, London 2007)

6.4　Y. Goda: Random Seas and Design of Maritime Structures, 3rd edn. (World Scientific, Singapore 2010)

6.5 H. Oumeraci, A. Kortenhaus, W. Allsop, M. de Groot, R. Crouch, H. Vrijling, H. Voortman: Probabilistic Design Tools for Vertical Breakwaters (CRC, Boca Raton 2001)

6.6 PIANC: Analysis of Rubble Mound Breakwaters, Report of Working Group No. 12 (PIANC, Brussels 1992)

6.7 PIANC: State-of-the-Art of Designing and Constructing Berm Breakwaters, Report of Working Group 40, Supplement to Bulletin No. 78179 (Maritime Navigation Commission, Brussels 2003)

6.8 S. Coles: An Introduction to Statistical Modeling of Extreme Values, Springer Series in Statistics(Springer, London 2001)

6.9 N. W. Scheffner, L. E. Borgman, J. E. Clausner, B. L. Edge, P. J. Grace, A. Militello, R. A. Wise: Users Guide to the Use and Application of the Empirical Simulation Technique, Techn. Rep. CHL-97-00(US Army Engineer Waterways Experiment Station, Vicksburg 1997)

6.10 N. W. Scheffner, J. E. Clausner, A. Militello, L. E. Borgman, B. L. Edge, P. E. Grace: Use and Application of the Empirical Simulation Technique: Users Guide, Techn. Rep. CHL-99-21 (US Army Engineer Waterways Experiment Station, Vicksburg 1999)

6.11 Norfolk District Office, U. S. Army Corps of Engineers: General Design Memorandum, Virginia Beach Hurricane Protection Project (1988)

6.12 G. R. Toro, D. T. Resio, D. Divoky, A. W. Niedoroda, C. Reed: Efficient joint probability methods for hurricane surge frequency analysis, Ocean Eng. 37, 125-134 (2010)

6.13 P. J. Vickery, P. F. Skerjl, L. A. Twisdale: Simulation of Hurricane risk in the U. S. using empirical track model, J. Struct. Eng. 126, 1222-1237 (2000)

6.14 S. Agbley, D. R. Basco: An evaluation of storm surge frequency of occurrence estimators, Proc. Solut. Coast. Disasters 2008 (ASCE, Reston 2008) pp. 185-197

6.15 D. T. Resio: White Paper on Hurricane Surge Frequency Analysis (Corps of Engineers, Vicksburg 2007), unpublished manuscript

6.16 R. G. Dean, T. L. Walton: Wave setup. In: Handbook of Coastal and Ocean Engineering, ed. by Y. C. Kim(World Scientific, Singapore 2010)

6.17 J. W. Kamphuis: Introduction to Coastal Engineering and Management, 2nd edn. (World Scientific, Singapore 2010)

6.18 M. T. Schultz, B. P. Gouldby, J. D. Simm, J. L. Wibowo: Beyond the Factor of Safety: Developing Fragility Curves to Characterize System Reliability, ERDC-SR-10-1 (US Army Corps of Engineers, Vicksburg 2010)

6.19 M. T. Schultz, S. K. McKay, L. Z. Hales: The Quantification and Evolution of Resilience in Integrated Coastal Systems, ERDC-TR-11-XX (US Army Corps of Engineers, Vicksburg 2012), draft

6.20 W. Birkemier: Definition of a Coastal Storm at the Corps of Engineers (Field Research Facility, Duck 2010), personal communication

6.21 D.R. Basco, N. Mahmoudpour: The modified coastal storm impulse (COSI) parameter and quantification of fragility curves for coastal design, Proc. Coast. Eng., Vol. 1 (ASCE, Reston 2012)

6.22 K.W. Pilarczyk (Ed.): Coastal Protection (Balkema, Rotterdam 1990)

6.23 J.A. Battjes: Surf similarity, Proc. 14th Int. Coast. Eng. Conf., Vol. 1 (ASCE, Reston 1974) pp. 466-479

6.24 A. Hunt: Design of seawalls and breakwaters, J. Waterw. Harb. 85(3), 123-152 (1959)

6.25 J.P. de Waal, J.W. van der Meer: Wave run-up and overtopping on coastal structures, Proc. 23rd Int. Coast. Eng. Conf., Vol. 2 (ASCE, Reston 1992)pp. 1758-1771

6.26 J.W. van der Meer: Rock Slopes and Gravel Beaches Under Wave Attack, Ph.D. Dissertation Ser. (Delft University of Technology, The Netherlands 1988), also Delft Hydraulics Publication No. 396

6.27 J.A. Melby: Wave Runup Prediction for Flood Hazard Assessment, ERDC/CHL TR-12-24 (Corps of Engineers, Vicksburg 2012)

6.28 FEMA: Atlantic Ocean and Gulf of Mexico Coastal Guidelines: Guidelines and Specifications for Flood Hazard Mapping Partners (Dept of Homeland Security, Washington 2007)

6.29 M.W. Owen: Design of Seawalls Allowing for Wave Overtopping, Rep. No. 924 (Hydraulics Research Station, Wallingford 1980)

6.30 M.W. Owen: The hydraulic design of seawall profiles, Proc. Coast. Prot. Conf. (Thomas Telford Publishing, London 1982) pp. 185-192

6.31 J. Pedersen: Experimental Study of Wave Forces and Wave Overtopping on Breakwater Crown Walls, Paper 12 (Department of Civil Engineering, Aalborg University, Aalborg 1996)

6.32 J.W. van der Meer, W. Janssen: Wave run-up and wave overtopping at dikes. In: Wave Forces on Inclined and Vertical Wall Structures, ed. by ASCE(ASCE, Reston 1995) pp. 1-27

6.33 HR Wallingford Ltd.: Waves Overtopping, Online Calculation Tool, http://www.overtoppingmanual.com/calculation_tool.html

6.34 Y. Goda: New wave pressure formulae for composite breakwaters, Proc. 14th Int. Coast. Eng. Conf., Vol. 3 (ASCE, Reston 1974) pp. 1702-1720

6.35 K. Tanimoto, K. Moto, S. Ishizuka, Y. Goda: An investigation on design wave force formulae of composite-type breakwaters, Proc. 23rd Jpn. Conf. Coast. Eng. (1976) pp. 11-16, in Japanese

6.36 J.W. van der Meer, K. de Angremond, J. Juhl: Probabilistic calculation of wave forces on vertical structures, Proc. 24th Int. Coast. Eng. Conf., Vol. 2 (ASCE, Reston 1994) pp. 1754-1769

6.37 J.A. Battjes: Effects of short-crestedness on wave loads on long structures, J. Appl. Ocean Res. 4(3), 165-172 (1982)

6.38 S. Takahashi, K. Tanimoto, K. Shimosako: A proposal of impulsive pressure coefficient for design of composite breakwaters, Proc. Int. Conf. Hydro-Techn. Eng. Port Harb. Constr. (1994) pp. 489-504

6.39 US Army, Corps of Engineers, Coastal Engineering Research Center (US): Shore Protection Manual(Dept. of the Army, Waterways Experiment Station, Washington 1984)

6.40 A. Kortenhaus, H. Oumeraci: Classification of wave loading onmonolithic coastal structures, Proc. 26th Int. Conf. Coast. Eng. (ICCE) (ASCE, Kopenhagen 1998) pp. 867-880

6.41 N.W.H. Allsop, M. Calabrese: Impact loadings on vertical walls in directional seas, Proc. 26th Int. Conf. Coast. Eng., Vol. 2 (ASCE, Reston 1998) pp. 2056-2068

6.42 H. Oumeraci, A. Kortenhaus: Wave impact loading tentative formulae and suggestions for the development of final formulae. Proc. 2nd Workshop, MAST Ⅲ, PROVERBS-Project: Probabilistic Des. Tools Vertical Breakwaters, Edinburgh (1997)

6.43 R. Miche: Mouvements ondulatoires de la mer en profondeur constante ou decroissante, Ann. Ponts Chaussées 2, 285-319 (1944)

6.44 J.K. Vrijling, J. Bruinsma: Hydraulic boundary conditions. Hydraulic aspects of coastal structures: Developments in hydraulic engineering related to the design of the Oosterschelde storm surge barrier in the Netherlands, Part Ⅱ: Des. Philos. Strategy Proj. Relat. Res. (Delft University Press, Delft 1980)pp. 109-133

6.45 J. Gaythwaite, D. Pezza, L. Topp: Beach erosion control and hurricane protection for Virginia Beach, Proc. 6th Symp. Coast. Ocean Manag. (ASCE, Charleston 1989) pp. 791-805

6.46 J.W. van der Meer, K.W. Pilarczyk: Stability of rubble mound slopes under random wave attack, Proc. 19th Int. Conf. Coast. Eng. (ICCE), Houst. (ASCE, New York 1984) pp. 2620-2634

6.47 J.W. van der Meer: Stability of breakwater armour layers-Design formulae, Coast. Eng. 11, 219-239(1987)

6.48 H.F. Bucharth, J.D. Sorensen: Design of rubble mound breakwaters using partial safety factors, Proc. Coast. Eng., Vol. 1 (ASCE, Reston 2000)

6.49 J.W. van der Meer: Stability and Transmission at Low-Crested Structures, Delft Hydraulics Publication No. 453 (Delft Hydraulics Laboratory, Delft 1991)

6.50 D. M. Thompson, R. M. Shuttler: Riprap Design for Wind Wave Attack: A Laboratory Study in Random Waves HRS, Rep. EX 707 (HR Wallingford, Wallingford 1975)
6.51 M. R. A. van Gent: Physical Model Investigations on Coastal Structures with Shallow Foreshores: 2D Model Tests with Single and Double Peaked Wave Energy Spectrums, Rep. H3608 (Delft Hydraulics Laboratory, Delft 1999)
6.52 G. M. Smith, I. Wallast, M. R. A. van Gent: Rock slope stability with shallow foreshores, Proc. Int. Conf. Coast. Eng. (ASCE, Reston 2002) pp. 1524-1536
6.53 M. R. A. van Gent, A. J. Smale, C. Kuiper: Stability of rock slopes with shallow foreshores, Proc. Coast. Struct. (ASCE, Reston 2004) pp. 100-112
6.54 M. R. A. van Gent, R. Pozueta: Rear-side stability of rubble mound structures, Proc. Int. Conf. Coast. Eng. (ASCE, Reston 2005)
6.55 H. J. Verhagen, D. Jumeler, A. V. Domingo, P. van Broekhoven: Method to quantify the notational permeability, Proc. Coast. Struct. (ASCE, Reston 2011)
6.56 R. Kik, J. P. van den Bos, J. Maertens, H. J. Verhagen, J. W. van der Meer: Notational permeability, Proc. Int. Conf. Coast. Eng. (ASCE, Reston 2012)
6.57 R. Y. Hudson (Ed.): Concrete Armor Units for Protection Against Wave Attack, Miscellaneous Paper H-74-2 (US Army Engineer Waterways Experiment Station, Vicksburg 1974)
6.58 J. A. Melby, N. Kobayashi: Stone armor damage initiation and progression based on the maximum wave momentum flux, J. Coast. Res. 27(1), 110-119(2011)
6.59 S. A. Hughes: Wave momentum flux parameter: A descriptor for near shore waves, Coast. Eng. 51, 1067-1084 (2004)
6.60 J. A. Melby, S. A. Hughes: Armor stability based on wave momentum flux, Proc. Coast. Struct. Reston, Va. (ASCE, New York 2004) pp. 53-65
6.61 J. A. Melby, G. F. Turk: The CORE-LOC: Optimized concrete armor, Proc. 24th Int. Coast. Eng. Conf., Vol. 2(ASCE, Reston 1994) pp. 1426-1438
6.62 D. Reeve, A. Chadwick, C. Fleming: Coastal Engineering, Processes, Theory, and Design Practice, 2nd edn. (Spoon, London 2012)
6.63 M. R. A. van Gent: Wave overtopping events at dikes, Proc. Int. Conf., Vol. Ⅱ (ASCE, Reston 2003) pp. 2203-2215
6.64 W. F. Baird, K. Hall: Breakwater breakthrough, ASCE Civ. Eng. 57(1), 45-47 (1987)
6.65 A. Torum, F. Kuhnen, A. Menze: On berm breakwaters. Stability, scour, and overtopping, Coast. Eng. 49, 209-238 (2003)
6.66 A. Torum, M. N. Moghim, K. Westeng, N. Hidayati, O. Arntsen: On berm-breakwaters: Recession, crown wall wave forces, and reliability, Coast. Eng. 60, 299-318 (2012)
6.67 J. A. Melby, N. Kobayashi: Progression and variability of damage on rubble

mound breakwaters, J. Waterw. Port Coast. Ocean Eng. 124(6), 286-294(1998)
6.68 J. A. Melby, N. Kobayashi: Damage progression on breakwaters, Proc. 26th Int Conf. Coast. Eng. (ASCE, Reston 1998) pp. 1884-1897
6.69 J. A. Melby, N. Kobayashi: Damage progression and variability on breakwater trunks, Proc. Coast. Struct. (Balkema, Rotterdam 1999) pp. 309-316
6.70 J. A. Melby, N. Kobayashi: Damage development on stone-armored rubble mounds, Proc. 27th Int. Conf. Coast. Eng. (World Scientific, Singapore 2000) pp. 1571-1584
6.71 J. W. van der Meer: Design of concrete armor layers, Proc. Coast. Struct. (Balkema, Rotterdam 2000) pp. 213-221
6.72 R. Silvester, J. R. C. Hsu: Coastal Stabilization: Innovative Concepts (Prentice Hall, Englewood Cliffs 1993)
6.73 R. Silvester: Stabilization of sedimentary coastlines, Nature 188, 467-469 (1960)
6.74 J. Pope, J. L. Dean: Development of design criteria for segmented breakwaters, Proc. 20th Int. Conf. Coast. Eng. (ASCE, Reston 1986) pp. 2144-2158
6.75 W. R. Dally, J. Pope: Detached Breakwaters for Shore Protection, Techn. Rep. CERC-86-1 (US Army Engineer Waterways Experiment Station, Vicksburg 1986)
6.76 C. S. Hardaway, G. R. Thomas, J.-H. Li: Chesapeake Bay Shoreline Study: Headland Breakwaters and Pocket Beaches for Shoreline Erosion Control, Final Rep. No. 313 (Virginia Institute of Marine Science, Gloucester Point 1991)
6.77 J. R. C. Hsu, R. Silvester, Y. M. Xia: Static equilibrium bays: New relationships, J. Waterw. Port Coast. Ocean Eng. 115(3), 285-298 (1989)
6.78 A. H. F. Klein, J. T. Menezes: Visual assessment of bayed beach stability with computer software, Comput. Geosci. 29, 1249-1257 (2003)
6.79 M. Gonzalez, R. Medina: On the application of static equilibrium bay formulations to natural and manmade beaches, Coast. Eng. 43, 209-225 (2001)
6.80 F. D'Alessandro, F. Frega: A verification of staticequilibrium parabolic formulation at the protected shoreline of pizzo calabro (Italy), Proc. 30th Int. Conf. Coast. Eng. (ASCE, Reston 2007)
6.81 D. Ming, Y.-M. Chiew: Shoreline changes behind detached breakwater, J. Waterw. Port Coast. Ocean Eng. 126(2), 63-69 (2000)
6.82 M. A. Chasten, J. D. Rosati, J. W. McCormick, R. E. Randall: Engineering Design Guidance for Detached Breakwaters as Shoreline Stabilization Structure, Techn. Rep. CERC-93-19 (US Army Engineer Waterways Experiment Station, Vicksburg 1993)
6.83 J. Rodgers, T. Chester, B. Hamer: LEACOAST2: Practical Guidance Scoping Study, Tech. Rep. (Department for Environment, Food, and Rural Affairs, London 2006)
6.84 Environmental Agency: Modeling the Effect of Nearshore Detached Breakwaters on

Sandy Macro-Tidal Coasts, Project SC 060026/R2 (Environmental Agency, London 2009)

6.85 T. V. Karambas: Design of detached breakwaters for coastal protection: Development and application of an advanced numerical model, Proc. 33rd Int. Conf. Coast. Eng. (World Scientific, Singapore 2012)

6.86 Environmental Agency: Guidance for Outline Design of Nearshore Detached Breakwaters on Sandy Macro-Tidal Coasts, Project SC 060026/R1 (Environmental Agency, London 2009)

6.87 C. Fleming, B. Hamer: Successful implementation of an offshore reef scheme, Proc. 27th Int. Conf. Coast. Eng. (ASCE, Reston 2000)

6.88 D. R. Basco, J. Pope: Groin functional design guidance from the coastal engineering manual, J. Coast. Eng. 33, 121-130 (2004)

6.89 H. Hanson, N. C. Kraus: GENESIS: Generalized Model for Stimulating Shoreline Change, Techn. Rep. CERC-89-19 (US Army Engineer Waterways Experiment Station, Vicksburg 1989)

6.90 A. E. Frey, K. J. Connell, H. Hanson, M. Larson, R. C. Thomas, S. Munger, A. Zundel: GenCade Version 1 Model Theory and User's Guide, Techn. Rep. ERDC-CHL TR-12-X (US Army Engineer Research and Development Center, Vicksburg 2012)

6.91 N. C. Kraus, K. L. Rankin: Functioning and Design of Coastal Groins, Journal of Coastal Research, Special Issue 33 (CERF, Weit Palm Beach 2003)

第 7 章 港口和港湾设计

Andrew Cairns, John M. Carel, Xiao Li, Livingston, USA

港湾(Harbor)被定义为有掩护的安全地方,在本手册中是指为船舶提供庇护的水域。港湾可以是天然的,也可以是人工的,岸边有足够的水深可将船只锚定在一个能抵御风、浪和水流的区域。1609 年英国探险家亨利·哈德逊(Henry Hudson)发现了一个新世界,即今天的纽约市,而纽约的成功则可归因于其优良的天然港湾。今天,许多已具有世界级港口设施的大型海港都位于天然的有掩护的水域。本手册专门介绍人工港湾及其保护的港口设施。

港口(Port)可以定义为船舶停泊、装载或卸货的城市、城镇或地方。一个港口通常由一个或多个处理特定货物(乘客、散货或集装箱)的独立码头组成。本章将定义海运码头的类型和港口结构物类型。

本章使海岸及海洋工程师了解他们工作中可能涉及的港口和港口设施的类型,包括这些设施的各个组成结构和施加的荷载。其目的是通过这些结构概述,使海岸及海洋工程师更好地为海洋结构工程师规划和设计这些设施提供设计支持。

7.1 港口和港湾的布局与设计

在港口和港湾设计中,设计团队必须了解特定场地的环境条件(如潮汐和风暴潮、水流、波浪、沉积物输运)、正在建造的海运码头类型以及停泊码头的各种船型。港口可以是离岸码头,也可以是天然或人为保护的海港、海湾、入海口或河流。离岸码头可以是围填的或天然的岛屿,也可以通过栈桥或管道与陆地相连,也可以使用浮筒(buoy)和管道上岸。码头的功能和容量会对停靠码头的船只类型产生影响,进而决定航道设计的因素、泊位深度和长度,影响停泊和系泊的环境条件以及设施的整体布局。本节将讨论各种港口设施的几何布局以及停靠的船只。这些因素将决定海岸及海洋工程师在设施和港口的总体设计过程中必须投入的设计工作。图 7.1 说明港口的典型特征包括以下设计要素:

• 航道——一条足够深、足够宽的通道,在需要双向通行时允许船只进入并通过港口。

• 掉头水域——航道末端的一个区域,允许船只掉头进出港口。通常情况下建议选取掉头水域的最小直径为停靠码头的最大船只长度的两倍。

• 靠泊水域——靠近码头结构的疏浚区域,允许船只停泊和系泊。

• 泊位——具有足够长度和横向空间供船舶靠泊和装卸荷载的码头结构。主要类型包括:

——顺岸、驳岸、突堤和栈桥式结构:顺岸和驳岸码头通常与海岸平行;突堤和栈桥式码头则从岸边伸出,包括装卸货物的甲板。这些类型的泊位通常处理集装箱(见图 7.2)、散装或普通货物,即用包裹、粗腰桶、圆桶、托盘、散装等运输的非集装箱货物,并由装卸工手动或滚动装卸货物,以推、拉方式或直接从船上运出,对需要的船只进行装卸作业,直至船舶离开码头。如下所述,泊位两端的系船墩通常用于系牢船头和船尾的缆绳,避免需要满足因超过装卸所需的限度而延伸码头面板。

——系船墩式码头有多个独立结构(靠船墩和系船墩),包括多个桩簇、支撑顶部配有系泊构件的群桩,以及防撞设施或固体填充结构,如圆形围堰。通常提供卸货平台和接岸栈桥,用于支撑管道和设备,将处理的货物转移到岸上。进出平台和系船墩之间通常设有狭窄的人行道或走廊,以方便系泊操作。这类设施通常使用管道或输送机输送液体(见图 7.3)和干散货物(见图 7.4)。

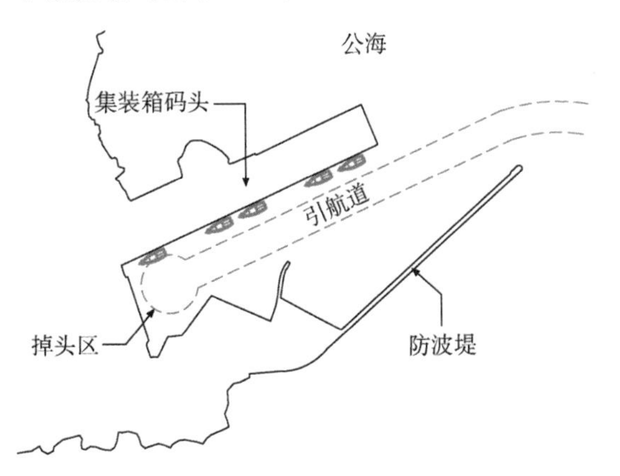

图 7.1　典型港口的特点

图 7.2　集装箱码头—安特卫普

图 7.3　切萨皮克湾的 LNG 码头

图 7.4　干散货泊位

• 防撞系统——能够吸收靠泊荷载以防止损坏码头结构和船体结构。

• 系泊构件——在各种环境条件下安全连接船只的结构元件,如系缆桩、双柱系缆桩和系绳铁角。它还包括机动绞盘,以协助码头工人或码头搬运工。

• 陆域设施——根据设施类型,进行装卸作业以及提供货物或产品临时存储所需的区域,同时提供与货物联合运输的连接。

7.1.1 海运码头的类型

纵观历史，水运一直是货物和人员流动的组成部分。如今水运占有世界上最大的货物运输量。随着20世纪50年代中后期集装箱运输的出现，在世界各地运输大量货物的成本降低，使得继续使用船舶运输货物更为经济。此外，石油、天然气、煤炭、粮食和矿物等散装货物的运输继续增长。尽管航空旅行已经取代乘客的船舶旅行，但仍然有大量乘客乘坐游船和渡轮。港口可以专用于单一货物，也可以处理多种货物类型。港口的规模可从小型单泊位设施到拥有几十个泊位的大型港口。典型的港口设施可以分为以下几类。

1）集装箱码头

集装箱码头处理专用集装箱运输的货物。要卸载集装箱船舶，码头必须配备专门的起重机将集装箱从船上吊至码头。

大多数集装箱码头使用固定在导轨上的岸桥起重机（见图7.2），起重机可以沿码头长度方向在导轨上进行龙门吊装卸载船只，也可以通过移动式港口起重机在轮子或轨道上行驶并利用可以安装吊具的支腿起吊来处理集装箱或其他设备来卸载非集装箱货物。移动式港口起重机在较小或多用途的码头上通常更常见。设计这些设施的关键因素之一是泊位处的波浪状况，因为船舶在装卸集装箱过程中必须保持稳定。卸货后，使用跨运车或拖车/bombcarts将进港集装箱从码头运送到工场。通过跨运车、轮胎式龙门起重机（RTGs）、轨道式龙门起重机（RMGs）或正面吊运机将集装箱堆放在堆场短期存放，最后通过铁路、卡车或小型船只运往最终目的地（也称短程海运）。货物出港的工作流程与此相反。

2）液体散货码头

液体散货码头港口设施负责装卸液态物质（如石油、天然气和液化天然气（LNG），见图7.3）。为便于从船上输送液体物质，通常在码头结构上安装装卸臂，以便操纵柔性软管到船甲板上，这些软管与管道相连接，可将物料输送到码头后方的储罐中。由于输送软管的灵活性，这些设备可以运行的波况通常大于集装箱设施运行的波况。对于液化天然气等产品，出于安全考虑，航道和掉头区需要额外的空间进行船舶机动。产品可以通过管道、卡车或铁路运进或运出码头。

3）干散货码头

干散货码头港口设施负责煤炭、铁矿石、矿物质、谷物和糖等干散货的装卸（图7.4）。基本和原始形式是采用带翻盖式或其他铲斗的转臂起重机在山猫装载机或前卸式装载机辅助下进行堆装物料的装卸作业。为了方便物料自动化进出船舶，这些设施通常配备专门的大容量处理设备，如传送带、螺旋输送机、堆垛机、取料机、装船机、加料斗和翻斗车。陆域设施通常由储存设施组成，如成品库、贮料筒仓或物料堆。这些设施容许的操作条件取决于所使用的物资装卸设备类型，有些操作允许船只移动，而另一些作业则需要非常稳定的环境。散装货物通过卡车或铁路分发到最终目的地。

4）军港

军港设施支持军事行动，通常作为海军舰船的母港。停靠军港的船舶大小差别很大，从小型艇、驱逐舰、潜艇到最大的航空母舰。因此，航道必须满足最大的舰船进出码头。港口设计还必须考虑安全措施。通常情况下，码头配备起重设备以装载进出船舶的物料和用品，并支持小型维修。此外，码头结构还配备了船舶进港期间为其供电、通讯、供水和污水处理的设施。对于潜艇和航空母舰的靠泊需要特别注意，悬挂式甲板的航空母舰和水面线以下靠近码头的潜艇，一般使用起重浮箱将船舶从码头表面卸下。一些专门设施如双层码头，可以在下层甲板维修船舶，在上层甲板上进行装卸作业。

5）船舶维修设施（干船坞）

船舶维修设施用于建造和维修各种尺寸的船只，通常具有方便在船上干施工的码头结构。有挖入式干船坞、浮式干船坞、船舶升降机和升船滑道设施等多种形式。由于这些设施可能要求船舶在恶劣天气条件下停留在泊位，因此必须在设计时考虑恶劣天气条件下的系泊要求。

6）邮轮码头

邮轮码头为搭乘邮轮的游客提供装卸服务。近年来随着旅游业的发展，邮轮船队的船舶尺寸不断扩大，设计码头设施必须适应这些变化。码头通常配备可移动的通道，以方便旅客安全登船，并设有海关和移民处理的安全区。在一些没有足够停泊设施的港口，使用海上系泊位置，乘客通过供应船往返船只。

7）渡轮码头和渡桥

渡轮码头和渡桥(图7.5)既可以只装载乘客，也可以同时装载乘客和车辆。为了装载车辆，码头设施必须包括一个可以支撑由船舶上行的平台或坡道，或者为车辆提供可移动的坡道。坡道的末端悬挂在一座绞架塔或浮码头上。类似的渡桥(见图7.6)具有同样的功能，可以让火车车厢穿越港口或河流。独特的防撞和系泊构件设计可方便渡船停靠。

图7.5 白厅渡轮码头

图7.6 铁路渡桥

8）渔港和杂货码头

渔港和杂货码头通常用于各种船舶靠泊，系泊结构设计必须满足这些要求。渔码头通常没有重型起重设备，但陆上设施必须支持各种加工和物流作业。杂货码头可能有也可能没有起重设备，如果有，通常是移动式港口起吊机来处理港口各种物料的繁重的活荷载。货物到达后通常通过铁路或卡车从码头运输。

9）小型港口和码头

这些港口的设施通常规模较小，但也有其独特的设计。小型港口设施通常包括由船锚或定位桩固定的浮码头。潮汐范围、水流和波浪条件对于设计小型港口设施至关重要。

7.1.2 船舶概述

在设计和处理港口时，首先要了解使用港口的船舶。世界航运船队包含数百种不同尺寸和尺码的船型，具有许多不同的用途和功能。尽管船舶类型存在差异，但所有运输船都有共同的量度和尺寸分类。

目前一些最常见的货船包括杂货船、集装箱船、油船、散货船、汽车运输船和游轮，这些类型的船舶运输的货物各不相同。杂货船在海上航行已有数千年，可以处理大量的货物和产品。为了加快和方便船舶装卸，20 世纪开发了专用船舶。集装箱船用堆叠集装箱运输货物。油轮使用油罐运输石油产品。散货船运输散装物品，如在船上的隔舱中存放的矿石和原材料。油轮，ATBs/ITBs(铰接式和组合式顶推驳船、船尾有槽口并通过拖轮端部铰接或刚性连接(ITB)的驳船)使用液仓来运输油和化学品。液化天然气(LNG)和液化石油气(LPG)船运输经压力液化的散装燃料。汽车运输船或滚装船通过装在船上的坡道驶入/卸载车辆进行运输，称为滚装、滚卸。游轮用来运送游客。在河流和入海口，小型船舶可进行装卸作业，或者货物可自行进入驳船或单独或捆绑在一起通过拖船被拖曳至驳船上运输。驳船包括将货物放在甲板上的甲板驳船，将散装干货放置在隔间或隔舱(较小的散货船)的敞舱驳船，甲板上装有轨道用于运输火车车厢的车辆渡船。图 7.7 所示为其中一些不同类型的船舶。

(a) (b) (c) (d) (e)

图 7.7 船舶类型

此外，世界上的船队还包括军舰、海岸警卫船、游艇、渔船和勘探船、破冰船、施工船和工作船。军舰包括航空母舰、战舰、驱逐舰、潜艇、巡洋舰以及类似于商船的支援/补给船。工作船包括引导大型船舶从公海驶向港口的领航船、协助船只在封闭水道和对接期间机动的拖船、加注燃料和卸载船舶废弃物和舱底水的驳船，以及浮式干船坞和其他维修船。施工船包括起重船、驳船、拖轮、挖泥船和各种特种船。

虽然每种船型设计有不同的目的和独有的特性，但工程师和设计师应注意到所有类型的船舶都有通用的尺寸和量度。

最常用的船舶量度是船舶的物理尺寸和它们的货物装载量。对于海港或港口设计，船舶的主要尺寸包括总长(LOA)、垂线间长(LBP)、船宽、平均吃水、干舷高度、型深、纵向(舷侧)受风和横向(正面)面积。船宽是指船舶最宽处的宽度。总长是从船头到船尾的距离。吃水是指沿船长任何点的水面线与船舶最深部分之间的垂直距离。海港/港口设计中其他重要的船舶量度包括排水量(船舶排开水体的重量)、DWT(载重吨位，总载重包括货物、船员、水、燃料等。DWT 通常是用来将船舶放置到不同类别中，但仅用于分类，不用于设计)、重心、浮力中心、稳心和浮心。船型的重要系数包括方形系数(特定吃水深度下的船体浸没体积与相同长度、宽度和吃水深度的矩形棱柱体积的比值)、中横剖面系数(特定吃水深度下的船中剖面浸水面积与船舶相同吃水深度和宽度的矩形面积之比)、水线面系数(水线面面积与船舶相同长度和宽度的矩形面积之比)和菱形系数(浸水体积与对应的船长和中剖面面积的乘积的棱柱体积之比)。对于集装箱船，船舶也可以按 TEU(20 ft 当量单位)的容量进行分类。TEU 是指海上运输货物使用的集装箱，通常长 20 ft、高 8 ft、宽 8 ft(1TEU)或长 40 ft、高 8 ft、宽 8 ft(2TEU)。船上系泊设备的布置对于系泊分析非常重要。为了进行靠泊分析，除了船舶的质量和主尺寸外，还需要有时难以获得的船体半径。对于研究船舶导航，需要影响船舶操纵性的船舶参数(或关键部件)包括船舶风力系数、水流系数、波浪水动力系数、发动机类型和功率、方向舵类型规格、船首/船尾螺旋桨等。

利用上面的量度可将船舶归入不同的分类。分类因船型而异，但大多数按 DWT 分类。Handy 或 Handymax 船是传统干散货船的主要船型。有些分类源于贸易路线的限制，即限制在世界范围内航行的某些尺寸的船舶。巴拿马和苏伊士等运河为船只提供了通往目的地更直接的航线，但运河中使用的河闸控制系统限制了可通过船舶的最大尺寸。巴拿马船型(Panamax)是由于巴拿马运河限制而创建的分类。Panamax 是指能够穿过巴拿马运河船闸的最大尺寸的船舶。好望角型(Capesize)船舶对苏伊士运河或巴拿马运河来说太大了，在长途航行时必须绕道南非或南美洲的海角周围航行。马六甲海峡船(Malacamax)是指能够通过马来西亚和印度尼西亚之间的马六甲海峡的最大船只。虽然不同类型的货船可以共享相同的分类名称，但是定义尺度的范围和界限会有所不同。表 7.1 列出了一些不同的船舶类型。

表 7.1　船舶类型

船舶类型	DWT/t	其他载货容量	船宽/m	船长/m	吃水/m
大灵便型散货船	30 000～50 000	—	27	150～200	10
液化天然气[a]	60 000～160 000＋	75 000～175 000 m^3	35～48	260～300	10～12
巴拿马型	65 000～80 000	5 000 TEU	32.3	294.1	12
超巴拿马型	—	12 000 TEU	49	366	15
苏伊士型	150 000	10 000 TEU	48	274	16
好望角型	150 000＋	—	＞32	—	＞20
VLCC (超大型原油船)	20 000～30 000	—	58	330	22
ULCC (巨型原油船)	30 000～55 000	—	68	380	—

(续表)

船舶类型	DWT/t	其他载货容量	船宽/m	船长/m	吃水/m
马六甲海峡型	—	—	60	470	24
ULCS(超大型集装箱船)	200 000+	18 000 TEU	57	—	16.4

[a]代表全球2009年的80%的船队。

在过去几十年中世界船队发生了巨大变化,未来还将继续。2011年,世界货运船队由超过60 500艘的船舶组成,总吨位达1万亿吨。据预测,随着船舶尺寸的不断扩大,整个船队载重量的较大比例来自于少数的船舶。随着新船尺寸的不断增加,全球的港口都在研究如何容纳更大的船舶。巴拿马运河希望到2016年能投入运行第三套船闸,能够让超巴拿马型船舶通过运河。图7.8所示为巴拿马运河扩建后允许通过的船舶可增加的尺寸。

通过对船型和尺寸的基本了解,工程师可以更容易理解在港口项目中必须考虑的因素。不同类型的货船具有不同的特征和尺寸,在设计最有效的海洋环境时必须加以考虑。

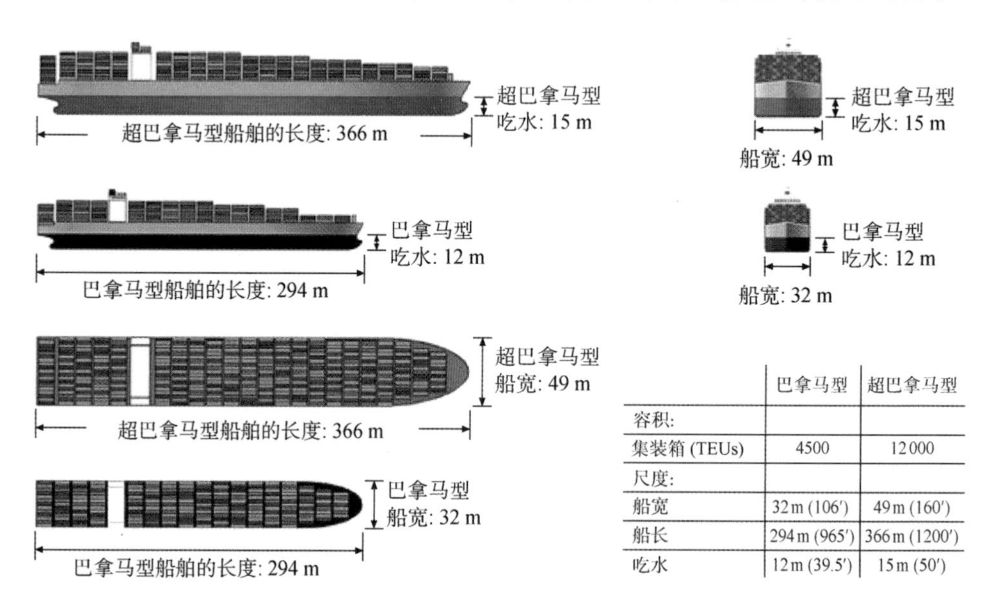

	巴拿马型	超巴拿马型
容积:		
集装箱(TEUs)	4500	12000
尺度:		
船宽	32m (106′)	49m (160′)
船长	294m (965′)	366m (1200′)
吃水	12m (39.5′)	15m (50′)

图7.8 巴拿马型与超巴拿马型船舶对比

7.1.3 海港运营限制

海港运营限制可分为三种不同水准,即基于最大容许船舶在码头运动量的一般限制、货物处理在码头停留的上限限制和离开码头前所遇到的允许靠泊的灾害气象的极端限制。船舶航行安全(包括限制拖船的波浪条件)和船舶靠泊也有环境限制。对于一些旧的码头设施,突堤式码头或顺岸式码头的结构能力可能会限制船舶在泊位的停留。一般来说,港口的操作限制取决于船舶类型和大小、船上和码头的系泊设施以及货物装卸设备。最常用的标准是Working Group II-30 PIANC-IAPH[7.1],其在发布PIANC MarCom 52—集装箱船(卸)装载标准时得到更新。一些国家还制定了自己的港口运营限制标准,如BS 6349第一部分[7.2]。

7.1.4　港域导航

图7.9　油船在拖船协助下靠泊(图中前景为混凝土扭工字块防波堤)

港域导航设计应考虑的基本要素包括设计船舶及其可操作性、航道布置(航道、港域入口、停泊水域、调头区、靠泊区和锚泊地)、辅助导航设备、需要或使用拖船和引水员(见图7.9)、限制船舶操纵的环境条件。进港通道和港池的尺寸须适合设计的船舶。在大多数情况下,由于停靠码头的船舶类型和尺寸的变化,需要考虑多种设计船型来保证所有的船舶都可以在航道和港池安全航行。导航设计通常包括航道轴线、横截面和深度。在详细设计阶段,通常采用快速船舶模拟和实时船舶模拟来减少不确定性以改进设计。海上风险和作业安全评估是现代港口航行设计中非常重要的问题,通常包括海上风险评估的交通模拟、对航行和船舶交通服务的援助以及制定港口安全标准。设计工程师可使用文献[7.1],[7.3]和[7.4]进行航道设计,利用国际灯塔管理局协会(IALA)辅助导航手册[7.5]进行辅助导航设计。

7.1.5　泥沙输运考虑因素

一般来说,维护性疏浚的评估是港口规划设计中考虑的一个重要因素。淤泥输送和沙输送的维护性疏浚评估方法有显著差异。大多数情况下,维护性疏浚的合理评估比大多数人认识到的要复杂得多。通常采用数值模型进行评估,特殊情况下可能还需要物理模型。无论采用哪种模拟技术,都必须首先研究波—流、气候和泥沙来源。应该认识到,尽管极端风暴事件在某些情况下可能主导泥沙输运,但频繁发生的中等波浪和水流对长期的泥沙输运贡献很大。航道和港口设施的维护性疏浚限制或使船舶作业复杂化,疏浚成本成为大多数港口经营者的一种负担,疏浚物处置的环境限制更加严格,加重了这种负担。为应对这一日益严峻的挑战,最重要的一步是研究主要的海岸过程(潮汐、水流、波浪和泥沙输运),并在制定缓解措施之前对淤积机理进行深入的理解。典型的缓解措施包括改进悬浮泥沙通过设施的基本结构,如导流墙、喷射阵列和可移动帷幕等,以限制悬沙水流进入港区。

7.2　结构类型

在港口和海港设计中,需要考虑各种类型的结构。这些结构的构造对海岸和海洋工程师所评估的波浪、风、水流和潮汐的响应各不相同。本节介绍各种类型的结构以及因海洋环境条件造成的船舶停泊和靠泊所产生的结构荷载。

图 7.10　海纳—多米尼加共和国港口的混凝土砌块防波堤

7.2.1　防波堤和波浪衰减

作为一种海岸防御结构，防波堤用于反射和消散波浪能，从而起到防止或减少港内的波浪作用。防波堤有时也用来引导水流和改善航行。在其他情况下，防波堤可以通过阻断沿岸泥沙输运来减少港口入口所需的疏浚量。在一些港口，防波堤具有波浪防护和码头设施的双重功能。防波堤主要有三种类型，即抛石(斜坡式)防波堤、直墙式防波堤和混合式防波堤(见图 7.9 和图 7.10)。大多数情况下防波堤的主要功能是波浪防护。所需的防护程度(或海港内允许的波浪条件)取决于船舶特性、港口营运和可作业天数要求。在实践中，需要采用具有考虑绕射影响的数值波浪模型来研究防波堤的最佳布置和港内波候。对于防波堤设计，水深和岩土工程是很重要的考虑因素，因为它决定各类防波堤的适用性、建造防波堤所需的材料量以及抗冲刷要求。波高及其频率(正常和极端风暴事件情况下)是防波堤优化设计中最重要的输入参数。为了确定防波堤的高程，还需要进行波浪爬高和越浪分析。防波堤设计指南详见文献[7.6]第 5 章。为了航行安全，通常需要在防波堤堤头和堤身沿线布置导航辅助设备。在设计过程中，还需要考虑建筑材料和设备的供应情况和成本。在桩支撑顺岸码头的情况下，经常可见邻近或码头面下的护岸。护岸的设计原则与防波堤相似，除参考指南[7.6]，还可参考文献[7.7]。

7.2.2　透空式桩基承台

透空式桩基承台由钢筋、混凝土、木材或复合桩或竖井支撑，水在码头面下流动。通常情况下，承台会有一个实体面板，但液体和干散货设施(使用管道、输送机或其他方法转运散装产品)除外，这时设施只提供一个支架。面板可包括混凝土双向平板或具有混凝土桩帽的单向平板甲板，桩帽通常垂直于突堤式码头或顺岸式码头的长度方向，以利用桩帽的较大强度来抵抗由于靠泊或系泊而产生的侧向荷载。单向甲板可以现场浇筑，但更常用的是使用实心或空心的预制板或不常用的横梁(箱子、三通等)，因为这种甲板组件可以更容易地预制和快速安装。单向或双向有或没有桩帽的双向甲板系统也很常见，它们通常使用纵梁/桁架来适应作用在轨道上的重轮荷载，如集装箱和其他移动式起重机。没有横梁的双向板不太常用，因为通常需要现场浇筑甲板，要求在水面上使用高成本的模板，如将面板放在桩上则进一步增加成本。在地面上浇筑，然后拆除面板下面的土体也是有可能的，但清除下面的土体具有挑战性。透空式桩基承台主要有两种类型：高承台和低承台。除了下面讨论的靠泊和系泊荷载外，透空式桩基承台的设计还必须考虑作用在下部结构构件上的水流和波浪荷载，可参考文献[7.6]第 5 章。

1）低或减载承台

减载承台(见图 7.11)是在铺面下几英尺处的结构甲板上放置填充物的结构，通常只高于平均低水位。从历史上看，这类型的承台通常是在木桩上建造的，对接处设置在平均低水位之上以尽量减少在潮湿区域和干湿交替、易腐烂区域木桩的腐烂和便于更换。随着19世纪末水道受到严重污染，造成海洋蛀船虫的死亡，由于木材桩码头不再受到蛀船虫的攻击，它们在沿海水道中的受欢迎程度日益提高，因为它们可持续淹没在水中不必担心腐蚀而得以长期使用。当水法规的制定使水道变得干净时，蛀船虫的回归使木材桩在沿海水道中不再受到欢迎；然而，随着包括钢筋和混凝土桩在内的现代高性能材料的出现，低层承台仍然可行且经济实惠，它们可使用少量的高性能桩，这些桩由于面板位置较低而处于高腐蚀浪溅区之外。减载承台非常有效地将重的集中荷载通过土体分配到面板，从而使荷载更加均匀，承台建造更加经济。承台也可建在可压缩高度的土体上，减轻叠加材料的储存荷载，避免导致设施无法承受的沉降。最后，低层承台可为结构面板上的公用设施提供无成本使用空间，特别适用于军事、服务和舾装码头，主要缺点是建造成本较高，因为要承受较高的静荷载，而且施工须在低水位时期进行。

2）**高承台**

最终铺砌面板的高承台也是最常见的透空桩承台类型(见图7.12)。因为施工不受潮汐周期影响，高承台的建造成本通常低于低承台，除了可能的重型移动集中荷载外，面板结构不必像低层平台那样坚固。因此，它们的建造成本通常低于类似的低承台结构。高承台码头面板的高度使进入承台更容易，面板下方有更多的空间更易于进行维护。然而，潮汐和浪溅区的桩容易变质，要么需要特殊和更昂贵的设计方案和保护，要么需要更多的维护。

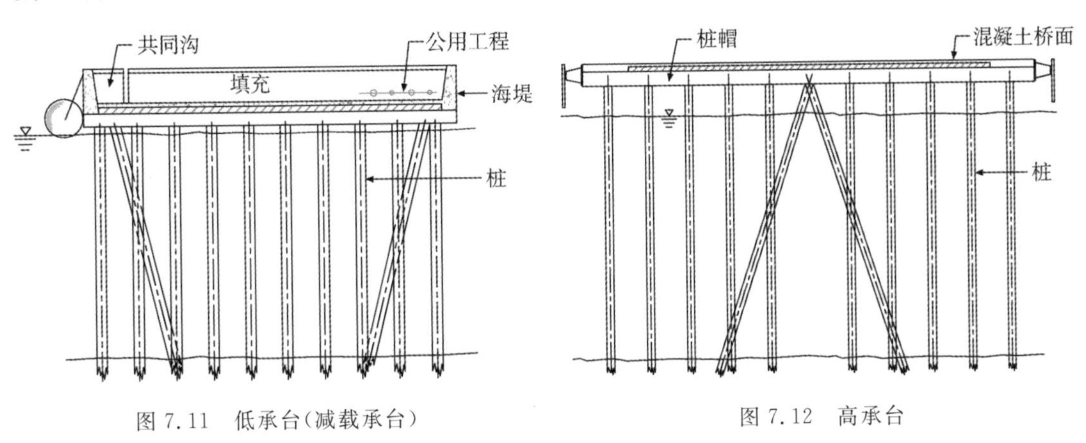

图7.11 低承台(减载承台)

图7.12 高承台

3）**混合式承台**

混合式承台同时包含高承台和低承台，最常见的是作为木桩支撑的现有结构。通常情况下，这种类型的承台包括具有高水位围裙的桩墩，桩的外露长度较长，其内芯位于桩暴露长度较短的低承台上。为利用短桩的更高性能，泥线通常作为这种类型的结构中心。混合式承台的另一种变化形式是桩靠近或位于某水位，然后建造混凝土墙或截断的金字塔基座形成高面板。

7.2.3 实心结构

实心结构使用墙体来保有支撑工作结构的填充物。实心结构不允许水在下面流动，中断或破坏了水循环模式。实心结构还提供了一个靠船垫，暂时将船舶与泊位之间由水隔开。

如果球形船头使用该设施,那么岸壁通常由靠泊线后缩。实心结构上波浪荷载引起的侧向力计算可参见文献[7.6]第5章。

1) 板桩岸壁

板桩岸壁包括悬臂式岸壁、锚固岸壁和格型围堰(挡水围板)。板桩包括轧制钢、Z形或U形板或带有联锁装置的平板板材。

2) 围堰(挡水围板)

围堰(见图7.13)已经存在了几千年,罗马建筑师马库斯·维特鲁威·波利奥(Marcus Vitruvius Pollio)在公元前15年的 *De Architectura* 书中提到了它们。在现代围堰中,平板用于格型围堰,既可以是连接圆弧形成圆形围堰,也可以是连接直墙形成格形围堰。四叶式立体交叉型也可使用。围堰作为重力结构达到其强度,依靠单元或隔板中的环张力来承受填充土和侧向系泊荷载。

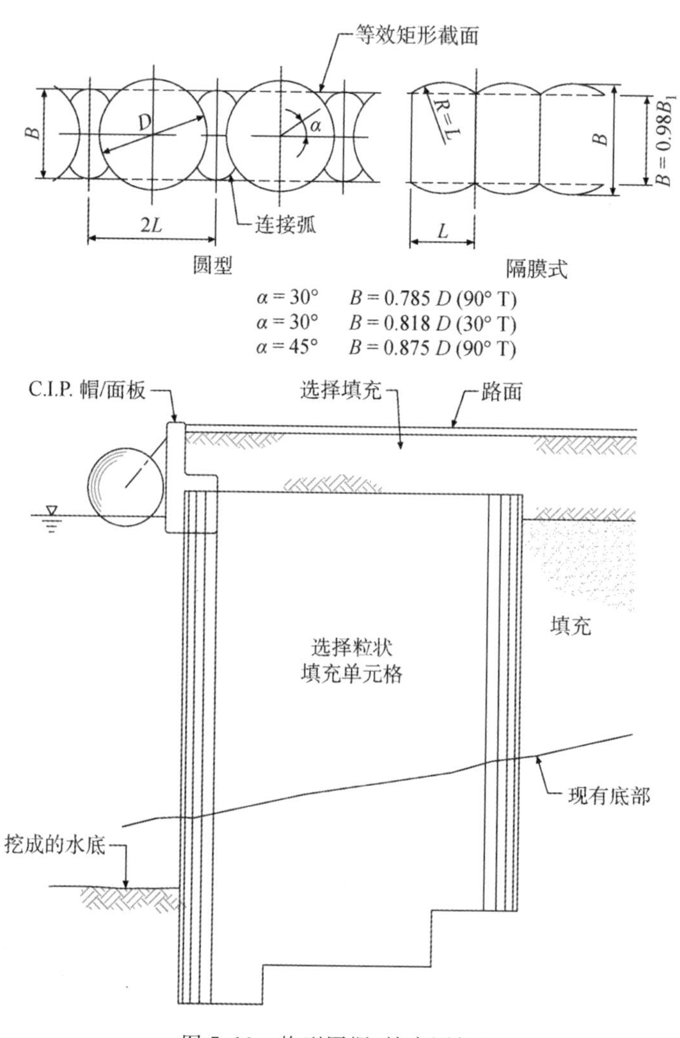

图7.13 格型围堰(挡水围板)

3）悬臂岸壁

悬臂岸壁完全依赖于嵌入土中部分的支撑。由于嵌入深度通常是外墙高度的1～2倍，应力迅速增加，因此悬臂岸壁对于较短的墙高是经济的，常用于河流和小型艇设施。悬臂岸壁也用于不可使用锚定岸壁的地方。

4）锚固岸壁

锚固墙使用锚定桩和锚固板或土锚支撑墙体顶部，从而显著减少岸壁的嵌入深度，最常见的嵌深为暴露高度的40％～60％。这使得锚固岸墙实用且经济，通常使用暴露高度约45～50英尺的Z型板材。然而，现代码头通常可以超过这些高度，使用大直径管桩或H桩截面的设施开发了组合式(combi)或王桩式(king pile)岸壁(见图7.14)，这些设施可单用或与Z桩结合使用，允许岸壁高度与最深吃水的船舶相协调。板桩结构通常建在水道中，但也可以而且已经建造在陆上和随后的开挖式码头中。为了满足墙体最低的结构要求，锚固件位置应尽可能低，但为了安装的实用性，应高于水面。拉杆通常设置在平均潮位附近，允许在8小时工作日的大部分时间内安装，大约是全日潮周期的一半。

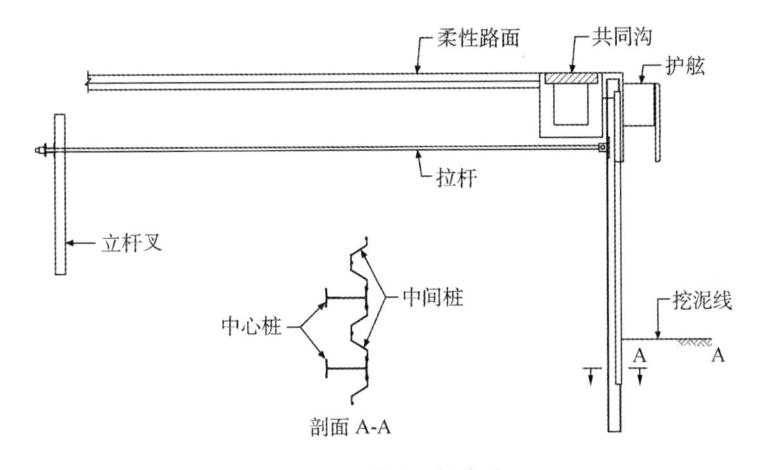

图7.14 锚固王桩岸壁

咸水港口的所有板桩岸壁都存在腐蚀问题，特别是在潮汐区。即使是最新的防腐涂层系统也不能超过20～30年，因此应该采取阴极保护(CP)措施以防止涂层降解或提供腐蚀裕量。由于阴极保护系统仅在潮汐区部分有效，而在浪溅区以上无效，因此应考虑未来替代的预备方案，如考虑混凝土护面。也可以使用铝、玻璃纤维、乙烯基和其他复合塑料，不过这些仅用于较小的海上岸墙结构。

除了土压力之外，岸墙上的主要作用力还包括波浪、潮滞、冰压、系泊和停泊、冲刷和螺旋桨冲击等荷载。板桩岸墙的设计详见文献[7.8]，围堰设计可参考文献[7.9]，常用设计参见文献[7.10]。

5）重力墙结构

重力墙通常是由混凝土建造，依靠其重量抵抗土体的侧向荷载和系泊力。最常见的重力墙结构包括砌块墙、挡土墙、沉箱和框架结构。

——方块和挡土墙

方块(见图7.15)由大量的混凝土方块堆积在潮湿的或者开挖的干港池中。同样，也可能是巨大的挡土墙，但并不常见。混凝土方块通常不加钢筋，不会发生钢筋混凝土结构中典型的腐蚀现象。

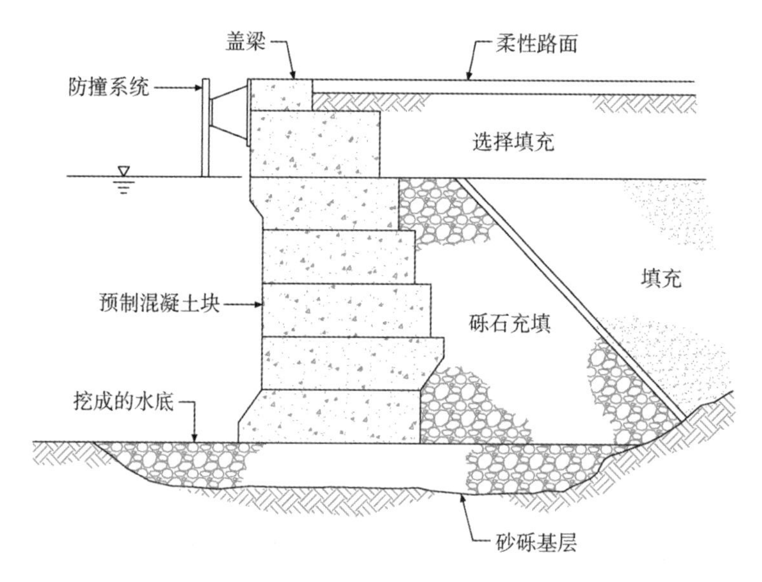

图 7.15　混凝土砌块墙

——沉箱墙

沉箱(见图 7.16)是带有底部的箱状或壳状混凝土结构。通常，它们会浮运到适当的位置，填充岩石或泥土，然后原地沉入。方块挡墙和沉箱结构是非常耐用的，但由于其初始投资成本高，特别是大量的材料，因而在美国并不常见，在欧洲、中东和远东地区很常见，特别是在劳动力和材料成本明显较低的新兴经济体国家，该结构持久耐用。

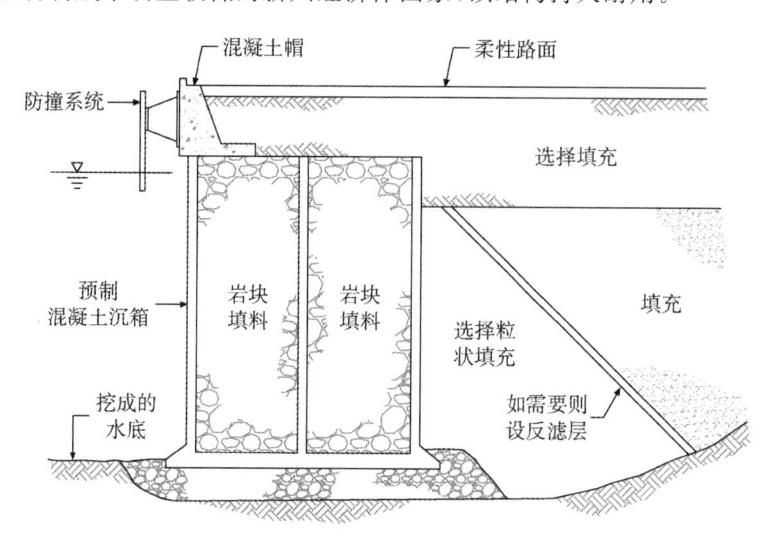

图 7.16　混凝土沉箱墙

框架结构与沉箱类似，但由木材或混凝土杆件(Lincoln log style)构造而成。框架用于较小的海洋结构，过去比较常见。混凝土框架结构通常是无底的，就地竖立，而木材框形物往往是有底的，浮运到位后填充岩石。

6）咬合桩、防渗墙或混凝土泥浆墙

这些结构基本上是现代改造的改进性锚固板桩岸墙，用钢筋混凝土替代钢板，20 世纪 40 年代在欧洲开发并在欧洲和其他地方得以应用。这种类型的墙体通常可以避免钢制岸壁的腐蚀问题，尽管必须仔细考虑混凝土设计的混合、保护层和钢筋保护。它们通常用于在陆地建造岸壁和随后开挖泊位的挖入式港。咬合桩墙由圆形灌注桩或钻孔桩重叠组成；而防渗墙（见图 7.17）则由重叠的矩形桩或面板组成。在基础工程中，钻孔桩有时被称为沉箱。海洋及海岸工程应避免使用这一术语，以避免与上述沉箱混淆。如果条件允许，这些墙壁通常被打入套管，进而在其中填充膨润土泥浆；然后将加固笼放入到浆体中，向孔中浇注混凝土置换浆体，最后将外壳（如果有的话）抽出。它们通常使用跳步式填充，在第二次经过时覆盖跳过的桩或次护墙板。还可以使用连续的泥浆墙。

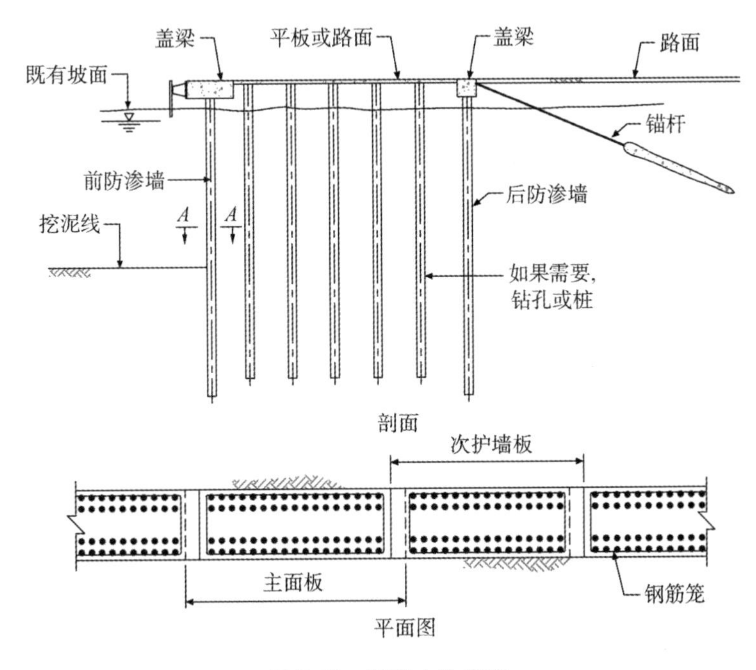

图 7.17　混凝土防渗墙

7）总结

虽然某些类型的结构在特定的场所、地区或区域可能更常见，但是没有一种结构可以适用于各种情况。表 7.2 列出了选择结构类型的一些考虑因素。当地的实际情况、规章制度、承包商的熟悉程度、结构设计寿命和成本都会严重影响结构的选择。

表 7.2　透空式平台和实体结构的优点

考虑因素	透空桩承台	实心结构	优势
环境影响	最小化水道填充，维持鱼类栖息地	显著减少鱼类栖息地	透空桩

（续表）

考虑因素	透空桩承台	实心结构	优势
持力层深度及其上的可压缩层组成	深长桩成本高，拼接耗时，生产效率降低	可以使用土体改良技术	实心结构
极软土层到软土层的深度	桩容易穿透到下面的承重材料	土体改良耗时；疏浚和更换费用高	透空桩
宽结构或顺岸码头	每平方英尺成本较高	如果填充材料容易获得，路面和填充相对便宜，但隔板或岸墙结构费用昂贵	实心结构—宽及很宽的透空桩—中度窄的实心结构
维 护	需要进行长期劳动密集型维护	钢制岸壁可进行混凝土或阴极保护，方块或沉箱式耐久使用；防渗墙和咬合桩墙介于两者之间	实体结构

7.2.4 干船坞设施

干船坞[7.11,12]用于在水面线以上和以下对船舶进行修补、检修和喷漆工作。主要类型包括挖入式船坞、浮船坞和滑道。

1）挖入式干船坞

挖入式干船坞（见图 7.18）为大型固定港池，包括底板、侧墙、挡水墙和闸门。为了结构

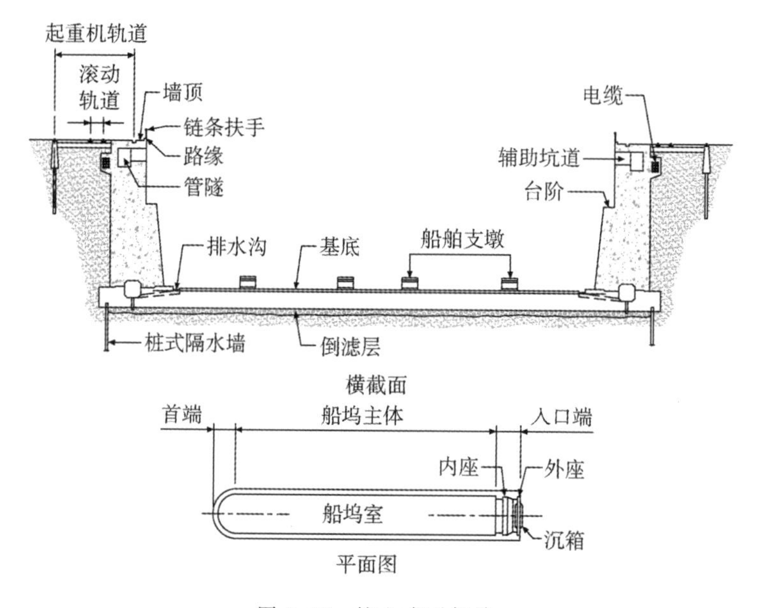

图 7.18 挖入式干船坞

的稳定性，干船坞梯阶或台阶通常被合并到侧墙里。由于处于水的边缘和地下水之下，因此干船坞必须为大型重型结构，采用排水系统来降低静水压力。通常这样选择干船坞比较经济，在卸船坞的高运营成本和非卸船坞较高的初期成本之间进行平衡。作用于干船坞的主要临界荷载包括：

- 施工期的船坞。
- 空船坞时最大静水上举力。
- 最大船舶荷载时最小静水上举力。
- 充满水的船坞。

干船坞通过闸门与水道分离，闸门在船坞排水时能够抵抗水压。闸门主要有人字闸门、插入式闸门、浮式沉箱闸门、滑动或滚动沉箱、翻板闸门等五种类型，每种类型都有各自的优缺点和设计考虑因素。人字闸门由一对铰接在坞墙上的门叶组成，水平摆动打开，两侧和底部在关闭时贴靠在干船坞墙壁和地板的底座上；插入式闸门有各种形式，可以用一个或多个部分的梁和板结构建造。这些闸门广泛应用于小型船坞。它们的安装和拆卸必须使用重物处理设备，而对于大型闸门这是不切实际的；浮式沉箱闸门是最常见的类型，由一个带进水室和排水室的水密箱和系统组成。在干船坞被淹后，沉箱排水后升高离开底座，然后可被拖离船坞入口；滑动或滚动式沉箱由在底座装有滑动或滚动表面的组装式箱体组成。闸门滑入或滚入船坞侧面的凹槽；翻板闸门由一个刚性的单件门在底部铰接，向下和向上摆动开关闸门。人字门和滑动门在设计和操作上都与运河闸门类似。除了可能的波浪荷载外，沉箱闸门和挖入式船坞入口设计中的一个重要考虑因素是入口处可能的淤积。表 7.3 列出了各类型闸门的优缺点。

表 7.3　干船坞闸门类型的优缺点

闸门类型	优点	缺点
人字门	操作快速	· 在墙壁支撑上产生重载。虽然可以通过滚筒和轨道装置来减轻荷载，但是因操作和维护原因并不能令人满意。通过闸门控制浮力来减轻荷载也有同样的缺陷 · 操作机制成本高，易损坏，维护费用昂贵 · 大修需要拆除闸门 · 必须在船坞的墙壁中建造凹处，以保持船闸间隙。闸门打开时会增加干船坞的长度和复杂性
插入式闸门	资金成本低	· 对于大型船坞而言闸门较重且不切实际 · 安装耗时，需要重量处理设备
浮沉箱闸门	· 成本低 · 可以拖到其他地方或干船坞 · 可用于多个船坞 · 可反转，暴露的一面可以现场修复	· 操作慢 · 操作需要岸上动力(电力，有时是充气)，距离沉箱底座不能太远

（续表）

闸门类型	优点	缺点
滑动或滚动沉箱	操作快速	·滚筒或滑道的清洁和维护困难 ·运行费用贵 ·大修需拆除闸门 ·必须在坞墙中嵌入可进出闸门的空间
铰链式闸门	操作快速	·对墙壁产生重载 ·运行和维修费昂贵 ·大修需拆除闸门 ·坞墙必须建有闸门槽来保证闸门启闭空间

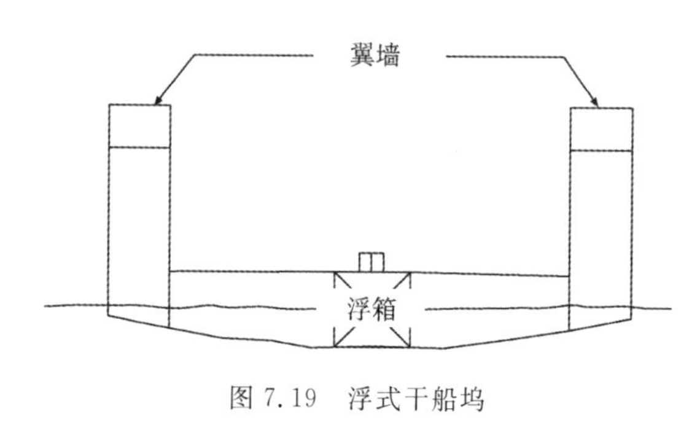

图 7.19　浮式干船坞

2）**浮式干船坞**

浮式干船坞（见图 7.19）由两部分组成——浮箱和翼墙。浮箱是取代船舶和船坞重量的主要支撑体，以便利用浮力提升船舶。浮箱必须通过其横向强度将船舶沿船坞中心线的集中荷载均匀分配并由水的浮力支撑。当浮箱被淹没时，由翼墙提供的稳定性和纵向强度将不规则的船舶重量分配为均匀的浮力支撑。一些浮船坞在翼墙上的轨道上装有门式起重机，一些浮船坞使用安装在突堤码头的起重机。这些设施的挖深必须能与淹没时的浮船坞协调匹配。浮式干船坞的生产能力从几百吨到超过 10 万吨。一般来说，浮船坞最经济的生产范围为 1 000～100 000 t。浮船坞的优点如下：

• 不需要高价的海滨场地。

• 可以在低价竞标者的工场里建造，拖到现场，通过增加竞争降低建造成本。

• 可以在世界市场上销售，保持较高的转售价值，并更容易获得融资。

• 船舶可以相对容易地进出海岸。

• 当正在进行靠泊的船舶倾斜或平衡时可以进行倾斜或平衡操作。这可以减少大荷载，降低或消除船舶着陆时的稳定性问题。

• 通过使船首和/或船尾悬垂，允许比干船坞更长的船舶进入船坞。

• 可以移动进行疏浚。

• 在可能更容易允许的情况下，进行最小的滑坡施工。

• 可移动到更深的水域进行入坞和出坞作业，减少或消除对疏浚的需求。

• 船坞可以相对容易地加长。

浮船坞的缺点是：

• 泵、阀门和钢结构需要高昂的维护费用。

• 人员和材料的路线仅限于跳板和/或起重机。

• 大的潮汐变化会使进出通道、系泊等复杂化。

浮式干船坞通常使用两个或更多的垂直定位桩或系泊架。在 Crandall 干船坞公司率先发展使用后，又称为 Crandall 架。船坞从完全淹没到完全排水以及正常潮汐变化期间，系泊架将船坞位置保持在整个垂直运动范围内。突堤码头/顺岸码头的结构设计必须能够适应定位桩或系泊架的放置和装载。

3）**滑道**

滑道[7.13]（见图 7.20）是一种将船舶从水中沿斜面上升的机械装置。它由基础支撑的倾斜轨道、托架，或在滚轮或车轮上移动以支撑船舶可在轨道上下行驶的转向架，以及牵引和控制摇架的牵引系统组成。牵引系统包括端牵引和侧牵引两种类型。与两侧或舷侧牵引相比，两端牵引更容易、安全，起吊不太复杂，占用较小的海滨码头地面。如果没有平潮期将船舶在合适水流条件下入坞、没有合适的宽度和位置以及河中船只穿梭不可能采用两端牵引入坞，那么在无潮汐河岸使用侧拖滑道是唯一选择。侧拖滑道尤其适合于拖出平底和吃水浅的船舶，如驳船和其他内河船舶。操作时，托架沿着倾斜的轨道下降到水中。船只浮在托架上，并用立柱系牢，托架被拖上轨道，船底接触到托架座。龙骨墩接地完成并由托架支撑然后启动绞车持续牵引，直到托架到位。有些设施采用陆上横向转移系统，就可以使用一条轨道来容纳多艘船只。理想情况是，选择轨道的坡度适合特定地点的自然坡度，以最大限度地减少开挖，并提供船舶入坞时枕座上所需的吃水；但是，通常必须在长度和坡度之间进行权衡。滑道的提升能力从 100 吨到6 000吨不等，理论上甚至更大，但浮船坞通常是更经济的选择。滑道作为干船坞的优势如下：

- 初始建设成本低。
- 可快速操作。
- 许多情况下，轨道坡度可适合岸边的自然坡度。可以消除或减少疏浚或围堰的需求。

滑道的缺点如下：

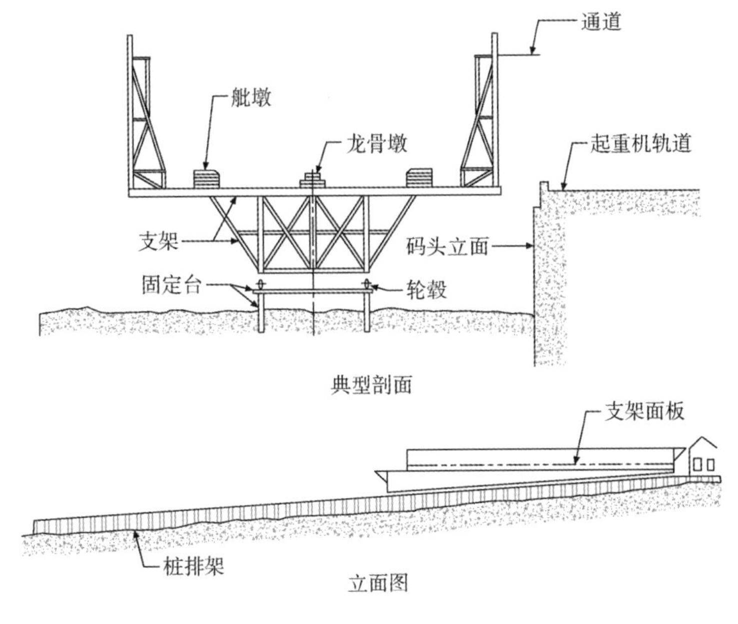

图 7.20 滑 道

• 滑道是一个机械系统，需要定期更换一些运动部件(牵引链、滚筒等)。

• 从拖船到托架的处理和转换可能会导致操作困难。

• 需要进行水下维护。

• 船舶可能会损坏轨道。

• 在轨道、滚筒和链条上形成的冰可能会延迟或危及船只入坞。冰也可能在挖入式船坞的入口处堆积，但比较容易清除。

7.2.5 浮式结构

浮式结构利用由固定桩或系泊缆锚定到海床的浮箱，通过桥梁或坡道连接到岸边的结构。浮码头最常见于小型游艇码头，包括泡沫填充的混凝土浮筒、钢质浮桥或用钢、铝或木质框架和面板连接在一起的塑料包裹的泡沫填充浮筒。模块化钢浮桥系统也用于包括近岸卸载的海上建筑物。西雅图第三大湖上的华盛顿浮桥宽 105 英尺，长 1 英里，包括一系列浮桥。美国海军已经提出了大型混凝土浮码头的概念[7.14]，但是尚未建成原型。一些最大的浮式结构是混凝土防波堤，如摩纳哥 La Condaime 港世界上最大的长 352 m、宽 28 m 的防波堤。

一种变化的半浮式结构利用浮桥或水下舱室来部分支撑码头。与浮式结构类似，先将沉箱漂浮到位，然后沉没到桩或其他基础之上。这种结构在持力层位于较大的深度条件下非常有用，沉箱提供的浮力抵消了桩的荷载，可以减少桩的需求量。纽约市的第 57 号码头就是一个实例。

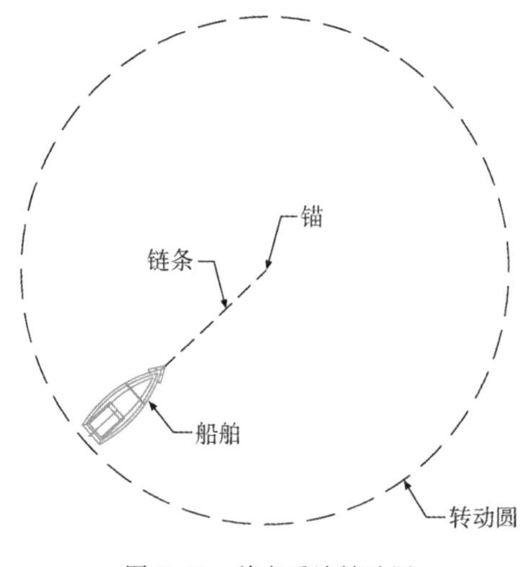

图 7.21 单点系泊转动圆

7.2.6 单锚系泊

单锚系泊，在海军中被称为舰队系泊，指船舶不停靠在结构物上的系泊，可以在港池、河流、港口或海上的系泊设备上自由转向。最简单的形式是，在天气好的条件下下抛船锚临时系泊。需要一个较大面积或船舶转向调头区(见图 7.21)。采用两个或两个以上的锚可减少转动区域或处理不定风、拥挤的锚地、锚绳绞缠等问题，包括巴哈马系泊、双锚系泊、首尾系泊、锤锁系泊、双串联系泊、星形以及改进的星形系泊，这些通常不是海事工程的主题，有兴趣的读者可自行研究。另一种类型的单锚系泊是船舶系泊的结构元件，包括锚、地腿、立管链、浮标和其他系泊硬件。这些类型有单点系泊(SPM)、首尾系泊、地中海系泊和多点系泊。

1) 单点系泊(SPM)

单点系泊由一个锚定在海底基础上的浮标组成(见图 7.22)。根据浮标锚定在海底的方法，单点系泊可包括几十种类型，其中包括悬链线、预应力链或水下塔架结构。立管型单点系泊用一条链锚定浮筒，用一条或多条链固定浮筒底部。电话式系泊用多根海底链条将浮筒锚定。根据风和水流的方向和速度，使用锚链或大索将船系泊到浮筒上。最简单的单点系泊由锚、悬链和浮筒组成，用于将小船停泊在河流和港池。最大的单点系泊用于系泊 VLCC 和 ULCC，并将液体石油产品从系泊设备转移上岸。单点系泊设计是海洋工程的一个专门领域，可参考文献[7.15]和文献[7.16]。

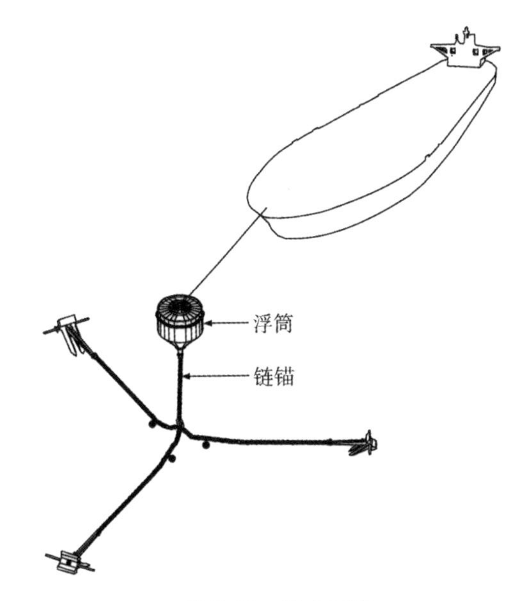

图 7.22　单点系泊

2）首尾系泊

首尾系泊（又称双浮筒系泊，见图 7.23）与单点系泊相似，只是提供浮筒将船舶固定在船舶两端的浮标上。这个系统船舶转动圆要小于单点系泊浮标上的船舶转动圆。此外，由两处系泊分担荷载。但是，如果风、水流或波浪对船舶具有较大的舷侧分量，系泊张力可能会提高很多。

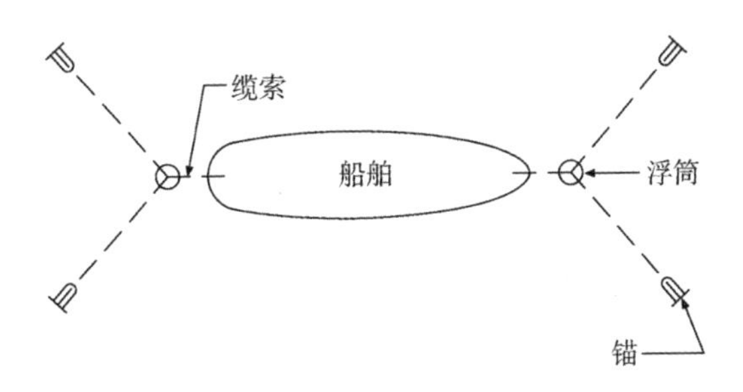

图 7.23　首尾系泊

3）地中海系泊

地中海系泊或塔希提（Tahitian）系泊（见图 7.24）是将船艏固定在两个系泊浮标上，船尾系泊在堤岸、突堤码头或顺岸码头的尽头。这种类型最常见于易倾斜的船或港口空间有限的地方。

4）多点系泊

多点系泊（见图 7.25）使用多个系泊支线来固定船舶。多点系泊对固定永久性或半永久性系泊船舶尤其有用，例如浮船坞和非活动船舶。通过多点系泊，船舶通常与水流方向平行。海洋和海岸工程师通常涉及研究海洋学及船舶上的环境荷载（风、波浪、水流和冰）。

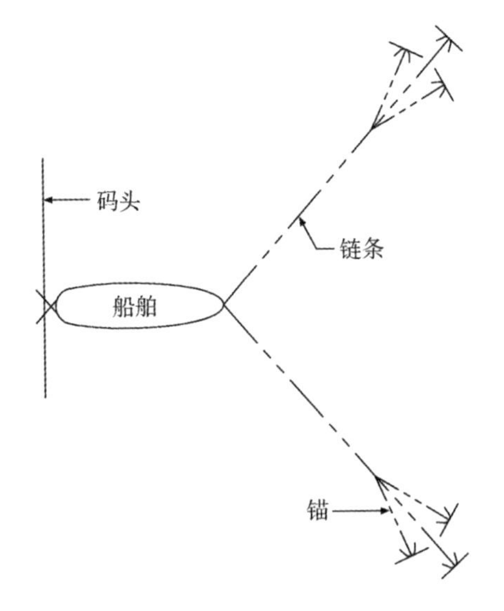

图 7.24　地中海系泊

7.2.7　破冰设备

破冰设备（见图 7.26）通常用于在春季解冻期间破碎大块浮冰，保护河岸沿线的建筑物。破冰设备设计受水流速度和向下游流动的冰盖尺寸的影响，可以由任何材料构成，但通常利用钢轨或横梁通过提升和分离冰盖来实现破冰。

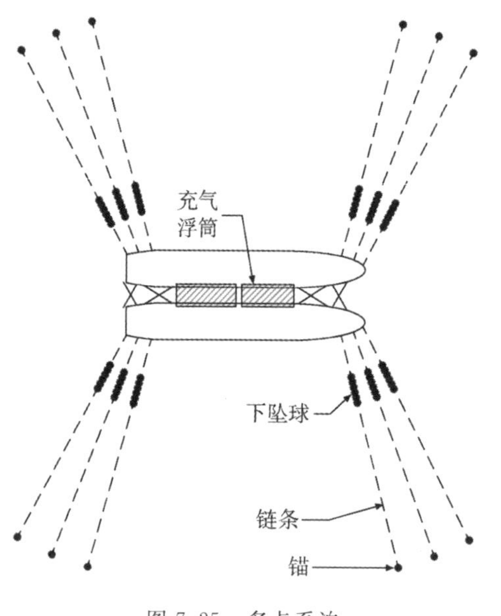

图 7.25　多点系泊

图 7.26　北部河流破冰设备

7.3　船舶系泊和停泊造成的结构荷载

7.3.1　船舶靠泊荷载

当船停到泊位上后，其动能减少为零，因此船舶靠泊时所产生的荷载对码头设计很重要。运动船舶的动能 $KE=\frac{1}{2}MV_b^2$ 是船舶质量 M 及垂直于泊位的靠泊速度 V_b 的函数，其中：

• M 为船舶排水吨位除以重力加速度 g 加上与船体一起移动的水体的附加质量。排水吨位可能不是船舶的最大吨位，而取决于码头设施的类型（进口、出口、两者兼备）及其停靠顺序（由于在其他港口停靠卸货导致船舶变轻）。不要混淆船舶排水吨位与载重吨位（DWT）、船舶承载能力或其他术语（如总吨位或净吨位）。

• V＝船舶靠泊速度，方向与泊位垂直。

船舶的速度是船舶尺寸、靠泊方法（拖船协助或自航）、船坞的方位、导航的便利以及包括风、浪和流在内的物理要素的函数。停泊时的船舶动能必须与撞击过程中突堤码头或顺岸码头所做的功相抵消。当护舷受力时，船舶动能以功的形式通过护舷材料转移并被吸收。所涉现象的详细说明可参见文献[7.17]。

通常设置护舷结构以抵抗船舶靠泊能量并将产生的荷载分配到突堤码头或顺岸码头。这种结构已经从简单的具有横护木和垫木的木桩演变为有或者没有护舷木桩的各种橡胶及合成橡胶复合材料形状和形式。目前使用的一些最常见的类型包括橡胶垫（见图 7.27）和泡沫填充护舷和无处不在、低成本的旧卡车轮胎（见图 7.28）。文献[7.2]中的表 5 和文献[7.12]中的第 5.3 节提供了各种护舷类型的图示。

图 7.27　橡胶碰垫

图 7.28　轮胎防撞

护舷所需的设计能量可通过下式计算，

$$KE_{\text{design}} = \frac{1}{2}MV_{\text{b}}^{2}C_{\text{m}}C_{\text{e}}C_{\text{s}}C_{\text{c}}$$

式中，C_{m} 是船舶的附加质量系数；C_{e} 是靠泊期间的偏心系数(与船舶特性、靠泊、接触点和靠泊角度有关)；C_{s} 是柔度系数(与防撞系统的弹性和船体弹性的比值有关)；C_{c} 是泊位配置系数(与码头结构类型、龙骨净空、靠泊模式、船体以及护舷厚度有关)。

需要注意的是，在大多数护舷设计中应考虑异常影响。用于设计的异常因子取决于船舶尺寸(船舶越小，异常因子就越大)、设计船舶的类型和特定的场地条件，通常取值在1.25到2.0的范围内。

护舷装置设计基于上述的船舶能量和靠泊方法。护舷的面积取决于护舷的数量、船体半径、船舶的靠泊角度等。关于计算船舶靠泊荷载及所需护舷能量吸收的详细内容可参见文献[7.18]、[7.2]及[7.12]的第 5 章。大多数主要护舷制造商也提供基于这些标准的指导。这些标准还根据船舶等级为船舶尺寸提供指导。关于船舶尺寸置信度的指导可参考文献[7.19]。还应考虑由于处理不当或事故而导致的异常高于通常水平的影响。从文献[7.20]可获得有关船舶特性的一些内容。

在大多数情况下，船舶靠泊结构的荷载是一个复杂的过程。但是，为了实际的设计目的，可以从设计护舷的反作用力—变位曲线(额定力—反作用力)近似估计该荷载。

7.3.2　系泊荷载

系泊荷载对突堤码头和顺岸码头结构的横向承载力设计有重要意义。在港口和海港工程中，船舶系泊荷载通常是由作用于船舶的外部环境条件造成的，如风、水流、波浪/涌、潮汐变化和过往船舶。

对于大多数受掩护的码头，如果波浪影响较小且潮差范围不大，那么设计系泊系统时只需考虑风和水流的作用就足够了。这种情况下，系泊荷载可以通过手工/电子表格计算或静

态系泊分析程序进行估算。静态系泊分析的基本控制方程如下

$$\left(\sum \frac{\partial F_x}{\partial x}\right)\Delta x + \left(\sum \frac{\partial F_x}{\partial y}\right)\Delta y + \left(\sum \frac{\partial F_x}{\partial \theta}\right)\Delta\theta + = - F_{xa} - \sum F_x$$

$$\left(\sum \frac{\partial F_y}{\partial x}\right)\Delta x + \left(\sum \frac{\partial F_y}{\partial y}\right)\Delta y + \left(\sum \frac{\partial F_y}{\partial \theta}\right)\Delta\theta + = - F_{ya} - \sum F_y$$

$$\left(\sum \frac{\partial M_{xy}}{\partial x}\right)\Delta x + \left(\sum \frac{\partial M_{xy}}{\partial y}\right)\Delta y + \left(\sum \frac{\partial M_{xy}}{\partial \theta}\right)\Delta\theta + = - M_{xa} - \sum M_{xy}$$

其中：F_x 和 F_y 为通过系泊缆施加在船上 x 方向和 y 方向的分力；

M_{xy} 为系泊缆上的荷载作用于船舶的艏摇力矩；

F_{xa} 和 F_{ya} 为风和水流作用于船舶的总荷载 x 方向和 y 方向分量；

M_{xya} 由于风和水流荷载作用于船舶的艏摇力矩；

Δx、Δy 和 $\Delta\theta$ 为有限的船舶运动增量。

通过迭代法来求解上述船舶方程组得到 Δx、Δy 和 $\Delta\theta$。船舶移动到 $x+\Delta x$、$y+\Delta y$ 和 $\theta+\Delta\theta$，重复迭代过程直到计算出的总力各分量都在指定的误差范围内。一旦确定了船舶的最终位移(Δx、Δy 和 $\Delta\theta$)，就可以根据系泊缆/链的荷载—伸长/变位曲线来估算系泊缆上相应的系泊荷载。

在近海、近岸或无掩护设施的泊位，波浪相当大或有很大潮汐变化的地点，或泊位是位于船舶经过的狭窄通道上，必须将波浪、潮汐和过往船舶的影响纳入分析。在这种情况下，海洋工程界普遍接受的做法是必须进行动态系泊分析，这比静态系泊分析要复杂得多。

一般来说，动态系泊分析的数值模型分为两类：频域分析模型和时域分析模型。

系泊船舶在三维空间中的运动可以用右手坐标系(x,y,z)中的六个自由度(纵荡、横荡、垂荡、横摇、纵摇和艏摇)来描述。最初，船舶处于静止状态，其重心(COG)位于空间固定坐标系的原点。系泊船舶的运动可以用 x,y 和 z 方向的位移(分别为纵荡、横荡和垂荡)以及围绕 x,y 和 z 轴(横摇、纵摇和艏摇)的旋度来表示。

系泊船舶的频域运动可以用下面的方程组表示

$$\sum_{j=1}^{6}\left[(M_{kj}+A_{kj})\ddot{x}_j + B_{kj}\dot{x}_j + C_{kj}x_j\right] = F_k^{\text{wave}} + F_k^{\text{other}}, \quad k=1,2,\cdots,6,$$

其中，船舶质量和惯性

$$M_{kj} = \begin{bmatrix} m & 0 & 0 & 0 & 0 & 0 \\ 0 & m & 0 & 0 & 0 & 0 \\ 0 & 0 & m & 0 & 0 & 0 \\ 0 & 0 & 0 & I_{44} & 0 & -I_{46} \\ 0 & 0 & 0 & 0 & I_{55} & 0 \\ 0 & 0 & 0 & -I_{46} & 0 & I_{66} \end{bmatrix}$$

A_{kj} 为与船舶频率相关的附加质量系数矩阵；

B_{kj} 为与船舶频率相关的阻尼系数矩阵；

C_{kj} 为流体力学恢复力矩阵；

x_j 为船舶在纵荡、横荡、垂荡、横摇、纵摇和艏摇时的位移或旋度；

F_k^{wave} 为波浪引起的激振(力或力矩)；

F_k^{other} 代表其他所有外力(如风和水流)和系泊限制(如系泊缆和护舷)。

必须认识到,频域方法的一个主要假设是,上述方程中的所有右侧项(波浪引起的激振,所有其他外力和系泊约束)均以单一频率正弦变化,等式左边的系数对于该频率是恒定的(或几乎恒定)。然而大多数情况下,由于系泊系统的非线性,这种假设是无效的。

通过使用时域模型,可以克服频域模型的缺点,但会增加复杂性和计算工作量。时域中的船舶运动可以用下面的方程组来描述

$$\sum_{j=1}^{6}\left[(M_{kj}+m_{kj})\ddot{x}_j+\int_{-\infty}^{t}R_{kj}(t-\tau)\dot{x}_j+C_{kj}x_j\right]=F_k^{\text{wave}}+F_k^{\text{other}},\quad k=1,2,\cdots 6,$$

其中,延迟函数

$$R_{kj}(t)=\frac{2}{\pi}\int_{0}^{\infty}B_{kj}(\omega)\cos(\omega t)\mathrm{d}\omega$$

式中,ω 为波频率(rad/s);m_{kj} 为与船舶频率无关的附加质量系数矩阵,可由下式得到:

$$m_{kj}=A_{kj}(\omega')+\frac{1}{\omega'}\int_{0}^{\infty}R_{kj}(t)\sin(\omega' t)\mathrm{d}t$$

ω' 为任意选择的 ω 值。m_{kj} 的值与 $\omega' A_{kj}(\omega')$ 无关,为与频率相关的船舶附加质量。

对于每个时间步长,可以求解 x_j 的时域船舶运动方程组,并从系泊缆的已知荷载—应变曲线、或链和锚的荷载—变位曲线中、或护舷的反作用力曲线(如果适用)获得相应的系泊荷载。利用相应的船舶水动力学数据库计算出波浪力(一阶波浪荷载、平均漂移波浪力和振荡漂移波浪力)。

已经开发了用静态和动态方法进行系泊分析的商业软件。其中文献[7.21]用于静态分析、文献[7.22]用于时域动态方法,文献[7.23]用于频域和时域动态模型。

根据具体的场地条件(海洋气象、船型和尺寸以及系缆布置)和项目阶段(可行性研究、概念设计、初步设计或最终设计)以及可用预算不同,系泊分析的复杂性各不相同,从非常简单的手工计算到采用复杂的动态计算机辅助系泊模型。对于停泊在突堤码头或顺岸码头的船舶,动态系泊分析模型的典型输入数据包括船舶特性(总长、垂线间长、船幅、装载条件、吃水、船舶排水量、受风面积、导缆器坐标、系泊缆特性、绞车/系缆桩能力)、港池水深、泊位的海洋气象条件、护舷或系缆桩的位置和性能,以及岸上系泊设备的安全工作能力。输出的分析结果包括系泊荷载,如果用于船舶卸货要求,则还需要船舶在纵荡、横荡、垂荡、横摇、纵摇和艏摇中的响应。可参考文献[7.2],[7.16],[7.24] 和 [7.25]。

尽管船舶与海上结构物的碰撞很少,也很少发生,但过去曾经发生。对于此类事件的设计没有明确的标准或要求,通常是针对速航的船舶,偶尔也会针对失去动力的船舶。基于美国海岸警卫队提供的美国实际的船舶交通情况,海岸工程师有时候可能被要求做推荐设计。文献[7.26]第 3.14 节为桥梁结构提供的(碰撞)指导可作为设计海洋结构的指导原则。

7.3.3　海洋环境条件对结构的荷载

海洋环境中的荷载来源包括风、波浪、水流、潮汐和风暴潮、冰、地震引起的海啸以及船舶螺旋桨尾流。这些荷载来源中,大多数情况下,波浪荷载是港口和海港结构设计中需要分析的最复杂、最重要的荷载。

1)风

在某些情况下,风荷载可能至关重要。飓风、台风、热带风暴和当地产生的风暴都可能

产生强风。对于港口和港湾设计，通常需要长期的风记录来推导不同重现周期的极端风力。在没有这些记录的情况下，通常采用数值风模型。但要认识到，很难用数值模型足够准确地预测风。由于风的动态性，难以精确计算海上结构的风荷载。在大多数情况下需要采用适当的方法。根据公式或模型中的输入风，有两种方法常用于风荷载的计算。第一种方法是使用恒风速计算风荷载。第二种方法是使用恒定风速加阵风。阵风常用的风谱包括 API、Ochi-Shin 和 Harris-DNV。在进行风荷载计算时，应用风持续时间的概念很重要。对于刚性海洋结构，使用 3 s 阵风风速是合理的，正如大多数建筑规范所使用的那样。但是对船舶而言，需要使用更长的风持续时间来计算风荷载。根据船舶的大小和相应的锚或系泊系统，风作用持续时间可在 15～60 s 的范围内。可参考文献[7.27-29]来进行风荷载计算。

2）波浪

对于港口或海港设计而言，设计人员最关心的问题是波浪预测和波浪荷载。对于许多避风港或港湾，需要进行波浪绕射分析以推导适用于波浪荷载计算的设计波浪参数。一般来说，由于波浪的动态和非线性以及流体与结构相互作用，对波浪荷载的准确预测是极其困难的。波浪荷载的大小不仅与波高和波浪周期有关，还与波长与结构尺寸之比有关。如果结构相对于波长比较细长，阻力和惯性力占主导地位，可用 Morison 方程计算波浪荷载。如果结构的尺寸大于波长，波浪反射就会变得很重要，在波浪荷载计算中应考虑波浪反射的影响。如果结构尺寸介于这两种情况之间，则波浪绕射的影响将变得重要，波浪荷载计算会变得更为复杂。对于浮体结构上的波浪荷载，除波高、波周期和结构尺寸外，波浪荷载也与锚泊系统和浮式结构的固有频率有关。需要认识到，对于破碎波和非破碎波，相应的波浪荷载计算是不同的。波浪破碎对结构的冲击力明显大于大多数波浪荷载公式中使用的准静态波浪力。有关更详细的波浪荷载分析，可参考包括 USACE(美国陆军工程兵团)海岸工程手册(CEM)[7.6]和英国标准 6325[7.28]等文献。国家规范和指南以及相关的海洋和海岸工程设计书籍可以提供进一步的指导。

3）水流

在海洋环境中，水流的大小和方向不仅随时间变化，也沿垂直水深剖面而变化。水流可能是潮汐流、河道径流(河口内)、风生表面流、波生流以及由船舶螺旋桨引起的尾流。作用于结构的水流荷载通常由静态分量和振荡分量组成。然而，对于港口或港湾设计，大多数情况下，水流荷载公式采用设计风暴条件下最大水深平均水流。读者可参考［7.6，28］了解更多水流荷载的详细计算。

7.3.4 潮汐和风暴潮

由潮汐和风暴潮引起的水位变化将对结构荷载产生影响。这些影响包括静水压力变化、土体堆载变化、系泊缆荷载和护舷荷载变化、越浪量变化和相应的冲击力以及由于气隙变化引起的码头面板的波浪上升力的变化。在港口或港湾结构设计中应考虑潮汐和风暴潮对荷载计算的影响。

7.3.5 冰

在一些港口或海港，海冰对海洋结构造成的荷载包括浮冰的冲击(或推力)荷载、增加的重量和面积(对于水流荷载)、由于气隙减小而引起的码头面板上升力等。港口或海港结构设计时需考虑到上述影响。

7.3.6 海啸

海啸实际上是一种长波，主要由地震引起。虽然海啸在深水中波高很小，但如果海底坡度较陡，这些长波在向海岸传播时，它们会显著放大。海啸可能是港口或海港设施和停泊船舶的灾难。读者可以参考 PIANC[7.30] 了解在港口规划设计中减轻海啸灾难的更多细节。

7.4 推荐阅读

本章并不是港口和港湾规划和设计的综合手册。有关港口和海港土木和结构设计的更多详细资料，建议参考更详细的国际设计标准和出版物，列举如下：

• 美国国防部：《突堤码头和顺岸码头设计标准》(UFC 4-152，2012)。该标准(UFC)文件包含突堤码头和顺岸码头建设的说明和设计标准，包括附属结构、连续结构和辅助结构。从应用角度也讨论装货细节、规则、配备、附件和其他信息。UFC 为海军舰艇的高效母港设施提供了最低的设施规划和设计标准。现有的港口、设施和泊位可能不满足所有的标准，因此可能运营效率较低，但不一定需要升级。UFC 专用于母港运营。该文件可通过华盛顿特区 20005 佛蒙特大道西北 1090 号 700 室的国家建筑科学研究所(NIBS)的《整体建筑设计指南》获得，可在其网站免费下载：http://www.wbdg.org

• 日本海外沿海地区发展研究所(OCDI)：《日本港口和海港设施技术标准与评论》(日本东京千代田区霞关 3-2-4)涵盖了各种港口和海港设施和结构类型，提供了有关地基、航道和港池、防护结构和系泊设施的详细设计指南，网址为 http://www.ocdi.or.jp/en/public.html。

• 石油公司国际海事论坛(OCIMF，英国伦敦 SW1H 9BU 安妮女王门 9 号)提供了一系列与海洋石油码头和系泊设计有关的出版物。其中包括：多浮标系统(MBM)的设计、操作和维护指南，码头维护和检查指南，系泊设备指南(MEG3)以及单点系泊维护和操作指南。伦敦 Witherby & Co 出版的 OCIMF 文件可从他们的网站订购：www.ocimf.com/Library/Books.

• 国际导航会议常设协会(PIANC)是一个为港口和水道的可持续水运基础设施提供指导的全球组织。它也是一个论坛，世界各地的专业人士组织起来，就具有成本效益、可靠和可持续的基础设施提供专家建议，以促进水上运输的发展。成立于 1885 年的 PIANC 持续作为政府和私营部门在港口、水道和沿海地区设计、开发和维护方面的主要合作伙伴。作为一个非政治性和非营利组织，PIANC 汇聚了与水运基础设施有关的技术、经济和环境问题的国际专家。成员包括国家政府和公共当局、公司和感兴趣的个人。通过专家指导和技术咨询，PIANC 通过高质量的技术报告为公私合作伙伴提供指导。他们的国际工作组定期就紧迫的全球问题提供技术更新，让成员获得共享的最佳实践。PIANC 总部位于 Batiment Graaf de Ferraris-11ième étage，du Roi Albert II，20-Boîte 3B-1000 Bruxelles(la Belgique)，技术报告订购网址：www.pianc.org。

• 英国标准协会(BSI，伦敦 Chiswick High Road 389 号)就海洋环境中和位于或接近海岸的结构物的规划、设计、施工和维护等相关标准提供指导，涵盖环境因素、操作要求、海况、荷载、岩土工程、材料和防护措施。BS 6349 海上结构中的各种标准包括:《通用标准操作规范》(BS 6349-1);《码头岸壁、码头和系缆桩设计》(BS 6349-2);《干船坞、船闸、滑道和造船台、升船机和码头及船闸闸门的设计》(BS 6349-3);《护舷和系泊系统设计规范》(BS 6349-4);:《疏浚和土地复垦实践规则》(BS 6349-5);《近岸系泊设备和浮式结构设计》(BS 6349-6);:《防波堤设计和施工指南》(BS 6349-7);《滚装坡道、连接桥和人行道设计规范》(BS 6349-8)。这些标准可从 BSI 网站订购:http://shop.bsigroup.com/en/。

涉及海洋结构的全面规划和设计的参考书包括文献[7.31]—[7.38]及以下内容:

• 美国土木工程师学会(ASCE)海岸、海洋、港口和河流研究所(COPRI)港口和海港委员会 2020 年海滨任务委员会:《小型船舶港口规划和设计指南》,ASCE 工程实践手册和报告,第 50 期,美国土木工程师协会,弗吉尼亚州雷斯顿,2012 年。

• ASCE COPRI 港口和海港委员会干船坞资产管理任务委员会:《干船坞设施的安全操作和维护》,ASCE 工程实践手册和工报告,第 121 期,美国土木工程师协会,弗吉尼亚州雷斯顿,2010 年。

7.5 术语一览

A_{kj}—船舶频率相关的附加质量系数矩阵

B_{kj}—船舶频率相关的阻尼系数矩阵

C_c—泊位配置系数

C_e—靠泊期间的偏心系数

C_{kj}—流体力学恢复力矩阵

C_m—船舶的附加质量系数

C_s—靠泊期间的柔度系数

DWT—船舶载重吨载重量,总载重量

F_{xa}—由风和水流作用于船舶的总荷载的 x 方向分量

F_{ya}—由风和水流作用于船舶的总荷载的 y 方向分量

F_x—通过系泊缆施加于船舶的 x 方向分力

F_y—通过系泊缆施加于船舶的 y 方向分力

LBP—船舶垂线间长

LOA—船舶总长

M—船舶质量

m_{kj}—与频率无关的附加质量系数矩阵

M_{xy}—由系泊缆上的荷载作用于船舶的艏摇力矩

M_{xya}—由于风和水流荷载作用于船舶的艏摇力矩

SPM—单点系泊

TEU—二十英尺等量单位集装箱

V—船舶靠泊速度

x_j—船舶纵荡、横荡、垂荡、横摇、纵摇和艏摇的位移或旋度

ω—波频率(rad/s)

F_k^{other}—其他所有外力和系泊限制
F_k^{wave}—波浪激振(力或力矩)

参考文献

7.1　Working Group Ⅱ-30 PIANC-IAPH: Approach Channels: A Guide for Design, Final Report (PIANC, Brussels 1997)

7.2　British Standards Institute: Maritime Structures. Code of Practice for Design of Fendering and Mooring Systems, BS 6349-4 (BSI, London 1994)

7.3　B. L. McCartney, L. L. Ebner, L. Z. Hales, E. E. Nelson(Eds.): Ship Channel Design and Operation (ASCE, Reston 2005) p. 272

7.4　PIANC-IAPH: Joint PIANC-IAPH Report on Approach Channels-Preliminary Guidelines (Volume 1) (PIANC, Brussels 1995)

7.5　IALA ANM Committee: Aids to Navigation Manual (IALA NAVGUIDE) (IALA-AISM, Saint-Germainen-Laye 2010) p. 190

7.6　U. S. Army Corp of Engineers: Coastal Engineering Manual-Part VI, EM-1110-2-1100 (U. S. Army Corp of Engineers, Washington 2002)

7.7　U. S. Army Corp of Engineers: Design of Coastal Revetments, Seawalls and Bulkheads, EM 1110-2-1614 (U. S. Army Corp of Engineers, Washington 1995)

7.8　U. S. Army Corp of Engineers: Design of Sheet Pile Cellular Structures, Cofferdams and Retaining Structures, EM 1110-2-2503 (U. S. Army Corp of Engineers, Washington 1989)

7.9　U. S. Army Corp of Engineers: Design of Sheet Pile Walls, EM 1110-2-2504 (U. S. Army Corp of Engineers, Washington 1994)

7.10　United States Steel: USS Steel Sheet Piling Design Manual (U. S. Department of Transportation, Washington 1984)

7.11　R. Heger: Dockmaster's Training Manual (Heger Dry Dock, Holliston 2005)

7.12　Design: Piers and Wharves UFC 4-752-01 (Department of Defense, Washington DC 2005)

7.13　Naval Facilities Engineering Command: Marine Railways, MIL-HDBK-1029/2 (Department of the Navy, Washington DC 1989)

7.14　M. W. LaNier, M. Wernli, R. Easley, P. S. Springston: New technologies proven in precast concrete modular floating pier for U. S. Navy, PCI J. 50(4), 76-99(2005)

7.15　American Bureau of Shipping: Rules for Building and Classing Single Point Moorings (ABS, Houston 2014)

7.16　Naval Facilities Engineering Command: Design: Moorings, UFC 4-159-03 (Department of Defense, Washington DC 2005)

7.17　F. V. Costa: Dynamics of berthing impacts. In: NATO Advanced Study Institute on Analytical Treatment of Problems in the Berthing and Mooring of Ships, (NATO

Advanced Study Institute, Wallingford 1973)

7.18 P. Lacey, P. D. Stebbings, P. Vallander, H. W. Vollstedt, H. W. Thoresen, M. L. Broeken, S. Meijer, A. G. Traffers, S. Uda, M. Tartaglini, M. Faeth, J. E. P. Serras, C. S. S. Hill, C. N. van Schaik, H. Smitz, J. Villaneuve, J. Uzcanga, H. F. Burcharth, P. Acton, P. Levreton: Guidelines for the Design of Fender Systems: 2002(PIANC General Secretariat, Brussels 2002)

7.19 Y. Akahura, H. Takahashi: Ship Dimensions of Design Ship Under Given Confidence Limits (The Port and Harbour Research Institute, Ministry of Transport, Japan, Kanagawa 1998)

7.20 Clarkson Research Services Limited: World Fleet Register, http://www.crsl.com (Clarkson Research, London)

7.21 U. S. Navy: FIXMOOR [Computer Program] (National Technical Information Service, Alexandria 1989)

7.22 Maritime Researach Institute: TERMSIM II [Computer Program], http://www.marin.nl

7.23 ANSYS: AQUA [Computer Program], http://www.ansys.com

7.24 W. E. Cummins: The Impulse Response Function and Ship Motions, David Taylor Model Basin Report No. 1661 (US Department of the Navy, Bethesda 1962)

7.25 G. van Oortmerssen: The Motions of a Moored Ship in Waves, MARIN Publication No. 510 (Wageningen, the Netherlands 1976)

7.26 American Association of State Highway and Transportation Officials: AASHTO LRFD Bridge Design Specifications (AASHTO, Washington 2010)

7.27 American Society of Civil Engineers: ASCE 7: Minimum Design Loads for Buildings and Other Structures (ASCE, Reston 2010)

7.28 British Standards Institute: Maritime Works. Code of Practice for Planning and Design for Operations, BS 6349-1-1 (BSI, London 2013)

7.29 I. C. Council: 2012 International Building Code (ICC, Country Club Hills 2012)

7.30 Permanent International Association of Navigation Congresses: Mitigation of Disasters in Ports, PIANC Report No. 112-2010

7.31 J. W. Gaythwaite: Design of Marine Facilities for the Berthing, Mooring, and Repair of Vessels, 2nd edn. (American Society of Civil Engineers, Reston 2004)

7.32 G. P. Tsinker: Marine Structures Engineering-Specialized Applications (Chapman Hall, New York 1995)

7.33 H. Agerschou (Ed.): Planning and Design of Ports and Marine Terminals, 2nd edn. (Thomas Telford, London 2004)

7.34 C. A. Thoresen: Port Designer's Handbook; Recommendations and Guidelines (Thomas Telford, London 2010)

7.35 G. P. Tsinker: Port Engineering: Planning, Construction, Maintenance, and Security (Wiley, New York 2004)

7.36　G. P. Tsinker: Handbook of Port and Harbor Engineering: Geotechnical and Structural Aspects(Chapman Hall, New York 1997)
7.37　G. P. Tsinker: Marine Structures Engineering: Specialized Applications (Chapman Hall, New York 1995)
7.38　B. C. Gerwick Jr. : Construction of Marine and Offshore Structures, 3rd edn. (CBC, Boca Rotan 2007)

第8章　海洋排污口

Peter M. Tate, Salvatore Scaturro, Bruce Cathers

海洋排污口是将处理过的废液排放到海洋环境中。并非所有废液中的污染物都可以通过处理去除。正确设计、建造和运行的海洋排污口可以有效地稀释排放的废液，从而大大地降低污水中污染物的浓度。另一方面，又能降低海洋环境中生物群落和民众的风险。本章简介了海洋排污口涉及的主要内容。

本章从决定建造海洋排污口的主要影响入手，涵盖了五个领域，包括污水处理过程概述；近场数值模拟，并论证该工具可用于辅助设计海水排污口；排污口水动力讨论，详细描述了包括水头损失、管汇（或扩散器）、盐水入侵和掺气等特征；对海洋排污口进行了简要总结；最后一个领域是应该采取的环境监测措施，以确认与海洋排污口相关的可能影响。

本章介绍的工作集中在通过海洋排污口向海域排放废水流量。虽然饮用水等（如某些矿物质的提取、热电厂设备的冷却、海水淡化厂）和工业或商业用水（例如冲厕水）的取水口需要海洋结构物，但本章的重点是海洋排污口，海洋取水口不再进一步涉及。

本章的主要目标是为从业人员提供海洋排污口的基本概况，并概述了一些最初的考虑，以帮助那些刚接触这一领域的人员。需要说明的是，本章并未涵盖所有方面的细节，重点是在海洋排污口的设计和监测方面，提供了由海洋排污口相关经验得出的一些问题的处理方法和详细的参考材料。

8.1　基本定义

本章通篇使用以下术语。污水是城市污水处理厂的原始输入，其产出是排放水。海水是淡化厂的原始输入，其产出是浓盐水。废水是排放水或浓盐水的统称。排污口是指从污水处理厂到排放口的处理系统。管汇是排污口的一部分，是与排污口相连的一系列排水管，被称为竖管。扩散器包括了排污口的管汇和竖管。

图8.1给出了两个概化的海洋排污口。图8.1(a)显示了废水处理厂正浮力污水的排放，图8.1(b)显示了海水淡化厂负浮力盐水的排放。这两个示意图都展示了来自污水处理厂的倾斜隧洞、排水隧洞，包含多个竖管的扩散器以及从每个竖管顶部的出口喷嘴排出的废水羽流。排污隧洞向上倾斜，以确保在下倾隧洞内的空气通过出口喷嘴（或接口）排出，不会留在隧洞中。竖管的数量、间距、每个竖管的长度和每个竖管上出口喷嘴的数量将取决于每个排污口的具体要求。

下面是一些注意事项：

• 将扩散器放置在快速流动的环境水域中是有利的，这将增强废水的稀释并迅速将废

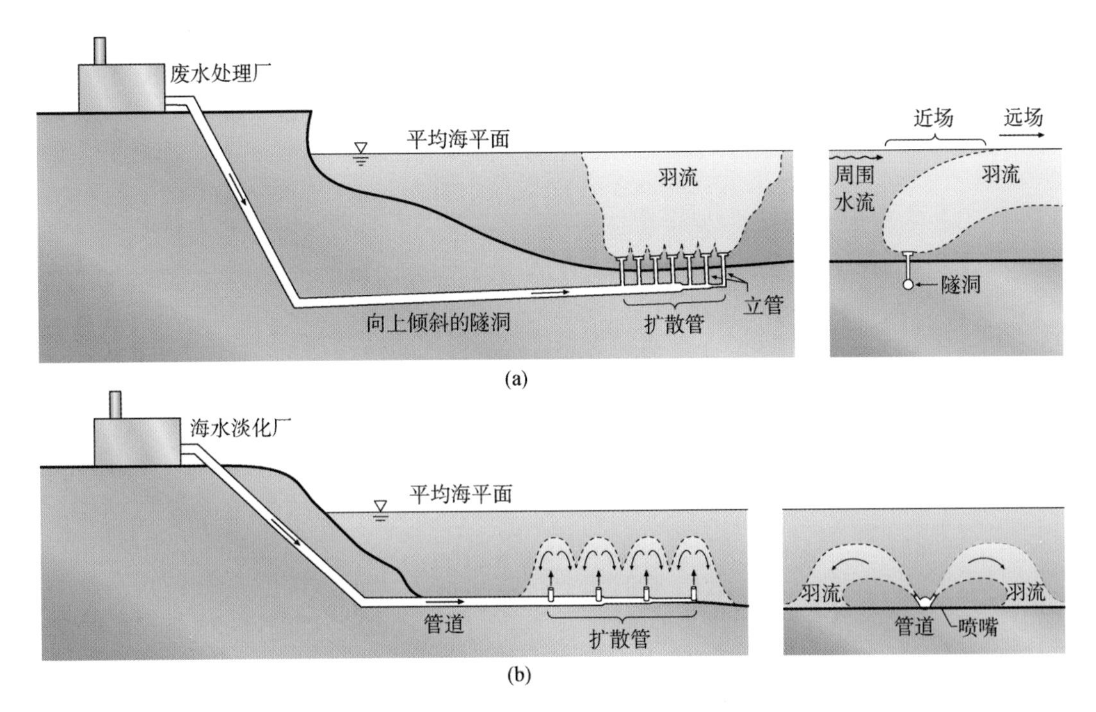

图 8.1　(a) 污水处理厂排污口示意图；(b) 海水淡化厂排放口示意图(分别是侧视图和端视图)

水从扩散器附近带走。

• 对于废水排放，出口喷嘴通常是水平的。废水密度稍小于周边海水，会上升到海面，或者如果分层作用足够强，废水会被限制在表层以下。相反，盐水排放的出口喷嘴与水面成角度(通常与水平面成 60°的夹角)。其密度大于海水的密度，会下沉至海床。将出口喷嘴朝向水面倾斜并以高速排出盐水将使其稀释最大化。

• 如图 8.1 所示，管道可以代替隧洞。管道固定在海床上，通过固定在管道上的出口喷嘴排放废水。这些配置中是不使用立管的(立管是垂直结构，用于将废水从排污管道输送到出口喷嘴，长度可能长达几十米)。

• 连接到每个立管的出口喷嘴数量通常限制在 8 个或更少。如果使用 8 个以上的出口喷嘴，则来自相邻喷嘴的羽流彼此干扰会减少废水的有效稀释。

• 排污口管道和扩散器可以是锥形的，以确保废水排放速度足够大防止泥沙沉积在管道中。

• 出口喷嘴可能配有止回阀(也称为鸭嘴阀)。这些阀门在排放流量为零时关闭，防止海水进入管道。止回阀的优点是与具有相同横截面面积的圆形喷嘴相比，它们增强了稀释能力[8.1]。然而，它们可能会被生物群或渔网阻塞，致使它们处于永久开放或关闭的状态。

8.2　管理

有许多因素影响建造海洋排污口的决定。

城市污水在集水区的底部进行收集。对于一个沿海城市来说，就是海洋环境的边缘，将废水收集到集水区顶部进行饮用再利用的成本很高，包括建造管网、泵和操作泵所需的能源。此外，废水转化为饮用水可能会花费很高成本。因此，通过海洋排污口处理废水可能是对资源的最佳综合利用。尽管如此，决定采用海洋排污口应首先考察其他可能的方案，并最大限度地利用再生废水。

8.2.1 海洋排污口的驱动因素

SPHERE是我们用来描述覆盖政府所资助的发展需求（社会 social、公共卫生 public health、环境 environmental、法规 regulation、经济 economic）的主要因素的缩写。SPHERE的前三个要素代表了对海洋排污口有影响的主要方面（即社会价值）。SPHERE的最后两个要素代表了对海洋排污口的限制——“法规”倾向于深度处理，并由此导致高成本；而“经济”倾向于低成本和相应的浅处理。以下是海洋排污口建造时SPHERE需要考虑的一些因素。

大多数国家都有海洋排污口设计需要满足的环境导则。而各国的导则又各不相同，在这里不做详细介绍。可以这样说，它们包括病原体、营养物质、金属和有机物的污染物浓度标准。这些导则通常适用于混合区的边界，需要在建造海洋排污口之前明确界定。

1）社会

公众期望从海洋排污口中得到什么？什么是对公众的重要价值？这些在不同的地理区域和文化群体之间及其内部是变化的。一些社区将包括大量的海滩使用者，对他们来说，海洋排污口的概念可能是不可接受，除非能够清楚地证明海洋排污口对他们所处的海洋环境带来的风险最小。

2）公共卫生

在海水中游泳安全吗？将要排放到海洋环境中的物质类型和浓度是什么？会不会对我们造成伤害？许多信息提示我们海洋排污口可能排放的是具有潜在危害的物质。大多数国家综合这些信息形成一套适用于其海洋环境的导则。一种通常的假设是如果物质排放的浓度能低于导则的标准，那么就认为海洋环境对使用者健康的影响保持不变。这需要知道废水中物质的类型、浓度和变异性。应该注意的是，当浓度足够高，所有的物质对它们排放的环境都具有潜在毒性。

3）环境

海洋排污口排放的物质会对海洋生物造成危害吗？未来海洋环境会退化吗？海滩和海水是否免遭可见的污染——油污、油脂、破布等？正如(2)公共卫生中所指出的那样，大多数国家都有环境导则，如果符合这些导则，通常认为海洋环境得到了保护。导则通常采用的形式是在离排污口特定距离（这个距离确定了混合区的范围）对应的物质（例如金属、营养物和细菌）应满足的浓度。这意味着在混合区内存在一个区域，其浓度可能不符合导则要求，其后果是在混合区内的生物多样性可能与参考区域不同。

4）法规

向海洋环境排放物质的规定是什么？规定通常以许可条件的形式限制可以排放到海洋环境中的物质类型、浓度和/或负荷。如上所述，通常假设，污染物浓度保持在这些限制内将保证人的安全，并保护海洋环境中的动植物。

5）经济

各国政府会投入大量资金建造海洋排污口。最终，这笔钱是通过税收筹集的，政府对合理使用他们收取的税金负有责任。排污口的建设费用将与教育、安全和老人护理等多种资助领域竞争。公众的价值何在？公众愿意为保护人类和环境付费吗？海洋排污口只是许多应该考虑的可选方案之一。最终，在所提供的保护程度与每个可选方案所产生的成本之间存在着一个平衡。工程师和科学家的责任是评估每个方案并向政府提供最有效的解决方案。

8.2.2　废水处理

本章我们主要关注市政（生活污水）排污口。对于海洋排污口，关键是了解排放的物质，尤其是污水中污染物的类型、浓度和变异性。不考虑从其他来源的污染物排放，包括私有排污口、河流和入海口、大气输入、船舶排放和非法倾倒。读者可以参考 Tchobanoglous 等人的文献[8.2]，其中提供了相当多的废水处理细节。

废水排放来自家庭、商业和工业源。通常情况下，废水系统不会与环境隔离，并且在风暴期间也可能发生渗透。废水的组成取决于这三个主要来源的相对贡献以及工业和/或商业活动的类型和规模。每个废水系统都是不同的，废水处理厂是根据处理特定系统产生废水的数量和性质而设计的。

废水包含颗粒物、病原体、营养物质、有机和无机物质。如果废水未经稀释或未经处理排放，可能会造成严重的环境破坏。因此，污水处理的主要目的是消除这些物质或降低这些物质的浓度。

物质的不同浓度会引起不同物种的不同反应。金属会被吸附到可能被鱼和贝类摄入的颗粒物上，有机物经常被水生动物的脂肪组织吸收。在废水处理过程中，降低了悬浮固体、油和油脂的浓度，也会减少可能影响海洋生物的金属和有机物的数量。

废水处理大致可以分成三个等级：初级、二级和三级（或高级）。这些处理是模块化的，后一级的处理被锁接至较低一级的处理。在每一级内，有多种选项可以生产出相似质量的废水。等级自身之间的区别是模糊的，取决于每一级如何操作和维护。通常，采用污水中的悬浮物浓度、生化需氧量（BOD）和指示菌来区分处理等级。污水处理厂所采用的等级通常基于工程师和流程执行者的集体经验。

1）初级处理

初级处理是通过拦污栅和筛网去除那些可能会损坏废水处理系统的碎屑。然后污水以低速流过沉淀池，确保停留 2～3 小时或更长时间[8.2]。这样有足够的时间让受到负浮力的固体沉降到水箱底部，而让受到正浮力的油和油脂上升到表面。化学品可以添加到废水中以加速沉降过程，这样可以很容易地去除固体、油和油脂。初级处理还有助于控制污水流向后续的处理模块。初级处理可以单独使用，但这通常取决于排放废水的环境。

2）二级处理

二次处理涵盖了范围广泛的生物过程，包括：活性污泥、滴滤池、生物转盘、曝气氧化塘、氧化床和膜生物反应器。所有这些过程的基本目标是去除有机物质和悬浮体。二次处理也可以包括消毒以减少废水中细菌的浓度。二次处理的一种常见形式是活性污泥，在活性污泥中微生物在有氧条件下与废水混合约 4～8 小时，微生物代谢废水中的有机物质，最终生成无机物质。

3）三级处理

三级处理通常包括使用砂滤池进一步去除悬浮物质。二级处理后废水中可能残留高含量的氮和磷，这可能导致过度的初级生产力和富营养化。除氮的基本前提是将硝酸盐转化为氮气，然后排放到大气中。生物过程和化学沉淀是用于去除废水中磷的两种方法，一旦去除，磷酸盐就可以用作肥料。

微滤和反渗透是污水深度处理的具体形式。废水被迫通过一层细密薄膜。薄膜网孔的尺寸只能通过水，而稍粗一点的物质就被截获并从废水中去除。微滤或毫滤被越来越多地加入初级或二级处理过程中。结合有效的排污口扩散器，稀释废水可能会达到许可要求。

表 8.1 给出了所选物质处理后中值排放浓度的指标。需要强调的是，这些具体值会因不同的污水处理厂而有较大的变化。

表 8.1　污水和各级处理后的物质中值浓度(数字只是象征值，会随时间及不同污水处理厂而变)

物质	单位	未处理的污水	初级处理	二级处理	三级处理
大肠杆菌	cfu/100 ml	10^7	10^6	10^4	10
悬浮物	mg/l	250	100	10	<5
生化需氧量	mg/l	200	100	10	<5
油脂	mg/l	50	20	<5	<5
总氮	mg/l	50	40	20	10
总磷	mg/l	10	7	5	3

海水淡化厂排放的主要污染物是盐。盐水的中值浓度约为 60psu(‰)，变化范围可能是 40psu～80psu。海水中含盐量的中值约为 35psu。海洋生物可以耐受的盐度约为 39psu，这个值随着不同的生物体会有所变化。因此，向海洋环境排放盐水的排污口结构应确保盐度能快速降低至 39psu 以下[8.3]。

8.2.3　排污口设计的资料收集

尽管可以使用最少的数据进行海洋排污口的初步设计，但详细设计通常需要大量数据。这些数据收集的主要目标是确定海洋排污口的选址(或多个选址)。也就是说，以最低的成本，确定最符合环境(和其他)导则的处理等级和位置。

所需数据的类型和数量取决于拟建的海洋排污口。大体上，数据包括：排放废水的体积和流量、水质(处理过的污水和海水)、洋流和分层。监测的一个关键方面往往被忽视，就是这些数据的可变性。我们喜欢的方法是利用 Monte Carlo 方法中的数据可变性，在输入条件不同组合的工况下运行模型，所获得的海水中污染物浓度的统计分布，可以在例如超越概率图中合成。

可以使用历史数据和从不同项目中收集的数据。数据需求与历史数据之间的差异决定了数据收集需要填补的空白。这些收集的数据大部分也可供第 8.6 节研究所用。下面列出了一些需要收集的主要数据。

废水排放量可以通过人口预测估算。这些信息可以用于评估何时环境导则不能被满足，因此那时可能需要对污水处理厂进行升级。

处理过的污水水质由处理等级所决定，可以从其他类似的处理厂或从表 8.1 中得到估计值。建成后对污水水质进行持续监测有助于确保环境标准。

海水（废水排放到其中）水质测量提供了污染物的背景浓度。必须将背景浓度加到模拟浓度上以估计海水中污染物的总浓度。背景浓度可能已经超过了环境导则的要求，在这种情况下，可能需要降低要求或寻找新的排污口位置。为了获得具有代表性的海水水质图，应在大时空尺度上进行采样，并应包括重复采样。可以长时间放置在现场的仪器正越来越多地用于获取水质测量结果，尽管这些结果的准确度比实验室能够达到的要低。

洋流的速度和方向对羽流稀释很重要。系泊式海流计可以提供空间某点（或整个水体剖面）流速流向随时间变化的详细信息，但是它们的布置、维护和取回费用高昂，需要仔细考虑这些系泊设备的数量和位置。洋流空间信息可以通过船舶走航式剖面流速仪测量特定深度的浮漂和遥感数据（例如，通过卫星或机载扫描仪）来获得。系留式海流计的数量和持续时间取决于所考虑的排污口的大小。对于中等大小的排污口，一个停留 12 个月并且每月检修一次的剖面海流计可以满足最低的数据要求。一个移动海流计（每次在不同地点停留一个月）是满足仪器数量和空间覆盖的折中方案。

水体的密度分层很大程度决定了废水上升的高度（大大降低了盐水排放的影响）。在沿海海域，密度是温度和盐度的函数，两者都需要测量。对于浅水区排污口（水深小于 10 m 的排污口），分层几乎没有影响。但是，对于深水区的排污口，相对较小的分层可能会产生淹没羽流和不可见的羽流（至少对水表面的测量仪器而言），从而导致稀释能力降低。尽管海洋污染会降低盐度传感器的数据质量，但系泊式温度/盐度仪提供了整个水体的密度分布。这些数据也可以在系泊仪器的使用期间采集，就是在 12 个月里每月采集。

其他如表面波和潮汐等数据也可能很重要，特别是对于浅排污口，其过程中的水深变化可能占整个水深的很大比例。

8.3　近场稀释预测

海洋排污口的设计以满足相关导则所需的稀释为中心。虽然在适当等级的污水处理后，偶尔也可能会满足导则要求，但许多物质都需要通过海水稀释来满足这些导则。稀释取决于：

- 废水流量。
- 废水排放的深度。
- 扩散器的长度。
- 出口直径（以及是否使用单个或多个出口）。
- 扩散器的结构（例如，是否使用 T 型出口或气体燃烧器型罩盘，是否使用止回阀）。
- 海洋条件（如洋流、水体分层、潮汐和海洋湍流）。

结合成本，上述因素被用于优化海洋排污口的位置和结构。这一点在第 8.3.7 节进一步讨论。

从海洋排污口排出后，由于浮力，污水上升，但盐水下降（见图 8.1），随后废水（污水或盐水）与周围水流混合并被稀释。可以使用两种模型来量化这个过程：近场和远场。做出这种区分是因为这两个模型的时间和空间尺度过程都大不相同。

在近场，废水的运动主要受其初始动量和浮力控制，速度和稀释率都很高。高达 90%的废水稀释发生在近区内，即是在大多数规定的边界内。工程师可以优化排污口设计以达到近场稀释最大化。

在远场，废水是被动地被周围的水流输送，稀释率远低于近场时。远场混合由自然过程支配，设计工程师无法控制这种过程。

虽然同时使用近场和远场模型对于海洋排污口的详细设计可能是必要的，但我们认为单独的近场模拟可以用于初步设计，因此在下面章节重点放在近场模拟。

本节提供了对近场模拟的概要介绍。Wood 等人[8.4]提供了近场模拟的详细信息以及海洋排污口设计中可能遇到的问题。

8.3.1 物理模型

虽然本节的重点是近场数值模拟，但人们认识到物理模型也可以在海洋排污口设计中发挥重要作用。有时在实验室建造原型海洋排污口的比尺物理模型，用于观察近场射流和羽流的特性，物理模型对羽流特别是多个羽流间的相互作用以及在大多数数学模型中未发现的现象有很好的展示。

模型中使用的液体通常是淡水和盐水。这些模型的比尺被表示为原型值与模型值之比。模型设计要求选择：①液体满足重力比减小（g'定义如下）；②长度比尺要确保模型雷诺数足够高，以保证模型的水流为湍流；③在这种情况下，比尺判据是密度弗劳德数（FR），即在原型和模型中存在 FR 的点对点对应关系。这个比尺判据与长度比尺一起得到速度比尺，然后可以确定其他如时间、压力和浮力等比尺。尽管在物理模型中包括周边水体是可能的，但它对实验室设施和数据采集系统提出了更高的要求。

通过物理模型可以得到包括稀释、轨迹、速度场以及相邻羽流之间相互作用等信息。

8.3.2 正浮力射流和羽流

近场数值模拟的两种基本方法为：欧拉法和拉格朗日法。Lee 和 Cheung[8.5]以及 Tate 和 Middleton[8.1,6]采用的都是拉格朗日方法。两种方法的核心都是质量、动量和浮力的守恒方程。在拉格朗日法的框架中，它们是：

• 质量守恒

$$\frac{\partial(\rho V)}{\partial t}=\rho_{a}f_{ent}U_{ent}A$$

• 动量守恒

$$\frac{\partial(\rho V u_i)}{\partial t}=U_i\frac{\partial(\rho V)}{\partial t}+\rho g'V$$

• 浮力守恒

$$\frac{\partial(g'V)}{\partial t}=-N^2u_iV$$

式中，ρ 是射流/羽流的密度；ρ_a 是周围流体的密度；f_{ent} 是夹带函数；U_{ent} 是夹带速度；V 是浮力流体元的体积；A 是周边被夹带水体的横截面积；u_i 是上浮流体的速度；U_i 是周边流体的速度；g'是浮力修正重力（$=(\Delta\rho g)/\rho_{ref}$，其中 ρ_{ref}是参照密度）；N 是 Brunt-Väisälä 频率。

$$N = \sqrt{-\left(\frac{g}{\rho_{\text{ref}}}\right)\frac{\partial \rho_a}{\partial z}}$$

这些控制方程也适用于负浮力射流和羽流。

如果浮力射流/羽流(a)远离其源(即超出初始动量的影响),(b)与周围水流一起运动,并且(c)运用 Boussinesq 近似,则上述方程可以通过分析求解,得到所谓的渐近结果。这些方程(表 8.2)等价于 Wood 等的对流热量方程[8.4]。Jirka 和 Akar[8.7]以及 Jirka 和 Doneker[8.8]详细介绍了相应的流体分类。

对于线性分层或非线性分层的周围流动水体,表 8.2 给出了从圆形(即轴对称)出口和狭槽(即线源)排出的正浮力羽流的渐近控制方程的解。应该指出的是,下面的这些渐近解只能用于排污口设计的概念阶段。对于初步和详细设计阶段,应该使用上面的全套守恒方程并用数值求解。

夹带函数从 Morton 等[8.9]所使用的常数中演化而来,是密度弗劳德数、羽流几何形状、羽流内流体速度以及周围水流速度的复杂函数。Wood 等[8.4]使用扩展函数来模拟周围水流对羽流的夹带。

表 8.2 当周围水流速度不等于零且海水密度线性分层时,正浮力羽流的控制渐近方程的解。渐近方程的解仅适用于近场的末端,没有考虑出口直径、排放角或出口速度的影响

轴对称源	线源
$z(x) = \frac{0.98}{f_{\text{ent}}^{2/3}}\left(\frac{B_S\left[1-\cos\left(\frac{Nx}{U}\right)\right]}{UN^2}\right)^{1/3}$	$z(x) = \frac{1.00}{f_{\text{ent}}^{1/2}}\left(\frac{B_S\left[1-\cos\left(\frac{Nx}{U}\right)\right]}{UN^2}\right)^{1/2}$
$2b(z) = 2.00 f_{\text{ent}} z$	$2b(z) = 2.00 f_{\text{ent}} z$
$(z) = \frac{C_S}{C(z)} = 3.14 f_{\text{ent}}^2 U z^2 \frac{n_{\text{ports}}}{Q}$	$S(z) = \frac{C_S}{C(z)} = 2.00 f_{\text{ent}} U z \frac{L_D}{Q}$
$z_{\max} = \frac{1.24}{f_{\text{ent}}^{1/3}}\left(\frac{B_S}{UN^2}\right)^{1/3}$	$z_{\max} = \frac{1.41}{f_{\text{ent}}^{1/2}}\left(\frac{B_S}{UN^2}\right)^{1/2}$
$2b(z_{\max}) = 2.48 f_{\text{ent}}^{1/3}\left(\frac{B_S}{UN^2}\right)^{1/3}$	$2b(z_{\max}) = 2.82 f_{\text{ent}}^{1/2}\left(\frac{B_S}{UN^2}\right)^{1/2}$
$S(z_{\max}) = \frac{C_S}{C(z_{\max})} = 4.84 f_{\text{ent}}^{2/3}\left(\frac{UB_S^2}{N^4}\right)^{1/3}\frac{n_{\text{ports}}}{Q}$	$S(z_{\max}) = \frac{C_S}{C(z_{\max})} = 2.83 f_{\text{ent}}^{1/2}\left(\frac{UB_S}{N^2}\right)^{1/2}\frac{L_D}{Q}$

注:z 为出口上方羽流的高程 [m],$z_{\max}$ 是羽流的最大高程(即上升高度) [m],$S(z) = \frac{C_S}{C(z)}$ 是在高程 z 处的平均稀释度,C_S 是源的浓度 [kg/m^3],$C(z)$ 是在高程 z 处的平均浓度[kg/m^3],x 是到排污口下游的距离[m],f_{ent} 是无量纲夹带函数,U 是周围水流速度 [m/3],N 是 Brunt-Väisälä 频率[1/s],其中 $N^2 = \frac{-g}{\rho_a}\frac{d\rho_a}{dz}$,而 $\overline{\rho_a}$ 是海水密度,$2b(z)$ 是羽流直径(或厚度) [m],Q 是通过排污口的流量 [m^3/s],L_D 是扩散器长度 [m],n_{port} 是扩散器上出口的总数,B_S 是源处的浮力通量,对于轴对称源 $B_S = g\frac{\rho_a - \rho_s}{\rho_s}\frac{Q}{n_{\text{port}}}$,对于线源 $B_S = g\frac{\rho_a - \rho_s}{\rho_s}\frac{Q}{L_D}$,其中 ρ_s 是源处污水密度。

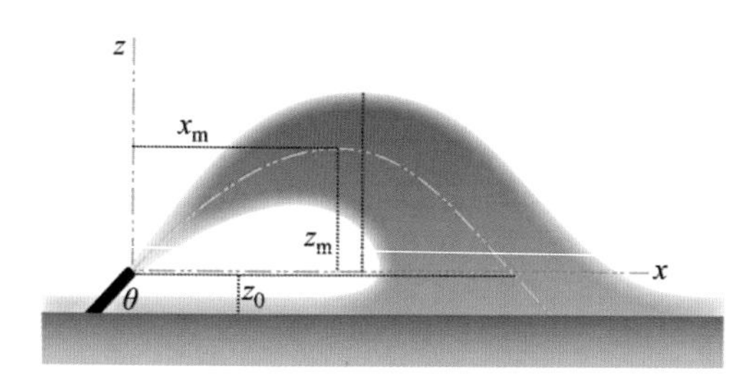

图 8.2　负浮力射流的轨迹

8.3.3　负浮力射流

针对负浮力射流的研究，过去几十年来试图通过各种分析和实验技术来量化射流性能。这些研究的结果带来了比例系数的发展，这些系数将射流密度弗劳德数和喷嘴直径与轨迹和稀释度联系起来。图 8.2 定义了沿射流轨迹的各个特定点，分别是中心线峰值(z_m)和返回点(x_r)。在表 8.3 中给出了从各种实验研究中汇总的每个比例系数，如 Lai 和 Lee 在文献[8.10]中所列。注意这些系数仅适用于与海床成 45°角的喷嘴排放到静止环境条件下的单个射流，其他排放角的系数可以从研究文献[8.11-17]中找到。目前关于负浮力射流的研究主要集中在多出口扩散器和排放到有环境流速的接受水体中。

表 8.3　静止环境条件下与海床成 45°角的单个负浮力射流的实验推导系数

描述	方程	实验得出的系数
射流最大上升高度	$z_t = \dfrac{C_1}{DFr}$	$1.43 \leqslant C_1 \leqslant 1.61$
返回点的水平位置	$x_r = \dfrac{C_2}{DFr}$	$2.82 \leqslant C_2 \leqslant 3.34$
在返回点的稀释	$S_r = \dfrac{C_3}{Fr}$	$1.09 \leqslant C_3 \leqslant 1.55$
射流轨迹中心线峰值的垂直位置	$z_m = \dfrac{C_4}{DFr}$	$1.07 \leqslant C_4 \leqslant 1.19$
射流轨迹中心线峰值的水平位置	$x_m = \dfrac{C_5}{DFr}$	$1.69 \leqslant C_5 \leqslant 2.09$

8.3.4　模型验证

表 8.2 和图 8.3 中的信息是基于渐近模型，即是近场末端的结果，并且应该仅在排污口设计的概念阶段使用。全套的数值模型详细说明了从出口喷嘴到近场末端的废水运动，并包括喷嘴尺寸、废水的初始动量及其轨迹。Fan[8.18]将从单个出口正浮力水排入流动的、非分层环境流体的一组有限实验结果与其他作者使用的几种近场模型结果进行了比较，这些模型是：IMPULSE[8.19]、JETLAG[8.5]、CORMIX[8.7, 8]、OSPLM[8.4]和 PLOOM[8.1, 6]。至于采用 Fan 的数据，是因为他的数据与上述作者收集的实验数据无关。Fan 实验的特殊标识符是 FR，即密度弗劳德数

$$\mathrm{Fr} = \frac{u_{port}}{\sqrt{g' d_{port}}}$$

式中，u_{port} 是通过出口的速度；d_{port} 是出口的直径。

$$k = \frac{u_{port}}{U}$$

以及

$$g' = g\frac{\rho_a - \rho_S}{\rho_S}$$

与Fan的实验数据[8.18]相比，这些模型都得到了类似的结果(见图8.3)，提高了这些模型的置信度。然而，应该看到，不同的模型对于不同的范围可能会有不同的表现，并且模型的选择需要适合所研究的问题。例如，特定的模型可以对由单点排放组成的排污口稀释情况进行较好的估算，但对具有多个立管和出口喷嘴的长扩散器组成的排污口稀释情况估算较差。需要强调的是，还有其他近场模型[8.20-22]可以提供类似的结果。

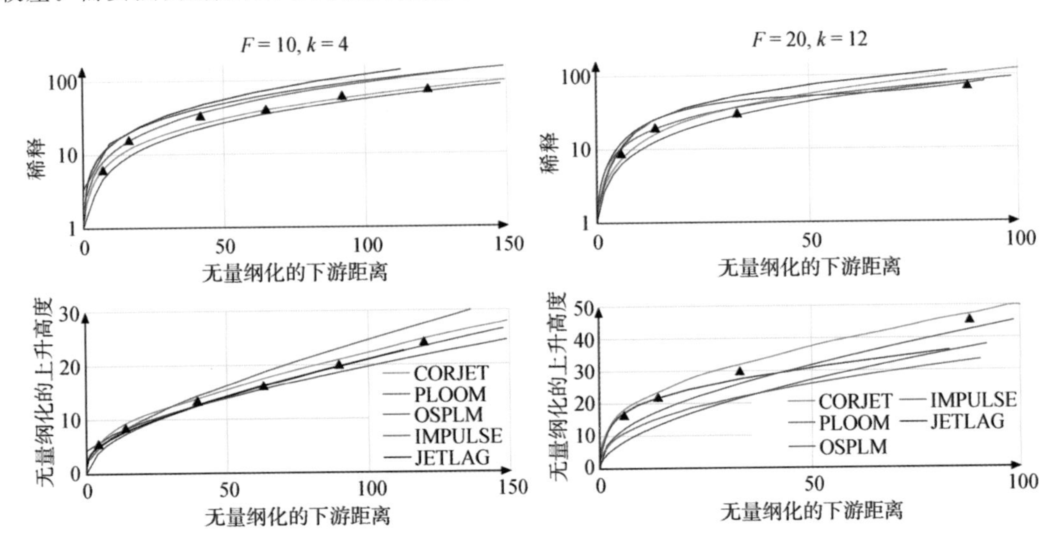

图8.3 羽流稀释和轨迹的近场模型结果，与Fan的实验数据[8.18]相比

实验室研究通常用于率定数学模型中的参数，而现场实验是对特定海洋排污口模型预测结果的验证，这是利用排污口稀释研究进行的，显然，这种验证性研究只能在海水排污口建成后才能进行。排污口稀释研究是将示踪剂连续注入废水中并测量其排放点下游的浓度。示踪剂以已知的速率和浓度注入，并且废水的流量也是已知的。因此，通过测量海水中示踪剂的浓度，就可以确定废水的浓度。

许多种示踪剂可用，例如：罗丹明水示踪(WT)、荧光素和同位素金-198、锝-99 m和氚。天然示踪剂如盐度也已被使用，但数据的变化通常太大而不能得到有意义的结果。优先使用具有很少或没有背景信号的示踪剂，这样测量示踪剂会得到明确的读数。示踪剂传感装置(例如荧光计或闪烁计数器)可以被拖曳在船后和/或穿过水体断面得到羽流的位置和大小的三维图像。这项工作的关键要素是精确定位，现在通常通过差分GPS(全球定位系统)完成。

同时，需要测量废水流量、环境流速和流向以及水体的密度，这些数据用作模型的输入值，然后可以直接比较测量结果和模型结果。然而，模型仅仅是现实世界的近似值，且结果将有不确定性。根据许多此类实验的结果，预计的稀释度是实际稀释度的2倍通常是可以接受的。

图8.4给出了一个示踪剂实验结果的例子，其横断面线与扩散器平行，分别在排水口下

游 100 m(见图 8.4 上图)和 1 000 m(见图 8.4 下图)处。每个断面都有多条横断面线。在图 8.4 的下断面图中,可以清楚地看出排污口九个立管的每一个羽流。在排污口下游 1 000 m 处,各立管的羽流已经合并,羽流的总宽度增加,示踪剂(或羽流)的浓度显著降低。

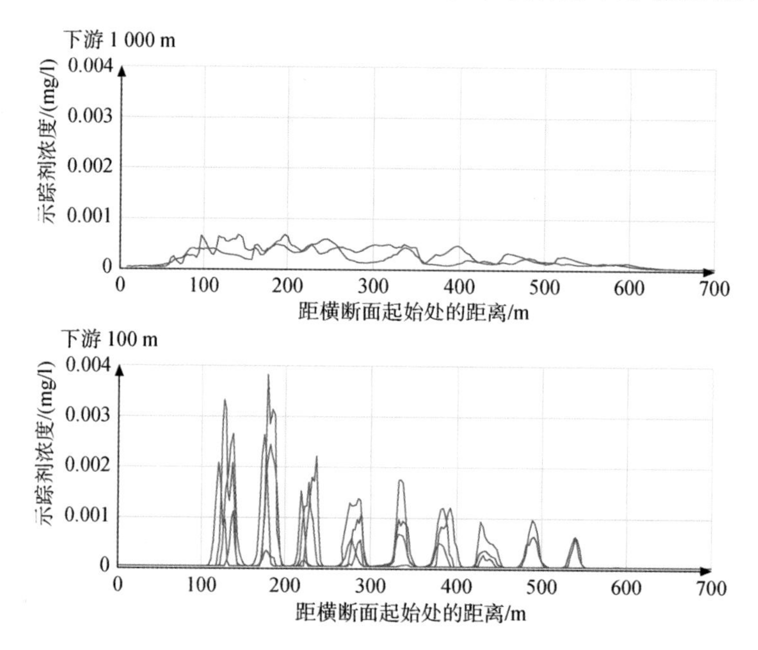

图 8.4 现场实验中获得的示踪剂浓度示例。浓度数据采自距排污口下游 100 m 和 1 000 m 的表面以下 1 m 处。注意沿着扩散器的浓度不均匀分布,表明流量不均匀分布

示踪剂研究中的问题

以下是在进行示踪剂研究中遇到的一些问题。

某些海洋排污口可能会有间歇流,特别是在排污口使用寿命的早期、尚未达到设计流量的时候。有间歇流时,废水成团排放随时间的变化尚不清楚,可以先暂时存储废水,以便在现场实验期间能够维持持续、稳定的流动。

确定现场羽流位置可能很困难。当周围水体分层且羽流被限制在水面以下时,示踪剂可能看不见。电导率—温度—水深探头可以用来确定水体的分层情况,从而确定污水可能停留的深度。

同位素示踪剂随时间衰减。锝-99 m 的半衰期为 6 小时,这与许多示踪剂实验的持续时间相当。如果将锝-99 m 作为示踪剂,则初始信号将随着时间显著改变,需要在数据分析时加以考虑。半衰期约 12 年的氚可用于长时间的示踪剂实验,或者用于当产生同位素的核设施与实验地点之间有相当长的运输时间时。

当与有示踪剂的羽流进行正接触(positive contact)时,不可能知道该接触在废水羽流中的位置。一种解决方案是在空间和时间上密集采集很多示踪剂读数,以确定羽流边界和示踪剂最高浓度的区域。

罗丹明 WT 的荧光非常依赖于温度。水温每降低 1 ℃,它的荧光损失约 3%。在非常寒冷的环境中,可能检测不到信号——正如作者第一次在南极使用罗丹明 WT 时发生的

那样。

8.3.5　远场数值模拟

本章强调的是近场模拟,而不是远场模拟。其原因是因为大多数排放废水的稀释发生在近场,并且环境导则和许可排放条件通常应用在近场的末端。然而,当评估向较浅水域排放且近场混合不完全或者关注远离排污口的站点的潜在影响(如海滩浴场水域或敏感海洋栖息地或群落)时,远场模拟则很重要。

远场模拟通常包括水动力和水质模型。水动力学模型基于海水的质量和动量守恒原理;水质模型从排放的污染物或示踪剂的质量考虑。水动力学模型通常基于空间中的固定网格(即欧拉公式)并把水深和流速场作为输出值。水质模型需要流速场作为输入值,其网格可与水动力学模型相同。在另一种公式(即拉格朗日公式)中,许多污染物和示踪剂的团块会随着流速场的传输而扩散。从欧拉方程得到固定网格上的污染物浓度,而从拉格朗日方程得到的是包含在由流体网格点或节点界定的每个单元水体中的污染物团块数量;这些数量可以转化为污染物浓度。

欧拉模型最常使用的是有限差分(即变量的逐点近似)、有限元(变量的分段近似)或有限体积(基于每个网格单元内的质量或动量的通量)。网格可以是规则的(即结构化的)或不规则的(即非结构化的);可以是 2-D 的(二维的,即水深平均的)或 3-D 的(三维的)。

在二维水动力模型中,网格是平面的。在每个网格点或节点处,未知量由两个速度分量和水深组成。在三维模型中,网格包括二维平面和垂直方向的网格点或节点。每个三维网格点或节点处的未知量通常由两个水平速度分量和压力组成。

通常,2-D 模型一般比 3-D 模型计算时间更短,需要率定和运行数据也更少。在水深超过 20 m 的情况下,平面上某点位置的速度矢量在整个水体上的大小和方向可能会变化,如果从污染物扩散的角度来看这种变化是显著的,那么 3-D 模型可能比 2-D 模型更适合。网格点或节点之间的水平距离取决于地形以及岛屿、海岬和海底峡谷的存在。近场模型结果需要纳入远场模型,为了达到这个目的,需要对近场附近的远场网格进行细化。

在研究的早期阶段,可以使用各种流量情景下的远场模型来指导排污口投入使用之前、运行期间或之后的数据收集。为了快速得到计算结果,可以使用粗网格来进行模拟。

8.3.6　运行模型需要的数据

运行数值模型需要一系列资料,这包括:排污口设置、废水流量和海洋数据(水流和水体的分层)。从长远来看,模型结果可用于检验排污口性能的变化。以下是运行模型所需资料的总结以及如何获得这些资料。

1) 排污口设置

这一节所述概念可为排污口设计提供起点。在设计阶段,可以改变和优化排污口设置,直到满足相关环境导则和工程可行性评估。一旦排污口建成,其设置基本就固定了。虽然可以有一些灵活性,例如,建造的双管道,但只采用一条管道用于当前的废水流量(当废水流量随着未来人口增长而增加时,第二条管道再投入使用)。同样的,预计到未来的增长,多口扩散器可能会先封闭一个或多个出口。

排污口设置所需的资料包括:

• 扩散器所在断面的水深。
• 扩散器断面的长度。
• 扩散器的配置(例如,单个或多个出口)。
• 每个出口的直径。
• 出口是否安装止回阀。

2) 废水流量

废水处理过程结束时,通常测量出口管的废水流量。有多种流量测量仪可用,包括基于电磁、压力、超声波或电容传感器的流量计。与废水排放到的海水密度相关的废水密度也很重要。通常假设废水的密度接近淡水密度是安全的,尽管废水中的大量颗粒物质可能会改变废水的密度。

为了进行数值模拟,通常假定通过每个出口的废水流量都是均匀的,但实际并不一定是这样。通过长扩散器的能量损失可能很大,导致离岸较远的出口流量减少。低流量可能会导致海水侵入扩散器并降低其性能。为了形成均匀的水流,扩散器的截面可以是锥形的(见图 8.1),为了防止海水入侵,出水口可以安装止回阀。

3) 水流

水流决定了废水的扩散和稀释。通常使用系泊式多普勒剖面仪来测量整个水体的流速和流向。多普勒剖面仪也可以安装在船上,这样可以获得水流的空间图像。遥感和岸基雷达系统可以提供空间覆盖范围内详细的表面流场。然而,水面以下的水流数据对于近场模型的计算才是最重要的。

系泊位置的选择应尽可能靠近扩散器,然而,考虑到系泊工作人员可能会受到稀释废水的影响以及系泊设备本身的安全性,通常需要权衡扩散器与系泊设备之间的距离。

4) 分层

分层是海水密度在垂向上快速变化。沿海水域,密度的变化主要受温度和盐度的变化影响。废水羽流在水体中上升的高度主要受分层强度的影响。

温度和盐度的测量经常使用电导率、温度、深度(CTD)探测仪,盐度根据电导率和温度计算。CTD 探头可以从船上放下去,经过水体提供一个连续的剖面。CTD 探头也可以系泊,提供固定点上密度数据的时间序列。以往由于传感器上的生物膜逐渐堆积,系泊 CTD 的电导率数据会随时间发生偏移。近年来,系泊电导率传感器的可靠性有了实质性的提高,但数据质量仍会有很大变化。温度传感器(除非被海洋生物严重污染)不会遇到这样的问题。因此,使用来自长期系泊系统的分层变化数据通常由温度传感器来估算。

8.3.7 正浮力排放的概念设计

Wilkinson[8.23]介绍了确定一个简单排污口最小长度的方法。Wilkinson 在结论中谨慎地指出,这仅仅提供了一个初步估计,并对进一步优化排污口设置提出建议。此分析仅作为排污口设计的起点。对特定选址的详细分析必须在最终设计时进行。一些选址的因素包括:地形、环境导则、废水处理等级、羽流到达水面或敏感生态区的可能性。在这里,通过使用一组方程(见表 8.2)对 Wilkinson 方法[8.23]进行了修改,并将建造成本作为排污口设计的准则。

以下分析适用于有流速的环境水体,通常用于海水(例如,澳大利亚悉尼海域的深水排污口附近的流速 90%的时间超过 0.05 m/s)。

海洋排污口的总成本(T_c)可表示为

$$T_c = lL_p + mL_D + nn_{ports} \tag{8.1}$$

式中,l 是排水管道或隧洞的每米成本[美元/m];L_p 是排水管道或隧洞的长度[m];m 是扩散管的每米成本[美元/m];L_D 是扩散器的长度[m];n 是每个出口的成本[美元];n_{ports} 是出口的数量。

使用 Wilkinson 公式[8.23]的基本前提是水深剖面是离岸距离(即海洋排污口长度 L_p)的函数,可以表达为幂曲线 $L_p = rz^s$,其中 r 和 s 是常数,是海图中跨大陆架的水深通过最小二乘法得到的最佳拟合形状,z 是水深。

可以从表 8.2 得到扩散器长度和出口数量的表达式,总成本可以重写为:

$$T_c = l(rz^s) + m\left(\frac{SQ}{2f_{ent}U}z^{-1}\right) + n\left(\frac{SQ}{3.14f_{ent}^2U}z^{-2}\right) \tag{8.2}$$

式中,S 是符合许可条件或环境导则所需要的稀释度。

为了使总成本最小,上述表达式对水深(z)求导,使之为零并求解,得到海洋排污口最低成本时的水深,将该值代入表 8.2 中的公式,给出了扩散器的长度和组成海洋排污口的出口数量。

实际成本并不需要知道。如果 l、m 和 n 之间的相对成本已知,那么海洋排污口的总成本可用归一化成本 T_c/l 来表示。再次强调,这种分析是初步的,只是作为排污口设计的起点。

8.4 水力分析和设计

为了项目规划和设计,通常有必要以定义盐水或废水排污口系统的物理范围。尽管排污口结构附近的环境水体通常定义了排污口系统的下游边界,但定义上游边界可能并不一定如此简单。就本章目的而言,假定上游边界是一个自由表面,该表面存在于排水管道入口上游的某处。这个边界的典型位置可能是排污井、脱气室、沉淀池或抽湿井的出流水位。对于在处理过程和排污管道之间没有任何自由表面的设置,上游边界可以是某个水力任意点。不管它的物理位置如何,这个边界代表了一个关键的设计接口,必须与整个处理厂进行适当的整合。因此,确定排污口系统上游边界的测压管水头是一个关键的水力设计目标。

8.4.1 水力控制

考虑如图 8.5 所示的重力驱动排污口系统,该系统包括一个上游竖井以获取处理厂污水,以及安装在海床上的莲座式排污口结构(莲座式结构一般在其周长上的布置多个喷嘴)。定义排污口竖井流体表面点 0(point 0),则管道水头可以通过该点和正好位于喷嘴顶端的点 1(point 1)之间的能量方程得到。将排污口结构还是喷嘴定义为点 1 并不重要,因为这种多立管设置是平行流的一个例子。对于平行流,通过每个平行流路的总水头损失必须相等。

在点 0 和点 1 之间使用的能量方程是以总水头形式(即,每单位重量废水的能量)表达为

$$\frac{V_0^2}{2g} + \frac{p_0}{\rho_e g} + z_0 = \frac{V_1^2}{2g} + \frac{p_1}{\rho_e g} + z_1 + \sum H_{L(0\to1)} \tag{8.3}$$

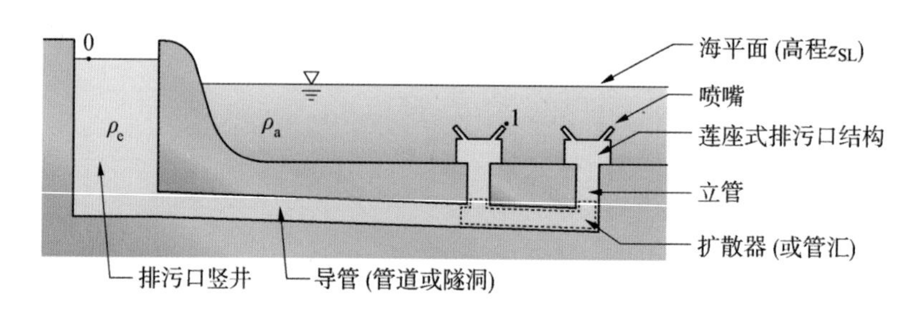

图 8.5 具有莲座状排污口结构的典型排污系统

式中，V 是速度[m/s]；p 是压强[Pa]；z 是任意基准面以上的高程[m]；z_{SL} 是基准面以上的海平面高程[m]；$\sum \Delta H_{L(0\to 1)}$ 是点 0 和点 1 之间的总水头损失[m]；ρ_e 是废水的密度[kg/m^3]；ρ_a 是周围海水的密度[kg/m^3]。

在标准压力下应用压力传感器，并假设排污口竖井的污水速度可以忽略不计，式(8.3)左边的前两项降至零。使用式(8.1)中的压力是基于海水密度的静水压力这一假设，或者 $p_1=(z_{SL}-z_1)\rho_a g$，将这种关系代入式(8.3)，得到排污口竖井出流水位表达式，Z_0。

$$z_0=\left(\frac{V_1^2}{2g}\right)+\left[\frac{\rho_a}{\rho_e}(z_{SL}-z_1)+z_1\right]+\sum \Delta H_{L(0\to 1)} \tag{8.4}$$

式(8.4)表明，排污口竖井中的出流水位是下面三者的结合：(i)将废水以指定速度 V_1 排出喷嘴所需的水头，(ii)提升到出口中心(z_1)加上海平面以下的排放深度($z_{SL}-z_1$)，按流体密度比缩放，以及(iii)通过系统的水头损失总和。以下章节简要介绍了这些组成部分。

1）喷嘴出口速度

基于近场模拟的结果，整个扩散器装置包括出口或喷嘴的总数以及喷嘴直径(或出口速度)通常作为水力设计的输入值。喷嘴构造影响废水在近场区域的稀释效率，通常是基于最大排污口流速来选择。在一些排水系统中，例如海水淡化厂的排水系统，可能需要最大喷嘴出口速度在 10 m/s 的量级，以确保盐水充分稀释。对于这种量级的出口速度，相应的速度水头可能是排污口竖井水位的最大分量，特别是对于具有较小管道摩擦损失的相对较短的排污口管道。

2）海平面

如果海水通过排水系统排出($\rho_e=\rho_a$)，则式(8.4)的第二项简化为 z_{SL}，排水口竖井的水位等于无流情况下的海平面。对于 $\rho_e<\rho_a$ 的污水排污口，密度差的影响会使排污口竖井的出水水位上升。相反，当盐水($\rho_e>\rho_a$)排放时，排污口竖井的水位下降。对大多数污水和海水淡化排放而言，密度差往往是($|\rho_e-\rho_a|/\rho_a$)×100≈3%这个量级，尽管这种差值对排放到浅水中的排污口竖井水位变化相对较小，但式(8.4)显示对较深的排污口排放，密度比的效应被放大。

除了处理厂运行条件的变化会增加或减少排污口的流量，海平面的变化也会引起排污口竖井水位的变化。因此，排污口系统设计应考虑项目设计寿命期间整个范围海平面可能发生的变化，包括潮汐和风暴潮变化。统计方法可应用于项目地点的海平面时间序列，以确定超值概率和重现间隔。结合项目要求和/或当地设计标准，对基础设施设计寿命做出合理的工程判断，统计分析的结果可用于选择最低和最高海平面的设计值。为了捕捉可能包括风和气压影响的任何季节性趋势，统计分析中使用的海平面数据应包括全年定期进行的现场测量。重要的是，由于海平面在不同地点的差异很大，无论它们之间的距离如何，必须使用具体到项目位置的数据。

还应包括由于气候变化影响而导致海平面上升的余量，因为它有可能对排污口竖井的最大水位产生明显的影响。一些统计模型估计到 2100 年海平面将上升超过 1 m(Seneviratne 等[8.24])。

3）水头损失

式(8.4)第三项所表示的系统总水头损失包括管道摩擦损失和通过所有配件、系统部件(如弯头和收缩管)以及管汇/扩散器内支流局部水头损失的总和。这些损失可以表示为

$$\sum \Delta H_{\mathrm{L}} = \sum \frac{V_{\mathrm{c}}^2}{2g}\left(f_{\mathrm{c}} \frac{L_{\mathrm{c}}}{D_{\mathrm{c}}}\right) + \sum \frac{V_{\mathrm{L}}^2}{2g}(K_{\mathrm{L}}) \tag{8.5}$$

上式右边的第一项是管道摩擦损失的 Darcy-Weisbach 方程，其中 f_{c} 为管道的 Darcy 摩擦系数[—]，D_{c} = 管道直径[m]，L_{c} = 管道长度[m]，V_{c} = 通过管道的流速[m/s]，K_{L} = 在配件或组件处的局部水头损失系数[—]，以及 V_{L} = 通过配件或组件的流速[m/s]。

在式(8.5)中，术语“管道”是指将流体输送到管汇和立管的隧洞或管道。达西摩擦系数既可由制造商提供的特定壁面糙率的图表确定，也可使用式(8.6)给出的隐式 Colebrook-White 公式进行迭代计算，还可使用式(8.7)中给出的显式 Swamee-Jain 公式进行近似计算。在糙率和充分发展的湍流雷诺数的典型取值范围内，wamee-Jain 的近似值可以精确到与使用 Colebrook-White 方程的计算值相差几个百分比之内。

$$\frac{1}{\sqrt{f_{\mathrm{c}}}} = -2\log\left(\frac{k_{\mathrm{S}}}{3.7D_{\mathrm{c}}} + \frac{2.51}{Re_{\mathrm{c}} f_{\mathrm{c}}^{1/2}}\right) \tag{8.6}$$

$$f_{\mathrm{c}} \approx \frac{0.25}{\left[\log\left(\frac{k_{\mathrm{S}}}{3.7D_{\mathrm{c}}} + \frac{5.74}{Re_{\mathrm{c}}^{0.9}}\right)\right]^2} \tag{8.7}$$

式中，k_{S} 是管壁的 Nikuradse 当量砂粒粗糙度[m]；Re_{c} 是管道雷诺数$[-]=\frac{V_{\mathrm{c}}D_{\mathrm{c}}}{\upsilon}$；$\upsilon$ 是污水运动粘滞系数[m^2/s]。

使用 Sharqawy 等[8.25]提供的关系可以获得各种温度和盐度下水的运动粘滞系数。普通管道材料的壁面糙率可以在水力学数据手册中查到，而分段内衬隧洞的糙率 Pitt 和 Ackers 在文献[8.26]给出。通常，由于管道老化和退化，在管道设计寿命时要考虑到壁面糙率的增加。

局部水头损失是由水流经过弯头、T 形或 Y 形接头、流量或压力控制装置(例如阀门)以及横截面的扩大或收缩引起的。局部水头损失也会出现在管道入口、水下排放口和系统中发生分流的地方。如式(8.5)的第二项所示，局部水头损失表示为特定断面速度水头的倍数。局部损耗系数 K_{L} 取决于组件的几何形状，并由实验确定。常见系统组件的损耗系数可以在水力学数据手册中找到。Miller[8.27]和 Idelchik[8.28]等几个参考文献都是研究局部水头损失系数，并包括了海洋排污系统中存在的各种组件。

由于局部水头损失系数总是基于某个参考速度，因此确保给定的 K_{L} 与速度水头项($V_{\mathrm{L}}^2/2g$) 中的速度 V_{L} 一致非常重要。对于横截面积不变的组件，如某些弯管，K_{L} 通常基于通过弯管的平均速度。然而，对于像喷嘴或者具有多个横截面积突然扩大或收缩的组件，没

有标准的参考速度，有些情况可使用上游速度作为参考，而另一些可使用下游速度。使用不正确的参考速度可能导致水头损失明显的偏高或偏低。

对于复杂的水力系统，特别要注意，总的局部水头损失可能并不是单个组件局部损失的总和，如式(8.5)所示。相反地，水头损失系数通常受到某种限制，例如，如果连续接头之间的间距为管汇直径的5至10倍，则单个T型接头的系数仅能用于一系列T型接头(如在一个分流管汇中)。正确应用局部水头损失系数将有助于减少对局部水头总损失的预测不足。对于没有明确定义损失系数限制的情况或者系统设置不能轻易分解为标准组件的(例如通过莲座式排污口结构)的情况，可以使用物理和数学模型来确定水头损失。

8.4.2 扩散器的水力设计

排污系统通常由多个管汇(也称为扩散器)组成，即一个共同的管道或隧洞为多个立管、端口或分支提供流量。尽管管汇是平行流的一个例子，排污口竖井与每个出口之间的水头损失相同，需要注意的是，每个端口流出的流量并不一定相同。流量变化可归因于：①沿着管汇长度上的流量和总水头减少；②沿着管汇的水深变化；③T型接头的水头损失系数是(a)管道直径与分支直径之比，(b)通过管道的局部流量与流过分支的流量之比的函数。在文献[8.27]中可以找到一系列T型接头设置的水头损失曲线。

考虑到废水稀释与出口流速直接相关，总体设计目标应该是使每个出口的流出速度相同(或尽可能接近相等)，以确保在管汇沿长度上稀释程度一致。解决管汇水力学性能的传统分析方法涉及对最下游出口处的水流条件的初步猜测，然后使用迭代方法逐步向上游计算，一个出口接一个出口，直到得到最终解。本节介绍使用联立方程的一种迭代方法。使用内置方程求解器的电子表格应用程序，可以快速求解得到方程组。电子表格可以设置，通过改变已知量如端口和管汇直径和/或端口间距来优化端口流速。一旦选择了最终的管汇设置，相同的电子表格模型也可用于确定一定范围的流量和/或废水密度下产生的端口流速和排出口竖井的水位。

考虑沿隧洞管汇有n个端口的扩散器，如图8.6所示，点P_1到P_n对应于各个端口开口下游的位置，而点T_1到T_n是位于沿着隧洞中心线的位置，正好在具有相同下标i端口的上游。通过该系统或任何类似系统的水流条件可以使用表8.4提供的联立方程组来求解。请注意，第3列和第5列括号中的值表示方程和未知变量数相同($8n+1$)。假定第6列中标注为“输入”的参数为已知值。该方程组反映的控制原则是：

- 连续性：单个端口流量的总和($\sum Q_{P_i}$)必须等于总排污口流量(Q_T)[见表8.4,(8a)]。
- 能量方程式：点P_n处的总水头必须等于点0处的总水头减去这两点之间的总水头损失($\sum \Delta H_{L(0\to P_n)}$)[见表8.4,(8j)]。
- 平行流：点T_{i+1}和点P_i之间的总水头损失P_i($\sum \Delta H_{L(T_{i+1}\to P_i)}$)必须等于点$T_{i+1}$和点$P_{i+1}$之间的总水头损失$P_{i+1}$($\sum \Delta H_{L(T_{i+1}\to P_{i+1})}$)[见表8.4,(8k)]。注意，出口损失应该包括在T_i和P_i之间的水头损失表达式中[见表8.4,(8f)]，因为当水流到达任意点P_i时，速度水头已经完全消散。所有点P_i的总水头相等。

下标P_i表示各个端口，下标T_i表示各个隧洞管汇截面，下标P_n表示最上游的端口，下标T_n表示排污口竖井与端口P_n之间的隧洞断面(见图8.6)。

表8.4(8f)中的损失系数$K_{L_{T_i}\to P_i}$是管汇和各个端口之间流量比的函数，表8.4中的联

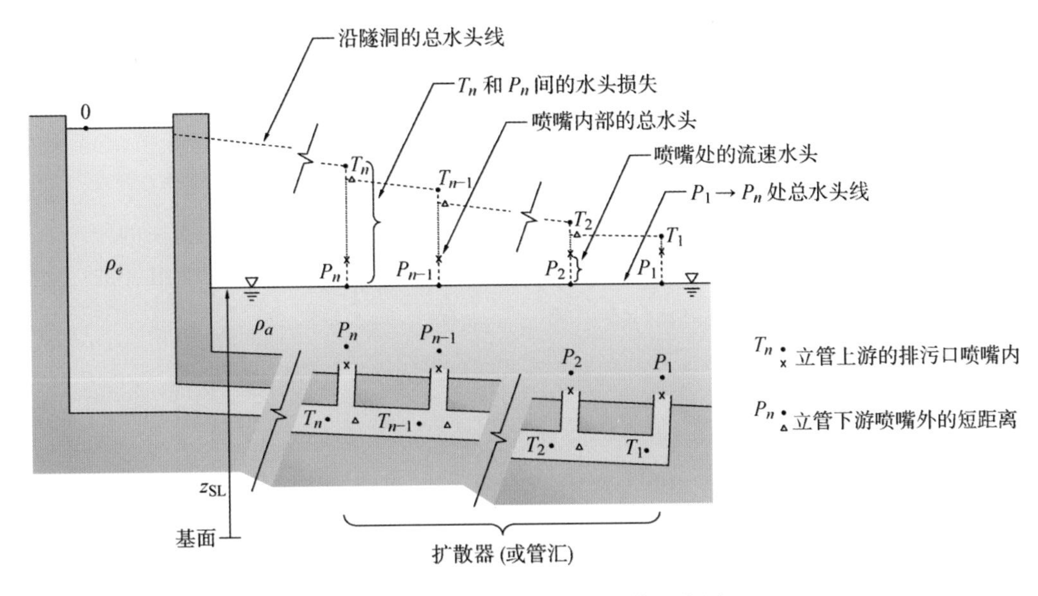

图 8.6　管汇或扩散器流量计算示意图

立方程组可能需要几次迭代，在每次迭代后要对损失系数进行调整，直到两次迭代结果的变化可以忽略不计。

注意，表 8.4(8f)中的水头损失系数是以端口出口流速(即废水排入海洋的速度)表示的。对于直径变化并有多个水头损失的更为复杂的端口几何形状，表 8.4(8f)中使用的所有损失系数都必须转换成基于端口出流速度的。为了将基于某流速的水头损失系数转换为基于另一速度的有效损失系数，可以使用下式，

$$\frac{V_1^2}{2g}K_{L_1} = \frac{V_2^2}{2g}K_{L_1'} \Rightarrow K_{L_1'} = \frac{V_1^2}{V_2^2}K_{L_1} \tag{8.8}$$

1) 管汇截面直径

表 8.4 中的公式是通用的，因此几何参数可以沿着管汇的长度变化。在某些情况下，可能有必要逐步减小管汇的直径，以保持流速、防止固体物质在转流处沉积(由于潜在的过高水头损失，在直径不变的整个管道长度上可能无法保持足够的自清洁速度)。图 8.27 显示了通过直径不变和直径变化的典型扩散器的流速。虚线表示防止固体物质沉积所需的最小名义速度。应该注意的是，减小管汇截面直径通常仅适用于管道排污口，对于可能发生沉积的隧洞，系统设计中应包括沉积物堆积的允许值或定期清除累积沉积物的规定。有关沉积的讨论见 8.3.7 节。

表 8.4　歧管流计算的联立方程组

描述	方程	方程编号	未知变量	未知变量编号	输入	方程
连续性：总流量等于各个端口流量的总和	$Q_T = \sum_{i=1}^{n} Q_{P_i}$	1	Q_{P_i}	n	Q_T	(8a)

（续表）

描述	方程	方程编号	未知变量	未知变量编号	输入	方程
端口流速	$V_{P_i}=\dfrac{Q_{P_i}}{\frac{\pi}{4}D_{P_i}^2}$	n	V_{P_i}	n	D_{P_i}	(8b)
相邻端口间的管汇断面流速	$V_{T_i}=\dfrac{\sum_1^i Q_{P_i}}{\frac{\pi}{4}D_{T_i}^2}$	n	V_{T_i}	n	D_{P_i}	(8c)
相邻端口间的管汇断面雷诺数	$Re_{T_i}=\dfrac{V_{T_i}D_{T_i}}{v}$	n	Re_{T_i}	n	v	(8d)
相邻端口间的管汇断面达西摩擦系数	$f_{T_i}=\dfrac{0.25}{\left[\log\left(\dfrac{k_{s_i}}{3.7D_{T_i}}+\dfrac{5.74}{Re_{T_i}^{0.9}}\right)\right]^2}$	n	f_{T_i}	n	k_{S_i}	(8e)
管汇 i 与端口 i 下游间的水头损失	$\sum\Delta H_{L(T_i\to P_i)}=\dfrac{V_{P_i}^2}{2g}\left(\sum K_{L_{T_i\to P_i}}\right)$	n	$\sum\Delta H_{L(T_i\to P_i)}$	n	$\sum K_{L_{T_i\to P_i}}$	(8f)
排水口竖井与第 n 个端口下游间的水头损失	$\sum\Delta H_{L(0\to P_n)}=\dfrac{V_{T_n}^2}{2g}\left(f_{T_n}\dfrac{l_{T_n}}{D_{T_n}}+\sum K_{L(0\to T_n)}\right)+\sum\Delta H_{L(T_n\to P_n)}$	1	$\sum\Delta H_{L(0\to P_n)}$	1	l_{T_n} D_{T_n} $\sum K_{L(0\to T_n)}$	(8g)
管汇$(i+1)$和端口 i 下游间的水头损失	$\sum\Delta H_{L(T_{i+1}\to P_i)}=\dfrac{V_{T_i}^2}{2g}\left(fT_i\dfrac{l_{T_i}}{D_{T_i}}+\sum K_{L(T_{(i+1)}\to T_i)}\right)+\sum\Delta H_{L(T_i\to P_i)}$	$n-1$	$\sum\Delta H_{L(T_{i+1}\to P_i)}$	$n-1$	l_{T_i} $\sum K_{L(T_{i+1}\to T_i)}$	(8h)
端口 i 下游的压力，用周围海水密度表示	$pp_i=(z_{SL}-z_{P_i})\rho_a g$	n	pp_i	n	z_{SL} z_{P_i} ρ_a	(8i)

（续表）

描述	方程	方程编号	未知变量	未知变量编号	输入	方程
应用于点 0 和最上游端口(n)之间的能量方程	$\frac{V_0^2}{2g}+\frac{p_0}{\rho_e g}+z_0=\frac{V_{P_n}^2}{2g}+\frac{pp_n}{\rho_e g}+z_{P_n}+\sum\Delta H_{L(0\to P_n)}$	1	z_0	1	V_0 p_0 ρ_e z_{P_n}	(8j)
平行流：管汇 $i+1$ 与端口 i 或端口 $i+1$ 下游之间的水头损失是相同的	$\sum\Delta H_{L(T_{i+1}\to P_i)}=\sum\Delta H_{L(T_{i+1}\to P_{i+1})}$	$n-1$	—	—	—	(8k)
总和		$8n+1$		$8n+1$		

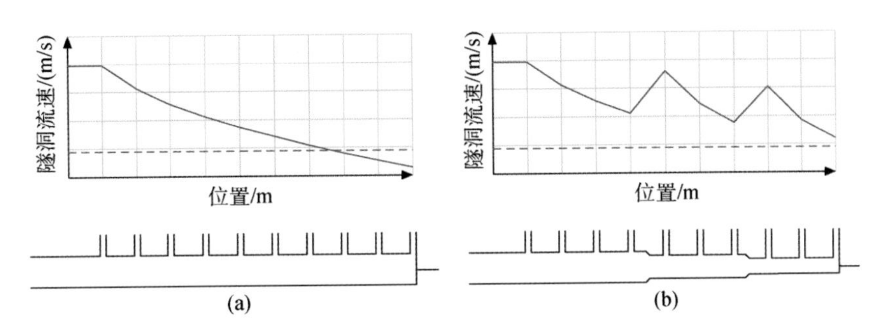

图 8.7　沿着管汇的隧洞流速变化

(a) 直径不变　(b) 直径变化;虚线表示最小自清洁流速

2）端口直径

为保证充分稀释，通常由近场模型的计算结果来确定所需的端口数量及出口流速，这样就确定了端口直径，并形成系统的水力性能。在确定端口直径后，应检查该系统的水头损失是否过高，流量分配是否不平衡和海水侵入情况（仅适用于污水排放口），以尽量减少潜在的不利运行条件。实际上，为了在稀释能力和有利的水力条件之间取得适当的平衡，通常需要交互式的设计过程。

由于沿管汇长度的水头损失系数是变化的，所以要想保持线型扩散器上所有端口处的排放速度相同并不容易。对管汇分流的水头损失系数分析表明，它们是各个端口和相应的管道截面之间流量比和面积比的函数[8.27]。一般来说，对于较大的流量比和较小的面积比，损失系数更大。假设管道和端口直径不变，那么上游端口的损失系数相对较低，而下游端口损失系数相对较高。为了满足平行流动的原则，排污口竖井与每个端口之间的水头损失相同，而通过每个端口的流量将不同。

从水力学角度看，端口之间的流量变化并不是个问题。但是，如果端口之间的流量差异过大，近场废水稀释可能会变得不平衡。这种情况可能会无法达到近场稀释目标，从而导致不利的环境后果。在排污口出流密度小于海水密度的情况下，端口流量的变化可能会造成另一个不良后果，即海水入侵。防止海水入侵发生的一种方法是使用较小直径的端口以确保足够的端口排放速度。低密度流体通过孔口流入高密度流体的模拟研究显示，当端口的密度弗劳德数大于1.6左右时，可以防止海水侵入[8.29]。

$$\mathrm{Fr}=\frac{V_{P_i}}{\sqrt{g\left(\frac{\rho_a-\rho_e}{\rho_e}\right)D_{P_i}}}>1.6 \tag{8.9}$$

但实际上，端口的密度弗劳德数通常保持在这个阈值以上。例如，悉尼深水海洋排污口端口的密度弗劳德数在20～30的数量级。

使用表8.4中联立方程组对端口直径的敏感性分析表明，当端口直径减小到某个临界值以下时，沿着管汇的端口流量变化不明显。此外，减小端口直径会增加整个系统的水头损失，并导致排污口竖井的出水水位更高。在某些情况下，排污口竖井适合的最大可能的水头可以决定最小允许的端口直径。如果这种直径仍然无法产生足够大的流速，则可能需要一种替代方案。一种选择是使用可变孔径的喷嘴，如8.4.3节中所述的鸭嘴阀。

另一种选择是使用莲座式排污口结构。对配有莲座式管汇流动条件的类似分析表明，端口流量可以更均匀地分布。如果管道和立管之间的摩擦损失和局部损失均保持较低，则会出现更平衡的流量，因为沿着管汇长度的水头损失系数几乎是均匀的。在这种情况下，进入每个莲座的流量是几乎相等的。此外，通过给定的莲座结构上每个端口的流量，对于轴对称的莲座结构设计是相同的，因为无论废水流经哪个端口，总的水头损失系数都是相同的。莲座上可以具有任意数量的喷嘴，但是，这往往会有一个上限，超过这个上限的喷嘴将会阻碍单一射流的混合过程。出现这种情况的原因是相邻的射流趋向于合并，因为它们之间周围水流的夹带作用会引起压力降低，导致整体的稀释能力降低。近场模型可用于确定一个特定莲座结构能配置的最多喷嘴数量。

8.4.3 流量变化

对于处理厂，遇到变化幅度很大的流量是设计排污口系统的最大挑战之一。前面的讨论假设喷嘴直径已经确定，以便提供最大设计流量所需的稀释能力，同时保持足够的速度以防止端口处的盐水入侵，并避免由沉积引起的问题。实际上，处理厂可以处理变化幅度很大的流量，很可能在处理厂初步建成的很多年以后都达不到设计流量。此外，处理厂的启动和缓降操作以及流量过程需要的任何重大改变都可能造成处理厂在低于设计流量的条件下运行，因此应考虑导致稀释能力降低这类事件的频率和持续时间。如果低流量情况下可能会导致持续的稀释不充分，则可以使用下述解决方案处理。这些方案中的每一个都各有优缺点，而综合的解决方案可能是最合适的方法。

1）补充流量

对于海水淡化厂，取水口和排污口系统之间的连接可以在处理厂的设计中加以整合，为在出口低流量期间海水直接从旁路进入排水系统提供一种途径。从旁路进入的海水能有效地增加出口流量和喷嘴出口流速，从而为混合稀释提供了额外的动量。从旁路进入的海水也可以在废水排入海水之前作为初始稀释剂，因此，对于给定的盐水流量，可以以较低的喷嘴出口流速获得足够的稀释能力。对于任何特殊组合所需的进入旁路的海水量，可以使用近场模型和基本守恒原理来确定出口流量和盐度。

尽管此方案为管理排污系统提供了近乎即时的控制（当设计中包含适当的流量控制设备时），但由于额外泵送海水，增加进入海水的旁路将导致能源消耗和运营成本的增加。在决定这一方案是否是处理低流量的合适方案时，应考虑这些成本。根据需要使用的旁通频率和数量，通过与其他替代方案比较，找到最实用或最具成本效益的解决方案。增加海水旁通系统也为海洋取水和排水系统的运行提供了一条独立于处理厂的途径。

2）海洋构筑物的分期施工

许多处理厂的设计在建成初期都是以低流量运行，然后定期升级，直到达到最大设计能力。为了控制处理厂早期运行的低流量，可以分期建设海洋构筑物，初期仅安装本期流量所需的喷嘴或莲座结构。处理厂每次升级时，再安装其他的喷嘴、扩散器结构或线型扩散器的接头，近场模型将确定每个阶段要安装的喷嘴数量。

这种解决方案的主要缺点是，每当处理厂升级时都需要新增海洋构筑物。此外，它假设处理厂一旦升级到极限容量，它将不能在早期较低的流量状态下运行。当然如果升级后需求能够低于处理厂的极限容量（例如，由于临时降雨量的增加导致淡化处理厂的需求降低），则这种假设可能不成立。对由于操作或维护要求，处理厂启动或关机甚至出现的极限容量的低流量时段，这种解决方案也不能处理。这些低流量时段如果不经常发生且持续时间短，并且环境许可允许低稀释短暂存在，则可能不成为问题。因此，如果采用这一方案，则需要考虑处理厂流程和海洋构筑物分期建设施工的可行性。

3）喷嘴尺寸和空口（盲口）

如果分期安装海洋出口构筑物或直线扩散器不可行，则处理低流量的另一方案是在喷嘴出口处安装挡板。该解决方案比分期施工更具灵活性，因为每个喷嘴都可以在线或单独封闭以适应流量要求。另外，由于多种结构上的喷嘴或沿直线扩散器上任何位置的喷嘴都可以被封闭，因此使得总流量均匀分布。需要通过近场模型来确定每级长期运行流量下需要封堵的喷嘴数量和位置。在考虑该方案时，应征求处理厂运行人员的意见，因为每年对喷嘴挡板进行两次或三次以上的调整可能使得此方案不可行。

一个类似的方案是在初始阶段安装直径较小的喷嘴，然后每次升级时将其拆除、更换为直径较大的喷嘴。为了尽量减少安装的工作量，每组喷嘴应该设计成相同的口径，从而避免对管汇或莲座结构的修改。如果需要或操作要求延长低流量时间，则此方案可提供与喷嘴挡板一样的灵活性，更小的喷嘴可以随时重新安装。

虽然这些方案在每次处理厂升级时也需要海洋构筑物，但这类结构的范围和持续时间可能远远少于分阶段安装海洋结构或增加扩散器长度。这些方案也带来一些运行风险，因为一旦喷嘴数量或尺寸不正确，处理厂仍要在任何给定的流量下运行。与目标操作流量不匹配的喷嘴设置可能导致稀释不充分（对于较低流量）或通过系统的水头损失过高（对于较高流量）。这两种方案的操作程序必须确保处理厂处理能力在任何给定的时间与所安装的喷嘴配置相关联。

4）可变孔径喷嘴

可变孔径喷嘴也称为鸭嘴阀，可用于代替固定直径的喷嘴。这些阀门由多种柔性材料制成，如橡胶或氯丁橡胶，并设计成在无流量时关闭。由于阀门材料的刚度，随着流量增加，阀门以椭圆形状逐渐打开，与固定直径的喷嘴相比，在较低流量时获得较高的流速，这就消除或减少了对喷嘴封堵的需要或从旁通引入海水到出口水流中。鸭嘴阀的止回功能还可防止在零流量或小流量时海水回流到排污口系统。因此，使用此方案可以防止海水进入废水排水口。

因为材料的刚度决定了在任何给定流量下阀门的开启程度，这些阀门通常是为每个特定项目专门设计的。鉴于鸭嘴阀对每个排污口设计的特殊性，建议在选择和整合到最终设计之前对阀门进行水力试验。还应研究材料的延滞性，以保证阀门操作随时间保持不变。如果预计流量会有很大变化和/或在较长时段内（即数月或更长时间）占优，则这一考虑尤其重要。在决定鸭嘴阀是否是合适的解决方案时，阀门安装处的条件是另一个需要考虑的重要方面，如果预计海洋生物生长很快，当有机物附着在阀门开口附近，则阀门可能无法正常关闭。

8.4.4 水力集成

按照水力评估要求，必须从整个处理厂水动力的角度来考虑排污口系统上游边界处的压力水头范围。如果不能将排污系统与厂区其他系统适当地集成，可能会带来不利的运行条件，例如工厂产能下降、泄漏和洪涝，以及水泵系统效率不足。是选择重力驱动式排污口还是泵送式排污口，取决于包括现场地形、厂址高程、低流量情况的处理以及长期运行或维护成本等因素。

1）重力系统

重力驱动式排污口系统通常是首选，因为操作相对简单（少量电子和机械部件），并且几乎没有长期的运行成本。除定期检查和维护外，重力驱动系统的惯性确保了持续的可靠性和最少的人为干预。当来自处理厂不同部分的出流必须收集形成单一排放流时，有排污口竖井处的自由表面会非常方便。此外，某些工艺流程通常需要水力冲刷，如去除包含的空气或悬浮颗粒的沉降。关于这些问题的讨论参见第 8.4.5 和 8.4.6 节。

应首先考虑与排污管道垂直排列和竖井处地表高程相关的排水竖井的压力水头范围。鉴于安装排污管道比较复杂，选择其垂直排列的关键因素通常包括地面条件的适宜性、可施工性、成本和施工安排。例如，通常希望采用适合现场地形和水深的挖槽方案，因为它最便宜和最容易建设。但是，这种排列可能会导致不利的水力条件，如水跃和局部高点处的存气，应在最终确定排污管道排列之前对这种情况的可能性进行评估。

一般来说，为了防止运行的不稳定性，对于所有流量和海平面条件，排水管道的入口应是完全淹没的，否则，如图 8.8 所示，在未加压陡坡断面的下游末端或自由表面水体沿着包含中间峰谷的地形剖面，可能会发生水跃。水跃可能是动态的、不稳定的和不可预测的，并可能会引起掺气（第 8.4.5 节会更详细地讨论掺气的影响）。

无论排污口竖井的设计和建造是否能适应运行水位的变幅，这些水位还必须与上游处理厂系统兼容。理想的设置方式是竖井水位不会影响上游水力条件，至少由排污口竖井水位引起的回水不应对处理厂的流程造成不利影响或降低处理厂的运行能力。

2）垂直跌水

对于处理厂位置比排污口竖井水位高很多的情况，可能需要采用将废水垂直向下长距离输送的方式。如果直接让排出水体从出口通过堰落入排污口竖井，则会产生大量掺气并

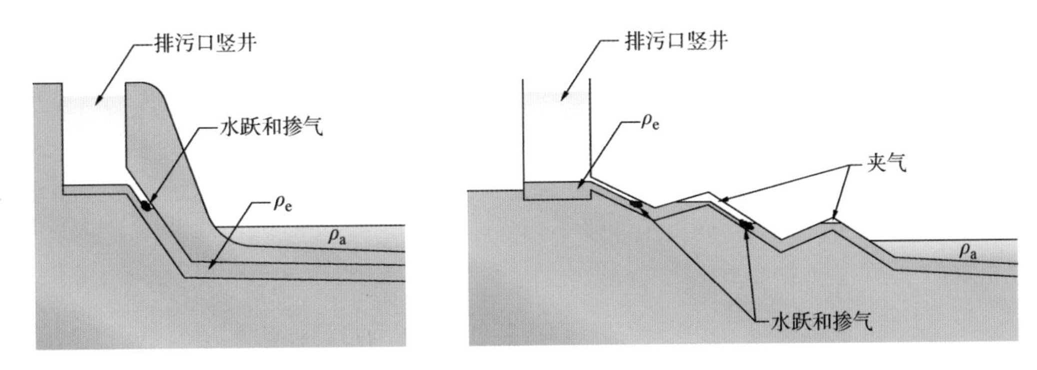

图 8.8　可能吸入或掺气并引起水跃的设置示例

快速消耗能量，若管理不当，可能导致运行不稳定和结构损坏。使用 Hager[8.30] 描述的方法，可以将涡流落差竖井系统应用到设计中，以便逐步地消耗能量，使其对结构的影响最小，并减少掺气的可能性。

作为替代方案，可以安装小型水力发电装置来恢复由于处理厂和排污口竖井之间垂直跌水而损失的能量。无论回收的能量是用于向处理厂的其他部分供电还是回售给电网，与用泵取水（如在海水淡化厂）相关的大部分成本可能是可以收回的。从这类小型水电装置相关的潜在成本里节约下来的费用，应与所有必要的机械和电子组件的初期成本以及维护和更换的后期成本进行比较。在确定小型水电装置的可行性时，还应考虑流量/水头组合的频率和持续时间。尽管在峰值流量条件下可能有大量能量是用于恢复的，但长期较低的运行流量可能会导致此方案不经济。如果要包含小型水力发电装置，则可能需要一个被动系统，如涡流落差竖井，作为紧急旁通或备用，以防涡轮机组需要关闭。

3）**泵送系统**

如果因特定的现场条件无法采用重力驱动式系统，则需要采用泵送方案来提供维持喷嘴出口速度所需要的驱动水头。泵送系统的水力分析与重力驱动系统的相同，因为水泵需要在与位于泵站的假设排污口竖井中水位相等的水头处输送水流，泵的选择不仅取决于排出口所需的压力水头（是流量和海平面的函数），还取决于基于流量或时间的上游水位或压力波动。单一类型和尺寸的水泵不可能包括全部流量和扬程范围，然而，从操作和维护的角度考虑，通常希望使用单一类型和尺寸的泵，这样可以增加系统的灵活性和冗余。

泵送也可作为处理低流量情况或在整个流量变幅内确保喷嘴出口速度恒定的一种方式。这个方案为喷嘴出口速度提供了近乎实时的控制，但相关的运行成本也会相对较高。尽管如此，当旁通引入海水不可能时，可能需要泵送水系统来处理海水淡化厂排水口的低流量。

8.4.5　夹气

控制处理厂废水夹气是排污系统设计需要考虑的重要因素。如果在废水进入排污管道之前，气泡没有被拦截和释放，那么最终可能会聚集并形成气穴。根据具体的管道设置，气穴可能会在排水管道的局部高点形成，并改变系统的水力性能。由于水流的收缩和扩张，会在这些位置引起局部的水头损失，导致系统能力降低，并可能导致排水口竖井水位过高（重力系统中)或泵送效率低下(泵送方案中)。由于沿排污管道释放气泡通常是不可行的,所以形成的气穴可能会长时间地滞留在系统中。

即使沿程没有高点,气穴聚集也会有问题。对于具有恒定坡度(包括零坡降)的管道而言,夹带的空气往往会从溶液中排出并沿管道底部积聚。根据管道的坡度和直径以及废水的流量,气穴可能会向上游或下游移动。不管方向如何,只有在达到某个临界的体积或压力时,气穴才会在这个临界点突然猛烈地移动。在管道两端突然释放空气会产生一种称为逆向或正向传递,在极端情况下会导致强烈的振动甚至结构损坏,在排水系统和更远的上游可能会遭遇运行的不稳定,特别是在空气逐渐积聚然后突然释放(即补气)的情况下,运行不稳定会重复发生。

识别空气夹带的过程非常重要,以便通过系统的设计最大程度减小上述不利情况的出现:

• 如果废水是通过落水竖井、溢流堰或任何其他引起射流穿过空气的水力结构输送的话,排水管道上游端的水流条件是夹带空气的主要原因。

• 在明渠横截面上,水流面积或深度突然改变的地方会发生水跃。如果上游端没有完全淹没的话,甚至有可能在排水管道内出现水跃。

• 对于废水排污口,由于废水中的生物过程,可以在整个管道长度上产生气体。

去除夹带空气的两种主要方法是:①在排水管道入口的上游将其除去;②在排水管道中安装设施,使得气泡无论是向上游还是向下游移动都不形成大的气穴。可以在排水管道入口最近的上游设置脱气室或隧洞,以可控的方式捕获和释放废水中的空气。这些方法的总体思路是提供足够长的流动路径,使得气泡在进入管道之前有足够的时间上升到表面。Falvey[8.31]和 Lauchlan 等人[8.32]提供了指示性(示踪)的气泡末端上升速度。为了使脱气室或隧洞的流路长度最小,可以通过增加横截面水流面积来降低废水速度。适当设置的挡板也可以用来引导水流向上并促使通过液—气界面去除空气,或仅允许在脱气室或隧洞底部的废水继续向下游的排水管道流动。对于低排放速度,靠近导流板的废水夹带的空气可能少于靠近表面的。图 8.9 给出了使用挡板设置的除气系统。

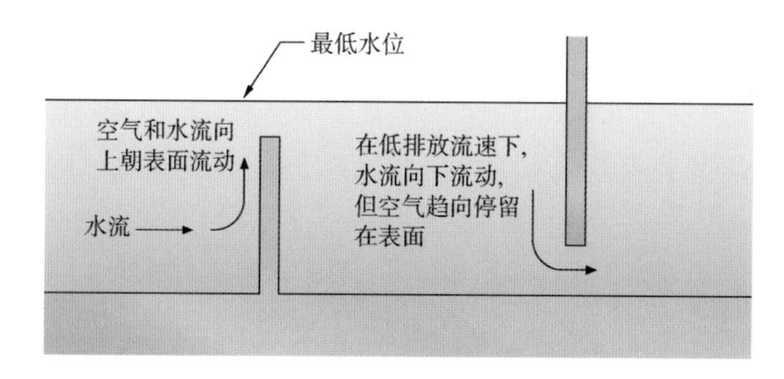

图 8.9　使用挡板的示意性除气系统

在其他情况下,如由于场地空间不足限制了上游脱气方案的使用,或者是大部分夹带的空气是由排水管道中生物活动引起的,可以采用替代方法。在管道设计时,允许气泡移动到系统的上游端或下游端。Falvey[8.31]给出了一系列曲线,概括了在封闭和充满流体的管道中气泡和气穴运动的条件,参见图 8.10,其中 Q 是管道流量,D 是管道直径,θ 是管道与水平面的夹角。

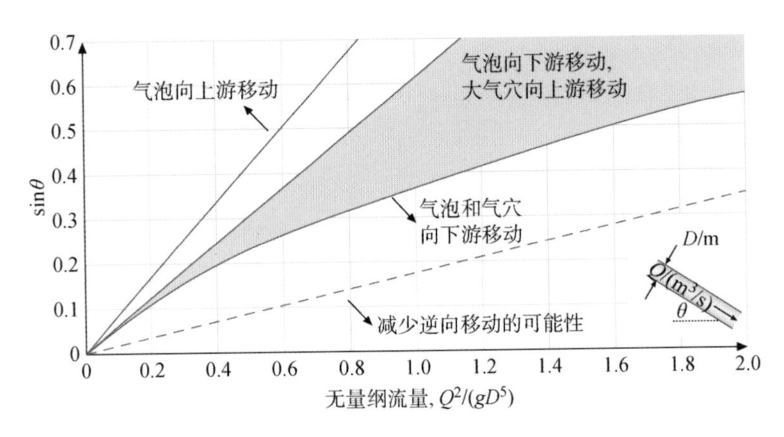

图 8.10 加压管道中的空气运动(见 Falvey[8.31]的图 29)

8.4.6 沉积物

污水处理厂的沉积物处理往往比海水淡化厂的更重要。通常淡化厂取水(即海水)中的固体物质比污水中少,并且在预处理时会去除更多的杂质。事实上,反渗透装置中的过滤膜对污垢非常敏感,需要除去固体物质以及有机化合物,尽管如此,如果不采取其他方式处理,在脱盐预处理过程中除去的固体物质可能最终被添加到反渗透过滤器下游的盐水中。因此,海水淡化厂排水管道的设计必须考虑所有排放废水进入排污口系统的装置工艺。

经过排水管道导流板积聚下来的颗粒沉积物、有机物质和其他固体最终将导致水头损失增加和过流能力降低。在极端情况下,管道断面会被堵塞,喷嘴排放受阻。有两种减少沉积物聚集风险的常规方法,将在下面描述。对于某些应用,这些方法的组合可能是最有效的解决方案。

1) 尽量减少进入管道的固体量

采用从管道入口上游的废水中除去固体物质的方法,即在污水场局部区域进行沉淀并去除,而不是沿着整个管道去处理。这种使用沉淀池或槽的方法对于排水管道较长和/或无法进行定期检查和清洁的情况可能是首选的解决方案。如果设计时无法使管道中水流达到自清洁流速,也可以使用这种方法。这种方法的总体设计原则是,通过沉淀池/槽将废水速度降低到某一程度,使得水流在水池/槽中停留的时间大于悬浮颗粒沉降的时间。由于颗粒沉降时间随着颗粒尺寸的减小而增加,这种方法的潜在缺点是可能需要提供大型水池或水槽的用地。因此,这种方法只适用于去除较大的固体颗粒。为了减少水池/槽的占地面积并提高效率,可以安装内部挡水板墙以延长流路,但是,需要保持足够低的流速以使悬浮颗粒能沉降下来。

2) 自清洁速度设计

如果在上游去除固体颗粒不可行,则可以选择排水管道的直径,以产生足够大的流速防止固体沉积。鉴于各种类型处理厂的流量变化很大,排水管道的直径应根据最低流量情况确定。然而,如果所选择的管径在峰值流量时导致过大的流速和水头损失,则可能无法实现所有流量条件下的自清洁速度。在这种情况下,设计应以频次(即至少每天一次)和持续时间(即几个小时)为目标,以防止沉积物和有机物质随时间积聚。研究文献给出了许多关于去除管道固体物质和已经沉积的固体可能再悬浮所需的流速和剪切应力资料。根据管道直径、颗粒大小和比重以及颗粒物浓度,保持固体颗粒悬浮的流速约为 0.5～2.0 m/s[8.33]。

8.5 排污口建造

如果没有排污口建造人员的参与,就不可能进行有效的设计,设计必须与海洋排污口的建造方式紧密结合。Grace[8.34, 35] 和 Wood 等人[8.4]提供了有关排污口施工方法和技术的详细资料。

废水输送有两种基本类型:通过隧洞或管道(无论是在支架上还是在沟槽中),它们可以组合使用,排污通道大部分采用隧洞,然后经过海床上的管道到达出水口。通常根据该地区的地形来选定,隧洞更适合基岩海岸或难以到达海滩的地区,而管道更适合容易到达海边的沙质海岸地区。

8.5.1 建造材料

用于建造排污口的材料包括钢材、钢筋混凝土和高密度聚乙烯。海洋环境具有腐蚀性,钢结构必须加以保护,或在钢材上涂覆以防止与海水直接接触(通常使用混凝土)和/或使用牺牲阳极的方法,通过巡查监测保护涂层或阳极的完整性,并根据需要进行更换。

混凝土中的钢筋容易受海水中氯盐的腐蚀。为了防止这种腐蚀,使用低渗透性的混凝土,通常与防腐添加剂一起使用。废水中的硫化氢对混凝土也有腐蚀性,混凝土管道要用内衬(通常是塑料)进行保护。定期检查以确保衬砌不会从混凝土上剥离。混凝土的密度约为钢材的三分之一(尽管仍然是海水的两倍),因此混凝土管道可能需要锚定在海床上。

高密度聚乙烯相对较轻,密度略小于海水。其最大的优点是灵活和相对容易布置。将长管段在岸上焊接起来,然后把管道安装到位并锚定在海底,清除管道中的空气,防止管道浮回水面。

8.5.2 施工方法

管道通常分段制造,并在拟定的排污口线位附近组装。在水中施工时,每个管段都是飘浮的,便于移动。船舶被锚定在海上,沿着排污口管线将每个管段拖入沟槽中,下一节被焊接并继续拖入。这是钢管管线施工普遍应用的技术,这种钢管张力很强。混凝土块或压载石可以将管道锚定到海底。

然后,通过机械或自然方式回填沟槽。挖槽、铺管和回填一整套技术都在一次施工中完成。管道的末端是扩散器,废水通过出口喷嘴排出。

恶劣的波浪条件使破波带成为最需要关注的地区。通常使用临时栈桥和板桩来保护通过该区域的管道。有时,波浪作用会损坏栈桥和板桩(见图 8.11)。

虽然隧洞的建设成本很高,但与管道相比,它们的最大优势在于避免了在破波区管道很容易发生损坏,这在高波能的海岸线上尤为重要。

通常采用的两种隧洞施工技术之一是全断面隧洞钻爆,另一种是隧洞掘进机。由于隧洞掘进机成本过高,因此常用于较短的排污通道。钻爆技术是危险的,爆炸的气体会进入隧

(a)

(b)

图 8.11　同一地点照片 (a)风暴期间和(b)风暴后。风暴造成大量板桩损坏。这些板桩是用于保护穿过破波区的排水管道(位于沟槽中)。(P. Tate 拍摄)

洞或影响隧洞结构安全。

长立管(数十米或更长)是从海底向下钻到隧洞。立管顶端装有排放废水的高速喷嘴。在悉尼的三个深水排污口上,每个立管的莲座结构上安装了四至八个出口喷嘴。

8.5.3　一些思考

1) 环境影响

在建造海洋排污口的过程中,挖掘和钻孔等将不可避免地造成环境破坏,栖息地可能会丧失,海底动物无家可归,泥沙悬浮。除了对栖息地造成明显的破坏外,悬浮物可能会减少水体中的光线(影响光合作用),堵塞鱼鳃,并且在重新沉降时可能会使海洋植物和海底动物窒息。

2) 路线选择

最短距离可能并不是排污管道的最佳路线。其他影响因素包括:岩石的存在、波浪和水流的状况、海事活动、渔区和生态因素。在 2005/2006 年建造的卧龙岗排污口(澳大利亚)的路线在其早期设计阶段进行了更改,以避开当地受保护物种 weedy seadragon (*Phyllopteryx taeniolatus*)的栖息地。

3) 波浪和水流

波浪会对管道产生拖曳力和上举力。破波现象在破波区最为常见,虽然持续时间很短,但可以在管道上产生非常大的力。风暴潮、巨浪和海啸都会产生异常大的波浪,水流会对管道施加拖曳力,管道的重量需要足以抵抗这些力造成的管道移动。Grace[8.34] 提供了一些简单的计算来估算波浪和水流对管道的作用力。某种程度上,这个问题可以通过将管道埋入沟槽后再回填来解决。

4) 泥沙运动

水流和波浪可能会使泥沙再悬浮。一旦悬浮,它们的运动和分布就很广。特别重要的是管道下海床泥沙侵蚀会给管道本身施加相当大的压力。相反,泥沙的堆积可能会堵塞管道,阻止废水从出口排出,这也可能导致泥沙进入排污管道,降低排污效率。

5) 水头损失监测

排污管的水力坡降线是流量的函数。每次排放时,都可以建立水力坡降线的上限和下限，并通过维持上下限之间的流量，来优化排污口的水力性能。低于下限时，可能会发生海水入侵排污管，操作人员可相应地增加废水排放量（尽管增加流量并不总是可行的）。在各个立管上安装盐度传感器可以判断是否发生了海水入侵。

6）**海水入侵和冲洗**

防止海水进入排污口的经验法则是将端口的密度弗劳德数一直保持在1之上（例如，悉尼的深水海洋排污口，其端口的密度弗劳德数在20～30的数量级）。偶尔，端口的密度弗劳德数可能会变小，海水可能会进入排污口。一种有助于防止这种海水入侵的方法是使用止回阀。但是，并非所有排污口都有这样的设备，因此可能需要定期冲洗排污管的海水，就是通过在处理厂中储存废水然后高速排放，这也有助清除排污管的沉积物。

7）**排污管维护**

作为定期维护计划的一部分，应定期检查海洋排污口，以确保(a)没有任何部件受到损坏，(b)没有出口喷嘴被堵塞。这可以由潜水员来进行，虽然这会带来潜水员的健康和安全问题（例如，在受污染的水中潜水、波浪作用和深潜的减压要求），我们倾向于使用遥控机器人(ROV)进行检查。维护检查的频率取决于环境条件和建造材料等一系列因素，通常采用一年一检。

8.6 环境监测

环境监测的基本目标是量化废水排放到海洋环境中可能产生的影响。环境监测应回答的一些问题包括：

- 游泳安全吗？
- 吃海鲜是否安全？
- 未来会对海洋生物群落进行保护吗？
- 海滩是否免受污染？

通常实施两种不同的环境监测。第一种是建造前后的监测，这通常是短期高频次的监测（大概为五年），目的是量化海洋排污口排放水体的初步影响。第二种是长期（持续）监测，通常包括建造前后监测获得的那部分信息，并用它来定义环境指标可接受的变化范围。长期监测旨在确定后续变化是否超出这些限制。

通常假定或默认污水处理系统和海洋排污口是按设计进行的。如果处理系统有旁路，某些出口端出现故障或堵塞，废水排放质量（或其向海洋环境的排放）将低于预期。运行性能的监测是环境监测的一个重要部分。

8.6.1 变化和影响

海洋环境处于不断变化的状态。环境监测面临的挑战是如何将自然变化与海洋排污口排放直接导致的变化（即影响）分开。在进行排污口运行后的监测之前，很关键的是要确定环境影响是什么造成的，这样就可以清楚地区分从海洋生物群落观察到的变化。

8.6.2 施工前后的监测

广泛地说，施工前后的监测是对海洋排污口运营前后的状况进行比较，关键是要允许有足够的时间进行施工前的监测。在海洋排污口运行后，可以随时进行施工后的监测，但在施工前，监测只有一次机会。

监测计划可能需要几年的时间。因此，环境监测的成本可能很大——可能需要建设成本的5%才能妥善处理主要的环境问题。

1）监测理念

下文给出了一个完善监测计划应具备的特征。这些特征结合起来确立了我们的环境监测理念。

环境监测计划是为确定排放与环境响应之间的因果关系而设计的。我们赞成的方法是使用证据权重(weight-of-evidence)，这仅仅意味着针对同一问题采用不同的技术和方法，如果它们提供的结果与这种排放所预期的一致，那么我们对整体结果会有更大的信心。我们的证据权重是一个三管齐下的策略，下面将详细介绍。

大多数国家都有导则(或许可条件)来反映所需要保护的价值，这些价值包括社会、公共健康和环境方面，虽然有些可能是主观的，但许多是可以根据排放污染物的安全等级来量化。这里默认排污口遵守排放浓度限制，不会对海洋环境造成不可逆转的破坏。

开展监测以量化海洋排污口的环境影响的最关键任务是提出正确的问题。这需要了解被排放的物质，这些排放可能对海洋环境产生的影响以及我们能接受的变化程度。对错误问题的回答无论有多准确，都是无用的。

环境监测必须科学全面和可靠。我们必须对一个推论进行分析并根据以往的经验来支持(或反驳)这个推论。实验必须是可重复的，涵盖一系列的条件，从理论上来说，重复的实验应该得出相同的结论。海洋排污口可能会引起争议，因此可能需要保证监测计划的执行。其中一种方法是通过对同行工作的研究，并将结果发布在有影响的期刊上。

海洋排污口的批准条件通常取决于预测。环境监测的目标应包括对这些预测的验证(或反证)以及环境价值是否得到保护。此外，该监测计划还应包括在监测中发现的问题可以得到纠正或减轻的机制。

2）三管齐下策略

收集权重证据进行影响评价的方法包括以下三个组成部分。

(1) 污染物来源。排放到海水中的污染物有许多潜在来源，包括河流、沉积物(作为源和汇)、私有和工业排污口、非法倾倒和沿海污水处理厂。环境监测的一个重要考虑是将排污口的贡献与其他来源的贡献加以区分，可以通过从每个来源排放的污染物类型、浓度和可变性来表征(并区分)不同的来源。

如果海洋生物暴露在废水中，则可能会受到影响。毒性测试是一种用来确定可能损害海洋生物的物质浓度的技术。当生物体受到复杂的废水基质影响时，要采用全部废水毒性(WET)测试检查是否有毒性反应。

如果使用单一试验生物进行毒性测试，则会推断所有的海洋生物将有相同的毒性反应，事实并非如此，因此建议将多种生物用于毒性测试，不同生物体在其生命周期的不同阶段，对不同物质会有不同的反应。理想情况下，应考虑用在生命周期不同阶段的鱼类、无脊椎动物和藻类等进行毒性测试。毒性测试可以是突发的或慢性的，并且应该包括这两种类型的测试，前者确定测试生物致死的废水浓度，后者测试生物能力的下降(例如，发育受损或生殖能力受损)。

(2) 废水输移。一旦我们知道排放的是什么，就可以确定排放后废水的路径以及稀释程度。Emery 和 Thompson[8.36]给出了测量和/或监测海洋环境物理性质的多项技术。

水平空间的覆盖范围受到监测计划布设这类系统数量的限制，但定点测量提供了很好的时间覆盖，遥感提供了很好的空间覆盖，虽然一般来说，时间尺度比废水羽流的移动时间尺度长得多。

对于不同的海洋条件和不同的排放量或排放方式，数值模拟使我们能够预测废水的相应变化。数学模型的率定和验证对保证现有条件和未来情况下计算结果的正确至关重要。与此同时，还需要对模型结果的置信区间加以限制，很多模型提供的结果并没有提升信心。

(3) 量化。有许多方法可以量化海洋排污口带来的变化。受作者欢迎的方法之一是超越 BACI(或多重)方法[8.37]。BACI 是 before after control impact 的缩写。在海洋排污口运行前后，由近至远多次对排污口进行监测。也许这种方法受欢迎的主要原因是它强调统计功效和统计错误。

(4) 统计错误。当我们分析的结果错误地预测了发生的变化，就会出现Ⅰ型统计错误。可以通过指定显著性水准来防止犯这样的错误，通常显著性水准被设定为 5%(相当于 95%的置信区间)，即我们的分析有 5%的机会出现Ⅰ型统计错误。

当分析结果错误地预测了并未发生的变化，则会出现Ⅱ型统计错误。从环境角度来看，这比Ⅰ型错误更危险，因为它误导我们相信没有环境问题。要防止Ⅱ型错误是很困难的，因为这要求对被测系统可变性的先验知识，然而这些知识只有在监测完成后才能获得。因此，我们需要使用经验来估计系统的可变性和设计相应的实验。为了防止产生Ⅱ型统计错误，我们通常设计我们的实验以使统计功效达到 80%以上。但是，如果统计功效太高，非常小的变化就会在统计上变得重要，我们置疑这种小变化是否有意义。在实验完成后检查统计功效是非常重要的。

当我们提出了错误的问题却得到正确答案时，会发生Ⅲ型统计错误。

为了检测新海洋排污口的变化而测量的一些海洋要素包括水质、沉积物质量和群落研究(如潮间带、浮游生物、海面、底栖和固着的群落)。海洋群落研究应该针对特定的排污口进行调整，可能包括：

• 海岸线或短排污口的潮间带群落研究。

• 水深小于 20 m 海域中(比这更深时光衰减开始抑制栖息面上生物体的生长)海洋排污口的潮下带栖息面研究。

• 鱼类、贝类和浮游生物群落所在海域。控制点之间的差异可能与假定受影响的点和控制点之间的差异一样大，因此，可能很难区分海洋排污口是这些群落变化的原因。

• 沉积物已被用于评估污染物的累积和检查海底生物群落的变化。我们的经验是，这样的研究成果有限，除非污染信号非常强，否则不可能在沉积物样品中留下印记。

• 生物累积研究有时被推荐作为影响评估指标。但是，在解释这些研究结果时需要谨慎，因为：

——鱼类游动，并不可能总是知道污染物聚集的地区，这就需要进行鱼类活动范围的研究，研究费用很高，可能还得不到结果。

——在特定时间和地点捕获的物种可能不会在其他时间或地点被捕获，并且物种可能需要聚集成更高的生物水平(密度)。不同的物种可能以不同的速率积累不同的物质，在聚集过程可能会掩盖潜在的影响。

——包含牡蛎或贻贝的系泊系统经常用于生物累积性研究。然而，这可能涉及将动物从其自然栖息地中移出，从而给生物体增加压力，并混淆所获得的结果。

8.6.3　长期监测

施工前、后监测将确定由于海洋排污口排放是否导致基准条件出现阶跃性变化。长期监测用于确定在海洋排污口运行后是否发生进一步的变化，它可用于推断趋势，并在必要时设计和实施适当的缓解策略，以防止或扭转趋势。第 8.6.2 节中描述的三管齐下策略也适用于长期监测。

然而，一般倾向于直接将大部分施工前、后监测内容作为长期监测计划的一部分。除了与维护长期的详细监测计划相关的费用外，环境变化将被连续读数之间的小时间步长所掩盖。更为有效的可能是实施较低成本的长期监测计划并重新审视详细的监测计划，例如，每 10 年进行连续两年的监测。如果长期计划表明存在潜在的问题，则需要进行更详细的调查。

采用基本数据与数值模拟相结合的方法来估算环境影响。如果结果表明可能产生影响，则再进一步研究确认。

8.7　结语

本章对废水排放到海洋环境进行了概述。市政污水处理厂排出的废水和海水淡化厂排出的盐水主要在近区模型和排水口水力学中考虑。在监管和经济框架内，排污口的设计人员受到来自社会、公共健康和环境限制等持续增长的压力，所有这些都需要考虑。这个简洁的概述使读者了解排污口设计的基本原理、可能出现的一些会忽视的问题。

参考文献

8.1　P. M. Tate, J. H. Middleton: Buoyant jets of elliptic shape: Approximation for duckbill valves, J. Hydraul. Eng. 130(5), 432-440 (2004)

8.2　Metcalf & Eddy Inc., G. Tchobanoglous, F. L. Burton, H. D. Stensel: Wastewater Engineering: Treatment and Reuse, 4th edn. (McGraw-Hill, New York 2003)

8.3　P. Palomar, I. J. Losada: Impacts of brine discharge on the marine environment. Modelling as a predictive tool. In: Desalination, Trends and Technologies, ed. by M. Schorr (InTech, Rijeka 2010) pp. 279-310

8.4　I. R. Wood, R. G. Bell, D. L. Wilkinson: Ocean Disposal of Waste (World Scientific, Singapore 1993)

8.5　J. H. Lee, V. Cheung: Generalized Lagrangian model for buoyant jets in current, J. Environ. Eng. 116(6), 1085-1106 (1990)

8.6　P. M. Tate, J. H. Middleton: Unification of non-dimensional solutions to asymptotic equations for plumes of different shape, Boundary-Layer Meteorol. 94(2), 225-251 (2000)

8.7 G. H. Jirka, P. J. Akar: Hydrodynamic classification of submerged multiport-diffuser discharges, J. Hydraul. Eng. 117(9), 1113-1128 (1991)

8.8 G. H. Jirka, R. L. Donekcr: Hydrodynamic classification of submerged single-port discharges, J. Hydraul. Eng. 117(9), 1095-1112 (1991)

8.9 B. Morton, G. Taylor, J. Turner: Turbulent gravitational convection from maintained and instantaneous sources, Proc. R. Soc. A 234(1196), 1-23 (1956)

8.10 C.C. Lai, J. H. Lee: Mixing of inclined dense jets in stationary ambient, J. Hydroenviron. Res. 6(1), 9-28 (2012)

8.11 P.J. Roberts, A. Ferrier, G. Daviero: Mixing in inclined dense jets, J. Hydraul. Eng. 123(7), 693-699 (1997)

8.12 A. Cipollina, A. Brucato, F. Grisafi, S. Nicosia: Bench-scale investigation of inclined dense jets,J. Hydraul. Eng. 131(11), 1017-1022 (2005)

8.13 S. Nemlioglu, P. Roberts: Experiments on dense jets using three-dimensional laser-induced fluorescence(3DLIF), Proc. 4th Int. Conf. MWWD, Antalya (2006)

8.14 G. Kikkert, M. Davidson, R. Nokes: Inclined negatively buoyant discharges, J. Hydraul. Eng. 133(4),545-554 (2007)

8.15 D. Shao, A. W.-K. Law: Mixing and boundary interactions of 30 and 45 inclined dense jets, Environ. Fluid Mech. 10(5), 521-553 (2010)

8.16 I. G. Papakonstantis, G. C. Christodoulou, P. N. Papanicolaou: Inclined negatively buoyant jets 1: Geometrical characteristics, J. Hydraul. Res. 49(1), 3-12 (2011)

8.17 I. G. Papakonstantis, G. C. Christodoulou, P. N. Papanicolaou: Inclined negatively buoyant jets 2: Concentration measurements, J. Hydraul. Res. 49(1), 13-22 (2011)

8.18 L.-N. Fan: Turbulent Buoyant Jets into Stratified or Flowing Ambient Fluids, Technical Report (CALTECH, Pasadena 1967)

8.19 V. H. Chu: L. N. Fan's data on buoyant jets in crossflow, J. Hydraul. Div. 105 (4), 612-617 (1979)

8.20 P. J. Roberts, H. J. Salas, F. M. Reiff, M. Libhaber: Marine Wastewater Outfalls and Treatment Systems(IWA Publishing, London 2010)

8.21 B. Henderson-Sellers: Modeling of Plume Rise and Dispersion-The University of Salford Model: USPR, Lecture Notes in Engineering, Vol. 25 (Springer, Berlin Heidelberg 1987)

8.22 H. B. Fischer, E. J. List, R. C. Y. Koh, J. Imberger, N. H. Brooks: Mixing in Inland and Coastal Waters (Academic, New York 1979)

8.23 D. L. Wilkinson: Optimal design of ocean outfalls. In: Environmental Hydraulics, ed. by C. C. Lai, J. H. Lee(Balkema, Rotterdam 1991) pp. 275-279

8.24 S. I. Seneviratne, N. Nicholls, D. Easterling, C. M. Goodess, S. Kanae, J. Kossin, Y. Luo, J. Marengo, K. McInnes, M. Rahimi, M. Reichstein, A. Sorteberg,

C. Vera, X. Zhang: Changes in climate extremes and their impacts on the natural physical environment. In: Managing the Risks of Extreme Events and Disasters to Advance Climate Change Adaptation, ed. by C. B. Field, V. Barros, T. F. Stocker, D. Qin, D. J. Dokken, K. L. Ebi, M. D. Mastrandrea, K. J. Mach, G.-K. Plattner, S. K. Allen, M. Tignor, P. M. Midgley (Cambridge Univ. Press, Cambridge 2012) pp. 109-230

8.25 M. H. Sharqawy, J. H. Lienhard, S. M. Zubair: Thermophysical properties of seawater: A review of existing correlations and data, Desalin. Water Treat. 16(1-3), 354-380 (2010)

8.26 J. Pitt, P. Ackers: Hydraulic Roughness of Segmentally Lined Tunnels (CIRIA, London 1982)

8.27 D. S. Miller: Internal Flow Systems (Miller Innovations, Bedford 2009)

8.28 I. Idelchik: Handbook of Hydraulic Resistance(Jaico, Mumbai 2003)

8.29 D. L. Wilkinson: Avoidance of seawater intrusion into ports of ocean outfalls, J. Hydraul. Eng. 114(2), 218-228 (1988)

8.30 W. H. Hager: Wastewater Hydraulics: Theory and Practice (Springer, Berlin Heidelberg 2010)

8.31 H. T. Falvey: Air-Water Flow in Hydraulic Structures, Technical Report (Water and Power Resources Service, Denver 1980)

8.32 C. S. Lauchlan, R. W. P. May, R. Burrows, C. Gahan: Air in Pipelines: A Literature Review (HR Ltd., Wallingford 2005)

8.33 D. Butler, R. W. P. May, J. C. Ackers: Sediment transport in sewers part 1: Background, Proc. ICE-Water Marit. Energy, Vol. 118 (1996) pp. 103-112

8.34 R. A. Grace: Marine Outfall Systems. Planning, Design and Construction (Prentice-Hall, Upper Saddle River 1978)

8.35 R. A. Grace: Marine Outfall Construction: Background, Techniques, and Case Studies (ASCE, Reston 2009)

8.36 W. J. Emery, R. E. Thomson: Data Analysis Methods in Physical Oceanography (Pergamon, Oxford 1998)

8.37 A. Underwood: Beyond BACI: Experimental designs for detecting human environmental impacts on temporal variations in natural populations, Mar. Freshw. Res. 42(4), 569-587 (1991)

特别鸣谢

中交水运规划设计院有限公司
中交第一航务工程勘察设计院有限公司
中交第二航务工程勘察设计院有限公司
中交第三航务工程勘察设计院有限公司
中交第四航务工程勘察设计院有限公司
中交上海航道勘察设计研究院有限公司
水利部交通运输部国家能源局南京水利科学研究院
中国铁建港航局集团有限公司
上海市水利工程设计研究院有限公司
上海市水利工程设计研究院有限公司
中交天航南方交通建设有限公司
中交天航南方交通建设有限公司
中国电建集团华东勘测设计研究院有限公司
浙江省水利水电勘测设计院
重庆交通大学
华南理工大学
鲁东大学
上海研途船舶海事技术有限公司
中国电建集团华东勘测设计研究院有限公司
长沙理工大学水利工程学院
中交天航南方交通建设有限公司
大连水产规划设计研究院有限公司
上海交通大学
中国海洋工程网
船海书局

（以上排名不分先后）

诚挚感谢以上单位对本书的出版所做出的贡献！

船海书局
淘宝书店

船海书局
微信书店

鲁东大学港口和海岸工程防灾减灾研究中心

波浪、水流水槽

鲁东大学位于山东省烟台市，拥有一栋15000平方米的海洋工程实验大楼（包括大型波浪水池和波浪、水流水槽等）。本团队定位于海洋灾害和海岸防护与修复技术领域基础科学问题的研究，针对波浪爬高、新型海岸防护构筑物结构、生态防护与修复等领域进行理论及技术的创新研究。团队以山东省“十二五”重点学科——港口、海岸及近海工程为研究平台，建有港口海岸及近海工程试验中心，设备包括多功能水槽系统、水槽造流系统(流场模拟系统)、伺服电机驱动吸收式造波机系统、ADV三维流速仪、多点波高测试系统、多点压力测试系统、波浪数据采集处理平台、总力测试仪等大中型仪器。其中，波流水槽系统长60.0米、宽2.0米、深1.8米，最大工作水深1.5米。采用伺服电机驱动的推板式造波机，推波板宽2.0米。该造波机能够用于模拟波高0.05米~0.6米、周期0.5s~5s的规则波、不规则波（国内外规范常用频谱），且具有吸收式造波功能。能进行风、浪共同作用或单独作用下的物理模型试验、波浪爬高实验、波流相互作用实验等。

地址：山东省烟台市芝罘区红旗中路186号　　邮编：264025

大型波浪水池

华建集团上海市水利工程设计研究院有限公司

青草沙水库围堤工程

浙江温州半岛工程

横沙东滩促淤圈围（六期）工程龙口砂肋软体排

华建集团上海市水利工程设计研究院有限公司是一家以“水”为核心特色，融水利、供水、排水三位为一体，覆盖水务全领域、水利全行业设计甲级设计院。在围海造地、城市防洪、灌溉除涝、水环境整治、水景观营造、供水管网、BIM技术等方面形成了特色品牌。主编或参编行业和地方标准14部，主编《上海水务》。

上海奉贤“碧海金沙”

宁波滨海万人沙滩工程

上海化学工业区圈围工程

上海临港新城圈围工程

上海浦东国际机场促淤造地工程

南汇东滩促淤工程

温州赵山渡引水工程

丽水玉溪电站

绍兴新三江闸

文成高岭头一级电站

西藏夏曲卡电站

三堡

永宁江鸟瞰图

玉环里墩水库

丽水城防

嘉兴城防

盐官排涝闸

日照港岚山港区北作业区6#大宗散货泊位工程

福平铁路平潭海峡公铁两用大桥26#~38#基础工程

…三）扩建工程

湛江市东海岛石化产业园区围堰工程

日照港岚山港区北作业区一期工程

中交天航南方交通建设有限公司坐落于深圳特区。公司致力于为客户提供疏浚吹填整体解决方案和集成服务，以港口航道疏浚、围海吹填造地、海域环境整治为主营业务，同时兼营河湖水库环保疏浚；码头、护岸、防波堤、滨水旅游综合体建造工程；水运、水利工程；航道工程设计、水工与土建的勘察设计、航道技术咨询等，特别是在人工岛建设和海岸带整治领域有丰富的咨询、设计和施工经验。

广西钦州港大榄坪滩涂资源整理工程

梧州赤水圩码头工程

梧州紫金村码头工程

广州南沙港三期工程

地址：广东省深圳市宝安区新安街道新安六路1003号金融港A座二楼
电话：0755-83022328　　网址：www.tdc-nf.com

茅尾海综合整治一期工程

海口湾南海明珠人工岛二期工程

神华国华广投北海电厂围填海造地工程

港珠澳大桥

中国电建
POWERCHINA

华东勘测设计研究院有限公司

HUADONG ENGINEERING CORPORATION LIMITED

中国电建集团华东勘测设计研究院有限公司（简称华东院）是中国大型的综合性国家甲级勘测设计研究单位，于1954年建院，总部设在杭州，在雄安、山东、重庆、福建、深圳、舟山等地设立分支机构，并在东南非、中西非、美洲、中东北非等地设立区域总部。华东院现为国家高新技术企业、中国勘察设计综合实力百强单位、“中国工程设计企业60强”（位居前20位）、“中国承包商80强”、我国对外承包工程业务新自签合同额百强企业。全院在职员工3 700余人，国家注册职业资格人员1 800余人次，拥有众多院士工作站在站院士、享受国务院特殊津贴专家、国家工程勘察设计大师、国家百千万人才及国家突出贡献中青年专家。

华东院持有工程设计综合甲级、工程勘察综合甲级、工程咨询甲级等国家最高等级资质证书，具有港口河海工程咨询甲级、建设项目环境影响评价海洋工程甲级、海洋测绘甲级、海洋工程勘察甲级等资质证书，被国家海洋局列入第一批海岛保护规划编制技术单位推荐名录、无居民海岛使用论证推荐单位名单，设有华东海上风电技术研发中心、国家能源局潮汐与海洋能发电研究中心、海水淡化工程技术研发中心、浙江省工程数字化技术研究中心、中国BIM工程研究院等多个省部级研发中心。

华东院海洋业务有国内、国外两大市场，主营海洋、水运领域的测绘、勘察、咨询、设计

东海某海岛生态整治修复

南海某岛屿水下礁体

浙江某潮汐试验电站

长江某码头工程

业务，同时开展全过程咨询、总承包和投资业务。其中海洋工程包括围海造地工程、海堤工程、海工建筑物、海上风电、海上风机基础、海上升压站、海岛海岸修复保护、海洋能源利用、海水淡化工程等；水运工程包括港口工程、航道工程、疏浚工程、通航建筑物、船坞工程、渔港工程等。

华东院肩负“服务工程、促进人与自然和谐发展”的企业使命，发扬“负责、高效、最好”的企业精神，秉承“为客户创造价值、与合作方共同发展”的理念，持续开拓创新，坚定不移地向国际工程公司的目标迈进，以“依法诚信”的管理理念、先进的技术和优质的服务，全力打造具有设计院特色的一流国际工程公司，争取早日实现“百年老店”的梦想。

地址：浙江省杭州市高教路201号　　电话：0571-56625273　　网址：www.ecidi.com

浙江某海滨岸线改造工程

福建某枢纽船闸工程

重庆交通大学河海学院

长江上游航运发展研究中心揭牌仪式暨航运发展论坛

国家内河航道整治工程技术研究中心揭牌仪式

国家内河航道整治工程技术研究中心
长江航运工程与智能航道技术协同创新中心召开
2017年度工作会议

中国水利学会泥沙专业委员会
河床演变与航道治理学术研讨会

河海学院前身是创建于1960年的重庆交通学院水道及港口工程系。学院设有“港口航道与海岸工程”“水利水电工程”“给排水科学与工程”“地质工程”和“环境科学”等5个本科专业。

地址：重庆市南岸区学府大道66号　电话：023-62652714
传真：023-62650204　网址：http://hhxy.cqjtu.edu.cn/

第十三届国际水科学与工程大会
The 13th International Conference on Hydroscience & Engineering

主办单位：重庆交通大学
美国密西西比大学 国家计算水科学和工程中心
重庆市科学技术协会

唐伯明